Der **Onlineservice InfoClick** bietet unter www.vogel-fachbuch.de/infoclick nach Codeeingabe zusätzliche Informationen und Aktualisierungen zu diesem Buch.

InfoClick

In zwei Schritten zum Onlineservice

1. Einfach www.vogel-fachbuch.de/infoclick aufrufen.
2. Den unten stehenden Zugangscode und eine E-Mail-Adresse eingeben.

Ihr persönlicher Zugang zum Onlineservice

346109300003

Dipl.-Ing. (FH) Karl Schmitt

SPS-Programmierung mit ST

nach IEC 61 131 mit CODESYS und mit Hinweisen zu STEP 7 im TIA-Portal

3., aktualisierte und erweiterte Auflage

Vogel Communications Group

Dipl. Ing. (FH) Karl Schmitt Ingenieurstudium, Ausbildung zum Berufsschullehrer

Ein **„SIMATIC STEP 7 Update 2 inkl. PLCSIM V15.1 Update 1, TRIAL"** im Totally Integrated Automation Portal (TIA Portal) ist 21 Tage nutzbar und steht als Download zur Verfügung.
https://support.industry.siemens.com/cs/de/de/view/109761045
https://support.industry.siemens.com/cs/de/de/view/109763890
https://support.industry.siemens.com/cs/de/de/view/109764220
https://support.industry.siemens.com/cs/ww/de/view/72341852

Ein **„SIMATIC STEP 7 Safety Advanced V15.1, Trial"** im Totally Integrated Automation Portal (TIA Portal) ist 21 Tage nutzbar und steht als Download zur Verfügung.
https://support.industry.siemens.com/cs/ww/de/view/109759618
https://support.industry.siemens.com/cs/ww/de/view/72341852

Ein **„Startdrive V15.1 Update 2, Trial"** im Totally Integrated Automation Portal (TIA Portal) ist 21 Tage nutzbar und steht als Download zur Verfügung.
https://support.industry.siemens.com/cs/de/de/view/109760845

Ein **„SIMATIC WinCC Advanced V15.1 Update 2, Trial"** im Totally Integrated Automation Portal (TIA Portal) ist 21 Tage nutzbar und steht als Download zur Verfügung.
https://support.industry.siemens.com/cs/ww/de/view/109761045
https://support.industry.siemens.com/cs/ww/de/view/109763890
https://support.industry.siemens.com/cs/ww/de/view/72341852

Weitere Informationen zum TIA Portal finden Sie unter:
http://support.automation.siemens.com/WW/view/de/65601780

Weitere Informationen erhalten Sie im Internet unter
«https://www.siemens.de/sce/S7-1500»
«https://www.siemens.de/sce/promotoren»
«https://www.siemens.de/sce/tp»
«https://www.siemens.de/sce»

Die notwendige Programmentwicklungssoftware WAGO-I/O Pro Demo (CoDeSys V2.3)oder e!Cockpit (CODESYS V3) von der Firma WAGO oder CODESYS V3 von der Firma S3-Smart Software Solutions können Sie von der Website der Firmen herunterladen. Die Versionen WAGO-I/O Pro Demo und CODESYS 3 sind zeitlich nicht begrenzt und kostenlos, mit e!Cockpit können Sie 30 Arbeitstage ohne Lizenz arbeiten.

ISBN 978-3-8343-3461-9

3. Auflage. 2020

Printed in Germany

Weitere Informationen:
www.vogel-fachbuch.de
http://twitter.com/vogelfachbuch
www.facebook.com/vogelfachbuch

Vorwort

ST
SCL

Die Komplexität heutiger Automatisierungsaufgaben ist enorm gestiegen. Es stellt sich die Frage, ob die klassischen Programmiersprachen FBS (FUP), KOP und AWL ausreichend sind, um übersichtliche, leicht wartbare Programme zu schreiben. Mit der Hochsprache "Strukturierter Text" (engl. Structured Text, Abkürzung: **ST**, bei der Firma Siemens **SCL** für "Structured Control Language") ist dies leichter möglich.
Bausteine die in ST bzw. SCL programmiert wurden, können auch in den anderen IEC-Sprachen wie AWL, FBS (FUP) und KOP verwendet werden.

IEC-61131-3

Der Sprachumfang von ST ist in **IEC 61131-3** festgelegt. ST ist eine textuelle Sprache und enthält neben Hochsprachenelementen auch typische Elemente der SPS als Sprachelemente, wie Eingänge, Ausgänge, Bausteinaufrufe usw. Das ST-Programm besteht aus einer Folge von Anweisungen, die mit einem Strichpunkt abschließen. Schleifen, wie FOR... bis REPEAT..., sowie Auswahlanweisungen, wie IF... und CASE..., sind in dieser Sprache möglich.

Dieses Buch wendet sich an SPS-Programmierer sowie Schüler und Studenten an beruflichen Gymnasien, Technikerschulen und Hochschulen, welche die Hochsprache "Strukturierter Text" erlernen wollen. Grundkenntnisse vom Aufbau und Funktion einer SPS sind von Vorteil, aber nicht unbedingt notwendig.
In diesem Workshop werden die Grundlagen dieser Sprache an einfachen Beispielen aus der Praxis erarbeitet.

CODESYS

Die Aufgaben und Übungen können Sie mit **CODESYS** (Controller Development System) Version 2.3 oder Version 3 bearbeiten oder auch mit e!COCKPIT. Entscheiden Sie sich zunächst für eines der drei Programmiertools. Sie können Visualisierungen erstellen und im Simulationsmodus Ihr Programm testen. CODESYS ist ein weit verbreitetes SPS-Programmiersystem nach IEC 61131.

e!COCKPIT

In diesem Buch wird die Demoversion **WAGO-I/O-Pro** – diese basiert auf CoDeSys V2.3, **e!COCKPIT** – eine Entwicklungsumgebung der Firma WAGO, die auf CODESYS V3 basiert, oder die Demoversion CODESYS V3 Demo verwendet. Die Demoversion von WAGO-I/O-Pro (759-912) sowie e!COCKPIT (30 Tage) können Sie auch von der Webseite der Firma WAGO www.wago.de herunterladen. Über der Webseite der Firma 3S-Smart Software Solution GmbH www.3s-software.com ist, nach einer Registrierung, ein kostenloser Download der aktuellen Version von CODESYS V3 möglich.

STEP 7
im TIA-Portal

Da der Sprachumfang genormt ist, können Sie das Gelernte auch in anderen Programmier-Tools, z. B. im SCL-Editor von der Firma Siemens, anwenden. Sie finden Hinweise zum Umgang mit dem SCL-Editor in **STEP 7 im TIA-Portal**.

Im Buch finden Sie auch die **Lösungen** zu den Aufgaben und Übungen sowie Auszüge von Datenblättern zu den Baugruppen.

InfoClick

Die **InfoClick**-Seite enthält aktuelle Hilfestellungen zu den Programmen, Exportdateien, die Sie in CoDeSys V2.3, e!COCKPIT und CODESYS V3 in Ihr Projekt importieren können, sowie Textdateien, aus denen Sie den Programmcode kopieren und in Ihr Projekt einfügen können. Weiterhin finden Sie notwendige Baustein-Bibliotheken und als Lernzielkontrolle Selbsttests zu den einzelnen Kapiteln sowie eine Archivdatei mit Aufgaben und Übungen für STEP 7 im TIA-Portal.

Alle Aufgaben und Übungen wurden ausschließlich aus didaktischer Sicht erstellt und können so nicht als Lösungen für Anlagen verwendet werden.

Ich wünsche Ihnen viel Freude beim Erlernen der Hochsprache ST bzw. SCL und bei der Anwendung Ihres neu erworbenen Wissens.

Sulzbach Karl Schmitt

Notwendige Software

Die Demoversion von WAGO-I/O-Pro (Suchbegriff 759-912) sowie e!COCKPIT können Sie von der Webseite der Firma WAGO www.wago.de herunterladen. Über die Webseite der Firma 3S-Smart Software Solution GmbH www.3s-software.com ist, nach einer Registrierung, ein kostenloser Download der aktuellen Version von CODESYS V3 möglich.

CODESYS

1. **WAGO-I/O Pro Demo.**
   Dieses Enwicklungstool basiert auf **CoDeSys V2.3**. Mit diesem Tool können Sie die Aufgaben und Übungen von Kapitel 1 bis 17 bearbeiten, testen und in den Controller, z.B. 750-881, laden.
   Die Demo ist **zeitlich nicht begrenzt**. Noch viele Zielsysteme von verschiedenen Herstellern, die CoDeSys benutzen, arbeiten mit der CoDeSys V2.3.

2. **CODESYS V3 oder e!COCKPIT**
   Auch mit diesen Tools können Sie die Aufgaben und Übungen bearbeiten und testen. Die CODESYS-Version 2.3 ermöglicht keine objektorientierte Programmierung (OOP). Kapitel 18 ist eine Einführung in die OOP, deshalb kann dieses Kapitel nur mit CODESYS V3 oder e!COCKPIT bearbeitet und getestet werden.
   Eine Steuerungskonfiguration mit I/O-Baugruppen ist mit der CODESYS-V3-Demoversion jedoch nicht möglich. Die CODESYS V3 Demo ist **zeitlich nicht begrenzt**.
   Beachten Sie das Kapitel "Hinweise zum Umgang mit CODESYS V3" bzw. e!COCKPIT. Mit e!COCKPIT können Sie die PFCs100 und 200 der Firma WAGO konfigurieren und programmieren.

Startseite

Onlineservice InfoClick

Den persönlichen Zugang zum Onlineservice InfoClick finden Sie auf der ersten Seite des Buches. Auf der Startseite finden Sie:

Export- und Textdateien als Vorlagen

- Links zu **Export- und Textdateien,** die Sie herunterladen können.
  Vorgehensweise:
  Erstellen Sie ein neues Projekt mit Ihrem Zielsystem (z. B. CODESYS Control Win V3, 750-881 oder 750-8100). Laden Sie die Export- oder Textdatei über den jeweiligen Link auf der Startseite herunter (rechte Maustaste–Ziel speichern unter). Importieren Sie die Exportdatei in Ihr Projekt oder fügen Sie den kopierten Programmcode aus der Textdatei in Ihren Projekt-Baustein ein.
  Auf der Startseite steht das A... für Aufgabe und Ü... für Übung.
  Eine Konfiguration der Steuerung, z. B. mit DI-, DO-, AI- und AO-Baugruppen (Kapitel 2), ist nur für wenige Aufgaben bzw. Übungen notwendig. Um die Programmiersprache zu lernen, ist es nicht notwendig, DIs und DOs zu konfigurieren.
  Fügen Sie, wenn nötig, Bibliotheken über die Bibliotheksverwaltung und Taskkonfigurationen ein.

Biblio-theken

- Links zu **Bibliotheken**, die Sie herunterladen und in CODESYS in Ihr Projekt einbinden können.

Selbsttests

- Links zu **Selbsttests**, die denen im Buch entsprechen. Achten Sie darauf, dass Ihr Browser aktive Inhalte zulässt.
- Links zu **weiteren Infos** und **Hilfen**.

SCL-Dateien

- Einen Link zur **SCL-Archivdatei**.
  Sie finden im Datei-Ordner "STEP7_TIA" Aufgaben und Übungen, die Sie in **STEP 7 im TIA-Portal** ab V14 SP1 öffnen können.

Inhaltsverzeichnis

1 Anweisung, Berechnungen

Lernziele:
- Einfaches Programm in der Sprache "ST" schreiben und testen
- Programmorganisationseinheiten (POEs), Variable, Anweisungen, Operatoren, Visualisierung

Aufgabe 1.1 **Leistungsberechnung 1:** Die Scheinleistung, das Produkt aus Strom und Spannung, soll mit Hilfe eines Software-Bausteins berechnet werden. Die Messwerte I und U werden über den PC mit Hilfe einer Visualisierung eingegeben.

Vollziehen Sie das gezeigte Beispiel nach.
Entscheiden Sie sich zunächst, in welcher der drei Anwendungen Sie die Aufgabe lösen wollen.

Vorgehensweise:

1. Neues Projekt:

In **CoDeSys V2.3**
Starten Sie die Anwendung und **wählen Sie** im Menü Datei–Neu... **Konfigurieren Sie** als Zielsystem z.B. den Controller (SPS) WAGO_750-881_Demo.

Neues Projekt

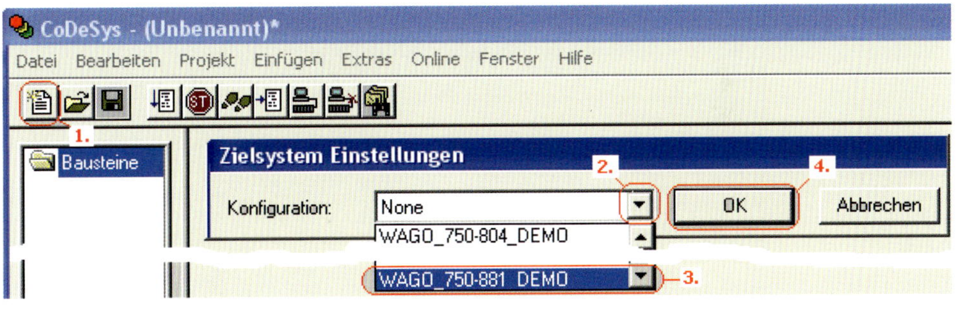

In e!COCKPIT (CODESYS V3), neues Projekt
Starten Sie die Anwendung **e!COCKPIT** und **wählen Sie** in der Produktserie 750... als Gerät z.B. einen PFC100 oder PFC200 und für den Programmbaustein PLC_PRG die **Sprache ST** aus.

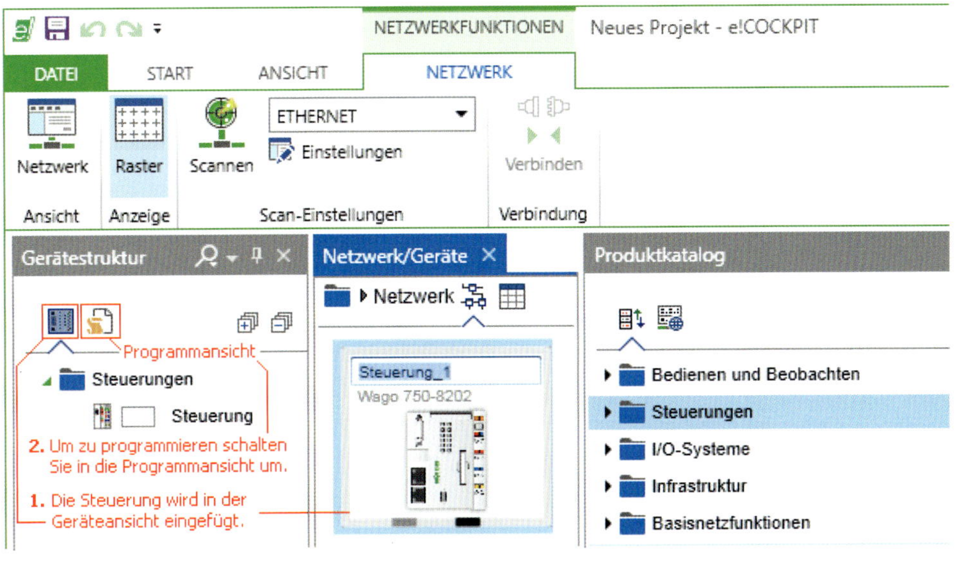

In CODESYS V3 Demo neues Projekt, Aufgabe 1.1

Starten Sie die Anwendung, fügen Sie ein neues Standardprojekt ein, wählen Sie als programmierbares Gerät (Zielsystem) CODESYS Control Win V3, die Soft PLC(SPS).

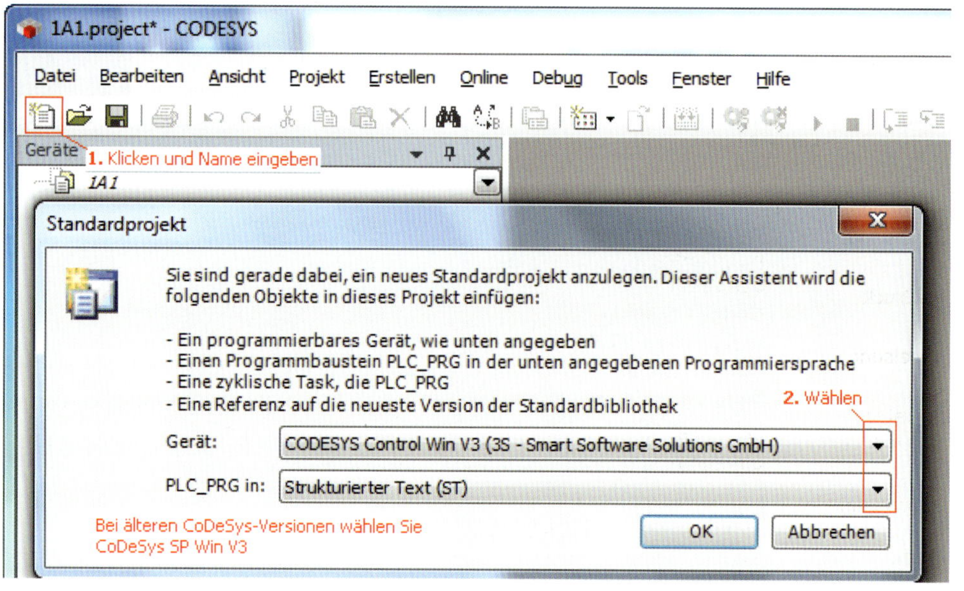

PLC_PRG

MAIN

zyklisch

2. Software-Baustein einfügen:
Der Baustein PLC_PRG wird vom Automatisierungssystem, **freilaufend zyklisch** aufgerufen. Die Anweisungen im PLC_PRG werden sequenziell (nacheinander) abgearbeitet. Andere Zielsystemhersteller bezeichnen diesen Baustein auch als **MAIN** (Hauptprogramm). Nach IEC gibt es drei Programmorganisationseinheiten (POEs bzw. POUs): das Programm, den Funktionsblock (FB) und die Funktion (FC). FBs und FCs lernen Sie ab Kapitel 8 kennen.

In CoDeSys V2.3 Baustein einfügen, Aufgabe 1.1

Wählen Sie den Baustein **PLC_PRG**, den Typ Programm und stellen Sie die Sprache auf ST, wie das nachfolgende Bild zeigt.

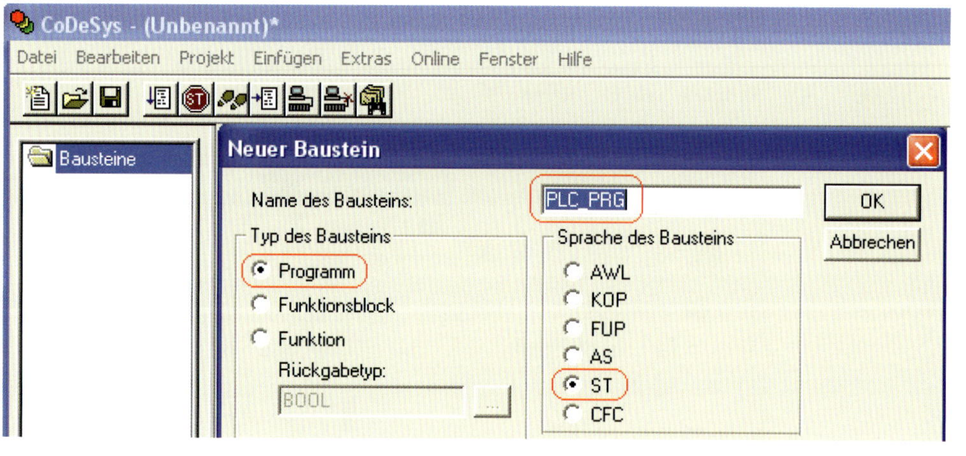

In e!COCKPIT und in CODESYS V3 Demo Baustein einfügen, Aufgabe 1.1

In diesen Anwendungen wird der Programmbaustein PLC_PRG automatisch eingefügt.

3. Variable deklarieren und Anweisungen schreiben:

Variable deklarieren
REAL
Präfix r

Wie Sie den folgenden Bildern entnehmen können, werden im oberen Teil des PLC_PRG-Fensters, dem Deklarationsteil, die Variablen deklariert, also "Platzhalter" für die Messwerte U, I und das Ergebnis S erstellt. Die Bezeichner, die Variablennamen, wie r_U ... und der Datentyp, hier REAL, werden zwischen den Schlüsselwörtern VAR und END_VAR eingetragen. Das Präfix r zeigt, dass die Variable vom Datentyp REAL ist. REAL heißt, die Variable kann den Wert von $+/-1.18*10^{-38}$... $+/-3.4*10^{38}$ annehmen.

Anweisung
Ausdruck
Zuweisung
Operator
+ - * /
Kommentar

Im unteren Teil des Fensters, dem Anweisungsteil, werden die Anweisungen geschrieben, also die Anweisungen zur Berechnung der Scheinleistung. Das Ergebnis des Ausdrucks r_U * r_I wird der Variablen mit dem Namen r_S zugewiesen. Das Zuweisungszeichen ist :=.
Beachten Sie: Die Wertzuweisung erfolgt immer von rechts nach links. Eine Anweisung wird mit einem Semikolon abgeschlossen. Leerzeichen können zwischen Bezeichner und Operatoren eingefügt werden.
Über die Tastatur kann ein Operator (+, -, *, /) eingefügt werden. Beachten Sie die Prioritäten von Operatoren, Sie finden diese im Anhang Operatoren.
Ein Kommentar unterstützt die Lesbarkeit eines Programms, der Blockkommentar steht zwischen den Zeichen (* und *), der Zeilenkommentar nach den //, dieser ist nur in CODESYS V3 einfügbar.

In CoDeSys V2.3 Variable deklarieren und Anweisungen schreiben, Aufgabe 1.1

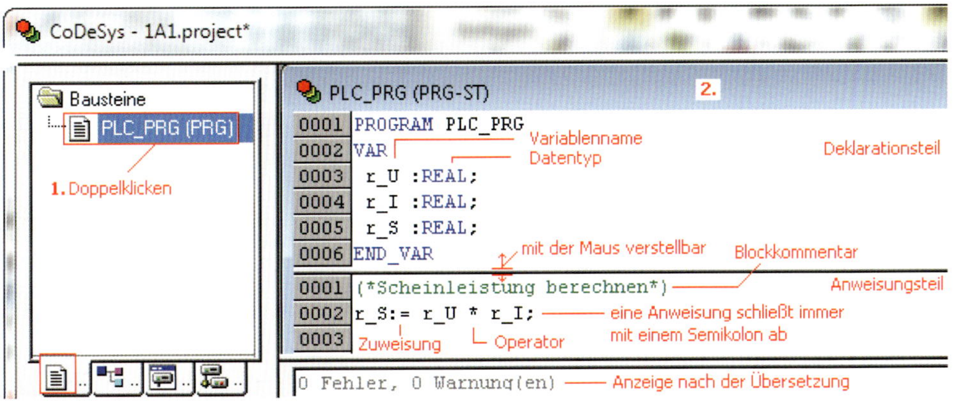

In e!COCKPIT oder CODESYS V3 Variable deklarieren und Anweisungen schreiben, Aufgabe 1.1

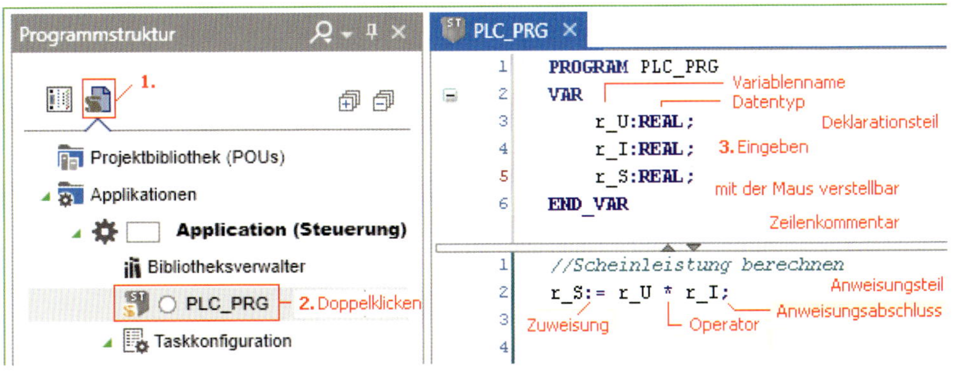

Übersetzen

4. Programmcode übersetzen:

Um ein lauffähiges Programm zu erzeugen, muss der Programmcode übersetzt werden. Achten Sie darauf, dass keine Fehlermeldungen ausgegeben werden. Korrigieren Sie eventuell angezeigte Fehler, z. B. ein fehlender Strichpunkt.

In CoDeSys V2.3: Wählen Sie im Menü Projekt–Alles übersetzen.

In e!COCKPIT: Wählen Sie im Menü Programm–Übersetzen.

In CODESYS V3 Demo: Wählen Sie im Menü Erstellen–Übersetzen.

5. Ein-/Ausgabe, Visualisierung:

Mit Hilfe einer Visualisierung wird eine Ein- und Ausgabemöglichkeit der Variablen geschaffen. Sie können so auch das Programm leichter testen.

Visualisierung

In CoDeSys V2.3 Vorgehensweise, um die Visualisierung zu erstellen, Aufgabe 1.1:

1. Im Projektbaum Visualisierung auswählen, siehe folgendes Bild.
2. Visualisierungsfenster einfügen–Menü Projekt–Objekt–Einfügen...Name, z. B. PLC_VISU vergeben. Beachten Sie auch dazu das Kapitel 17.
3. Grafik-Elemente einfügen, z. B. das Eingaberechteck für den Variablenwert r_U.
4. Doppelklicken Sie das eingefügte Eingaberechteck und konfigurieren Sie dieses. Kopien können Sie für die weiteren Ein-/Ausgaberechtecke einfügen und umkonfigurieren, z. B. für den Wert der Variablen `r_I` usw.

Visualisierungs-editor V2.3

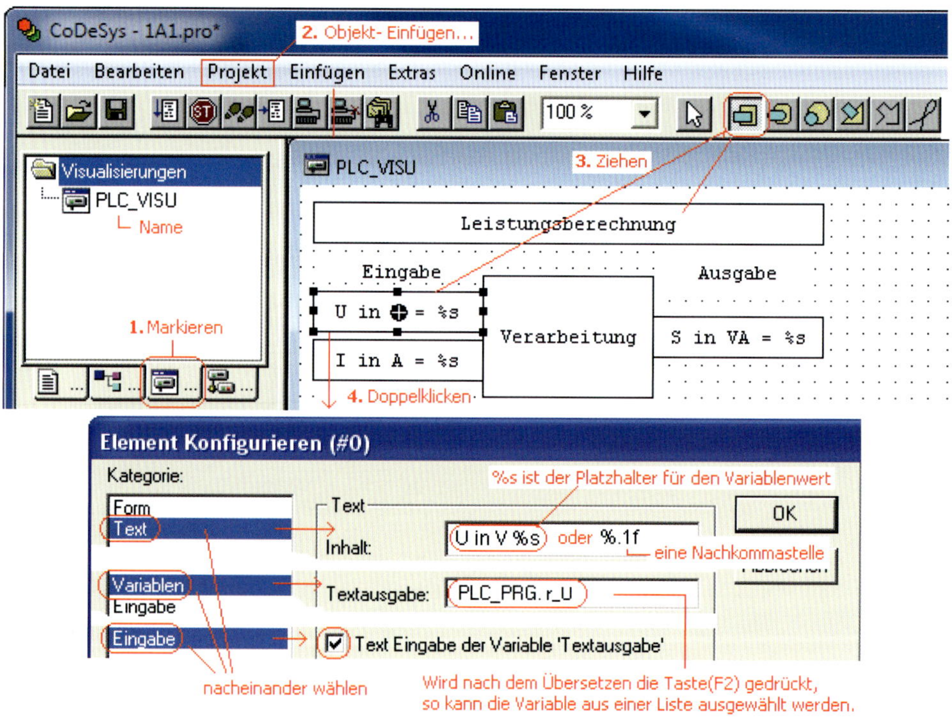

Siehe auch CODESYS-Menü Hilfe–Inhalt–Index–Visualisierung.

In e!COCKPIT oder CODESYS V3 Visualisierung erstellen, Aufgabe 1.1

Vorgehensweise:

1. Fügen Sie bei markierter Application in der Programmstruktur über das Kontextmenü das Visualisierungselement ein.
2. Wählen Sie für die Eingabe des Variablenwertes von r_U im Werkzeugfenster unter Basis das Rechteck aus und ziehen es in das Arbeitsfenster.
3. Konfigurieren Sie das Eingaberechteck. Sie können das konfigurierte Rechteck kopieren und einfügen und umkonfigurieren für die Variablenwerte r_I und r_S.

Visualisierungs-editor V3

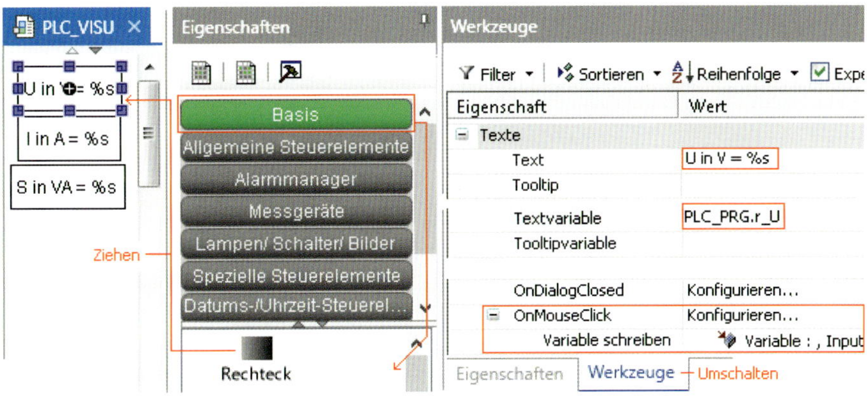

6. a) Testen mit der PC-Simulation und der Visualisierung:

Da die Programmorganisationseinheit (POE bzw. POU) PLC_PRG freilaufend zyklisch vom Betriebssystem aufgerufen wird, wird auch der Wert der Variablen r_S immer wieder neu berechnet.

In CoDeSys-Fenster V2.3 testen mit der Simulation und der Visualisierung, Aufgabe 1.1

Vorgehensweise:

1. Menü **Online**–Simulation mit Häkchen und im gleichen Menü **Einloggen**.
2. Menü Online–**Start**. Die Anweisungen im Programm werden jetzt abgearbeitet.

Online Simulation Ein-/Aus-loggen

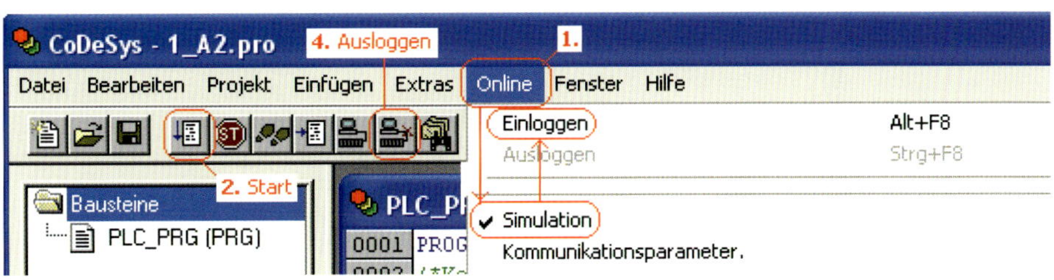

3. Im Visualisierungsfenster können die Werte der Variablen U, I durch Anklicken verändert werden.
   Beachten Sie:
   An Stelle eines Kommas muss ein **Punkt** eingegeben werden.

Punkt

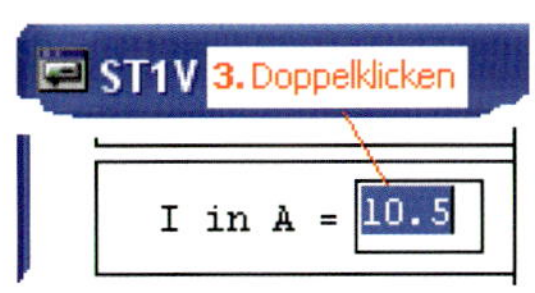

4. Um den Code weiter bearbeiten zu können, müssen Sie über Menü Online– wieder ausloggen.

In e!COCKPIT (CODESYS V3) testen mit der Simulation und der Visualisierung, Aufgabe 1.1

Markieren Sie die Applikation, wählen Sie im Menü DEBUG- Simulation starten und Start. Geben Sie in der Visualisierung die Werte für U und I ein, wie dies das nachfolgende Bild zeigt. Beobachten Sie die Werte von S.

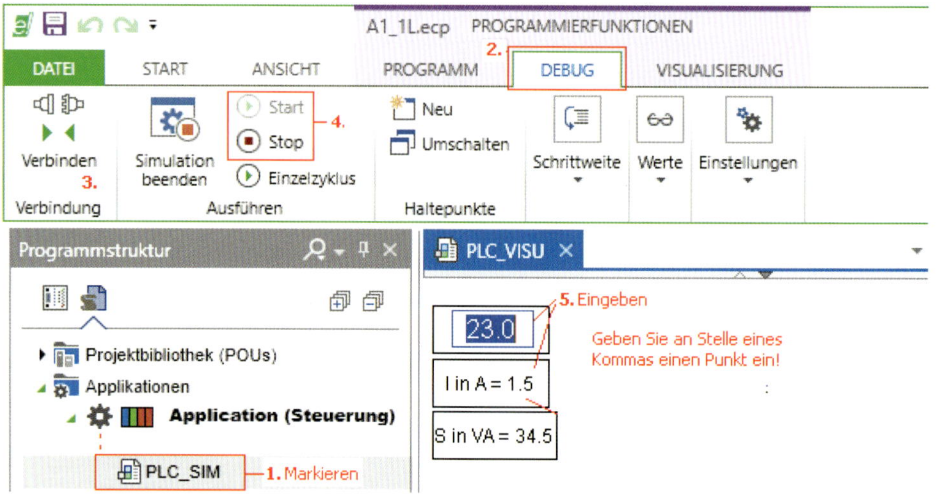

In CODESYS V3 Demo testen mit der Simulation und der Visualisierung, Aufgabe 1.1

Löschen Sie in der Projektstruktur die Objekte Target-Visualisierung und Web-Visualisierung. Markieren Sie die Applikation, aktivieren Sie im Menü Online die Simulation, loggen Sie ein und dann im Menü Debug- Start. Geben Sie in der Visualisierung die Werte für U und I ein, wie dies das nachfolgende Bild zeigt. Beobachten Sie die Werte von S.

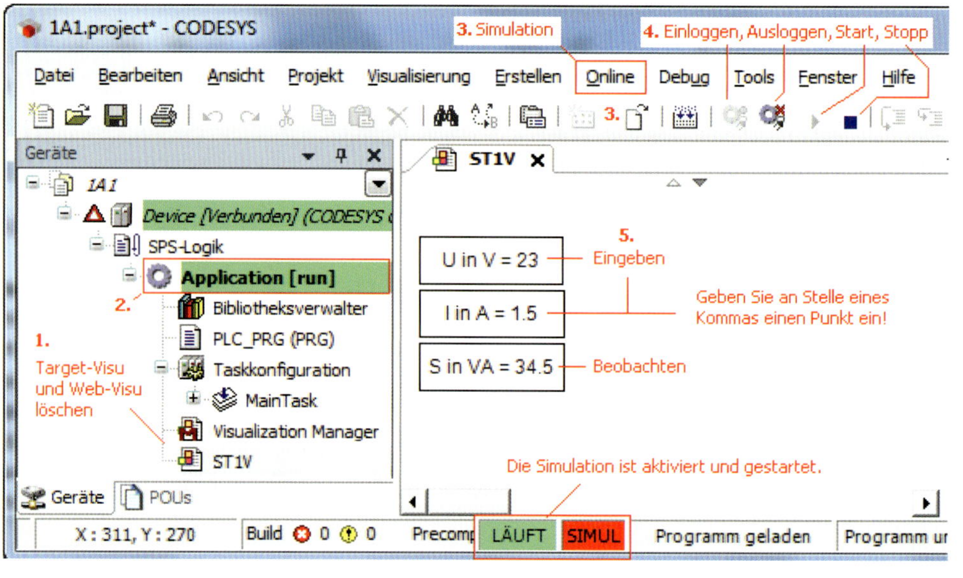

b) Testen nur mit der PC-Simulation:

Testen nur mit der Simulation – In CoDeSys V2.3 testen, Aufgabe 1.1

Werte schreiben

Doppelklicken Sie nach dem Aktivieren der Simulation, dem Einloggen und Start im Deklarationsteil die Variable, geben Sie den Wert ein und wählen Sie im Menü Online-Werte schreiben. Überprüfen Sie das Ergebnis von `r_S`.

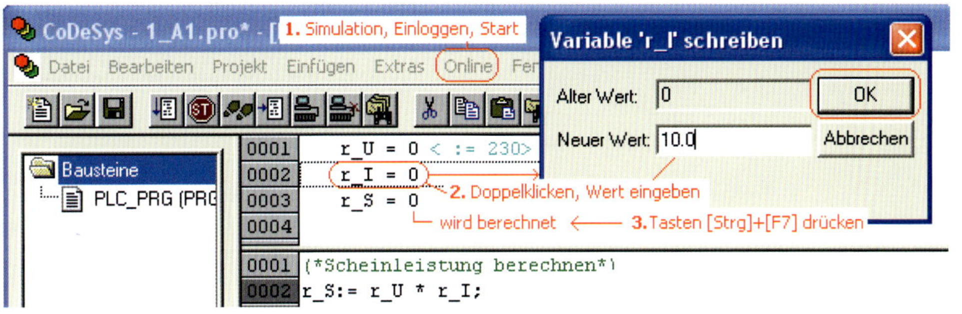

In e!COCKPIT testen – nur mit der Simulation, Aufgabe 1.1

1. Geben Sie nach Simulation starten den Wert in die Spalte – Vorbereiteter Wert – ein.
2. Wählen Sie im Menü DEBUG-Werte schreiben.
3. Überprüfen Sie das Ergebnis.

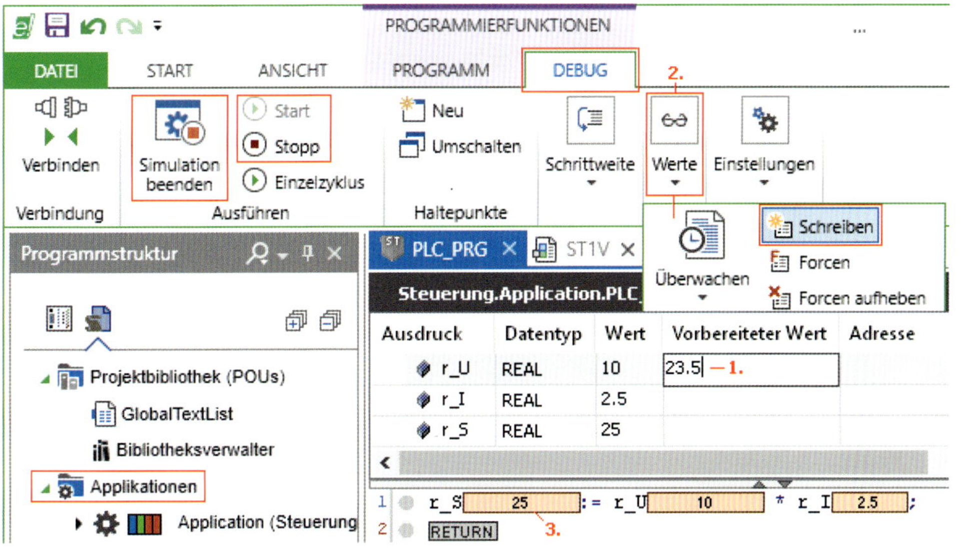

In CODESYS V3 Demo testen – nur mit der Simulation, Aufgabe 1.1

Aktivieren Sie im Menü Online die Simulation und wählen Sie dann im Menü Online-Einloggen. Wählen Sie im Menü DEBUG-Start, geben Sie in der Spalte „Vorbereiteter Wert" Werte ein (siehe Bild oben) und im Menü DEBUG-Werte schreiben. Überprüfen Sie das Ergebnis in `r_S`.

Aufgabe 1.2 Leistungsberechnung 2

Die Scheinleistung S, die Blindleistung Q sowie der Leistungsfaktor λ sollen mit Hilfe eines Software-Bausteins berechnet werden.
Die Messwerte U, I und die Wirkleistung P werden über den PC mit Hilfe einer Visualisierung eingegeben, S, Q und λ werden berechnet und angezeigt.

$$S = U * I; \quad Q = \sqrt{S^2 - P^2}; \quad \lambda = \frac{P}{S}$$

Da nicht für alle Rechenoperationen Operatoren wie +, -, *, /... zur Verfügung stehen, werden **IEC-Operatoren** bzw. **Standardfunktionen** verwendet. Sie finden eine Auflistung im Anhang. Benutzen Sie zur Berechnung der Wurzel die Funktion SQRT(...) und für das Quadrat die Funktion EXPT(...,2).

Siehe auch CODESYS-Hilfe-Index ... SQRT bzw. EXPT.

Vorgehensweise:

1. Benutzen Sie das vorhergehende Projekt als Vorlage.
2. **Deklarieren Sie** die neuen Variablen und **ergänzen Sie** den Code. Bei mehreren Anweisungen ist es sinnvoll, den Code öfter zwischendurch zu **übersetzen**, um **Syntax-Fehler** (Abweichungen von den Sprachvereinbarungen) leichter zu finden. Beim Übersetzen wird der Maschinencode für das Zielsystem, z. B. den Controller 750-881 oder 750-8100, erzeugt.

Übersetzen

Syntax-Fehler

3. **Ergänzen Sie** die Visualisierung mit den weiteren Ein- und Ausgabemöglichkeiten.
4. **Testen Sie** die Funktion des Programms, siehe Aufgabe 1.1.
   Beispiel: r_U = 230; r_I = 10,5; r_P = 1500 ergibt r_S = 2415; r_lamda = 0,621...;
   r_Q = 1892,677

In CoDeSys V2.3, Aufgabe 1.2

SQRT()
EXPT(,)

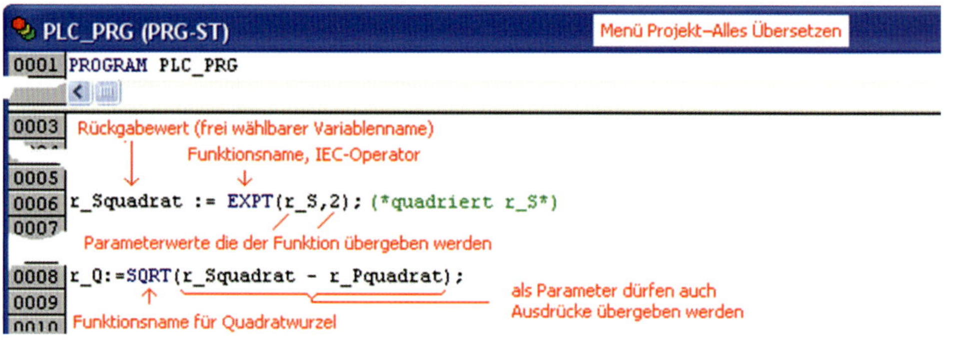

In e!COCKPIT, Aufgabe 1.2

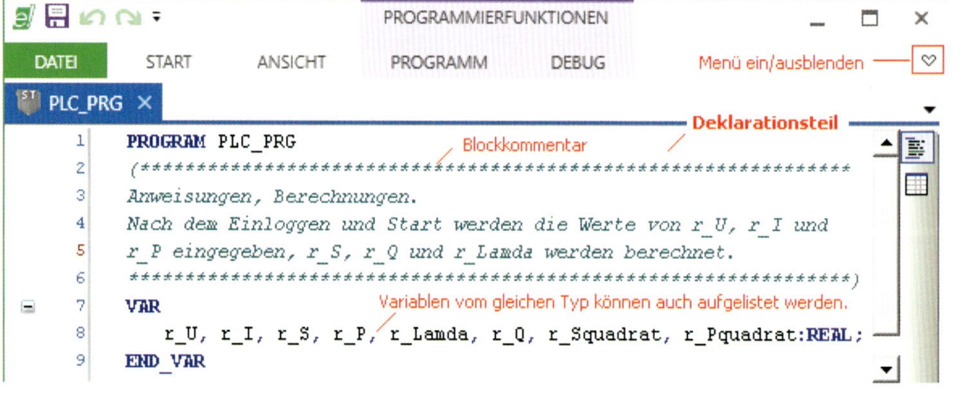

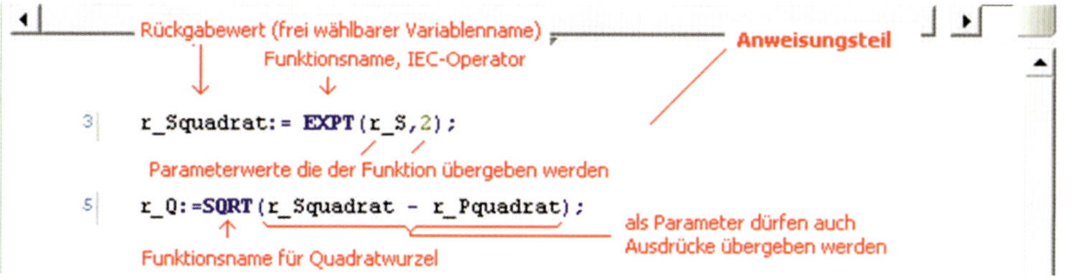

In CODESYS V3, Aufgabe 1.2

Geben Sie den Code wie im vorhergehenden Bild ein und wählen Sie im Menü Erstellen–Übersetzen.

Übung 1.1 Volumenberechnung

Das Füllvolumen eines kugelförmigen Tanks, der mit einer Flüssigkeit gefüllt ist, soll berechnet werden. Das Füllvolumen V ist abhängig von der Füllhöhe h und dem Durchmesser d.

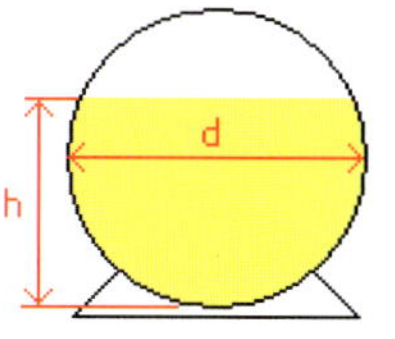

$V = \pi * h^2 * (d/2 - h/3);$

Bei d = 2,5 m und h = 1,5 m -> V = 5,29875 m^3

Stichpunkte Nach der Bearbeitung des Kapitels sollten die folgenden Stichpunkte für Sie verständlich sein:

Neues Projekt, PLC_PRG, MAIN, zyklisch, Variable deklarieren, REAL, Präfix, Anweisung, Ausdruck, Operator, Kommentar, Visualisierung, Online-Simulation, SQRT(), EXPT(,), übersetzen, Syntaxfehler

1. Selbsttest – Anweisung, Berechnungen

Wählen Sie die richtigen Ergänzungen bzw. Aussagen aus.

---

1. Ändert sich ein Eingabewert, so wird der Ausgabewert sofort neu berechnet, da der Programmbaustein PLC_PRG

   ☐ bei einer Änderung eines Eingabewertes neu aufgerufen wird.

   ☐ nur einmal aufgerufen wird.

   ☐ zyklisch aufgerufen wird.

   ☐ sequenziell aufgerufen wird.

---

2. Das Zuweisungszeichen im Programm ist das

   ☐ = ☐ ; ☐ (**) ☐ :=

---

3. Eine Variable ist ein Platzhalter für Werte; ihr Wertebereich und somit die Speichergröße wird durch

   ☐ den Variablennamen festgelegt.

   ☐ den Datentyp festgelegt.

   ☐ den Operator festgelegt.

   ☐ die Anweisung festgelegt.

---

4. `r_Q:= SQRT(r_Squadrat - r_Pquadreat);`

   ☐ Der Wert von r_Q wird der Variablen SQRT zugewiesen.

   ☐ Der Wert der Quadratwurzel des Ausdrucks wird der Variablen r_Q zugewiesen.

   ☐ Die Differenz von `r_Squadrat - r_Pquadrat` wird quadriert und in die Variable r_Q geschrieben.

   ☐ Die Anweisung ist nicht übersetzbar, da ein Syntaxfehler vorliegt.

Einen Selbsttest zu diesem Kapitel finden Sie auf **InfoClick**. Doppelklicken Sie den Link -> Aufgaben, Übungen, Lösungen und dann den Link Selbsttest.

2 Boolesche Operationen, Steuerungskonfiguration

Lernziele:
- Anweisungen mit logischen Operationen schreiben, Datentyp BOOL
- Steuerungskonfiguration, Zugriff auf Ein- und Ausgänge, Schlüsselwort AT
- Von der Funktionstabelle und vom KV-Diagramm zur Anweisung

Aufgabe 2.1 **Antivalenz-Funktion**

Es sind zwei Temperatursensoren B1 und B2 in einem Behälter eingebaut und an der SPS angeschlossen. Sind beide Sensoren funktionsfähig, so haben bei Übertemperatur beide Sensoren angesprochen, d.h., deren Kontakte sind geschlossen. Liegt die Behältertemperatur unter dem Grenzwert, so sind beide Kontakte offen. rote Leuchtdiode (LED), am Ausgang der SPS, soll anzeigen, wenn einer der beiden Sensoren defekt ist.
Vollziehen Sie das gezeigte Beispiel nach.
Erstellen Sie dazu ein neues Projekt (Kapitel 1).

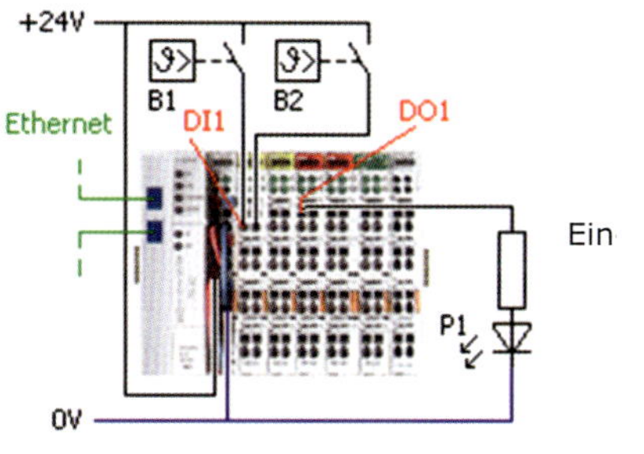

Prozessabbild

PAE

PAA

Die Zustände der Eingänge (logisch 1 bzw. 0) werden vom Betriebssystem des Controllers zyklisch in das Prozessabbild der Eingänge (PAE) geschrieben. Die Zustände der Ausgänge werden aus dem Prozessabbild der Ausgänge (PAA) gelesen. Die Prozessabbilder sind Speicherbereiche im Controller. Die Werte im PAE sind über die Adressen %I..., z. B. %IX2.0 vom Programm lesbar, die Werte im PAA werden über die Adressen %Q..., z. B. %QX0.0 vom Programm beschrieben.

Vorgehensweise:

I/Os

1. **Welche Ein- und Ausgänge (I/Os) stehen bei der SPS bzw. dem Controller zur Verfügung?**
   Konfigurieren Sie die Steuerung mit Digital-Inputs (Eingänge) und -Outputs (Ausgänge) wie im Bild unten beschrieben. Handbuch-Auszüge der Baugruppen finden Sie im Anhang.

In CoDeSys V2.3 Steuerung konfigurieren, Aufgabe 2.1

Ressourcen

Steuerungs-konfiguration

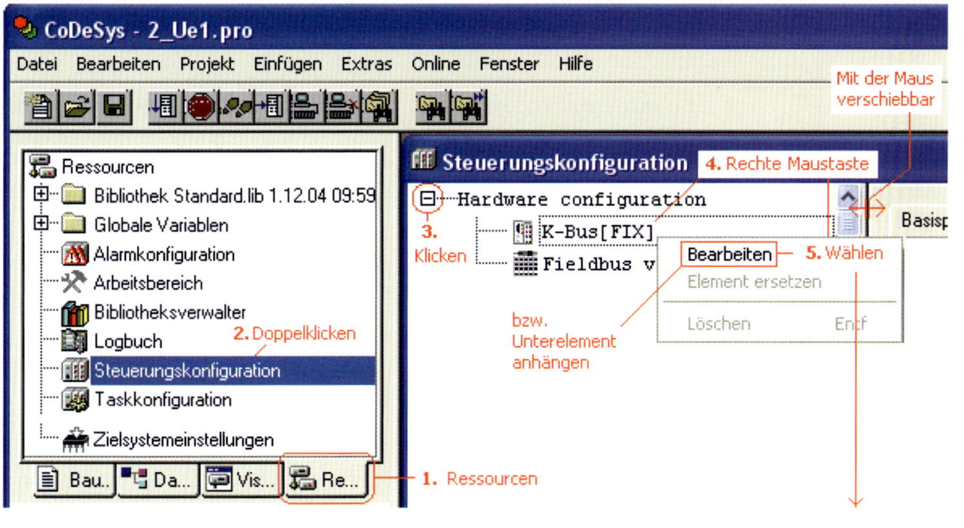

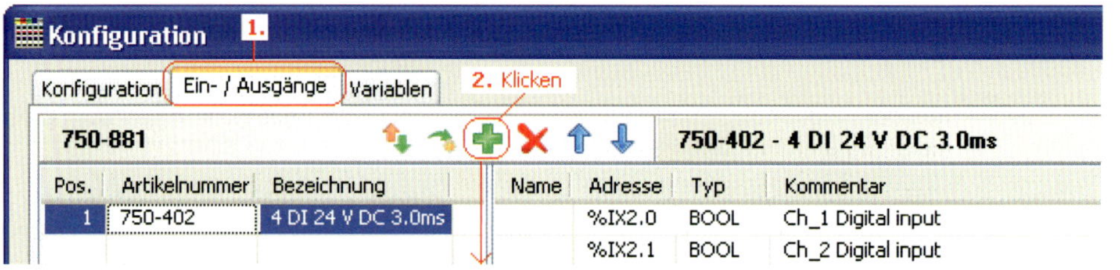

Digital Input

Digital Output

Sie können auch aus dem I/O-Konfigurator auf die **Datenblätter** der Baugruppen zugreifen.

Datenblatt

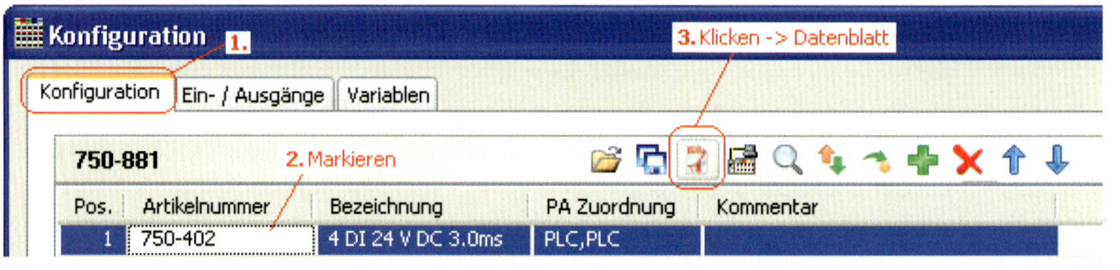

Falls Sie eine ältere WAGO-I/O-Pro-Version verwenden, wird die I/O-Konfiguration etwas anders dargestellt (Bild unten).

I/O-Konfiguration

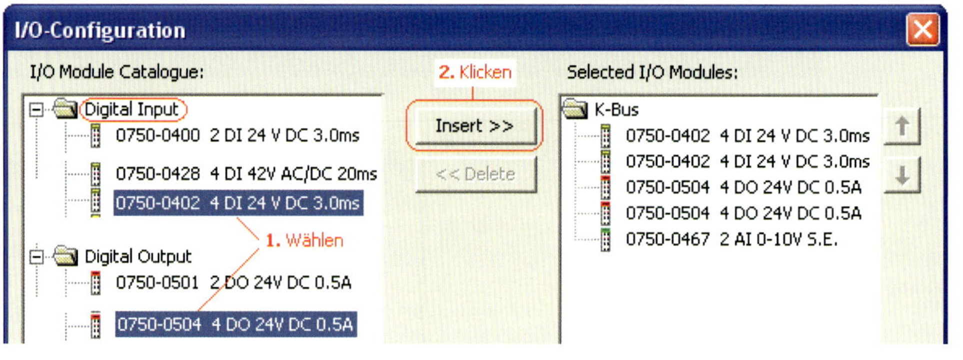

Die IEC-Adresse eines Ein- oder Ausgangs ist in der Steuerungskonfiguration ablesbar. Abhängig von den Baugruppen belegen diese bestimmte Adressen.

Anmerkung:
Mit Hilfe der Software WAGO-I/O-CHECK und einer Verbindung zur Steuerung können Sie online die Module ermitteln und in Ihr Projekt übernehmen.

In e!COCKPIT Steuerung konfigurieren, Aufgabe 2.1

Markieren Sie die Steuerung und wählen Sie im Menü Geräte-Gerätedetails. Ziehen Sie mit der Maus aus dem Produktkatalog I/O-Systeme- 750- Ein- und Ausgangsklemmen zum Controller. Öffnen Sie dazu im Produktkatalog den jeweiligen Ordner.

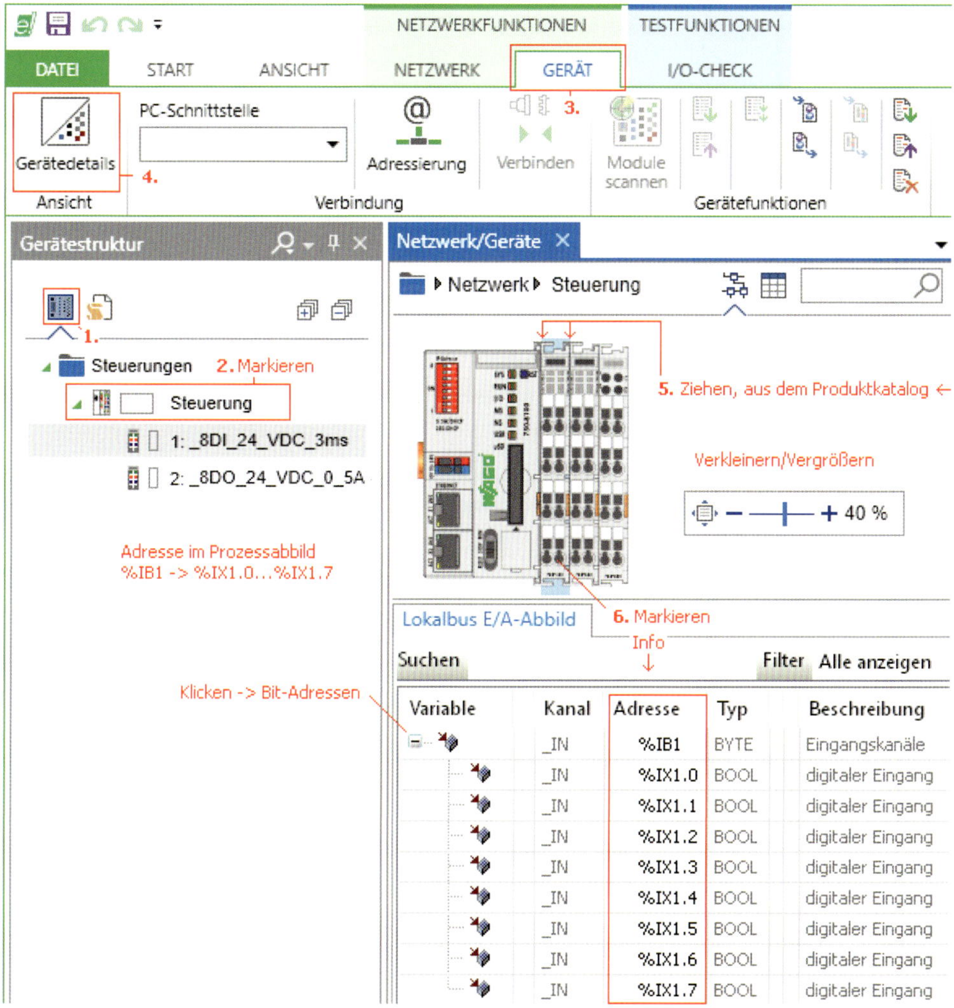

In der Geräteansicht und bei markierter Steuerung können Sie auch bei verbundenem Gerät die Konfiguration online ermitteln. Wählen Sie im Menü Gerät-Verbinden und Module ermitteln.

In CODESYS V3 Demo Steuerung konfigurieren, Aufgabe 2.1

In dieser Demo von der Firma 3S können Sie keine I/O-Baugruppen konfigurieren. Geben Sie das Programm ein und ignorieren Sie beim Übersetzen die Warnung – fehlende I/Os.

2. Wie werden die Ein-/Ausgänge im Programm eingebunden?
Wie werden die Ein-/Ausgänge den Variablen zugeordnet?

Mit dem Schlüsselwort `AT` wird der Variablen bei der Deklaration ein absoluter Speicherplatz zugeordnet. Die Adresse, z.B. %IX2.0 oder %IX1.0, entnehmen Sie der Steuerungs- bzw. Gerätekonfiguration.

In CoDeSys V2.3 Variablendeklaration, Aufgabe 2.1

AT

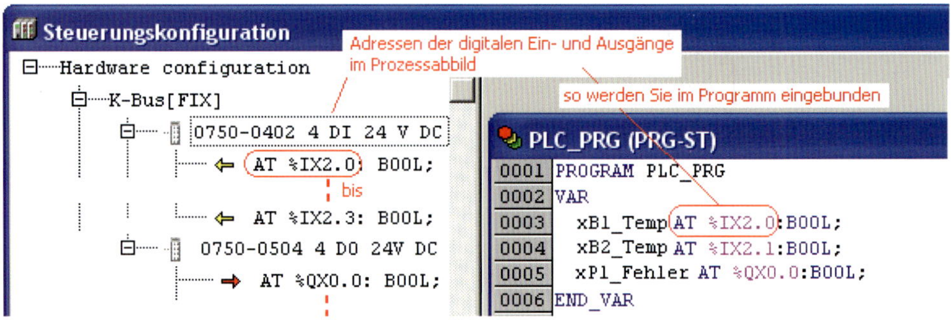

In e!COCKPIT oder CODESYS V3 Variablendeklaration und Programmcode, Aufgabe 2.1

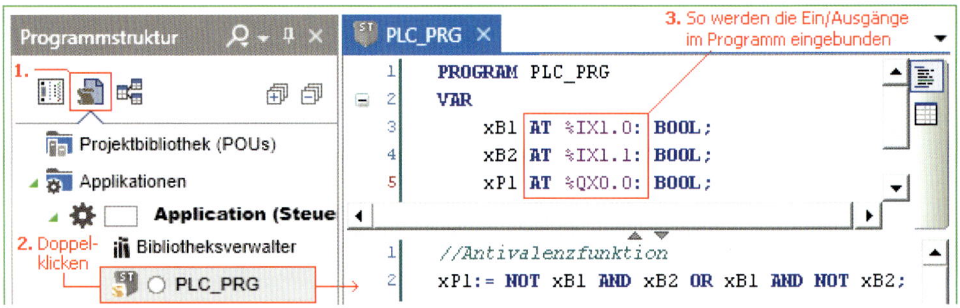

Mappen

Mappen: Sie können auch die Variable mappen, wenn diese auf I/O-Klemmen zugreifen. Die Deklaration dieser Variablen im Deklarationsteil von PLC_PRG kann dann entfallen.

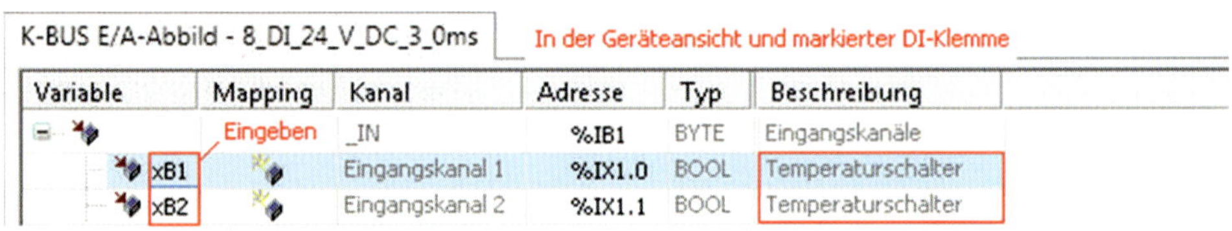

AND,
OR,
NOT

3. Wie sieht der Code in ST aus? Wie lautet die Anweisung?

Mit Hilfe einer Funktionstabelle wird die Anweisung ermittelt (siehe Bild rechts). Es können die Operatoren **NOT, AND, OR** verwendet werden.

Von der Funktionstabelle zur Anweisung

B1	B2	P1
0	0	0
0	1	1
1	0	1
1	1	0

```
xP1:=(NOT xB1 AND xB2)
  OR (xB1 AND NOT xB2);
```

BOOL

Beachten Sie:

Der Datentyp der Variablen ist **BOOL**, da ihr Wert nur TRUE (wahr, logisch 1) oder FALSE (falsch, logisch 0) sein kann. Die Bezeichner, die Namen der Variablen, sollten den Präfix x bekommen, z. B. `xB1`... `xP1`.

Nachdem Sie die Variablen deklariert haben, geben Sie im Anweisungsteil den Code ein. Returns, Leerzeichen sowie Tabulatoren können Sie zur Strukturierung Ihres Codes einsetzen. Diese Zeichen werden beim Übersetzen nicht gelesen. Den Programmcode zeigt das Bild oben auf dieser Seite. Da die Sprache genormt ist, ist er in allen Entwicklungsumgebungen gleich.

Test

4. Testen Sie das Programm **CoDeSys V2.3** – Testen Sie mit der Simulation, Aufgabe 2.1, beachten Sie dabei die Reihenfolge.

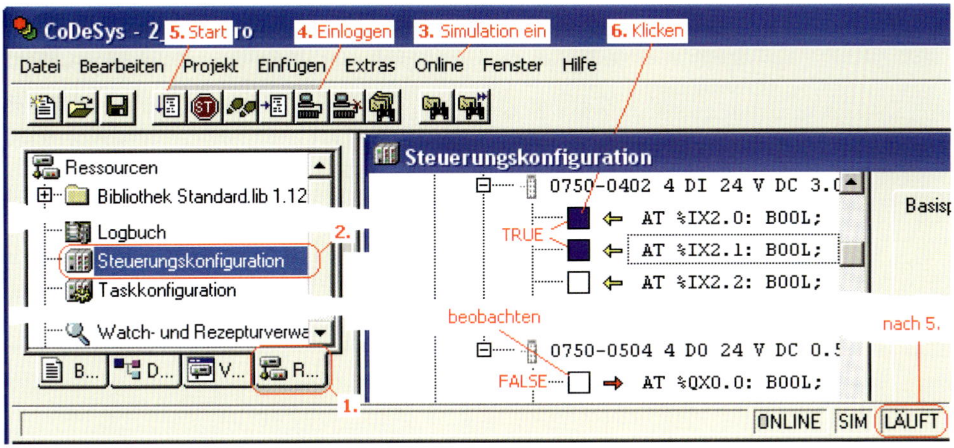

In e!COCKPIT testen mit der Simulation, Aufgabe 2.1

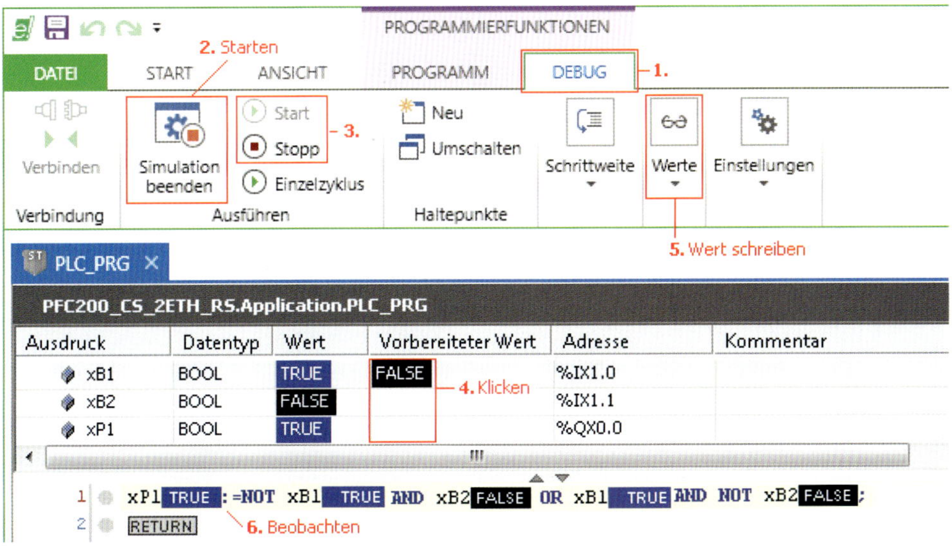

In CODESYS V3 DEMO testen mit der Simulation, Aufgabe 2.1

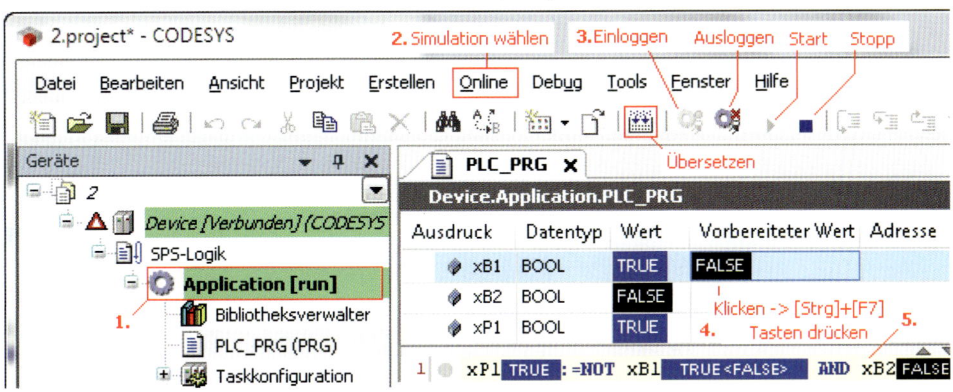

Falls Sie den Variablen Ein- bzw. Ausgangsadressen zugeordnet haben, so ignorieren Sie nach dem Übersetzen die Meldungen.

5. **Übertragen Sie** Ihr getestetes Programm in den Controller, falls Ihnen einer zur Verfügung steht. Wie Sie die Kommunikation über das Ethernet konfigurieren können, können Sie im Anhang nachlesen.

Übung 2.1 **Äquivalenz-Funktion** (EQ, equal)

EQ

Eine grüne LED (P2) soll am zweiten Ausgang (%QX0.1) anzeigen, dass kein Sensor defekt ist.

1. **Ergänzen Sie** das Programm, füllen Sie zunächst die Tabelle aus und entwickeln Sie daraus die Anweisung.

B1	B2	P2
0	0	...
0	...	...
1	...	...
1	1	...

xP2 := ....

2. **Überprüfen Sie** die Funktion. Siehe Beispiel oben.

Übung 2.2 **XOR**

XOR

Vereinfachen Sie die Aufgabe 2.1 mit dem XOR-Operator. Schreiben Sie die Anweisung auf. Siehe CODESYS-Menü Hilfe-Suchen-XOR eingeben...

xP1_Uebertemp:= ....

Übung 2.3 **Funktion 2 aus 3**

B1	B2	B3	P1
0	0	0	0
0	0	1	...
0	1	0	...
0	1	1	1
1	0	0	...
1	0	1	...
1	1	0	...
1	1	1	1

In einem Behälter soll die Temperatur überwacht werden. Es sind drei Temperaturschalter (B1 ... B3) eingebaut. Die Signale der Temperaturschalter sollen so verknüpft werden, dass eine Meldeleuchte (P1) "Übertemperatur" anzeigt, wenn zwei oder alle drei Temperaturschalter angesprochen haben.

Schreiben Sie die Gleichung mit Hilfe der Funktionstabelle auf.
Ergänzen Sie zunächst die Einträge in der Tabelle.

P1 := ....

OR ....

OR ....

OR ....

Geben Sie den Code ein.

Erstellen Sie eine Visualisierung – siehe folgendes Bild – und testen Sie die Funktion.

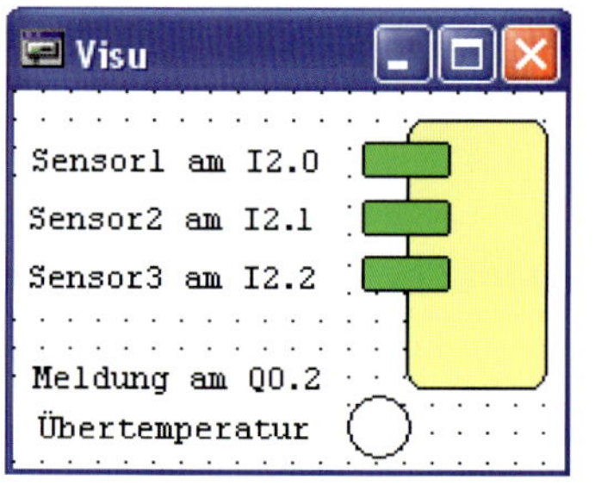

In CoDeSys V2.3 Visualisierung, Übung 2.3

Visualisierung

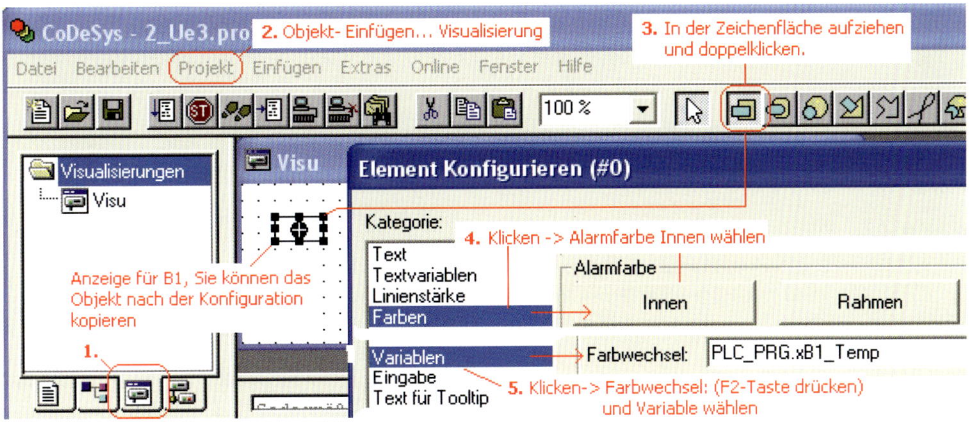

In e!COCKPIT oder CODESYS V3 Visualisierung, Übung 2.3

Fügen Sie bei markierter Application eine Visualisierung ein.

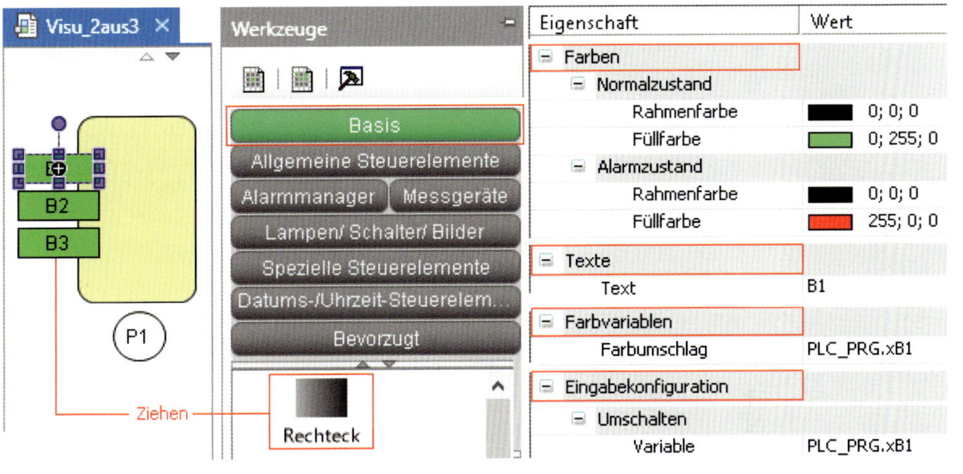

Übung 2.4 Wechselschaltung

Die Gebäudeinstallation beinhaltet einen I/O-Controller zur Gebäudeautomatisierung. Sie erhalten den Auftrag, eine bestehende Beleuchtungsanlage für zwei unabhängige Räume umzuprogrammieren, da die Zwischenmauer entfernt wird. Beide Leuchten sollen dann von S1 und S2 schaltbar sein (Wechselschaltung).

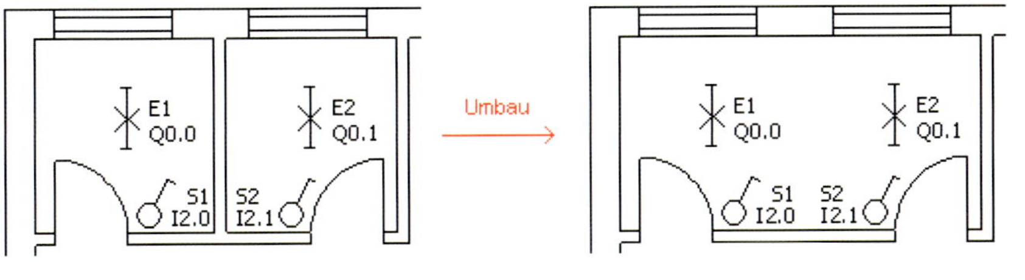

S2	S1	E2 = E1
0	0	0
0	1	...
1	0	...
1	1	...

Entwerfen Sie mit Hilfe der Funktionstabelle die Anweisung für das Programm.

E1 := ....

E2 := E1;   Testen Sie die Funktion.

Aufgabe 2.2 KV-Diagramm, Funktion 2 aus 3

Funktions-tabelle -> Anweisung

Bei Verknüpfungssteuerungen ohne Speicherverhalten kann mit Hilfe einer **Funktionstabelle** die notwendige Anweisung ermittelt werden.

Bei der disjunktiven Normalform (DNF) werden:

- die Eingänge UND-verknüpft, bei denen der Ausgang "1" ist -> es entstehen die Minterme,

Minterme

- die entstandenen **Minterme** werden ODER-verknüpft,
- die ermittelte Funktionsgleichung wird vereinfacht.

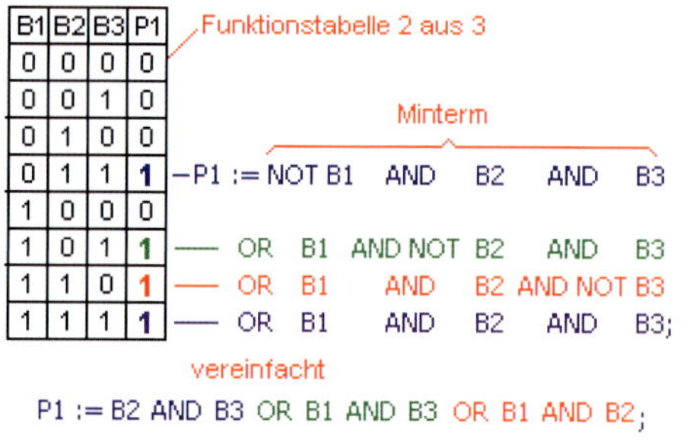

KV-Diagramm

Wird das **KV-Diagramm** benutzt, entfällt die Vereinfachung, da durch die Zusammenfassung von Feldern mit "1" die Funktionsgleichung in minimierter Form ermittelt wird.
Vollziehen Sie den Eintrag im KV-Diagramm nach.

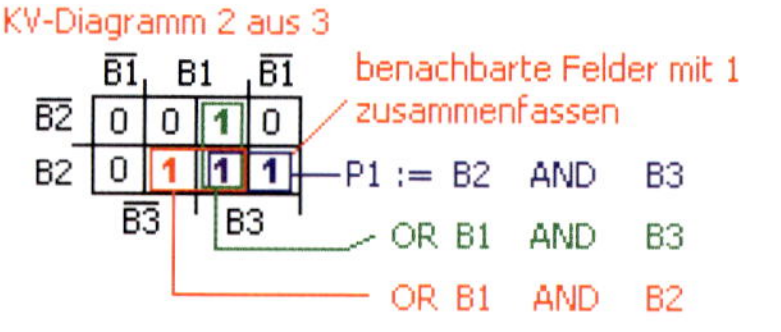

Auf der **InfoClick**-Webseite finden Sie eine kleine Animation.

Testen Sie die Richtigkeit in CODESYS.

1. Wie viele Ein- und Ausgänge sind nötig? -> Steuerungskonfiguration
2. Geben Sie die aus dem KV-Diagramm entwickelte Gleichung als Anweisung ein.
3. Testen Sie das Programm, simulieren Sie dabei B1 ... B3.
4. Falls Ihnen ein Controller zur Verfügung steht, übertragen Sie Ihr getestetes Programm in den Controller. Siehe Anhang „Programm in den Controller laden“.

Übung 2.5 Funktion 3 aus 4

Schreiben Sie mit Hilfe des KV-Diagramms die Anweisung auf.
Testen Sie die Richtigkeit Ihrer Ergebnisse in CODESYS.

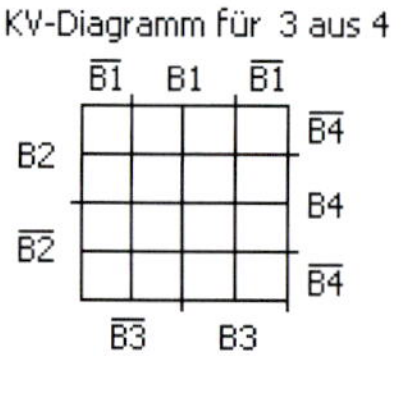

P1:= ....

OR ....

OR ....

OR .... ;

Übung 2.6 **Funktion 2 aus 3 mit Öffnerkontakten**

Drahtbruch

Ändern Sie das Programm, da die **Öffnerkontakte** der Sensoren benutzt werden, um einen **Drahtbruch** zwischen Sensor und der Steuerung erkennen zu können. Ein Drahtbruch wirkt so, als ob der Öffner, z. B. ein Meldekontakt, angesprochen hätte.

Übung 2.7 **Programmieren nach einer Funktionstabelle**

Schreiben Sie das Programm mit Hilfe der Funktionstabelle.

S2	S1	P3	P2	P1
0	0	1	0	0
0	1	0	1	1
1	0	0	1	1
1	1	1	0	1

In e!COCKPIT

Falls Sie eine Steuerung zur Verfügung haben, so können Sie die Konfiguration der Module wie I/O-Klemmen usw. aus der Steuerung lesen.
Projektieren Sie nur die Steuerung, verbinden Sie die Steuerung mit dem PC und wählen Sie in der Geräteansicht im Menü Gerät-Verbinden und -Module ermitteln. Beachten Sie die Hinweise unter Anhang "Programm in den Controller laden, Kommunikation konfigurieren".

Stichpunkte Steuerungskonfiguration, Digital-Input, -Output, Datenblatt, PAE, PAA, AT, AND, OR, NOT, BOOL, XOR, Visualisierung, Funktionstabelle -> Anweisung, Minterme, KV-Diagramm, Drahtbruch

2. Selbsttest – Boolesche Operationen

Wählen Sie die richtigen Ergänzungen bzw. Aussagen aus.

---

1. Am Anfang jedes Programmzyklus wird der Speicherbereich des PAA und des PAE aktualisiert. Wurde eine Eingabebaugruppe auf Byte 1 konfiguriert, so kann im Anwenderprogramm eine Variable mit Hilfe des Schlüsselworts "AT" auf den Speicherbereich

   ☐ %QX0.0...%QX0.7 zeigen. ☐ %IX0.0...%IX0.7 zeigen.

   ☐ %IX1.0...%IX1.7 zeigen. ☐ %QX1.0...%QX1.7 zeigen.

---

2. Eine Variable vom Datentyp

   ☐ INT ☐ REAL ☐ DINT ☐ BOOL

   kann nur die Werte "TRUE" oder "FALSE" annehmen.

---

3. xP1:= xB1 AND xB2 OR xB1 AND xB3 OR xB2 AND xB3;

   Das KV-Diagramm ☐ 1 ☐ 2 ☐ 3 ☐ 4 entspricht der Anweisung.

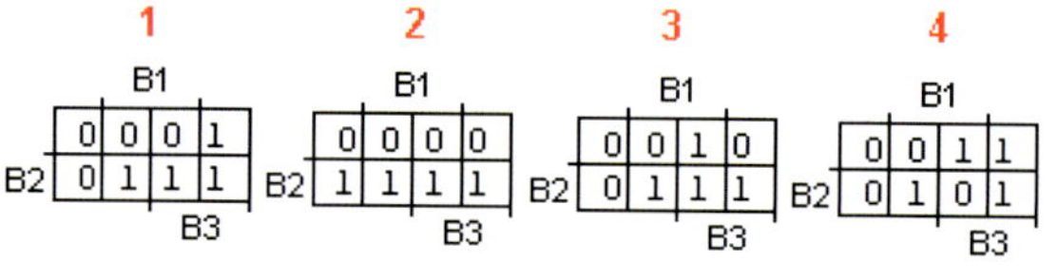

4.

B2	B1	led_ok
0	0	1
0	1	0
1	0	0
1	1	1

Die Anweisung zur Tabelle lautet:

☐ xLed_ok:=(NOT xB2 AND xB1)OR(xB2 AND NOT xB1);

☐ xLed_ok:=(NOT xB2 OR xB1)AND(xB2 OR NOT xB1);

☐ xLed_ok:=(NOT xB2 AND NOT xB1)OR(xB2 AND xB1);

☐ xLed_ok:=(NOT xB1 AND xB2)OR(xB2 AND NOT xB1);

Einen Selbsttest zu diesem Kapitel finden Sie auf **InfoClick** sowie aktuelle Hinweise zum Umgang mit CoDeSys V2.3, e!COCKPIT und CODESYS V3.

3 Datentypen, Codierungen

Lernziele: Datentypen, Codes, Zahlendarstellung und Datentypenumwandlung kennen lernen

Einführung: Ein Computersystem kann Daten nur binär (0 und 1) verarbeiten. Um ein Bitmuster richtig zu interpretieren, muss bei der Deklaration einer Variablen ein Datentyp angegeben werden. Damit sind die Codierung, der Wertebereich, die Größe des notwendigen Speichers sowie die gültigen Operationen und Funktionen festgelegt.
Beispiel: Das Bitmuster 1111_1111_1111_1111 wird beim Datentyp "WORD" als 65535, jedoch beim Datentyp INT als -1 interpretiert.

3.1 Datentypen für logische Werte

BOOL
BYTE
WORD
DWORD

Für logische Operationen wie `AND, OR, XOR, NOT` ... werden folgende Datentypen gewählt:

- 1 Bit -> **BOOL** z. B. `xQ1`
- 8 Bits = 1 Byte -> **BYTE** z. B. `bySensorgruppe`
- 16 Bits = 1 Word -> **WORD** z. B. `wMaske`
- 32 Bits = 1 Doppelword -> **DWORD** z. B. `dwStatus`
- 64 Bits = 1 Langword -> **LWORD** z. B. `lwFehler` in CODESYS V3

Aufgabe 3.1 Sensorgruppen vergleichen

Das Bitmuster der Variablen `bySensorgruppe1` soll mit Hilfe des `XOR`-Operanten mit dem Bitmuster der Variablen `bySensorgruppe2` verglichen werden. Bei Abweichungen zeigt die Variable `byErgebnis` dies an.
Wenn Sie mit e!COCKPIT oder I/O-Pro arbeiten, **konfigurieren Sie** die Steuerung, z. B. mit 2x8DI 750-430 und 1x8DO 750-530, geben Sie den Code ein und **analysieren Sie** das Programm mit der PC-Simulation. %IB1 ist die IEC-Adresse des Eingangsbytes 1, %QB0 die des Ausgangsbytes 0. Schalten Sie die Darstellung der Werte um, wie dies im Folgenden beschrieben ist, um die verschiedenen Darstellungen von Variablenwerten kennen zu lernen. Die Adressen können Sie der Steuerungskonfiguration entnehmen. Lassen Sie die Steuerungskonfiguration weg, wenn Sie mit CODESYS V3 arbeiten.

```
PROGRAM PLC_PRG
VAR
 bySensorgruppe1 AT %IB?:BYTE;
 bySensorgruppe2 AT %IB?:BYTE;
 byErgebnis AT %QB0:BYTE;
END_VAR
byErgebnis:= bySensorgruppe1 XOR bySensorgruppe2;
```

Alle Bits der Variablen byErgebnis sind FALSE, wenn beide Sensorgruppen den gleichen Wert haben.

Beachten Sie die **Speicherorganisation**, sie ist vom Zielsystem abhängig.

Speicher-organisation

Beispiel:

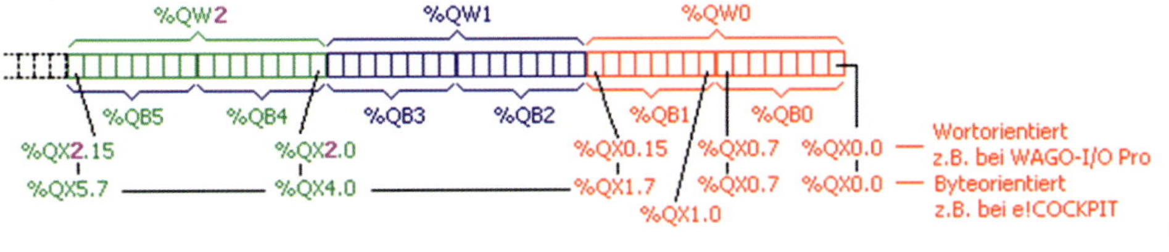

Darstellung der Werte und Codierung

Binärcode: Es verdoppelt sich die Wertigkeit der Bits von rechts nach links.

Aktivieren Sie die Simulation, loggen Sie ein und starten Sie die Abarbeitung des Programms. Sie können die Darstellung im Editor umschalten, wie im Bild unten gezeigt wird.

In CoDeSys V2.3 Test und Darstellung, Aufgabe 3.1

Binärcode 2#...

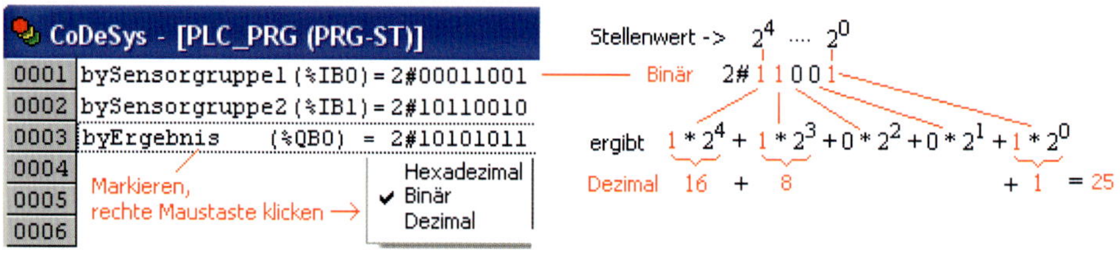

In e!COCKPIT Test und Darstellung, Aufgabe 3.1

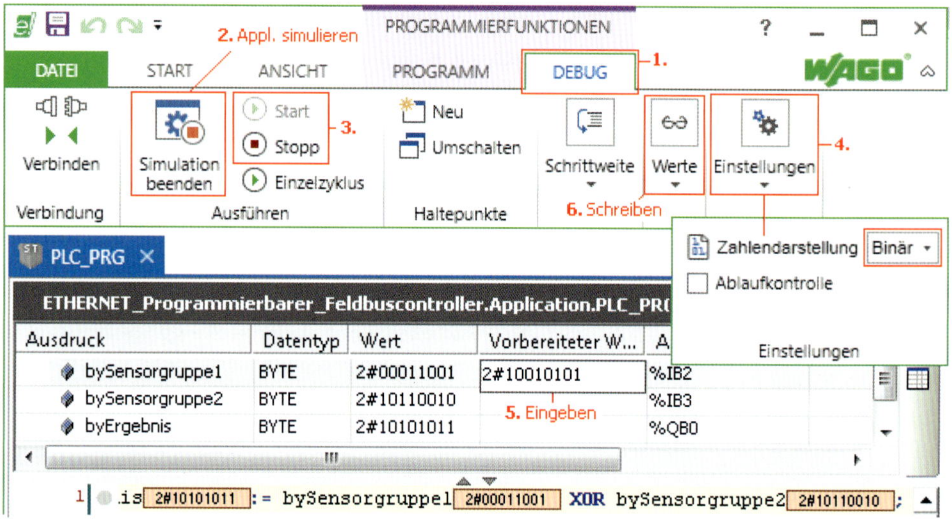

In CODESYS V3 Demo Test und Darstellung, Aufgabe 3.1

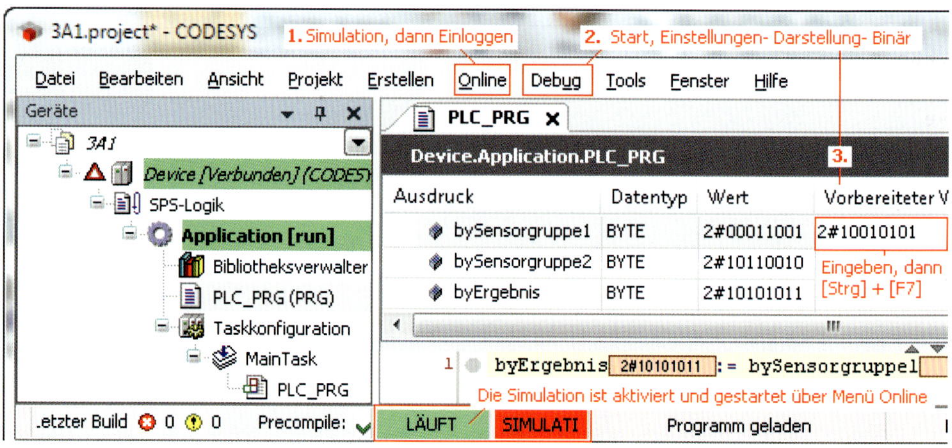

Sedezimalen(Hex)-Code

Um vielstellige binärcodierte Zahlen leichter lesen zu können, werden sie oft im Sedezimalen-(Hex)-Code dargestellt. Der Sedezimalcode kennt 16 Zeichen, 0, 1, 2 … 9, A, B, … F (A steht für 10 … F für 15).
Es können dadurch vier Stellen zu einem Zeichen zusammengefasst werden.

In CoDeSys V2.3 Test und Darstellung, Aufgabe 3.1

Hexcode 16#…

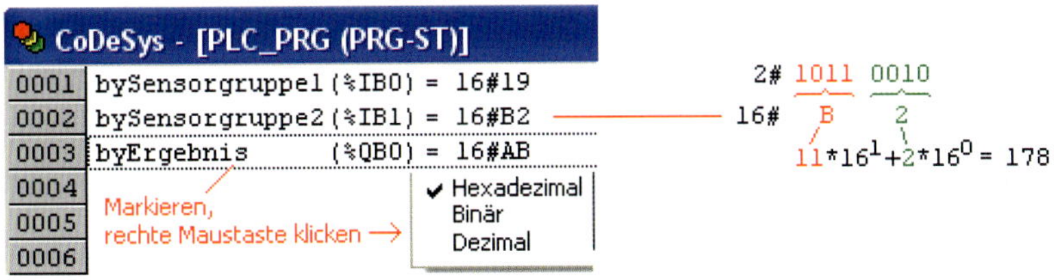

In e!COCKPIT oder CODESYS V3 Demo Test und Darstellung, Aufgabe 3.1

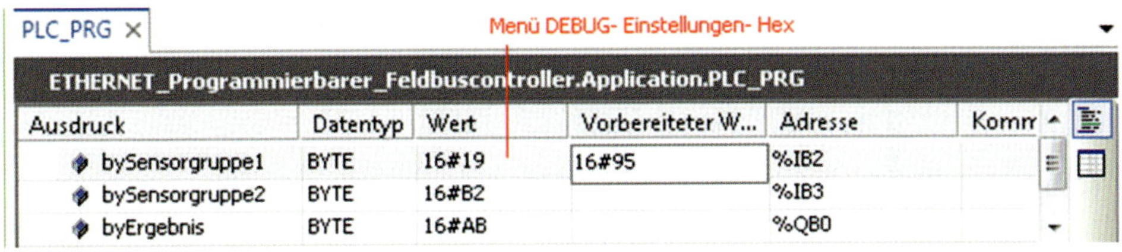

Übung 3.1 Zahlendarstellung

BYTE

Die Werte der Variablen `bySensorgruppe1` (siehe oben) sollen unterschiedlich dargestellt werden. **Füllen Sie** die Tabelle aus.

Beispiele:

binär	hexadezimal	dezimal
2#1001_0101		
	16#A2	
		19

Steht das Bitmuster im Vordergrund, so sollte die binäre oder die hexadezimal Darstellung gewählt werden.

Aufgabe 3.2 Maske

Maske

WORD

Initialwert

Nur die Bits 0 und 8 … 11 vom %IW0 (Eingangswort 0, dies ist ein Speicherbereich des PAE) sollen die gleichen Bits vom %QW0 steuern. Die restlichen Bits werden mit Hilfe einer "**Maske**" ausmaskiert. Der Variablen `wMaske` wird ein **Initialwert** zugewiesen. Nach einem Neustart nimmt die Variable dadurch diesen Wert an.
Vollziehen Sie das Beispiel nach. Sie können auch 16#0F01 als Initialisierungswert für wMaske eingeben.

```
VAR
   wIn AT %IW0:WORD;
   wMaske:WORD:= 2#0000_1111_0000_0001;
   wOut AT %QW0:WORD;
END_VAR

wOut := wIn AND wMaske;
```

Bit 11…Bit 8 … Bit 0
Initialisierung der Variable

In CoDeSys V2.3 Test, Aufgabe 3.2

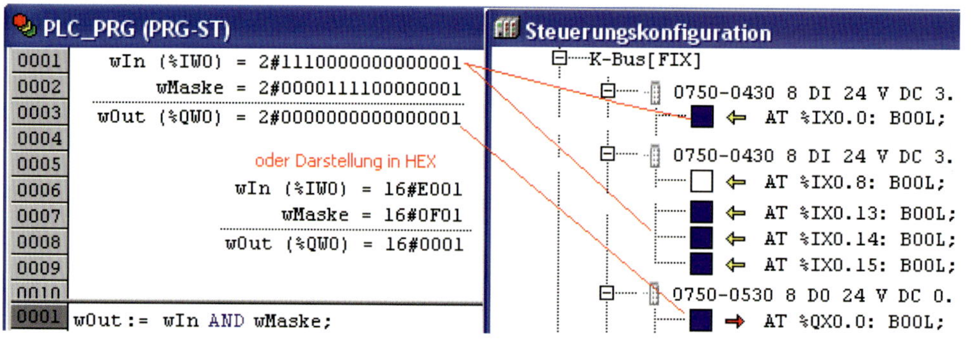

In e!COCKPIT Test, Aufgabe 3.2

1. Wählen Sie nach dem Start der Simulation im Menü DEBUG in der Programmstruktur die Geräteansicht.
2. Markieren Sie die Eingangsklemme, schreiben Sie einen Wert, achten Sie auf die Adresse.
3. Beurteilen Sie die Werte der Ausgangsklemme.

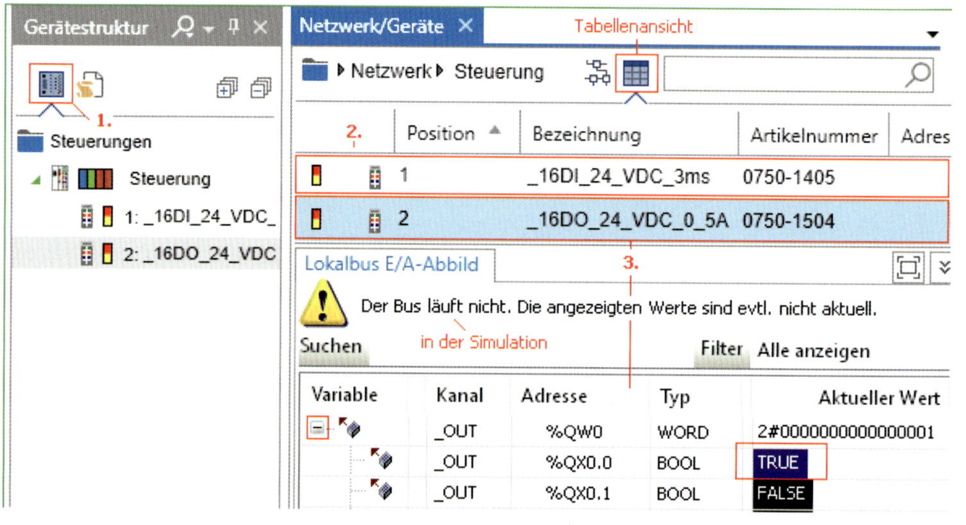

In CODESYS V3 Demo Test, Aufgabe 3.2

Testen Sie Ihr Programm in der Programmansicht (siehe Aufgabe 3.1), da keine Gerätekonfiguration möglich ist.

Beachten Sie:
Die Datentypen `BOOL`, `BYTE`, `WORD`, `DWORD` werden dann benutzt, wenn das Bitmuster im Vordergrund steht. Der Wert der Variablen sollte daher binär, also 2#..., oder sedezimal, also 16#..., eingegeben werden.

3.2 Datentypen für ganze Zahlen

Bei Rechenoperationen steht das Bitmuster nicht im Vordergrund. Für Rechenoperationen mit ganzen Zahlen werden folgende Datentypen gewählt:

INT
DINT
LINT

- **INT** (16Bit-Integer) 2^{16} = 65536 Zahlen mit der Festlegung –32768...32767 oder wenn nötig
- **DINT** (32Bit-Double Integer) Wertebereich = –2.147.483.648...2.147.483.647.
- **LINT** (64Bit-Integer) in CODESYS V3..

MSB

Das hochwertigste Bit (**MSB**-most significant bit) ist das **Vorzeichenbit.**

Beispiel: **0**000_0000_0000_0101 = 5;   **1**111_1111_1111_1011 = **–**5

Soll die Zahl – 5 dargestellt werden, so bildet der Controller das **2er-Komplement** von 5, das heißt, er bildet das Komplement (Negation, NOT)

5 = 0000_0000_0000_0101 => 1111_1111_1111_1010
und dann wird 1 addiert => 1111_1111_1111_1011 = –5

Weitere Datentypen für ganze Zahlen:

SINT
USINT
UINT
UDINT
ULINT

- **SINT** (8 Bit-Integer) klein, engl. *short* 2^8 = 255 Zahlen mit der Festlegung –128...127.
- **USINT** (8 Bit-Integer) vorzeichenlos, engl. *unsigned* Wertebereich = 0...255.
- **UINT** (16 Bit-Integer) Wertebereich = 0...65535.
- **UDINT** (32 Bit-Integer) 2^{32} = 4294967296 Zahlen Wertebereich = 0...4294967295.
- **ULINT** (64 Bit-Integer) in CODESYS V3..

Das jeweilige Präfix, das Sie für die Variablennamen verwenden sollten, können Sie im Anhang: Begriffe unter Datentypen finden.

BCD

Zahlen können auch **BCD**-codiert dargestellt werden (bei S5-SPSn).

(Packed -> 4 Bits pro Dezimalziffer): Beispiel: 943

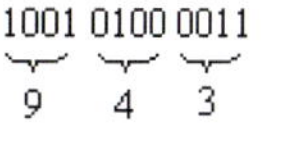

3.3 Datentyp für rationale Zahlen

REAL

Für Rechenoperationen mit Gleitpunktzahlen (REAL-Zahlen) wird der Datentyp **REAL** (32-Bit Gleitkomma-Zahl) oder LREAL (64-Bit Gleitkomma-Zahl) gewählt. Die Wertebereiche sind vom verwendeten Zielsystem abhängig, benutzen Sie die jeweilige Hilfe in Ihrem System.

Beispiele:
0.2; -314.06; 3.5e+10 (der Exponent muss ganzzahlig sein)
Beachten Sie:
Geben Sie kein Komma, sondern einen Punkt ein.

Vergleichs-
operator

Vorsicht bei **Vergleichsoperationen** auf gleich (Bild rechts).
Das Ergebnis des Vergleichsausdrucks ist vom Datentyp BOOL und kann der Variablen xVar zugewiesen werden.
Zum Beispiel kann 1/10 binär nicht genau dargestellt werden.
Sie finden auf **InfoClick** einen Link -Format des Datentyps REAL-.

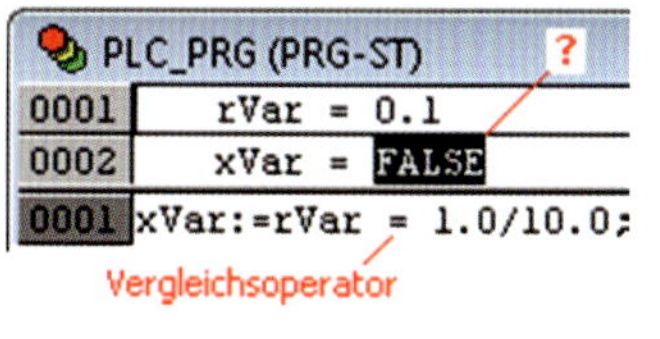

3.4 Datentypen für Zeiten

Für Zeitfunktionen gibt es die Datentypen:

1. **DATE** (16 Bit), der Wert in den 16 Bits entspricht der Anzahl der Tage seit 01.01.1990.
   Beispiele: D#1990-01-01 (=16#0000), D#2168-12-31 (=16#FF62).

TIME,

2. **TIME** = Zeitdauer (32 Bit), der Wert der 32 Bits wird mit Vorzeichen abgelegt.
   Beispiele: T#24d20h31m23s647ms (=16#7FFF_FFFF), T#-24d20h31m23s648ms (=16#8000_0000). Siehe Kapitel 9.

DATE, TOD

3. **TIME_OF_DAY** = Tageszeit (32 Bit), der Wert der 32 Bits enthält die Anzahl der Millisekunden seit Tagesbeginn.
   Beispiele: TOD#00:00:00:00 (=16#0000_0000) bis TOD#23:59:59.999 (=16#0526_5BFF)
4. **DATE_AND_TIME** = Datum und Uhrzeit, es ist ein zusammengesetzter Datentyp.
   Beispiel: DT#2089-12-31-23:59:59.999. Eine Übung zu den Datentypen für Zeiten finden Sie im Kapitel 7.

3.5 Datentypenumwandlung

Mit Hilfe von IEC-Operatoren zur Datentypenumwandlung wie `WORD_TO_INT();` `INT_TO_WORD();` `BYTE_TO_BOOL()` ... können Datentypen umgewandelt werden. In CODESYS V3 müssen Sie den Eingangstyp nicht angeben, z.B. `TO_INT();` `TO_BOOL()` ... Bei einigen Compilern müssen Datentypenumwandlungen von z.B. `INT_TO_REAL()` oder `BYTE_TO_WORD()` usw. nicht explizit angegeben werden. Es wird eine implizierte Datentypenumwandlung durchgeführt.
Siehe auch CODESYS-Menü Hilfe-> Suchen... Typkonversionsoperatoren.

Aufgabe 3.3 Typenumwandlung und Vergleichsoperatoren

a) **Untersuchen Sie** die Funktion des Programms.

xx_TO_xx

```
PROGRAM PLC_PRG
(*2 aus 3, mit Temperaturschalter Schließer und Anzeige*)
VAR
 xB1 AT %IX2.0:BOOL; xB2 AT %IX2.1:BOOL; xB3 AT %IX2.2:BOOL;
 xP1 AT %QX0.1:BOOL;(*Anzeige*)
END_VAR
```

Vergleichs-operator

```
xP1:= BOOL_TO_USINT(xB1)+ BOOL_TO_USINT(xB2)+ BOOL_TO_USINT(xB3)>= 2;
```

Das Ergebnis des Vergleichsausdrucks ist vom Datentyp BOOL und kann der Variablen xP1 zugewiesen werden.
Vergleichen Sie mit der Übung 2.3. Das Programm hat die Funktion ....

b) Entfernen Sie das Zeichen > vom Vergleichsoperator >= und **untersuchen Sie** die Funktion.
   Ergebnis:
   Nur wenn ....

Aufgabe 3.4 Bitmuster und Wert

Untersuchen Sie die Funktion des Programms, lassen Sie die Variablenwerte dezimal als auch binär darstellen. Beachten Sie die Adressierung in der Steuerungskonfiguration.

```
PROGRAM PLC_PRG
(*Autor: ???, Version: 1.0*)
VAR
 iIn AT %IW0:INT;(*eingeben*)
 wIn:WORD;(*beobachten*)
 xP1_neg AT %QX0.0:BOOL;(ist negativ*)
END_VAR

wIn:=INT_TO_WORD(iIn);
(*iIn positiv oder negativ*)
(*ausmaskieren*)
xP1_neg:= WORD_TO_BOOL(wIn AND 16#8000);
```

In CoDeSys V2.3, Test, Aufgabe 3.4

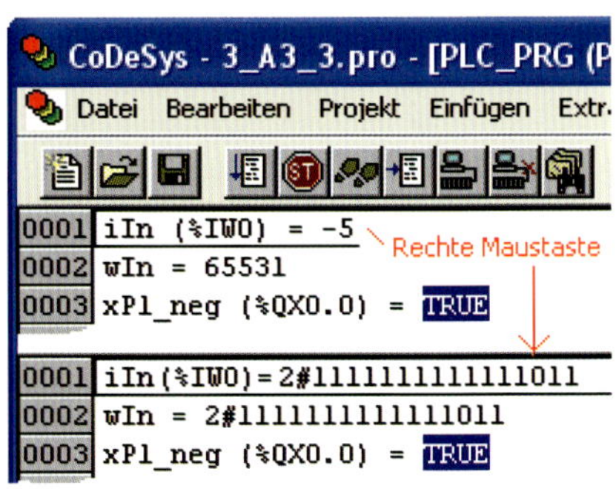

In e!COCKPIT oder CODESYS V3 Demo Test, Aufgabe 3.4

Wählen Sie nach dem Start der Simulation im Menü DEBUG-Start und Einstellungen Dezimal oder Binär. Überprüfen Sie die Variablenwerte.

Anmerkung:
Da `iIn` nicht mit `AND` verknüpft werden kann, um das Vorzeichen auszumaskieren, wird die Datentypenumwandlungsfunktion `INT_TO_WORD` verwendet.
Um festzustellen, dass `iIn` negativ ist, könnte auch ein Vergleichsoperator verwendet werden. Wie würde die Anweisung aussehen?

`xP1_neg:=` ....

Aufgabe 3.5 Analogwertverarbeitung 1

An der Analogausgabebaugruppe ist der Analogeingang −10 V...10 V eines Frequenzumrichters zur Drehfrequenzsteuerung angeschlossen.

Die Baugruppe wandelt die Zahl −32767...32767 im Speicher %QW0 in eine Ausgangsspannung von −10 V...10 V um.
Die Adresse, hier %QW0, ist von der Steuerungskonfiguration abhängig.

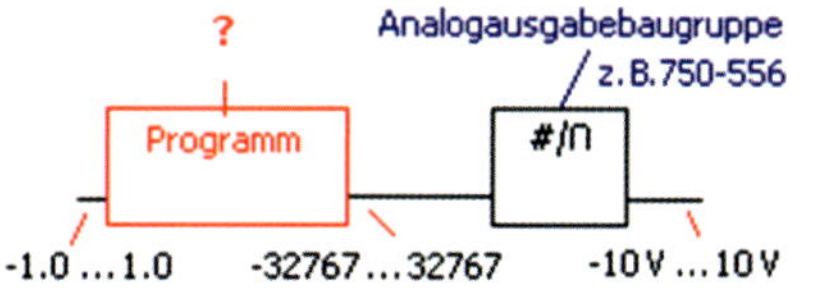

Analysieren Sie das Programm, **füllen Sie** die Tabelle aus und beantworten Sie die Fragen. Übernehmen Sie die Adressen aus der Steuerungskonfiguration.

```
PROGRAM PLC_PRG
(*Zum Test Wert von rIn verändern*)
(*Wandelt -1…1 in -32767…32767*)
VAR
 rIn:REAL;(*-1.0 ... 1.0*)
 iOut AT %QW0:INT;
 wOut:WORD;
 xP1_neg AT %QX2.0:BOOL;
END_VAR

iOut:= REAL_TO_INT(rIn * 32767.0);
wOut:= INT_TO_WORD(iOut);
(*Anzeige:Wert ist negativ*)
xP1_neg:=WORD_TO_BOOL(wOut AND #8000);
```

rIn	iOut	wOut	xP1_neg
0.25	8192	16#	FALSE
0.5	....	16#	....
0.75	....	16#	....
1.0	....	16#	....
-0.25	....	16#	....

Welche Aufgabe übernimmt der Programmcode in der

- Zeile 1 im Anweisungsteil? ....
- Zeile 2 im Anweisungsteil? ....
- Zeile 3 im Anweisungsteil? ....

Übung 3.2 Analogwertverarbeitung, Skalieren

An der Analogeingabebaugruppe ist zur Temperaturmessung über einen Messverstärker ein temperaturabhängiger Widerstand angeschlossen. Der Messverstärker wandelt die Widerstandsänderung des PT100 bei 0...100 °C in eine Spannung 0...10 V um.
Die Analogeingabebaugruppe wandelt die 0...10 V in eine Zahl 0...32760 um und legt diese alle 2 ms in den Speicher ab.

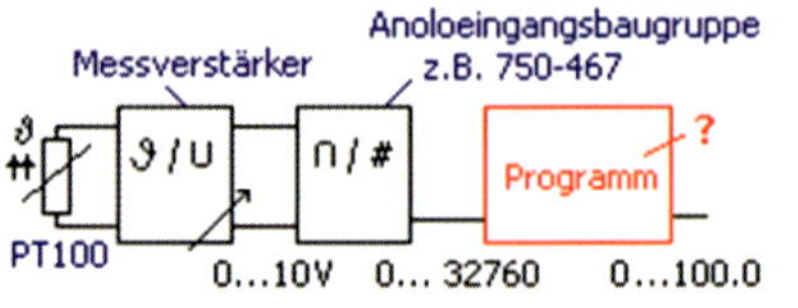

Das zu erstellende Programm soll die Zahl im %IWx in den Wert 0...100.0 umsetzen.

Geben Sie beim Testen des Programms die Zahl 0...32760 vor, z. B. 16380 ergibt 50 (50,0 °C) als Ergebnis.

Testen Sie das Programm.
Die Adresse des Speicherplatzes können Sie der Steuerungskonfiguration entnehmen.
Anmerkung:
Sie könnten auch die AI-Klemme 750-461 verwenden, der Messverstärker könnte dann entfallen.

In CoDeSys V2.3 Test, Übung 3.2

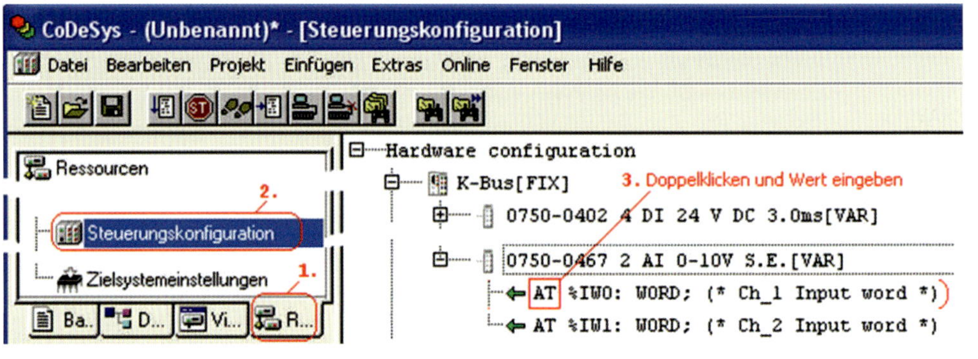

In e!COCKPIT Test, Übung 3.2

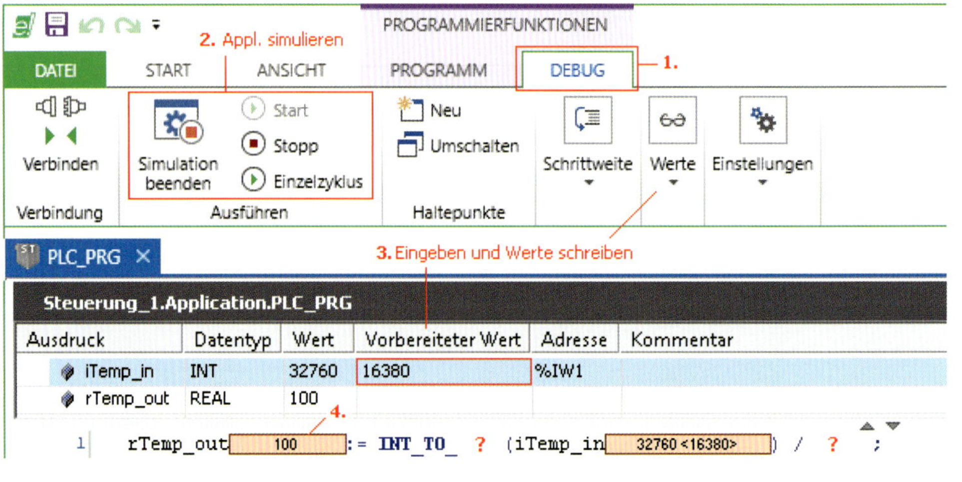

Falls Sie einen Controller mit den entsprechenden Klemmen haben, **übertragen Sie** Ihr getestetes Programm in den Controller.

In CODESYS V3 Demo Test, Übung 3.2

Hier ist keine I/O-Konfiguration möglich, Sie können Ihr Programm auch ohne I/O-Baugruppen testen.

3.6 Zusammengesetzte Datentypen

Zusammengesetzte Datentypen basieren auf elementaren Datentypen, wie BOOL...DWORD, ganzzahlige Datentypen USINT...DINT, Fließpunktzahlen REAL, LREAL und TIME.

STRING

1. **DATE_AND_TIME**, siehe oben Datentyp für Zeiten.
2. **STRING**, z. B. `sOut:STRING:= 'Palette ist angekommen';`.
3. **STRUCT**, es ist eine Zusammenstellung verschiedener Variablen, siehe dazu Kapitel 7.
4. **Aufzählungstyp**, er besteht aus einer Menge von String-Konstanten, siehe dazu Kapitel 7.
5. **ARRAY,** es sind **Feldvariablen**, diese können über einen Index angesprochen werden. Die Variablen müssen vom gleichen Datentyp sein.

3.6.1 Feldvariable – ARRAY

ARRAY

Mit Feldvariablen (Feld engl. *array*) können Sie mehrere Variablen vom gleichen Datentyp und Namen über einen Index ansprechen. Bei der Deklaration können die Variablen **initialisiert** werden, das heißt, die Variablen werden beim Neustart mit dem deklarierten Anfangswert beschrieben. Weitere Aufgaben finden Sie ab Kapitel 5.

Aufgabe 3.6 Ein- und zweidimensionale Feldvariable

Vollziehen Sie die Beispiele nach.

Eindimensionale Feldvariable
Ein Antrieb soll 5 Positionen anfahren; die Positionen werden in einer eindimensionalen Feldvariablen gespeichert.

In CoDeSys V2.3 Variable initialisieren und lesen, Aufgabe 3.6

Initialisierung

```
PLC_PRG (PRG-ST)
VAR
    rPosition: ARRAY[0..4] OF REAL:= -10.5, 20.2, 35.3, 40.0, 55.5;
    rAnfangsposition, rEndposition: REAL;
END_VAR

(*Werte aus der Feldvariable auslesen*)
rAnfangsposition:= rPosition[0];(*Wert = .....*)
rEndposition:= rPosition[4];(*Wert = .....*)
```

In e!COCKPIT oder CODESYS V3 Variable initialisieren und lesen, Aufgabe 3.6

Beachten Sie:
In CODESYS 3 werden die Initialisierungswerte in [ ] aufgelistet.

```
PLC_PRG
PROGRAM PLC_PRG
VAR
    rPosition: ARRAY[0..4] OF REAL:= [-10.5, 20.2, 35.3, 40.0, 55.5];
    rAnfangsposition, rEndposition: REAL;
END_VAR

//Werte aus der Feldvariable auslesen*)
rAnfangsposition:= rPosition[0];//Wert = .....
rEndposition:= rPosition[4];//Wert = .....
```

Zweidimensionale Feldvariable

Es sollen in einer x-y-Ebene mit Hilfe einer zweidimensionalen Feldvariablen ID-Nummern festgelegt werden. Die Variable `iRegal` wird mit Zahlen kleiner 256 initialisiert. Könnte anstelle des Datentyps INT auch ein anderer Typ deklariert werden?

In CoDeSys V2.3 Variable initialisieren und lesen, Aufgabe 3.6

```
PLC_PRG (PRG-ST)
VAR
 iRegal: ARRAY[1..4, 1..3] OF INT:= 5, 45, 2,
                                    8, 67, 5,
                                    10, 1, 3,
                                    9, 23, 4;
 iID_Nr1, iID_Nr2: INT;
END_VAR
(*Werte aus der Feldvariable auslesen*)
iID_Nr1:= iRegal[1,1]; (* iID_Nr1= .....*)
iID_Nr2:= iRegal[3,2]; (* iID_Nr2= .....*)
```

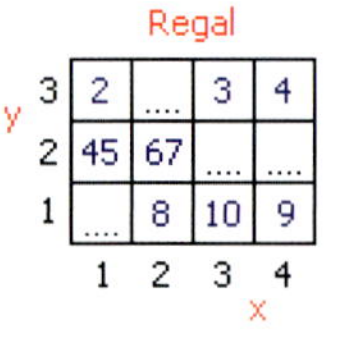

In e!COCKPIT oder CoDeSys V2.3 Variable initialisieren und lesen, Aufgabe 3.6

Beachten Sie:
In CODESYS 3 werden die Initialisierungswerte in [ ] aufgelistet.

```
PLC_PRG
PROGRAM PLC_PRG
VAR
 iRegal: ARRAY[1..4, 1..3] OF INT:= [5, 45, 2,
                                     8, 67, 5,
                                     10, 1, 3,
                                     9, 23, 4];
 iID_Nr1, iID_Nr2: INT;
END_VAR

iID_Nr1:= iRegal[1,1]; // iID_Nr1= .....
iID_Nr2:= iRegal[3,2]; // iID_Nr2= .....
```

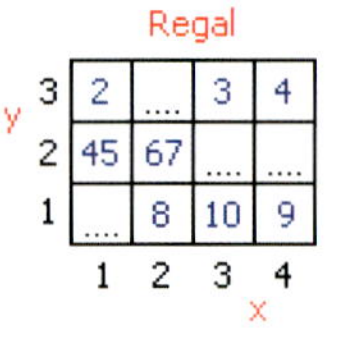

3.7 Slice-Zugriff

Slice

Die Aufteilung eines Speicherbereichs wird Slice genannt. Sie können mit der Ergänzung des Variablennamens mit .0 auf das Bit 0, mit .7 auf das Bit 7 einer Variablen vom Datentyp BYTE, WORD ... zugreifen.

Aufgabe 3.7 Ausgangsbyte abhängig vom Eingangsbyte steuern

Das Programm weist abhängig von einem Index ein Bitmuster dem Ausgangsbyte zu. Der Index wiederum ist abhängig vom Wert des Eingangsbytes.

Analysieren Sie die Programmfunktion.

Konfigurieren Sie die Steuerung so, dass das Eingangsbyte %IB2 und das Ausgangsbyte %QB0 zur Verfügung stehen.

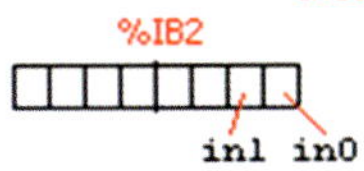

Index	%IB2 in1	%IB2 in0	%QB0 out2	%QB0 out1	%QB0 out0	
0	0	0	1	0	0	16#04
1	0	1	0	1	1	16#03
2	1	0	0	1	1	16#03
3	1	1	1	0	1	16#05

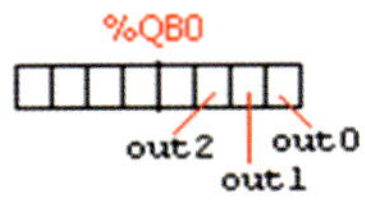

In CoDeSys V2.3

Den Programmcode können Sie dem folgenden Bild entnehmen; die Initialwerte der Feldvariablen werden jedoch nicht in [ ] geschrieben.

Beachten Sie: Wird in CoDeSys V2.3 eine neue analoge Eingangsbaugruppe eingefügt, so verschieben sich die Adressbereiche der digitalen Eingangsbaugruppen nach oben.

In e!COCKPIT oder CODESYS V3, Aufgabe 3.7

PLC_PRG

```
PROGRAM PLC_PRG
(*******************************************************************
Ausgangsbyte abhängig vom Eingangsbyte steuern, ARRAY, Datentypen-
umwandlung, Maske.
Verändern Sie die zwei niederwertigsten Bits von byIn nach dem
Einloggen und Start, beobachten Sie byOut.
*******************************************************************)
VAR
    byIn AT %IB4:BYTE;
    byOut AT %QB0:BYTE;
    index:INT;
    out:ARRAY [0..3] OF BYTE:= [16#04,16#03,16#03,16#05];
    xOut0 AT %QX0.0:BOOL; xOut1 AT %QX0.1:BOOL; xOut2 AT %QX0.2:BOOL;
END_VAR

index:= BYTE_TO_INT(byIn AND 2#0000_0011);
byOut:= out[index];
xOut0:=byOut.0; xOut1:=byOut.1; xOut2:=byOut.2;
```

In CoDeSys V2.3 entfallen die [ ]

Maske

Der Wert des Bit 2 von byOut wird xOut2 zugewiesen.

Anmerkung: Die Aufgabe könnte auch mit Hilfe von AND-, OR-, NOT-Operanten gelöst werden, wie die Übung 2.7 zeigt.

Übung 3.3 Bahnkorrektur eines Roboterschweißarms

Schreiben Sie das Programm, benutzen Sie den Lösungsansatz von der Aufgabe 3.7.

S1	S2	S3	li	re	ok	alarm
0	0	0	0	0	0	1
0	0	1	0	1	0	0
0	1	0	0	0	...	0
0	1	1	0	1	0	0
1	0	0	...	0	0	0
1	0	1	0	0	0	1
1	1	0	...	0	0	0
1	1	1	0	0	0	...

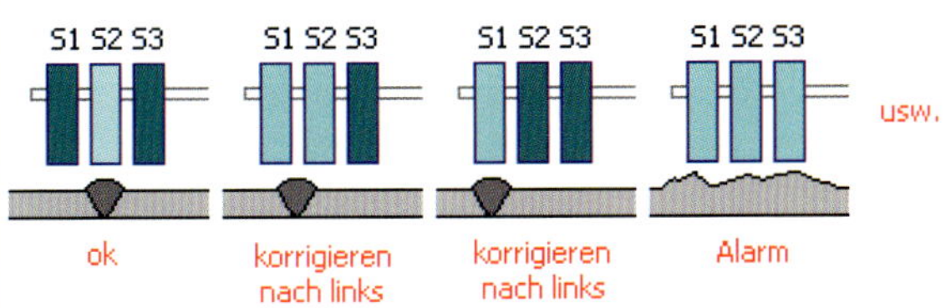

Weitere Aufgaben und Übungen mit Feldvariablen finden Sie in Kapitel 5.

3.8 Programm mit absoluter Adressierung

Werte können in den Speicherbereichen Prozessabbild der Ein- und Ausgänge (PAE und PAA) auch direkt über die **absolute Adresse** gelesen und geschrieben werden. Eine Variablendeklaration ist dann nicht erforderlich. Dies führt jedoch zu Programmen, die dadurch schwer les- und pflegbar sind.

Absolute Adressierung

```
PROGRAM PLC_PRG
VAR
END_VAR
%QB0:=%IB0 XOR %IB1;
```

Wie Aufgabe 3.1, jedoch mit absoluter Adressierung.

Fragen:

1. Wann wird der Datentyp REAL, INT, BYTE verwendet? Wie viel Bits Speicherplatz muss das System für den jeweiligen Typ reservieren? Welcher Wertebereich kann dargestellt werden?
2. Welches Ergebnis liefert die Verknüpfung 16#FF AND 16#80 ....?
3. Von welchem Datentyp ist das Ergebnis einer Vergleichsoperation?
4. Schreiben Sie drei Datentypen für Zeiten auf.
5. Können zwei Variable vom Datentyp USINT mit OR verknüpft werden?

Stichpunkte BOOL, BYTE, WORD, DWORD, absolute Adressierung, Binärcode 2#..., Hexcode 16#..., BYTE, Maske, WORD, Initialwert, INT, DINT, MSB, SINT...UDINT, REAL, xx_TO_xx, Vergleichsoperator, STRING, ARRAY, Speicherorganisation

3. Selbsttest – Datentypen, Codierung

Wählen Sie die richtigen Ergänzungen bzw. Aussagen aus.

1.
```
VAR c :INT; END_VAR
c:= 5.0/2.0;
```

Beim Übersetzen des Codes wird ein Error (Fehler) gemeldet. Die Variable c muss als

☐ BOOL deklariert werden. ☐ INT deklariert werden.

☐ REAL deklariert werden. ☐ WORD deklariert werden.

---

2. Die Verknüpfung

```
byVariable1 AND 16#80
```

ergibt dann 16#80, wenn der Wert der byVariable1

☐ = 16#00 ist. ☐ < 16#7F ist. ☐ >=16#80 ist. ☐ <16#80 ist.

---

3. Das 2er-Komplement von 0111_1111 ist

☐ 1000_0000. ☐ 1111_1110. ☐ 0111_1110. ☐ 1000_0001.

---

4. Im Deklarationsteil des Codes steht die Anweisung

```
iMesswert:ARRAY [1..3,1..2] OF INT:= 3(1),3(2);
```

der Anfangswert von `iMesswert[3,2]` ist daher

☐ 0. ☐ 1. ☐ 2. ☐ 3.

Einen Selbsttest zu diesem Kapitel finden Sie auf **InfoClick** sowie aktuelle Hinweise zum Umgang mit CoDeSys V2.3, e!COCKPIT und CODESYS V3.

4 Kontrollstrukturen – Alternativen

Lernziele:
- IF-Anweisung, Struktogramm, Programmablaufplan
- Speicherglieder, RETAIN
- CASE-Anweisung

4.1 IF–THEN–ELSE

IF-THEN-ELSE

Die Auswahlanweisung `IF...THEN` ermöglicht die Steuerung des Programmablaufs zu beeinflussen, abhängig davon, ob eine "Aussage" wahr oder falsch ist.

Strukto-gramm

Pro-gramm-ablauf-plan

Beispiel:
Wenn der Wert von `rCos` kleiner als 0,5 ist, dann wird der Wert von `xK1` `TRUE`, sonst wird `xK1` `FALSE`.

Struktogramm

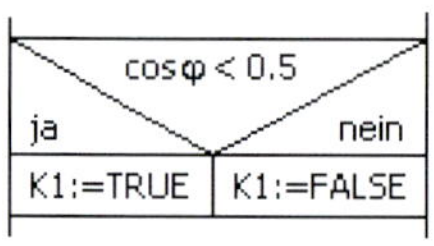

Programmablaufplan (PAP)

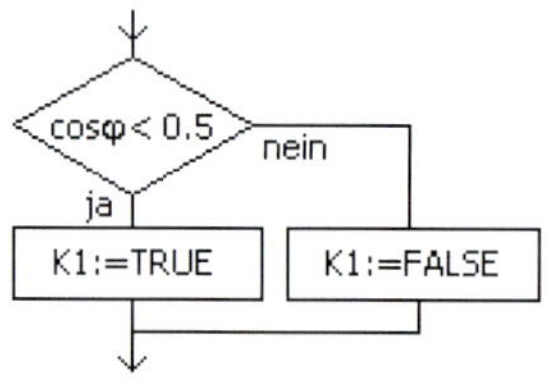

Code

```
IF rCos < 0.5 THEN
  xK1:=TRUE;(*K1 zieht an*)
 ELSE
  xK1:=FALSE;(*K1 fällt ab*)
END_IF;
```

Aufgabe 4.1 Speicherglieder RS oder SR

a) RS-Speicher

PAP

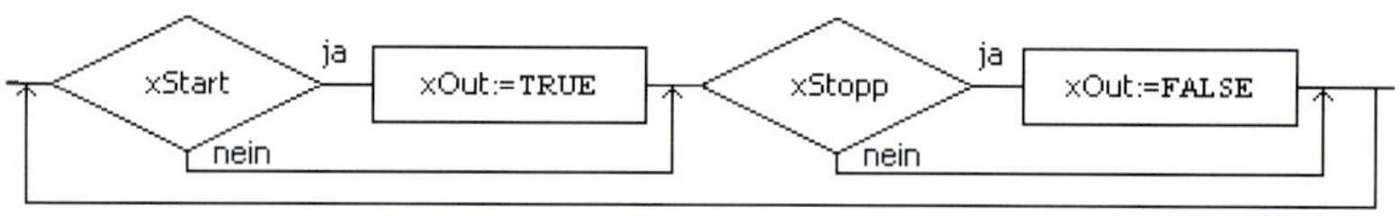

Viele Aktionen in der Automatisierungstechnik zeigen speicherndes Verhalten, z. B. die Selbsthaltesteuerung.

RS

Der Programmablaufplan im Bild oben zeigt das Verhalten eines **RS**-Speichergliedes (rücksetzdominant -> ist `xStart`="TRUE" als auch `xStopp`="TRUE", so wird `xOut` ="FALSE").

Geben Sie das Programm ein. **Testen Sie** die Funktion.

Break-points

Um die zyklische Abarbeitung des Programms und die sequenzielle Abarbeitung der Anweisungen anzuhalten, um Variablenwerte einzusehen, können nach dem Einloggen Haltepunkte, **Breakpoints** gesetzt werden.

In CoDeSys V2.3, Haltepunkte

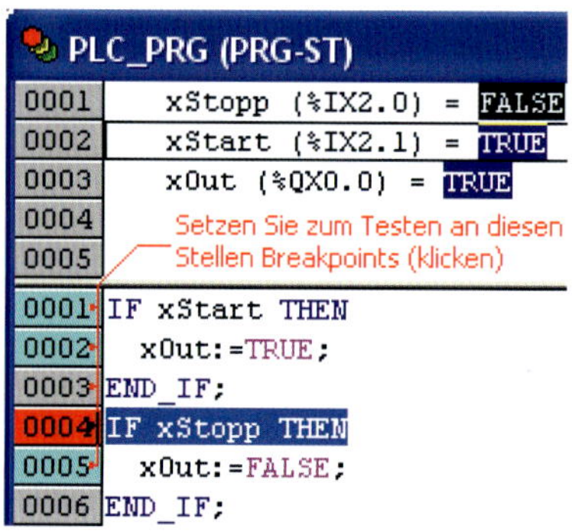

In e!COCKPIT oder CODESYS V3 Demo Haltepunkte, Aufgabe 4.1

Starten Sie die Simulation, stellen Sie den Curser in die Programmzeile und wählen Sie im Menü DEBUG Umschalten–Haltepunkte oder Taste [F9].

Über Start können Sie die Anweisungen von Haltepunkt zu Haltepunkt abarbeiten lassen.

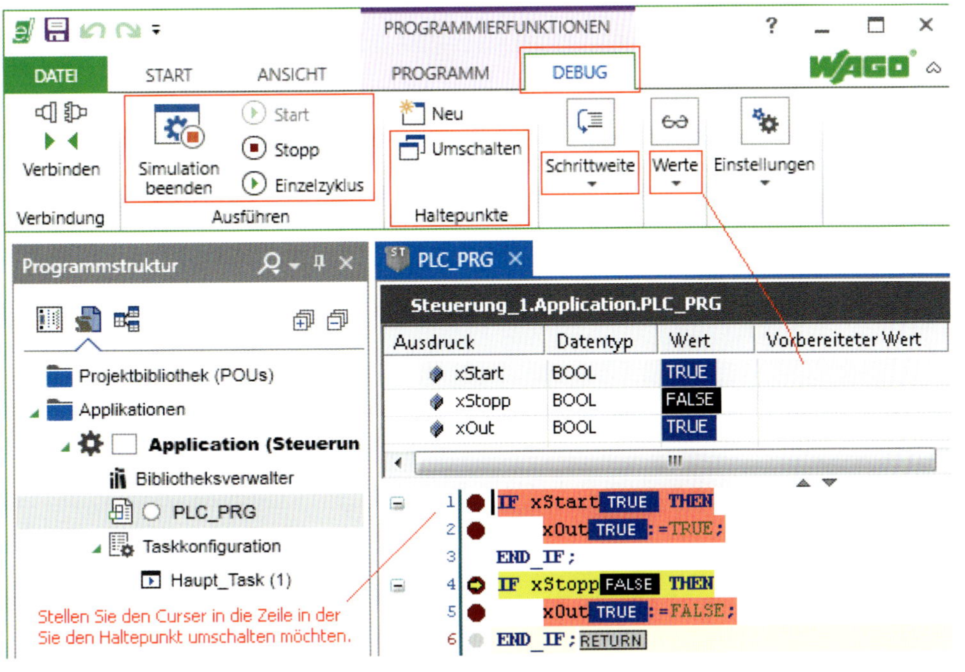

SR

b) SR-Speicher

Das Programm soll so geändert werden, dass es das Verhalten eines **SR**-Speichergliedes (setzdominant) hat.

Skizzieren Sie den Programmablaufplan und **schreiben Sie** den Code.

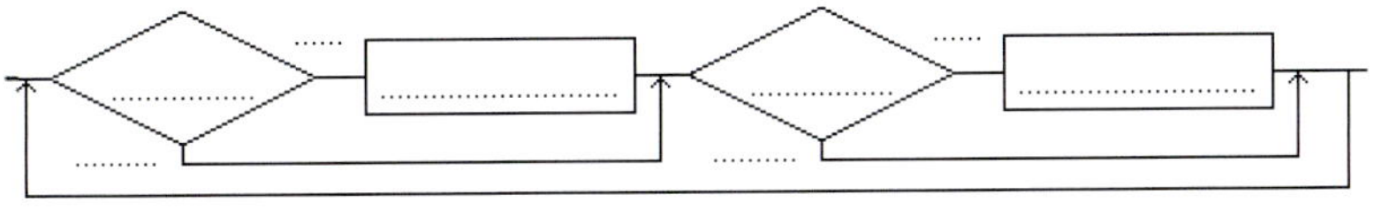

```
IF .............. THEN xOut:= ............ ; END_IF;
IF .............. THEN xOUT:= ............ ; END_IF;
```

Testen Sie die Funktionsweise. Vergessen Sie nicht die Simulation zu aktivieren.

4.2 ELSIF

ELSIF

c) Untersuchen Sie diese Anweisung und ergänzen Sie das Struktogramm.

Zeigt dieser Programmausschnitt das gleiche Verhalten wie 1b.? ....

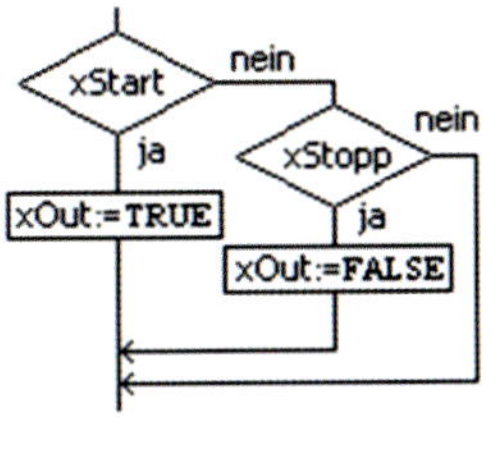

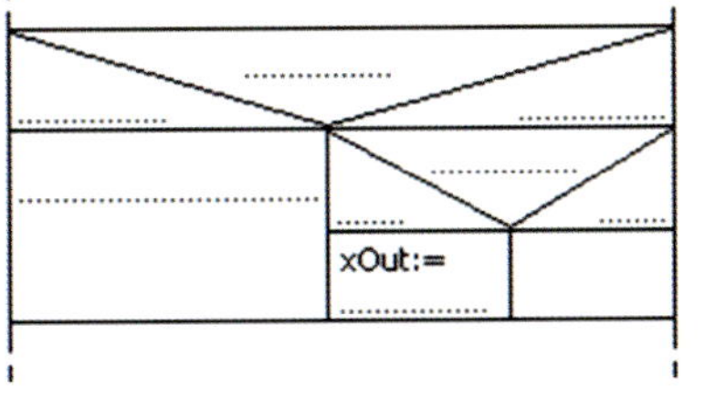


```
IF xStart THEN
  xOut:=TRUE;
 ELSIF xStopp THEN
  xOut:=FALSE;
END_IF;
```

d) Remanenten Speicher benutzen.

Remanent

Retain

PERSISTENT

Ausgänge werden nach einem Neustart keine Spannung führen, ihr Variablenwert ist FALSE. Soll jedoch eine Variable nach einem Neustart den Wert vor dem Neustart annehmen, so wird auf den remanenten Speicher zugegriffen. Bei einem erneuten Download der Applikation werden die Variablen initialisiert. Soll der Wert vor dem Download beibehalten werden, so deklarieren Sie diese Variablen unter VAR PERSISTENT (hartnäckig).

```
PROGRAM PLC_PRG
VAR
    xOUT AT %QX0.0:BOOL;
VAR RETAIN
    xMerker:BOOL;
END_VAR

IF xStopp THEN
    xMerker:=FALSE;

xOUT:= xMerker;
```

festhalten

Benutzen Sie auch die Hilfe im CODESYS-Menü Hilfe–Suchen–Remanente Variablen.

Übung 4.1 Behältersteuerung

Ist S1 eingeschaltet, so zeigt dies P1 an. Ist der Behälter leer, so schalten die Ventile ein, der Behälter wird gefüllt.
Ist der S1 ausgeschaltet oder der Behälter voll, so werden die Ventile ausgeschaltet.
Festlegung: Die Werte der Variablen B1 und B2 sind TRUE, wenn die Flüssigkeit die Sensoren bedeckt.

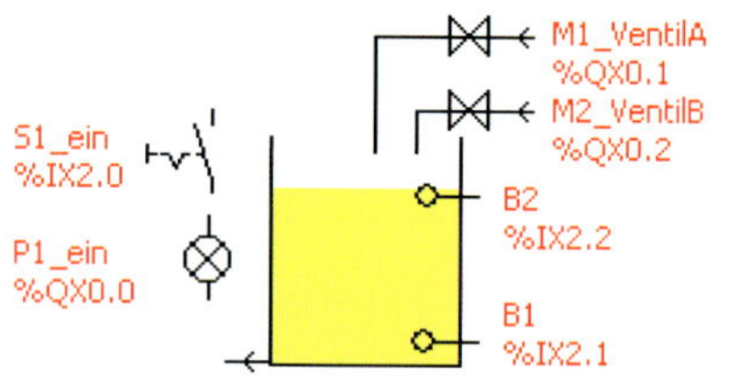

Vorgehensweise:

1. **Skizzieren Sie** den Programmablaufplan. Er zeigt nach dem Start die zyklische Bearbeitung des Programms. Schreiben Sie dazu den Text rechts vom Symbol.
2. **Erstellen Sie** daraus das Programm und
3. **Testen Sie** dieses.

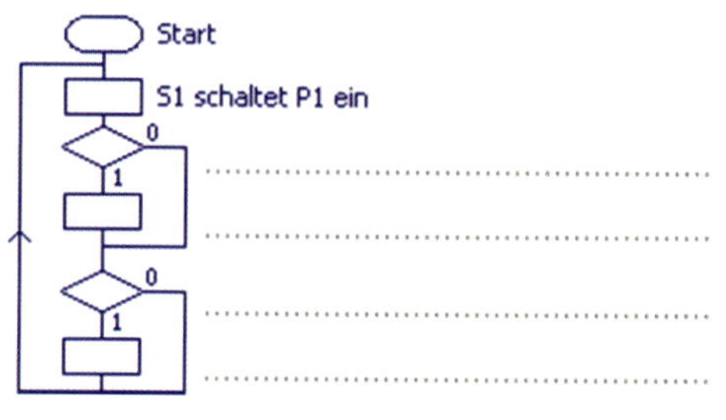

Übung 4.2 Zweipunktregler

Eingabe prüfen

IF... THEN

Ein Leuchtband soll beim Unterschreiten eines Helligkeitsschwellwertes einschalten, beim Überschreiten ausschalten.
Der Helligkeitssensor liefert Ganzzahlen von 0...255.
Damit das Leuchtband beim Erreichen des Schwellwertes nicht ständig schaltet, ist eine Hysterese vorzusehen.

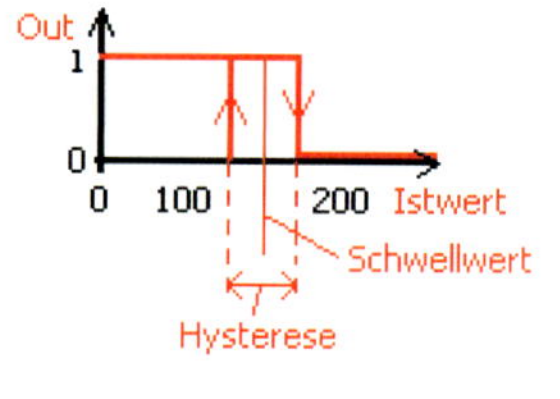

Der Schwellwert kann vom Anwender zwischen 100...200 verändert werden.

a) Schreiben und testen Sie das Programm mit Hilfe des Struktogrammes. Simulieren Sie den Helligkeitssensor (0...255 eingeben).

b) Skizzieren Sie zur Übung den Programmablaufplan.

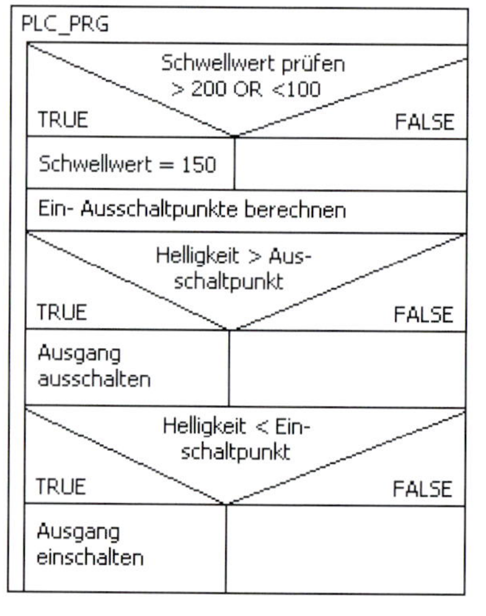

Übung 4.3 Kompensationsanlage

Wählen Sie als Zielsystem z. B. den Controller -WAGO 750-881 oder 750-8100-. Konfigurieren Sie die Steuerung so, dass das Ausgangsbyte `%QB0` für die Schütze zur Verfügung steht.

Die Blindleistung (Wert über die Tastatur eingeben) ist dem Software-Baustein bekannt.

IF...
ELSIF

Abhängig vom Wert der Blindleistung, sollen drei Kondensatorschütze (Q1, Q1, Q3) gesteuert werden. Die Werte können Sie der Tabelle entnehmen.

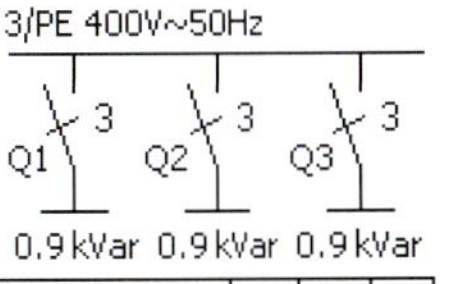

rQ	Q3	Q2	Q1
<1000	0	0	0
1000...1999.9	0	0	1
2000...3000	0	1	1
>3000	1	1	1

1. **Skizzieren Sie** den Programmablaufplan. Verwenden Sie die Anweisung mit IF...ELSIF...
2. Legen Sie ein **neues Projekt** an, deklarieren Sie die Variablen und geben Sie die Anweisungen ein.
3. **Testen Sie** die Funktion des Programms. Ändern Sie nach dem Einloggen den Variablenwert von `rQ` über die Tastatur.

Visualisierung

Damit die Variable `xQ1` ... dem Ausgang zugeordnet ist, muss die Variablendeklaration mit `AT QX0.0` ... erweitert werden.
Im Visualisierungsfenster kann bei booleschen Variablentypen die Alarmfarbe des Elementes abhängig von einer Variable gesteuert werden.

Könnte die Aufgabe auch ohne ELSIF gelöst werden?
Skizzieren Sie den Programmablaufplan. Welche Vorteile bietet die ELSIF-Anweisung?

Übung 4.4 Zähler

Analysieren Sie das Programm. Setzen Sie dazu Haltepunkte ein.
Sie finden auf **InfoClick** eine Datei- Vorlage Ü4.4, die Sie herunterladen und in ein neues Projekt importieren können. Beachten Sie die Hinweise am Anfang des Buches.

Importieren

In CoDeSys V2.3 Importieren

Über Menü- Projekt- Importieren... überschreiben Sie eventuell vorhandene Elemente.

In e!COCKPIT Importieren

Über die Backstage-Ansicht (im Menü Datei klicken) oder Menü Programm- Import / Export- Markieren Sie im Dialogfenster Importieren die Applikation (Steuerung) und die einfügbaren Elemente- klicken Sie auf Elemente einfügen. Überschreiben Sie eventuell vorhandene Elemente.

In CODESYS V3 Importieren

Beim Importieren markieren Sie im Gerätefenster das Objekt Application, wählen Sie dann im geöffneten oder neuen Projekt über Menü Projekt-Importieren..., wählen Sie im Dialogfenster die zu importierende Exportdatei aus. Überschreiben Sie eventuell vorhandene Elemente.

Zähler

Flanke

```
PROGRAM PLC_PRG
(* ???? *)
VAR
 CU AT %IX2.1 :BOOL;(*Zähleingang- count up*)
 CV :INT;(*aktueller Zählwert-countervalue*)
 PV :INT:=10;(*Vorgabewert-presetvalue*)
 CU_flanke,xGedaechtnis :BOOL;
 Q AT %Q0.0 :BOOL;
END_VAR
```

```
(*steigende Flanke = Wertänderung von FALSE -> TRUE erkennen*)
CU_flanke:= CU AND NOT xGedaechtnis;
xGedaechtnis:= CU;
(*vorwärts zählen*)
IF CU_flanke THEN
 CV:=CV+1;
END_IF;
Q:= CV >= PV;
```

Anmerkung: Das Programm verhält sich wie ein IEC-Zähler (Kapitel 10).

4.3 CASE

CASE

Mit der CASE-Anweisung kann der Programmfluss im Sinne einer 1:n-Verzweigung gesteuert werden, indem eine Variable einen Wert aus n möglichen annimmt. Die Variable muss ganzzahlig sein.

Aufgabe 4.2 Multiplexer

Vollziehen Sie das Beispiel nach.
Hat die Variable iSel den Wert 1, so wird der Variablen out der Wert der Variablen mw_1 skaliert zugewiesen. Hat die Variable iSel den Wert 2, ...
Sonst wird der Wert von Out = 0.

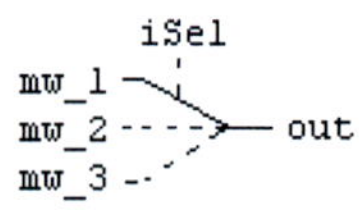

Struktogramm

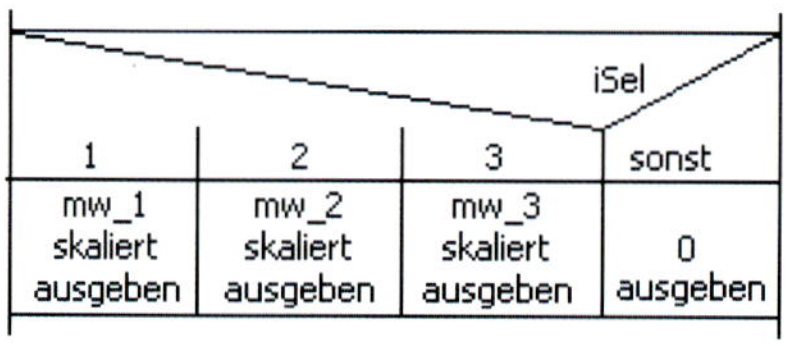

Programmablaufplan

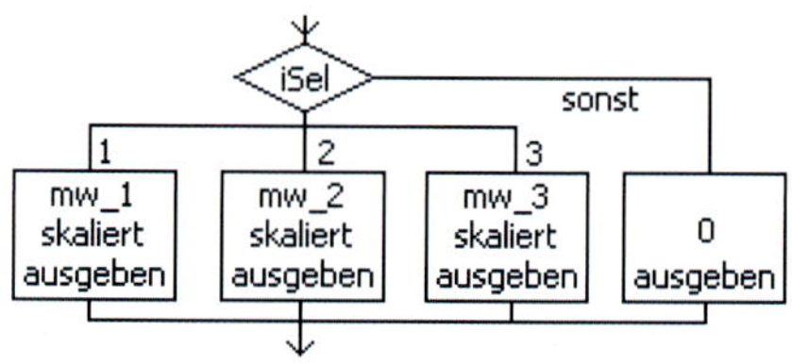

Der jeweilige Messwert soll skaliert angezeigt werden. Der Wert 0...32760 im Speicher der analogen Eingangsbaugruppe, z.B. 750-467, wird daher umgerechnet in 0...10.0.
Sie können nach dem Einloggen zum Testen in der Steuerungskonfiguration das Schlüsselwort AT doppelklicken und den Wert 0...32760 eingeben.

Das folgende Bild zeigt den Programmcode.
Wäre für die Variable iSel auch der Datentyp USINT ausreichend?

Benutzen Sie auch die Hilfe in CODESYS über Menü–Hilfe–Suchen... Case-Anweisung.

In CoDeSys V2.3 Programmcode und Visualisierung, Aufgabe 4.2

Visualisierung

Datentypenumwandlung

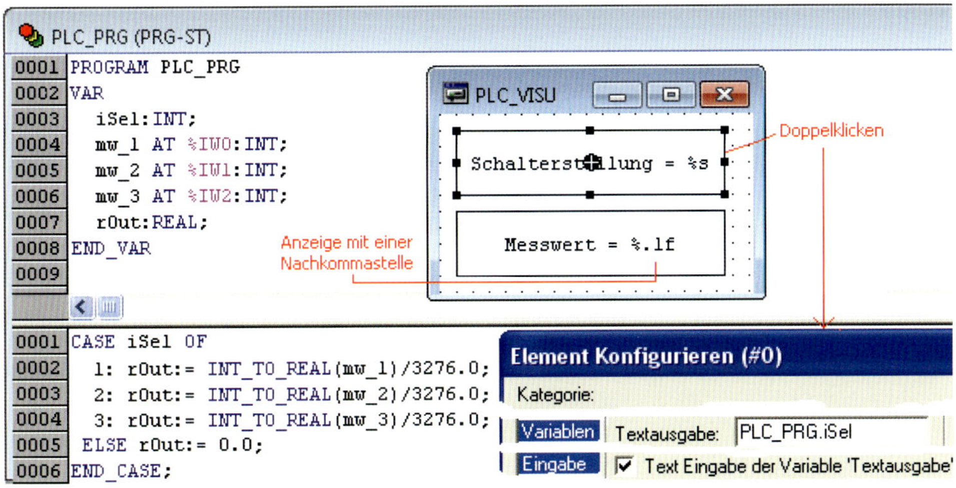

Würde die Anweisung `rOut:=mw_1/3276;` auch zu einem richtigen Ergebnis führen?

In e!COCKPIT oder CODESYS V3 Visualisierung, Aufgabe 4.2, siehe auch Kapitel 1

Den Programmcode in PLC_PRG können Sie dem vorhergehenden Bild entnehmen.

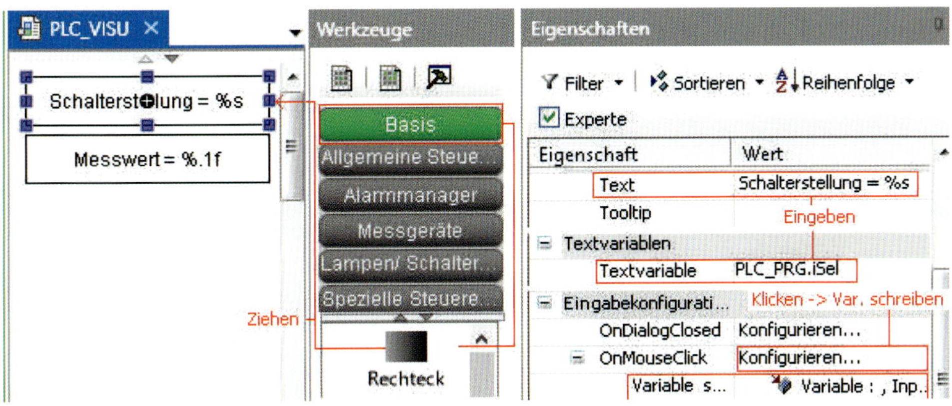

Übung 4.5 Autowaschanlage, Ablaufsteuerung

Die Anlage soll ablauforientiert programmiert werden.

Ablaufsteuerung

Abhängig vom Wert `iStep_no` (Schritt-Nr.) werden die jeweiligen Ausgänge für die Aktoren mit TRUE oder FALSE beschrieben und dann, abhängig von der Weiterschaltbedingung (Taster, Endschalter ...), wird der Wert von `step_no` um 1 erhöht. Beim letzten Schritt wird der Variablen `step_no` der Wert 0 zugewiesen.

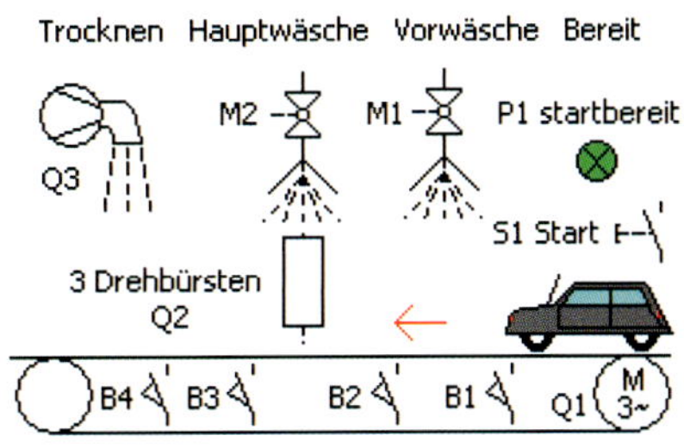

Schritt-kette

iStep_no	Aktionen	Weiterschalt-bedingung
0	Q1 aus, Q3 aus, P1 ein	wenn S1 = 1, dann step_no um 1 erhöhen.
1	P1 aus, Q1 ein	wenn B1 = 1, dann step_no um 1 erhöhen.
2	....	wenn .... = 1, dann step_no um 1 erhöhen.
3	....	wenn .... = 1, dann step_no um 1 erhöhen.
4	....	wenn .... = 1, dann step_no ....

B1 – Position Vorwäsche
B2 – Position Hauptwäsche
B3 – Position Trocknen
B4 – Ende

Nach dem Start wird das Schütz Q1 für den Bandantrieb eingeschaltet und am Ende ausgeschaltet.

Erstellen und testen Sie das Programm, verwenden Sie die CASE-Anweisung. In der Aufgabe 10.6 lernen Sie den GRAFCET als Programmentwurfsmethode kennen.

Aufgabe 4.3 Meldung, String

CASE-Bereich 0…10

Schreiben Sie ein Programm, das den Wert der Variable `meldung_string` abhängig vom Wert der Variablen `usiMWert` ändert.

MWert	Meldung
0…10	Temperatur zu niedrig
11…15	Temperatur etwas hoch fahren
16	Temperatur ok
17…20	Temperatur etwas herunter fahren
>20	Temperatur zu hoch

Die Variable, von der die Fallunterscheidung abhängt, kann auch als Bereich angegeben werden, wie das folgende Beispiel zeigt.

Skizzieren Sie zunächst das Struktogramm.

Beispiel:

```
.....
CASE usiMWert OF
 0..10: sMeldung:='Temperatur zu niedrig';
.....
```

Beachten Sie:
Die Variable `sMeldung` ist vom Datentyp `STRING`, eine Zeichenkette. Diese wird durch Hochkommas begrenzt. Auch Leerzeichen sind Zeichen. Jedes Zeichen belegt ein Byte im Speicher.

Übung 4.6 Füllstands-Mehrpunktregelung, Frequenzumrichter

Ein Füllstandsensor 0…10 V überwacht einen Tank. Er ist an der **Analogeingangsklemme** (AI), z. B. 750-467, angeschlossen. Sie schreibt ihren Wert (0…32760) in den Speicherbereich %IW0. Abhängig vom Füllstand soll der Pumpenmotor über einen Frequenzumrichter unterschiedliche Drehfrequenzsollwerte erhalten. Eine **Analog-ausgangsklemme** (AO), z. B. 750-560, liest den Sollwert (0…32767) aus dem Speicherbereich

AI
AO

Füllstand %IW0	Füllstand in %	Sollwert %QW0	Meldung
… 8190	… 25	0	grün
… 16380	26 … 50	8191	grün
… 24570	51 … 75	16383	gelb
… 32760	76 … 100	32767	rot

%QW0 und wandelt diesen in 0...10 V um und steuert damit über den Frequenzumrichter die Förderleistung der Pumpe.

Über drei Leuchtdioden soll der jeweilige Füllstand angezeigt werden. Beachten Sie die Tabelle.

Im Anhang Begriffe finden Sie zu den Analogklemmen nähere Hinweise.

Skizzieren Sie zunächst den Programmablaufplan, **schreiben und testen Sie** dann das Programm.

Aufgabe 4.4 Funktion 2 aus 3

Schreiben Sie ein Programm mit der CASE-Anweisung, das die Funktion "2 aus 3" erfüllt. **Vergleichen Sie** Ihr Programm mit dem aus Kapitel 2.

Der Variablen, von der die Fallunterscheidung abhängt, können auch mehrere Werte zugewiesen werden, wie das folgende Beispiel zeigt.

Beispiel:

CASE-mehrere Werte

```
...
CASE usiSensoren OF
 3,5,6,7 :
xP1:=TRUE;
...
```

Funktionstabelle

	B1	B2	B3	P1
0	0	0	0	0
1	0	0	1	0
2	0	1	0	0
3	0	1	1	**1**
4	1	0	0	0
5	1	0	1	**1**
6	1	1	0	**1**
7	1	1	1	**1**

Überlegungen:
Das Eingangsbyte, dem die Sensoren B1 ... B3 zugeordnet sind, wird gelesen, unnötige Bits werden ausmaskiert, in eine Zahl umgewandelt und abhängig von dieser Zahl wird der Variablen xP1 "TRUE" oder "FALSE" zugewiesen.

Zusammenfassung der Kontrollstrukturen

G -> gemeinsamer Bedingungsteil, B -> Bedingung, V -> Verarbeitung

Übersicht Kontroll-strukturen

Programmablaufplan	Struktogramm	Code-Beispiel

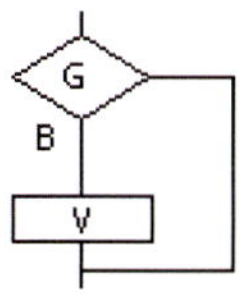	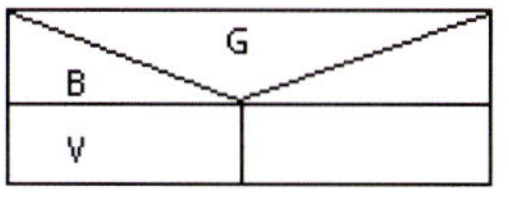	`IF I1 <= 0 THEN`
		`  I1:=0.01;`
		`END_IF;`

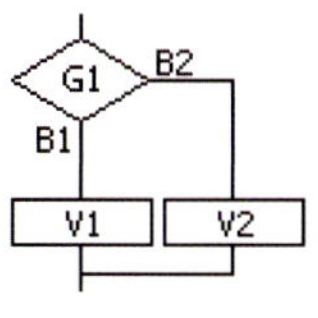	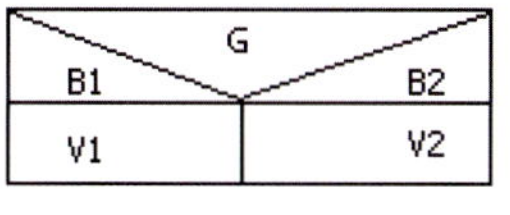	`IF cosphi > 0.5 THEN`
		`  k1:=FALSE;`
		` ELSE k1:=TRUE;`
		`END_IF;`

<table>
<tr><td>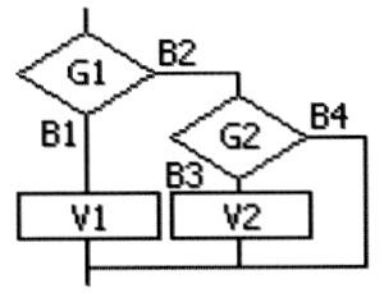
</td><td>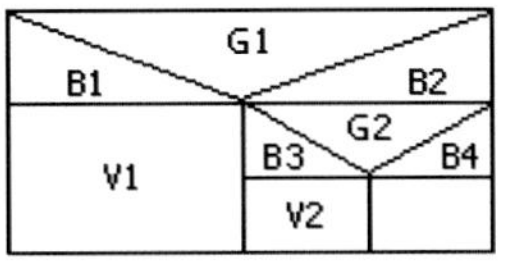
</td><td>

```
IF stopp THEN
  out:=FALSE;
 ELSIF start THEN
  out:=TRUE;
END_IF;
```

</td></tr>
<tr><td>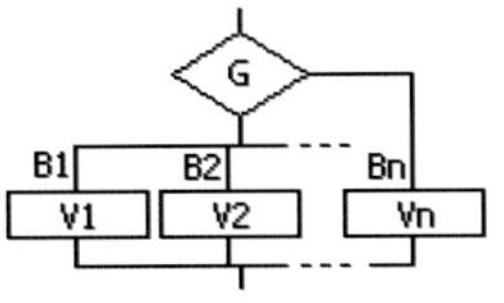
</td><td>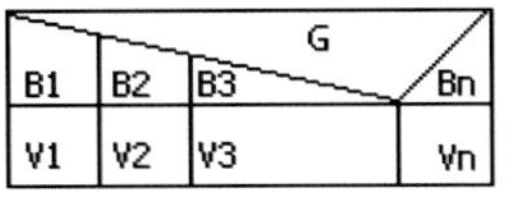
</td><td>

```
CASE b OF
  1: U2:= U1;
  2: U2:= U1*4;
  3: U2:= U1*10;
ELSE U2:= 0;
END_CASE;
```

</td></tr>
</table>

Stichpunkte IF-THEN-ELSE, Struktogramm, Programmablaufplan, RS, SR, Breakpoints, ELSIF, Remanent, Retain, Eingabe prüfen, Zähler, Flanke, CASE, AI, AO, Kontrollstrukturen, Visualisierung, Importieren, Exportieren

4. Selbsttest – Kontrollstrukturen – Alternativen

Wählen Sie die richtigen Ergänzungen bzw. Aussagen aus.

1.

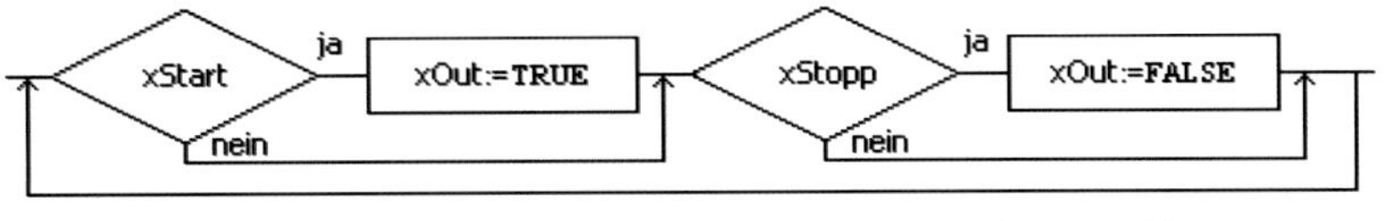

Ist keine der beide Bedingungen erfüllt, so wird der Wert der Variablen out

☐ TRUE sein. ☐ sich nicht ändern. ☐ FALSE sein.

2. Der Schwellwert wird vom Anwender eingegeben und vom Programm überprüft.

```
IF schwellwert > 200 OR schwellwert < 100
 THEN schwellwert:= 150;
END_IF;
```

Welchen Wert nimmt die Variable `schwellwert` an, wenn die Eingabe 90 ist?

☐ 0. ☐ 90. ☐ 150. ☐ 200.

3.

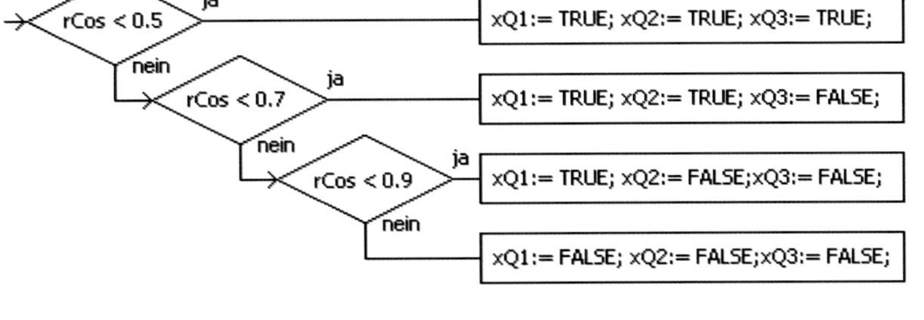

Die Variable xQ2 hat dann den Wert FALSE, wenn

☐ rCos = 0 ist. ☐ rCos = 0.3 ist. ☐ rCos = 0.6 ist. ☐ rCos = 0.95 ist.

4.
```
usiCos:= REAL_TO_USINT(rCos * 100);
CASE usiCos OF
  0..49: xQ1:= TRUE; xQ2:= TRUE; xQ3:= TRUE;
 50..69: xQ1:= TRUE; xQ2:= TRUE; xQ3:= FALSE;
 70..89: xQ1:= TRUE; xQ2:= FALSE; xQ3:= FALSE;
 ELSE    xQ1:= FALSE; xQ2:= FALSE; xQ3:= FALSE;
END_CASE
```

Die Variable xQ2 hat den Wert FALSE, wenn rCos

☐ < 0.49 ist. ☐ <= 0.69 ist. ☐ 0.70 ist. ☐ < 0.69 ist.

Einen Selbsttest zu diesem Kapitel finden Sie auf **InfoClick** sowie aktuelle Hinweise zum Umgang mit CoDeSys V2.3, e!COCKPIT und CODESYS V3.

5 Kontrollstrukturen-Schleifen

Lernziele:
- FOR-, WHILE-, REPEAT-Schleife sowie die EXIT-Anweisung kennen lernen
- Operator MOD benutzen

5.1 FOR-Schleife

FOR-Schleife

BY...

Eine FOR-Schleife führt eine Anweisungsfolge in einer Schleife so lange aus, bis die Laufvariable ihren Endwert überschreitet. Die Laufvariable wird vom System nach jedem Schleifendurchlauf um 1 erhöht. Diese Schrittweite kann jedoch auch festgelegt werden.
Beispiel:

```
FOR i:= 0 TO 100 BY 2 DO ... END_FOR;
```

Die Laufvariable i hat den Anfangswert 0, eine Schrittweite von 2 und den Endwert 100.

Aufgabe 5.1 Impedanzberechnung in einer Tabelle mit der FOR-Schleife

Die Impedanz Z wird bei unterschiedlichen Strömen I bei konstanter Spannung U berechnet.

a) **Vollziehen Sie** das folgende Beispiel nach und analysieren Sie die Funktion der FOR-Schleife, setzen Sie dazu Haltepunkte (Breakpoints) ein; siehe Aufgabe 4.1. Beachten Sie die **implizierte Datentypenumwandlung** in der zweiten Zeile des Anweisungsteils.

ARRAY

FOR

```
PROGRAM PLC_PRG
VAR
 index:USINT;(*Laufvariable*)
 U:REAL:= 10.0;
 I:ARRAY[1..5] OF REAL;
 Z:ARRAY[1..5] OF REAL;
 a:REAL;
END_VAR
FOR index:= 1 TO 5 DO
 I[index]:= index;
 Z[index]:= U/I[index];
END_FOR;
a:=Z[3];
```

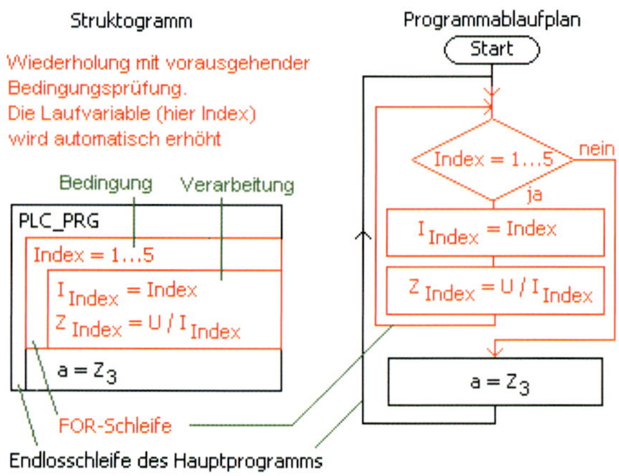

Analyse:

U = ... V

Index	1	2	3	4	5
I	1	....	....	....	....
Z	....	....	....	....	2

b) **Ändern Sie** das Programm so, dass I die Werte 2, 4, 6, 8, 10, 12 annimmt und Z dazu berechnet wird.

Übung 5.1 Messstellen, Mittelwertberechnung

Das Programm liest vier Messwerte, skaliert diese und berechnet den Mittelwert.
Analysieren und erweitern Sie das Programm mit zwei weiteren Messstellen.
Erstellen Sie ein neues Projekt, z. B. mit dem Controller 750-881 oder 750-8100. Konfigurieren Sie die Steuerung mit einer entsprechenden Anzahl von AI-Baugruppen, z. B. mit der 750-467. Das Programm PLC_PRG können Sie in CODESYS importieren, über Menü–Projekt–Importieren bzw. in e!COCKPIT Programmstruktur Menü Programm- CODESYS 3 Importieren... (siehe auch Übung 4.4).
Sie finden diese Datei auf InfoClick. Beachten Sie die implizierte Datentypenumwandlung.

```
PROGRAM PLC_PRG
(*Mittelwert von %IW0...%IW3 berechnen*)
VAR
 iMw AT %IW0:ARRAY[0..3] OF INT;(*Messwerte*)
 i:INT;(*Index*)
 rMesswert: ARRAY[0..3] OF REAL;
 rMittelwert, rSumme:REAL;
END_VAR

(*Messwerte berechnen*)
rSumme:= 0.0;
FOR i:= 0 TO 3 DO
 rMesswert[i]:= iMw[i]*10.0/32760.0;
 rSumme:= rSumme + rMesswert[i];
END_FOR;
(*Mittelwert berechnen*)
rMittelwert:= rSumme/i;
```

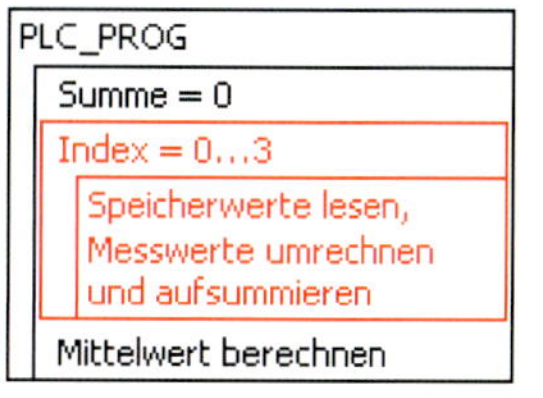

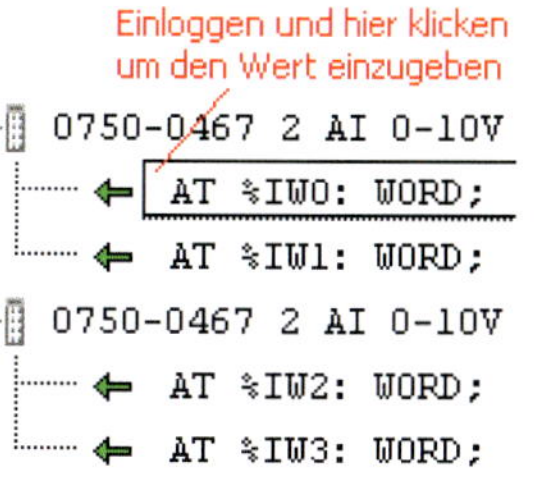

5.2 WHILE-Schleife

WHILE-Schleife

Die WHILE-Schleife erlaubt die wiederholte Ausführung einer Anweisungsfolge unter Kontrolle einer Durchführungsbedingung am Anfang der Schleife.

Aufgabe 5.2 **Impedanzberechnung in einer Tabelle mit der WHILE-Schleife**

ARRAY

WHILE

Durchführungsbedingung

```
PROGRAM PLC_PRG
VAR
 index:INT;(*Laufvariable*)
 U:REAL:= 10.0;
 I:ARRAY[1..5] OF REAL;
 Z:ARRAY[1..5] OF REAL;
 a:INT;
END_VAR
index:= 1;
WHILE index < 6 DO
 I[index]:= index;
 Z[index]:= U / I[index];
 index:= index + 1;
END_WHILE;
a:=index;
```

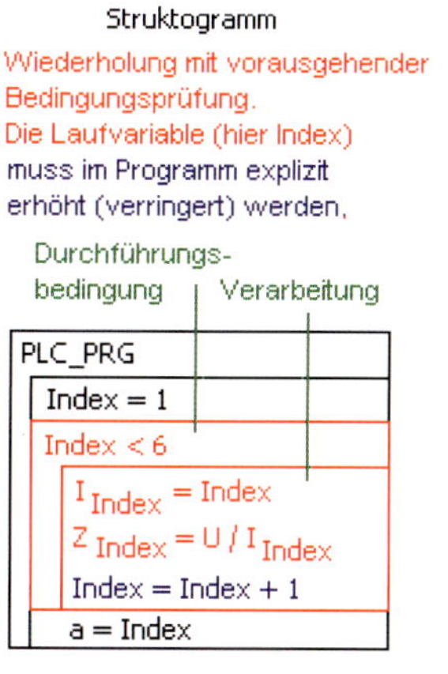

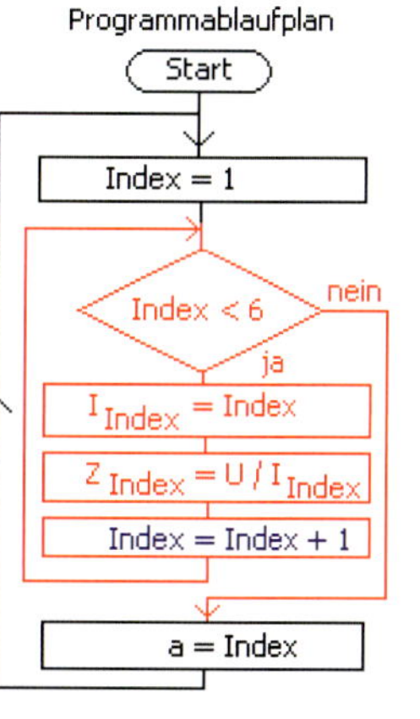

Vollziehen Sie das Beispiel nach und analysieren Sie die Funktion; setzen Sie dazu Haltepunkte (Breakpoints) ein; siehe Aufgabe 4.1. Vergleichen Sie die Anweisungen mit denen aus Aufgabe 5.1.

Aufgabe 5.3 **Watchdog** Achten Sie darauf, dass beim Programmieren mit Schleifen die maximale Zykluszeit nicht überschritten wird. Die Zykluszeit wird vom System überwacht (Watchdog).
Untersuchen Sie die Funktion des Programms und schreiben Sie Ihre Beobachtungen auf.

Watchdog

```
PROGRAM PLC_PRG
VAR
 S1:BOOL;(*Schalter*)
 Q1:BOOL;
 iVar:INT;
END_VAR
```

....

....

```
WHILE S1 = TRUE DO              ....................................
 Q1 := TRUE;
END_WHILE;                      ....................................
iVar := iVar+1;
Q1 := FALSE;                    ....................................
```

REPEAT-Schleife

5.3 REPEAT-Schleife

Die REPEAT-Schleife bewirkt eine wiederholte Ausführung einer zwischen REPEAT und UNTIL stehenden Anweisungsfolge bis zum Eintreten einer Abbruchbedingung.

Aufgabe 5.4 Impedanzberechnung in einer Tabelle mit der REPEAT-Schleife

Vollziehen Sie das Beispiel nach und analysieren Sie die Funktion, setzen Sie dazu Haltepunkte (Breakpoints) ein.
Vergleichen Sie mit der Aufgabe 5.2.

REPEAT

Abbruch-bedingung

```
PROGRAM PLC_PRG
VAR
 index:INT;(*Laufvariable*)
 U:REAL:= 10.0;
 I:ARRAY[1..5] OF REAL;
 Z:ARRAY[1..5] OF REAL;
 a:INT;
END_VAR
index :=1;
REPEAT
 I[index] := index;
 Z[index] := U / I[index];
 index := index + 1;
UNTIL index > 5
END_REPEAT;
a:=index;
```

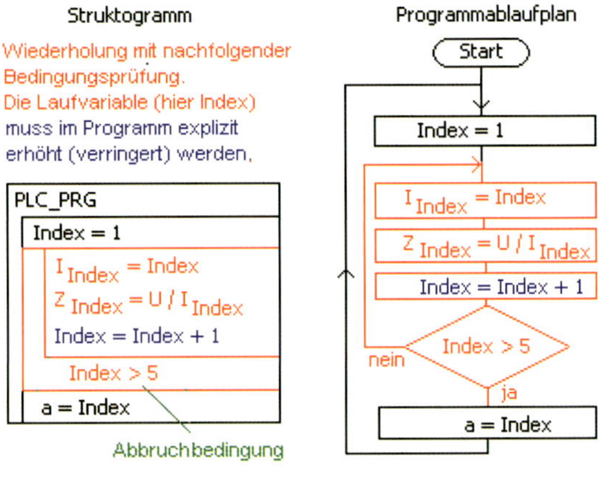

Übung 5.2 Sortieren von Zahlen nach dem "Bubble Sort"-Verfahren

Die Werte werden so lange paarweise vertauscht, bis sie sortiert sind.
Ergänzen Sie die Anweisungen und testen Sie die Funktion des Sortierverfahrens. Eine kleine Animation finden Sie im **InfoClick**.

Beachten Sie:

Konstante

Variable, die als Konstante deklariert sind, können im Programm nicht beschrieben werden. Wenn Sie mit e!COCKPIT oder CODESYS V3 arbeiten, vergessen Sie nicht, die Initialwerte der Feldvariablen in [ ] zu setzen.

```
PROGRAM PLC_PRG (*Sortieren nach dem "Bubble Sort" Verfahren*)
VAR CONSTANT
 iMax:INT:= 3;
END_VAR
VAR
 xSortieren, xTauschen:BOOL;
 i, iTauschplatz:INT;
 iPlatz:ARRAY[0..iMax] OF INT:= 3,2,4,1; (*Werte die zu sortieren sind*)
END_VAR
```

```
IF xSortieren THEN
REPEAT
 xTauschen:= FALSE;
 FOR i:= iMax TO 1 BY -1 DO
  IF iPlatz[i-1] > iPlatz[i]THEN
   iTauschplatz:= .............................[i];
   iPlatz[i]:= ................................[i-1];
   iPlatz[i-1]:= ...............................;
   xTauschen:= TRUE;
  END_IF;
 END_FOR;
UNTIL NOT xTauschen
END_REPEAT;
END_IF
```

Welche Zahl wird als Erstes mit welcher Zahl vertauscht? ....

Welche Auswirkungen hat es, wenn iMax = 4 ist?..

Ist die Aufgabe auch mit einer WHILE-Schleife zu realisieren? ....
Skizzieren Sie den Programmablaufplan.

Übung 5.3 Dezimalzahl in eine Dualzahl wandeln

USINT

```
PROGRAM PLC_PRG
VAR
 usiEingabe_zahl :USINT := 10;
 usiZahl ,i, usiRest :USINT;
 usiOut : ARRAY[0..7] OF USINT;
END_VAR
FOR i:= 0 TO 7 DO
 usiOut[i]:= 0;
END_FOR;
i:= 0;
usiZahl:= usiEingabe_zahl;
REPEAT
 usiRest:= usiZahl MOD 2;
 usiOut[i]:= usiRest;
 usiZahl:= usiZahl/2;
 i:=i + 1;
UNTIL usiZahl = 0
END_REPEAT;
```

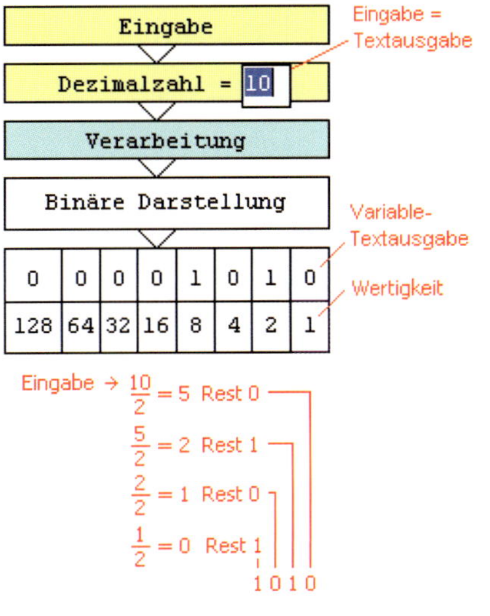

Untersuchen Sie den Code, der eine ganze Dezimalzahl (0...255) in binäre Darstellung umwandelt. Setzen Sie dabei Haltepunkte ein. Die Dualzahl wird in der eindimensionalen Feldvariablen `usiOut[0..7]` gespeichert.

Modulo

Mit der Modulo-Division `MOD` wird der Rest der Division ermittelt.
Beispiel: `rest:= 9 MOD 2;`-> die Variable `rest` hat den Wert 1

Wie groß sind der Speicherplatz sowie der Wertebereich einer Variablen vom Datentyp USINT? Siehe Anhang Begriffe – Datentypen oder CODESYS- Hilfe- Index- USINT.

EXIT

5.4 EXIT und CONTINUE

Diese Anweisung **EXIT** verwenden Sie innerhalb von FOR-, WHILE- und REPEAT-Schleifen; sie bewirkt das Verlassen derjenigen Schleife, die diese Anweisung unmittelbar umgibt. Die Anweisung CONTINUE verwenden Sie innerhalb von Schleifen, damit die Ausführung zum Anfang des nächsten Schleifendurchlaufs springt.

Aufgabe 5.5 Schleife in Schleife mit EXIT und CONTINUE

Schleife in Schleife

a) **Untersuchen Sie** die Funktion des Programms, benutzen Sie dazu Breakpoints. Skizzieren Sie das Struktogramm.

EXIT

```
PROGRAM PLC_PRG
VAR
 i,k,a,b:USINT;
 M:ARRAY[0..2,0..7] OF BOOL;
END_VAR
IF M[2,7]=FALSE THEN
FOR i:=0 TO 7 DO
 FOR k:=0 TO 2 DO
  IF (i<2 OR i=4) THEN EXIT;
  END_IF;
  M[k,i]:=TRUE;
 END_FOR;
END_FOR;
END_IF;
a:=i;b:=k;
```

.... →	0	1	2	3	4	5	6	7
M0.	0	....	1	....	....	....	....	....
M1.	....	....	....	....	....	....	....	....
M2.	....	....	....	....	....	....	....	....

↑
....

b) **Ändern Sie** das Programm so, dass die Bits 2, 4, 6 "FALSE" sind und der Rest "TRUE" ist von M1.0...M3.7.

CONTINUE

c) Ab CODESYS V3 können Sie auch die **CONTINUE**-Anweisung in Ihren Programmen benutzen. **Analysieren Sie** die Funktion des Programms. Beschreiben Sie, nach dem Einloggen und Start, S1 mit TRUE und beobachten Sie die Werte von M[...]. Setzen Sie Haltepunkte ein. Ersetzen Sie dann CONTINUE durch EXIT.

```
PROGRAM PLC_PRG
(**********************************************************
Bitmuster in ein Datenfeld schreiben,
Schleife mit CONTINUE oder EXIT
**********************************************************)
VAR
 S1:BOOL; i:INT;
 M:ARRAY[0..7] OF BOOL;
END_VAR
IF S1 THEN
  FOR i:=0 TO 7 DO
   IF (i=2 OR i=4) THEN CONTINUE; END_IF;
   M[i]:= TRUE;
  END_FOR;
 ELSE
  FOR i:=0 TO 7 DO
   M[i]:= FALSE;
  END_FOR
END_IF;
```

Übung 5.4 Kennwort

Vollziehen Sie das Beispiel nach und **analysieren Sie** die Funktion, setzen Sie dazu Haltepunkte ein. **Überprüfen Sie** auch die Funktion, wenn der Eingabestring in der Kennwortliste nicht enthalten ist. **Suchen Sie** eine fehlerfreie Lösung mit Hilfe der EXIT-Anweisung. Wenn Sie mit e!COCKPIT oder CODESYS V3 arbeiten, vergessen Sie nicht, die Initialwerte der Feldvariablen in [ ] zu setzen.

```
IF ........ THEN EXIT; END_IF;
```

Ist die Aufgabe auch mit WHILE...DO zu lösen?

STRING

```
PROGRAM PLC_PRG
(*Eingabe mit Liste vergleichen*)
VAR
  sEingabe:STRING:= 'a'; Index:USINT;
  sKennwort:ARRAY[1..6] OF STRING:='a','b','c','d','e','f';
  xKw_nicht_gefunden:BOOL;
END_VAR

Index := 0;
REPEAT
  Index := Index + 1;
 UNTIL Index > 6 OR sKennwort[Index] = sEingabe
END_REPEAT;
IF Index > 6 THEN xKw_nicht_gefunden:= TRUE;
 ELSE  xKw_nicht_gefunden:= FALSE;
END_IF;
```

Zusammenfassung der Schleifenkonstrukte

B -> Bedingung, V -> Verarbeitung

Übersicht

Programmablaufplan	Struktogramm	Code-Beispiel
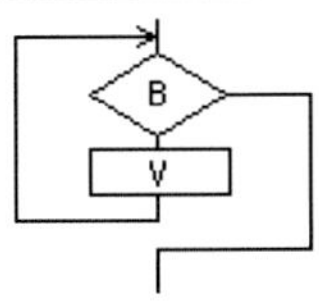	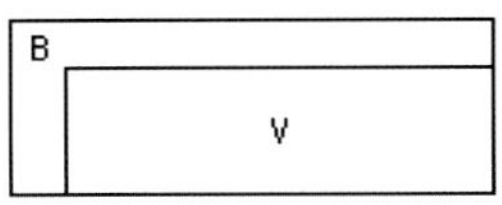	FOR i:=0 TO 7 DO M[i]:= TRUE; END_FOR;

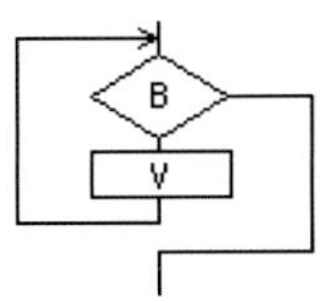	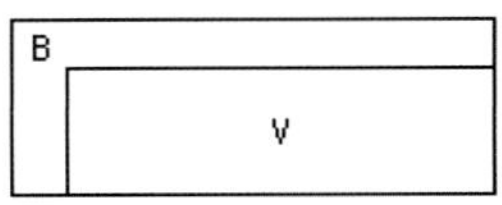	WHILE j < 6 DO
		I[j]:= j;
		Z[j]:= U/I[j];
		j:= j + 1;
		END_WHILE

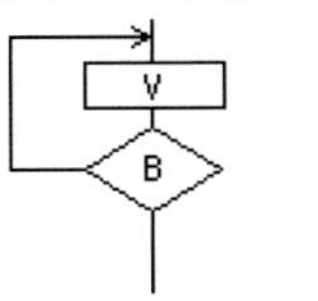	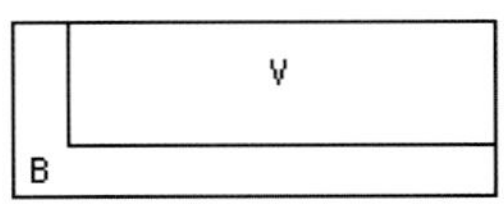	REPEAT
		x[k]:= k;
		y[k]:= x[k]*2;
		k:= k + 1;
		UNTIL k > 5
		END_REPEAT;

Fragen:

1. Was steckt hinter dem Begriff "Laufvariable"?..

   ....

2. Wird die Bedingung, ob die REPEAT-Schleife weiterhin durchlaufen wird, am Anfang oder

   am Ende der Schleife überprüft? .... Muss es eine Durchführungs-

   oder Abbruchbedingung sein? ....

3. Wie muss die Durchführungs- oder Abbruchbedingung formuliert sein?

   ....

4. Weshalb ist in der Übung 5.4 in der Abbruchbedingung der Aufgabe "Kennwortabfrage" eine OR-Verknüpfung enthalten?

   ....

5. Welchen Wert hat a...c?

   a:= 17 MOD 2 ....; b:= 16 MOD 3 ....; c:= 16 MOD 4 ....;

Stichpunkte FOR-Schleife... BY..., ARRAY, WHILE-Schleife, Durchführungsbedingung, REPEAT-Schleife, Abbruchbedingung, Konstante, Modulo, Visualisierung, Schleife in Schleife, EXIT, STRING

5. Selbsttest – Kontrollstrukturen-Schleifen

Wählen Sie die richtigen Ergänzungen bzw. Aussagen aus.

---

1. 1. Der Programmablaufplan zeigt eine

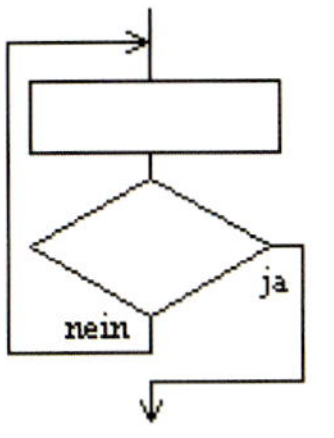

- ☐ IF...THEN-Anweisung.
- ☐ FOR-Schleife.
- ☐ WHILE-Schleife.
- ☐ REPEAT-Schleife.

---

2. Die Variable "b" nimmt nach dem gesamten Schleifendurchlauf den Wert

```
a:=1;
FOR i:=1 TO 4 BY 2 DO
 a:= a + i;
END_FOR;
b:= a;
```

☐ 2 an. ☐ 4 an. ☐ 5 an. ☐ 6 an.

---

3. Nach Durchlauf der Schleifen führen die Variablen

```
FOR i:=0 TO 7 DO
 FOR k:=0 TO 2 DO
  IF (i=2 OR i=4) THEN EXIT;
  END_IF
  M[k,i]:=TRUE;
 END_FOR;
END_FOR;
```

- ☐ M[0,0], M[0,1], M[0,2] den Wert "FALSE".
- ☐ M[0,2], M[1,4], M[2,2] den Wert "FALSE".
- ☐ M[2,0], M[3,0], M[4,0] den Wert "FALSE".
- ☐ M[0,1], M[0,2], M[0,3] den Wert "FALSE".

---

4. Die Variable "b" nimmt nach dem gesamten Schleifendurchlauf den Wert

```
WHILE i<4 DO
 a:=a+i;
 i:=i+2;
END_WHILE
b:= a;
```

☐ 0 an. ☐ 1 an. ☐ 2 an. ☐ 3 an.

Einen Selbsttest zu diesem Kapitel finden Sie auf **InfoClick** sowie aktuelle Hinweise zum Umgang mit CoDeSys V2.3, e!COCKPIT und CODESYS V3.

6 Unterprogramme, Tasks

Lernziele:
- Anwenderprogramm gliedern.
- Die Programmorganisationseinheit (POE bzw. POU) "Programm" als Unterprogramme benutzen
- Global-, Lokalvariable unterscheiden
- Eine Taskkonfiguration durchführen

6.1 Gliederung mit Unterprogrammen

Gliederung

Ein Anwenderprogramm kann mit Hilfe von POEs (POUs) in sinnvolle Funktionseinheiten, hier die Programme "BERECHNEN" und "STEUERN", gegliedert werden. Dadurch ist das Anwenderprogramm **übersichtlicher** und es kann von einem **Team** erstellt werden.

Um zwischen mehreren Programmen kommunizieren zu können, sind globale Variable notwendig. Variable, die allen POEs bekannt sind, werden globale Variable genannt. Diese Variablen werden im Editor für "Globale Variable" deklariert. Siehe auch Kapitel 15, Aufgabe 15.2.

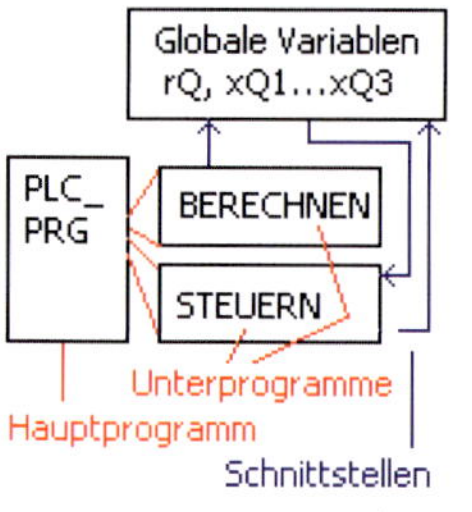

Haupt-
programm

Unter-
programme

Die einzelnen **Unterprogramme** werden im **Hauptprogramm**, dem PLC_PRG, aufgerufen. Da das Hauptprogramm freilaufend zyklisch bearbeitet wird, werden auch die Programme, die im Hauptprogramm aufgerufen werden, freilaufend zyklisch nacheinander bearbeitet. Programme können auch über eine Taskkonfiguration zyklisch zeitgesteuert oder ereignisgesteuert gestartet werden.

Beachten Sie: Ob PLC_PRG in jedem Fall als freilaufende Task abgearbeitet wird, ohne in der Taskkonfiguration (Aufgabe 6.3) eingehängt zu sein, hängt vom Zielsystem ab.

Aufgabe 6.1 Unterprogramme, Kompensationsanlage 1

Gliedern Sie das Anwenderprogramm der Kompensationsanlage in die Programme BERECHNEN und STEUERN. Die Export- oder Textdatei finden Sie auf InfoClick, benutzen Sie diese als Vorlage.

aus Kapitel 1 und Kapitel 4

Im POE-Programm "BERECHNEN" wird die Blindleistung berechnet, siehe Kapitel 1.
Die U-, I- und P-Werte werden in diesem Beispiel am PC eingegeben. Sie könnten auch über Baugruppen aus der Anlage gelesen werden.

Die Variablen, die in diesem Unterprogramm "BERECHNEN" deklariert sind, sind auch nur dieser POE bekannt, sie werden deshalb als **lokale Variable** bezeichnet.

Lokal-
variable

Das Ergebnis der Berechnung, der Wert der Blindleistung, muss auch dem Unterprogramm "STEUERN" bekannt sein, da diese POE, abhängig vom Wert der Blindleistung, die Kondensatorschütze Q1 ... Q3 steuert. Deshalb wird die Variable `rQ` global deklariert, sie ist eine **globale Variable**, sie ist damit allen POEs bekannt.

Vorgehensweise:

1. **Globale Variable deklarieren**

Variable, auf die alle POEs zugreifen können, werden globale Variable genannt.

Global-
variable

Die Variablen `xQ1` ... `xQ3` werden mit dem Schlüsselwort `AT` direkt dem Speicherbereich im Prozessabbild der Ausgänge (PAA) zugeordnet, da an den Ausgängen die Schütze angeschlossen werden. Dieser Speicherbereich kann von jeder POE beschrieben bzw. gelesen werden, deshalb ist es sinnvoll, die Variablen `xQ1` ... `xQ3` ebenfalls **global zu deklarieren.**

In CoDeSys V2.3 globale Variable deklarieren, Aufgabe 6.1

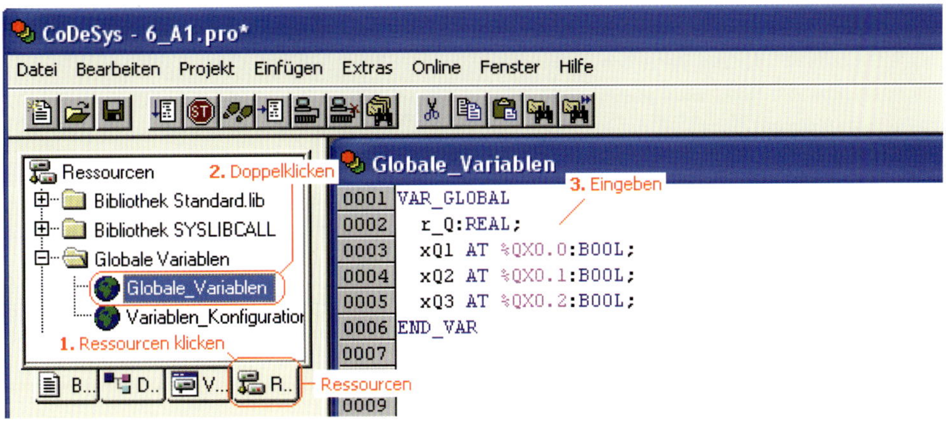

In e!COCKPIT oder CODESYS V3 Demo globale Variable deklarieren, Aufgabe 6.1

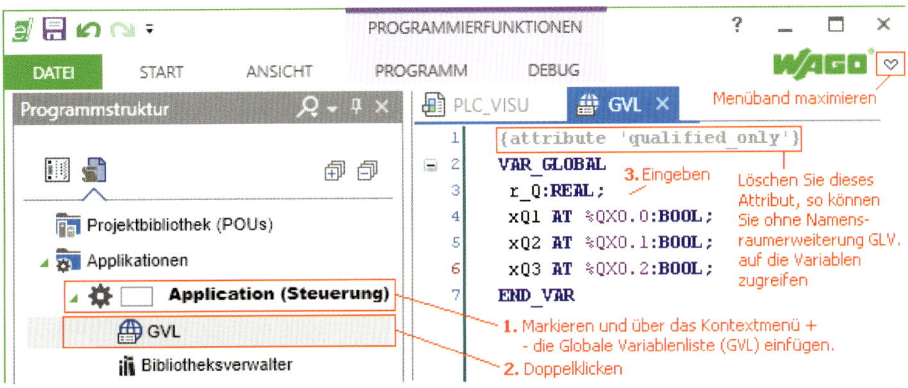

2. **POEs (POUs) für die Unterprogramme anlegen und schreiben**
   Bausteinordner bzw. Application markieren. Im Kontextmenü Objekt–Einfügen...POUs für ein Unterprogramm den Bausteintyp Programm, Sprache ST wählen und den Namen des Unterprogramms eingeben.

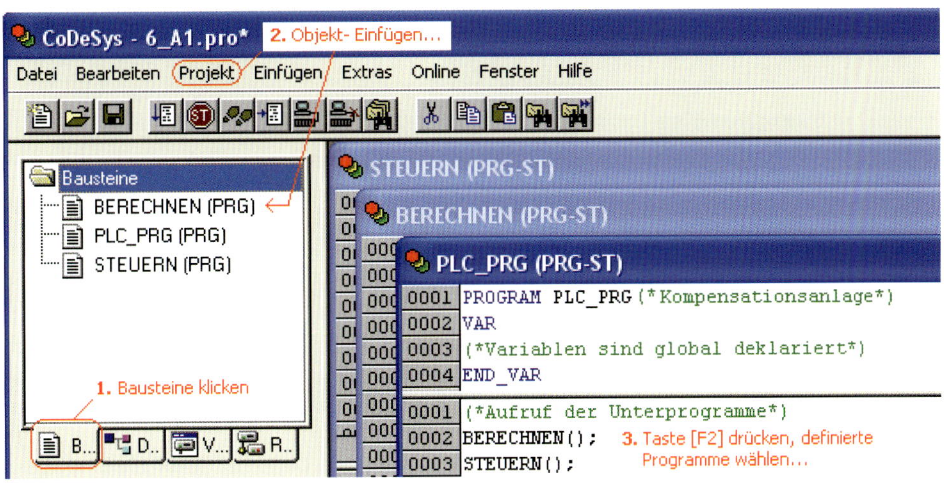

In e!COCKPIT oder CODESYS V3 Demo Unterprogramme hinzufügen und aufrufen, Aufgabe 6.1
Wenn Sie eine globale Variablenliste verwenden, dann steht ab CODESYS V3 in der ersten Zeile "{attribute 'qualified_only'}". Dieses Attribut bedeutet, dass ein Namensraum, z.B. GVL, vorweg für die Variablen in den Unterprogrammen benötigt wird.

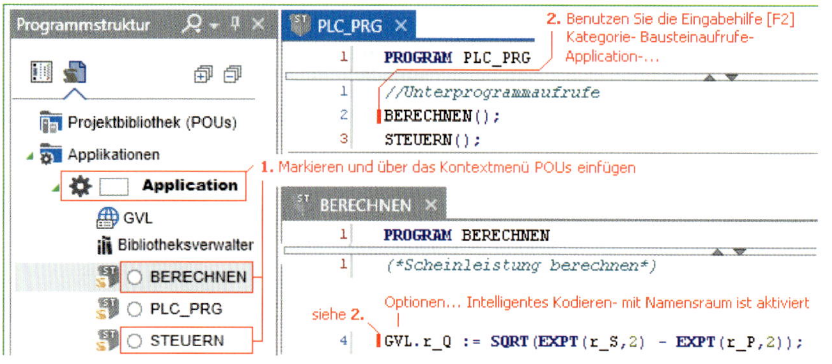

3. **Aufruf und Test**
   Die zwei Unterprogramme werden im Hauptprogramm PLC_PRG aufgerufen; Sie finden Hinweise im vorhergehenden Bild. Sie werden dadurch freilaufend zyklisch bearbeitet. Vergessen Sie nicht, die Simulation zum Testen zu aktivieren.

Beachten Sie: Alle Variablen, die allen Software-Bausteinen bekannt sein müssen, und die, die dem Speicherbereich PAE und PAA mit dem Schlüsselwort `AT` zugeordnet sind, sollten Sie global deklarieren.
Variable, die nur im Baustein benutzt werden, sind lokal im Deklarationsteil des Bausteins zu deklarieren.

– Global so viel wie nötig, lokal so viel wie möglich –

6.2 RETURN

RETURN

Mit der Anweisung RETURN wird der Software-Baustein (POE) ohne Bedingung verlassen. Benutzen Sie auch die CODESYS-Hilfe.

Beispiel: `IF i_Q_alt = REAL_TO_INT(r_Q) THEN RETURN; END_IF;`

Vergleichs-operator

Beachten Sie: Das Zeichen = ist keine Zuweisung, sondern ein **Vergleichsoperator**. Sind die Werte beider Variablen gleich, so wird das Programm verlassen und zurück in das Hauptprogramm gesprungen. Beachten Sie den Hinweis unter Abschnitt 3.3.

Aufgabe 6.2 Unterprogramme, Kompensationsanlage 2

Ergänzen Sie das Anwenderprogramm aus Aufgabe 6.1.

a) Das Unterprogramm `BERECHNEN` wird verlassen, wenn der eingegebene Wert der Wirkleistung größer als der Wert der berechneten Scheinleistung ist.

b) Das Unterprogramm `STEUERN` wird verlassen, wenn sich der Wert der Blindleistung nicht geändert hat.

6.3 Taskkonfiguration

Task-konfiguration

Außer über das spezielle Programm PLC_PRG, das freilaufend zyklisch vom Betriebssystem des Controllers aufgerufen wird, kann die Abarbeitung eines Programms auch über eine Task (Aufgabe) gesteuert werden.
Werden mehrere Tasks konfiguriert, so ist es von der Priorität abhängig, welche Task vorrangig bearbeitet wird. Die Priorität 31 bzw. 15 bei e!COCKPIT ist die niedrigste Priorität.

6.3.1 Zyklische Tasks

Aufgabe 6.3 Kompensationsanlage 3

Es soll genügen, dass die CPU die Programme BERECHNEN und STEUERN aus der vorhergehenden Aufgabe zeitgesteuert zyklisch erst alle 500 ms bearbeitet; dadurch wird die CPU entlastet.

Konfigurieren Sie eine Task für die Programme BERECHNEN und STEUERN.

In CoDeSys V2.3 Taskkonfiguration, Aufgabe 6.3

Liegt eine Taskkonfiguration vor, darf das Projekt kein PLC_PRG enthalten, da dann die Ausführungsreihenfolge von der Taskzuordnung abhängt. Löschen Sie PLC_PRG.

1. Die Taskkonfiguration befindet sich als Objekt in der Registerkarte "Ressourcen" im Object Organizer. Beachten Sie die Hinweise im nachfolgenden Bild.

2. Wählen Sie bei markiertem Taskkonfigurationsfenster im Menü Einfügen–Task anhängen.

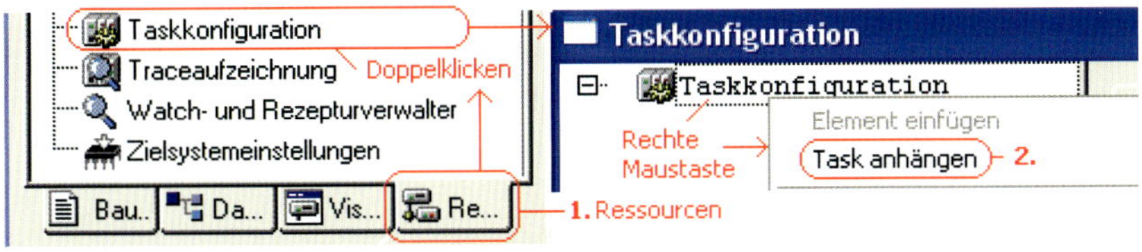

3. Geben Sie im Dialogfeld die Taskeigenschaften ein.

Task-zyklisch

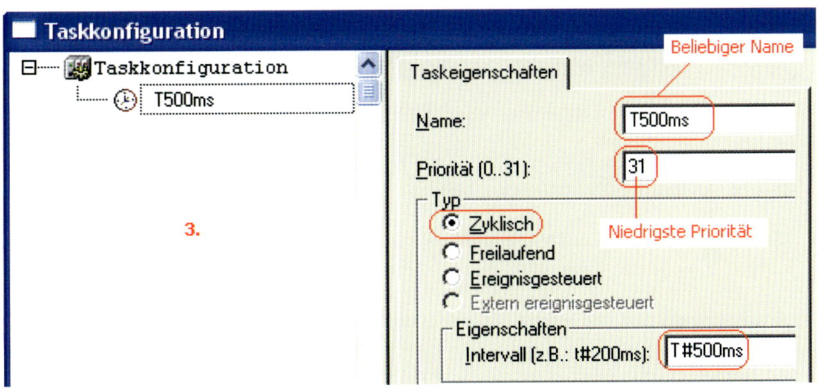

4. Ordnen Sie der Task die Programmaufrufe zu.

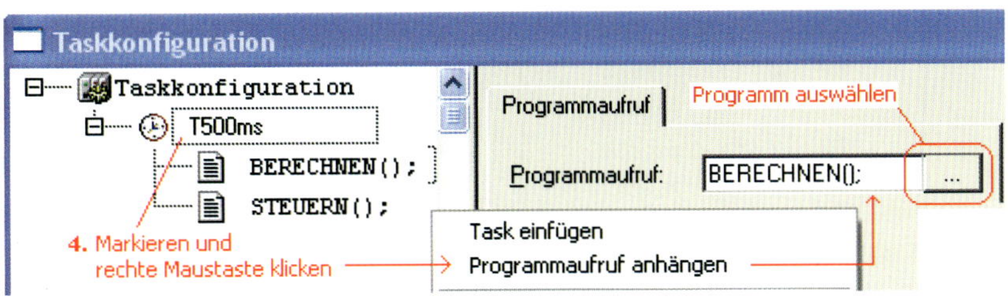

In e!COCKPIT oder CODESYS V3 Demo Taskkonfiguration, Aufgabe 6.3

1. Ändern Sie den Namen der Task in z.B. T500ms (Kontextmenü Einstellungen).
2. Wählen Sie einen zyklischen Typ mit einem Intervall auf T#500ms.
3. Entfernen Sie den Aufruf des Programms PLC_PRG.
4. Fügen Sie die Aufrufe BERECHNEN und STEUERN hinzu.

Task

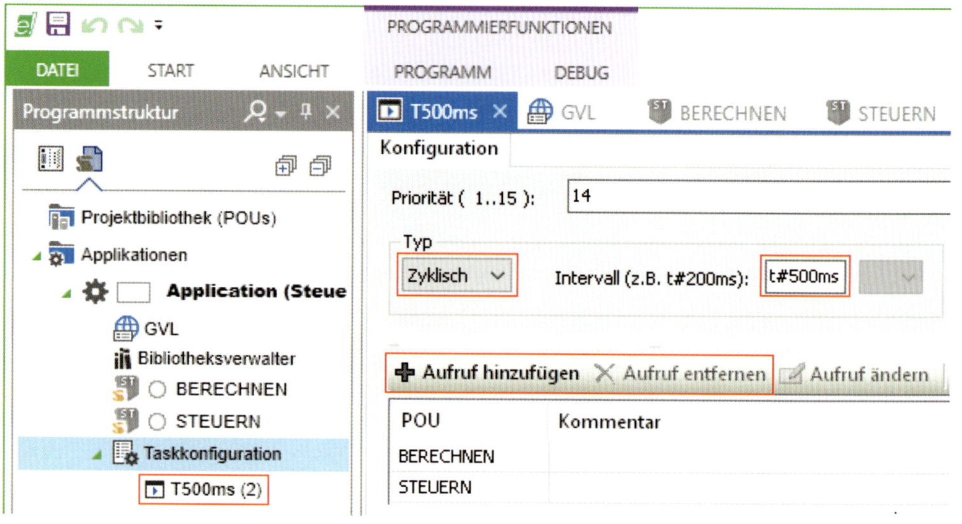

Wenn Sie in CODESYS V3 arbeiten, dann markieren Sie nach dem Importieren der Vorlage unter Application die Taskkonfiguration und importieren Sie die Vorlage erneut, um die Task, z.B. T100ms, zu importieren. Benutzen Sie, wenn nötig, in CODESYS die Hilfe über Menü Hilfe–Suchen...Taskkonfiguration.

Testen Sie die Funktion des Programms.

6.3.2 Ereignisgesteuerte Tasks

Aufgabe 6.4 Ein Programm kann auch ereignisgesteuert aufgerufen werden. Tritt das Ereignis ein, z. B. `xS1_Ein` = TRUE, dann wird das Programm einmal bearbeitet.

Analysieren Sie das Verhalten der beiden Programme.

In CoDeSys V2.3, Taskkonfiguration, Aufgabe 6.4

Task ereignisgesteuert

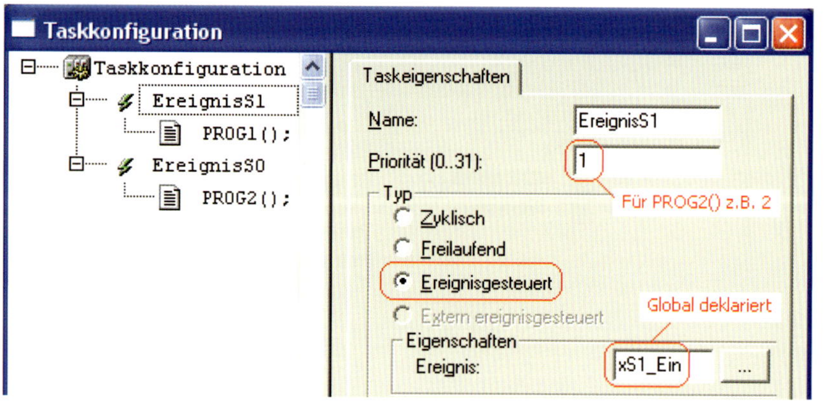

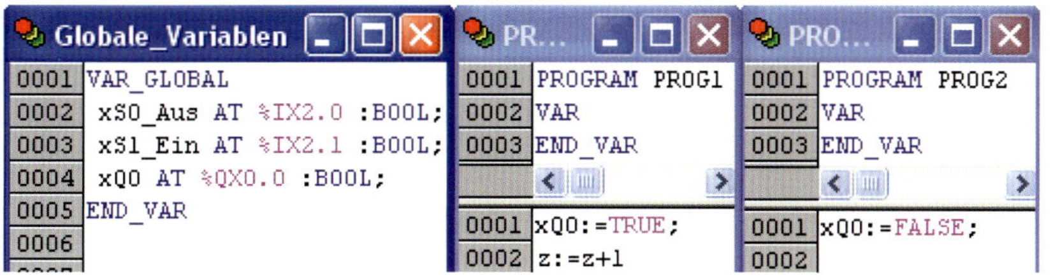

In e!COCKPIT oder CODESYS V3 Demo Taskkonfiguration, Aufgabe 6.4

Fügen Sie die Programme ein, den Programmcode können Sie den vorhergehenden Bildern entnehmen. Fügen Sie die Tasks hinzu und konfigurieren Sie diese.

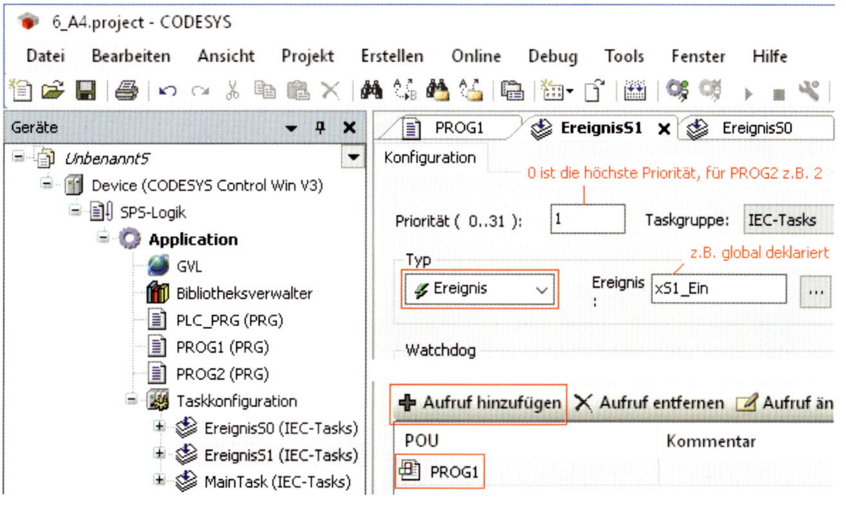

Das Programm PROG1 wird aufgerufen, wenn ……………………………………………………………

und schaltet ………………………………………………………………………………………………

Das Programm PROG2 wird aufgerufen, wenn ……………………………………………………………

und schaltet ………………………………………………………………………………………………

Übung 6.1 Unterprogramme, Autowaschanlage

Die Anlage wird in zwei Funktionseinheiten geteilt. **Schreiben Sie** zu jeder Funktionseinheit ein Unterprogramm. Einen weiteren Lösungsansatz finden Sie in Kapitel 10.

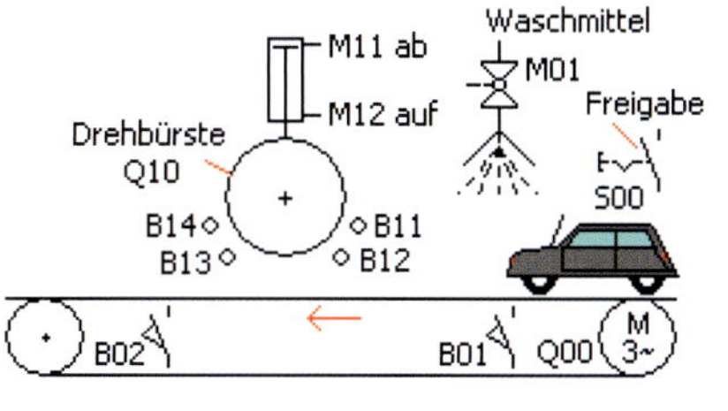

1. **Bandantrieb und Waschmittel-Einheit**
   Ist die Anlage freigeschaltet (S00) und der Pkw in Position (B01), so schaltet der Bandantrieb über das Schütz (Q00) ein und das Waschmittelventil (M01) öffnet. Der Bandantrieb wird abgeschaltet, wenn die Endposition (B02) erreicht ist.

2. **Bürsten-Einheit**

Funktionstabelle:

B14	B13	B12	B11	M11_ab	M12_auf
0	0	0	0		
0	0	0	1		
0	0	1	0		
0	0	1	1		
0	1	0	0		
0	1	0	1		
0	1	1	0		
0	1	1	1		
1	0	0	0		
1	0	0	1		
1	0	1	0		
1	0	1	1		
1	1	0	0		
1	1	0	1		
1	1	1	0		
1	1	1	1		

Füllen Sie die Funktionstabelle aus und benutzen Sie diese für den Programmentwurf. Ist der Lichtstrahl einer Lichtschranke unterbrochen, so wird die Variable mit TRUE (logisch 1) beschrieben.

Gleichungen:

M11_ab:= ....

....

....

M12_auf:= ....

....

....

Über vier Lichtschranken (B11...B14) wird der Abstand zum Fahrzeug über die Ventile M11 und M12 konstant gehalten.
- Ist kein Lichtstrahl der Lichtschranken unterbrochen, wird die Bürste nach unten gesteuert.
- Wird der Lichtstrahl von B11 oder B14 unterbrochen, fährt die Bürste nach oben.
- Ist nur der Lichtstrahl B12 oder B13 unterbrochen, bleibt die Bürste in der momentanen Höhe.

Die Ventile und das Schütz Q10 für den Bürstenantrieb sind nur ansteuerbar, wenn der Bandantrieb eingeschaltet ist.

Übung 6.2 **Positionieren**

Mit dem Taster S0 wird über ein Schütz Q0 ein Antrieb eingeschaltet, bis die Position 0 erreicht ist. Mit dem Taster S1 wird die Position 1 angefahren usw. Die Position könnte über einen IO-Link-fähigen Distanzsensor erfasst werden, sein Wert in mm könnte im zugehörigen Speicher, z.B. %IW0, gelesen werden.

IO-Link **IO-Link** ist eine Punkt-zu-Punkt-Verbindung nach IEC 61 131-9 in der untersten Feldebene zwischen Sensor bzw. Aktor und der Steuerung. Die Prozess-, Parameter-, Identifikations- und Diagnosedaten werden digital über eine 3-adrige ungeschirmte Standardleitung, also bitseriell übertragen. Ein IO-Link-Master, der zwischen dem Sensor bzw. Aktor und der Steuerung eingebaut ist, steuert diese Kommunikation.

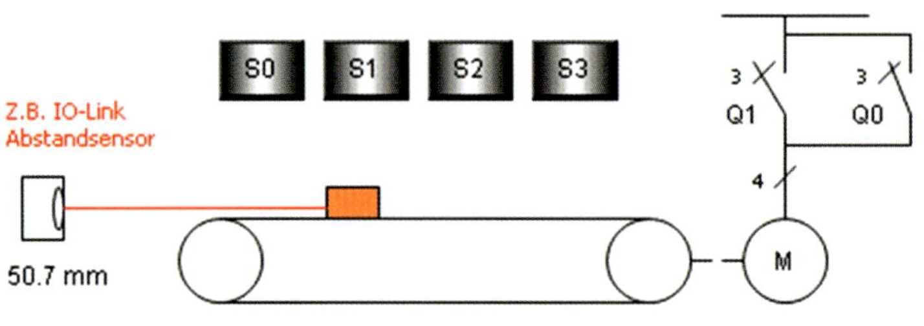

Benutzen Sie die Vorlage; diese finden Sie auf **InfoClick**. **Schreiben Sie** das Unterprogramm POSITIONIEREN und rufen Sie dieses im Hauptprogramm PLC_PRG auf und testen Sie die Funktion.

Anlagen-simulation

Anlagensimulation

In dieser Übung wird der Wert, den der IO-Link-fähige Distanzsensor liefert, im Unterprogramm MODELL abhängig von den Variablen xQ0 und xQ1 (Schütze) erzeugt; dieses Programm simuliert den Sensor. Über die Visualisierung wird die Anlagensimulation gesteuert und beobachtet. Den MODELL-Baustein und die Visualisierung finden Sie in der Vorlage auf **InfoClick**.

Fragen:

1. Weshalb sollte ein Anwenderprogramm gegliedert werden?
2. Wann wird eine Variable global, wann lokal deklariert?
3. Welche Typen von Taskeigenschaften können Sie konfigurieren?

Stichpunkte Gliederung, Hauptprogramm, Unterprogramme, Global- und Lokalvariable, RETURN, Vergleichsoperator, Taskkonfiguration, IO-Link, Anlagensimulation

6. Selbsttest – Unterprogramme, Tasks

Wählen Sie die richtigen Ergänzungen bzw. Aussagen aus.

---

1. Unterprogramme werden im Hauptprogramm

☐ prinzipiell nicht aufgerufen. ☐ nacheinander aufgerufen.

☐ gleichzeitig aufgerufen. ☐ nur über die Globalvariablen aufgerufen.

---

2. Variable, die über das Schlüsselwort AT einem festen Speicher des Prozessabbildes zugeordnet sind, sollten

☐ nicht deklariert werden. ☐ global deklariert werden.

☐ immer lokal deklariert werden. ☐ nur einmal im Programm verwendet werden.

---

3. Variable, auf denen alle POEs zugreifen können, werden

☐ nur im Hauptprogramm deklariert. ☐ globale Variable genannt.

☐ lokale Variable genannt. ☐ nicht deklariert.

---

4. Die Task läuft bei Programmstart los und wird dann nach jeder Abarbeitung wieder neu gestartet. Es gibt keine Zykluszeitvorgaben. Dies ist ein Tasktyp

☐ zyklisch. ☐ freilaufend. ☐ ereignisgesteuert. ☐ den es nicht gibt.

Einen Selbsttest zu diesem Kapitel finden Sie auf **InfoClick** sowie aktuelle Hinweise zum Umgang mit CoDeSys V2.3, e!COCKPIT und CODESYS V3.

7 Anwenderdefinierte Datentypen, Aufzählungstypen, IEC-Operatoren

Lernziele:
- Anwenderdefinierte Datentypen DUT (Data Unit Typ) und Aufzählungstypen erstellen
- IEC-Operatoren bzw. Standardfunktionen benutzen, eine Auflistung finden Sie im Anhang
- Skalieren und linearisieren

Einführung: Sind in einem Projekt mehrere gleichartige Objekte vorhanden, z. B. Tanks, ist es sinnvoll, einen neuen Datentyp mit den Schlüsselwörtern TYPE und STRUCT für diese Objekte zu erstellen. Dieser neu erstellte Datentyp kann dann in allen POEs verwendet werden.

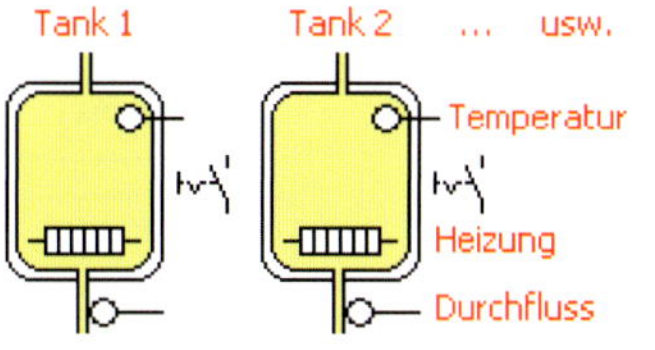

Standard-funktionen

IEC-Operatoren

Standardfunktionen bzw. IEC-Operatoren sind in der IEC 61131 definiert; sie arbeiten wie Unterprogramme, sie liefern jedoch einen Wert zurück, den Rückgabewert. IEC-Operatoren sind – im Gegensatz zu den Standardfunktionen – implizit im ganzen Projekt bekannt. Beim Aufruf werden Variablenwerte als Parameter (Argumente) der Funktion bzw. dem Operator übergeben. Siehe im Buch Anhang – Funktionen.

DUT

7.1 Anwenderdefinierte Datentypen (DUT)

Dieser Datentyp setzt sich aus Standard-Datentypen zusammen. Er ist global gültig und kann für Variable und Parameter verwendet werden. Als Präfix können Sie typ verwenden, z.B. typTANK.

Aufgabe 7.1 Tankanlage 1

Schreiben Sie ein Programm für eine Tankanlage, die aus mehreren (zwei) Tanks besteht. Erstellen Sie deshalb einen neuen Datentyp "TANK". Die Heizung im Tank ist über einen Schalter schaltbar, die Temperatur sowie der Durchfluss eines jeden Tanks sollen erfasst werden.

Skalieren

MAX()

TRUNC()

a) Die Temperatur im Tank wird mit einem Widerstandssensor PT100 erfasst und über die Analogbaugruppe, z. B. 750-461, digitalisiert, siehe Anhang.
   Skalieren Sie die Werte in °C, das heißt, der Speicherwert muss durch 10 dividiert werden, da bei 100 °C der Wert im %IW0 1000 ist. Einen Auszug der Baugruppendokumentation finden Sie im Anhang.
   Mit dem IEC-Operator **MAX**() können Sie den Wert der maximalen Temperatur in der Tankanlage bestimmen und mit dem IEC-Operator **TRUNC**(), in CODESYS V3 **TRUNC_INT**(), vom Typ REAL zum Typ INT konvertieren. Untersuchen Sie, wodurch sich **TRUNC** von **REAL_TO_INT** unterscheidet.

Linearisieren

SQRT()

b) Die Werte der Durchflussmessungen, die über die Analogbaugruppe, z. B. 750-452, durchgeführt werden, müssen noch linearisiert und skaliert werden. Eine Linearisierung ist notwendig, da der Messaufnehmer einen Wert liefert, der dem Quadratwert des tatsächlichen entspricht.
   Benutzen Sie zur **Linearisierung** den IEC-Operator **SQRT**(). Skalieren Sie dann so, dass 20 mA 100 l/min und 5 mA 50 l/min entsprechen.

c) Die Heizung soll über den Schalter am Tank schaltbar sein.
   Der neue Datentyp TANK enthält also die Variablen für die Temperatur, den Durchfluss, die Heizung und den Schalter.

d) Das Programm soll alle 500 ms bearbeitet werden. Deklarieren Sie alle Variablen, die im Prozessabbild liegen, global.

Entnehmen Sie die Vorgehensweise den folgenden Bildern.

In CoDeSys V2.3 anwenderdefinierter Datentyp (DUT), Aufgabe 7.1

TYPE...
STRUCT...

Nachdem Sie gestartet haben, können Sie im Steuerungskonfigurationsfenster durch Doppelklicken des Schlüsselworts AT den Wert im Speicher durch Eingeben einer Zahl simulieren.

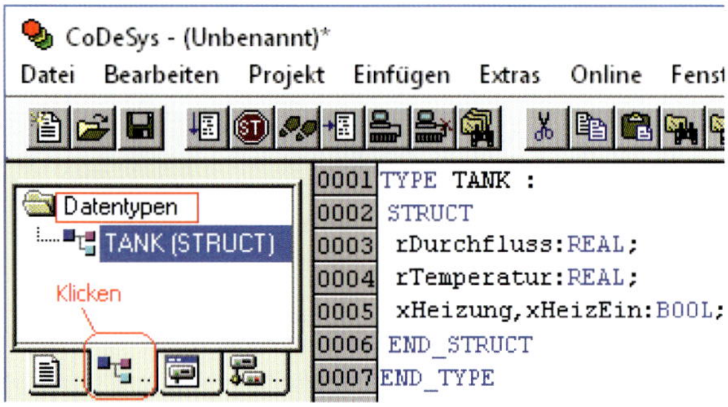

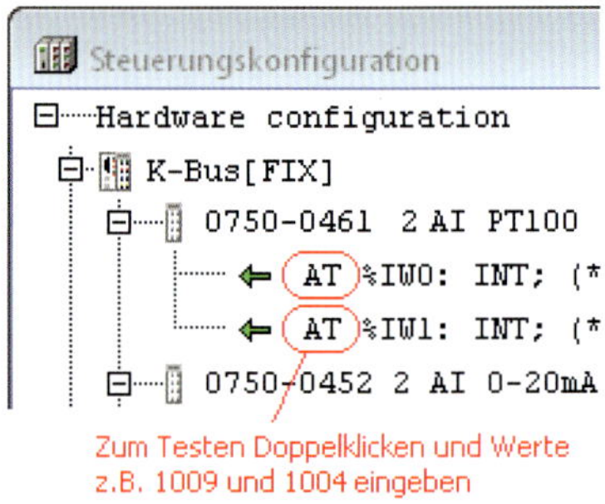

INT_
TO_REAL

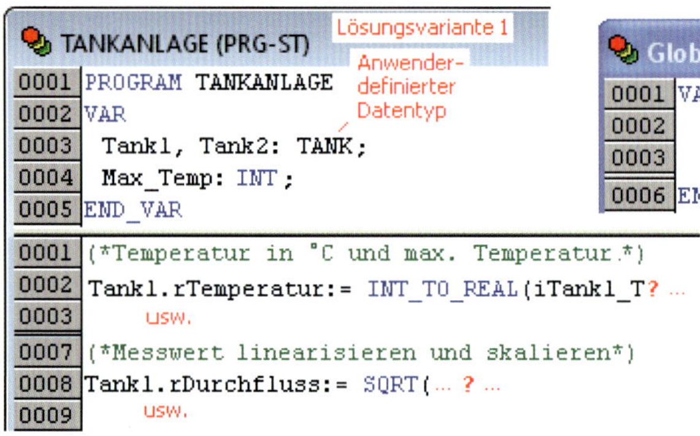

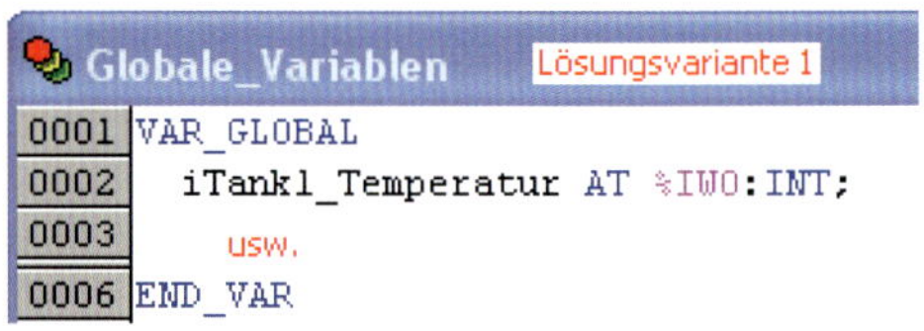

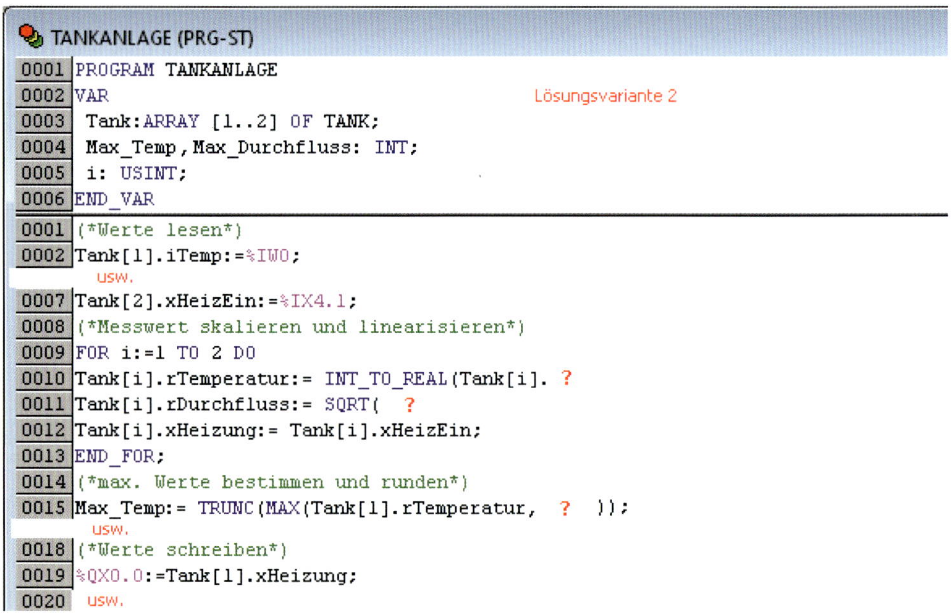

In e!COCKPIT oder CODESYS V3 anwenderdefinierter Datentyp (DUT), Aufgabe 7.1

1. Wenn Sie mit e!COCKPIT arbeiten, dann konfigurieren Sie die Steuerung. Beachten Sie die IEC-Adressen der Module.
2. Markieren Sie in der Programmstruktur die Applikation und fügen Sie über das Kontextmenü
- einen Anwenderdefiniertendatentyp (DUT) mit dem Namen TANK ein,
- eine GLV, die Adressierung ist von Ihrer Steuerungskonfiguration abhängig,
- sowie ein Programm ein, das Sie in einer Task zyklisch mit 500 ms aufrufen.

Einige Inhalte können Sie den vorhergehenden Bildern entnehmen.

TYPE...
STRUCT...

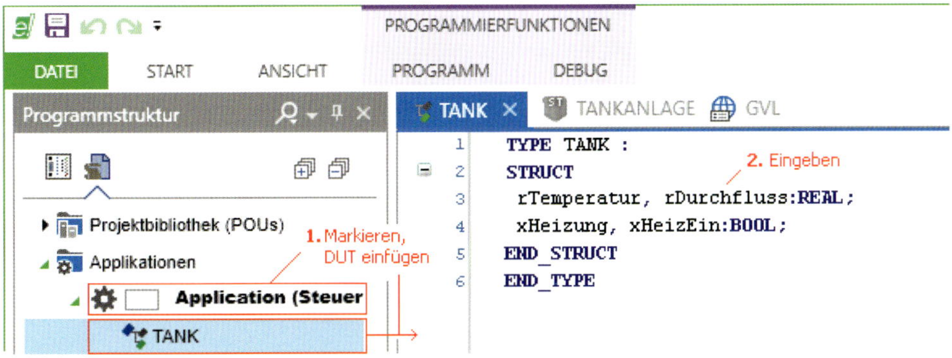

Testen Sie die Funktion. Vergessen Sie nicht, die Simulation zum Testen zu aktivieren.

Beachten Sie auch in CODESYS die Hilfe-Menü-Hilfe-Index-Strukturen, Typkonvertierung.

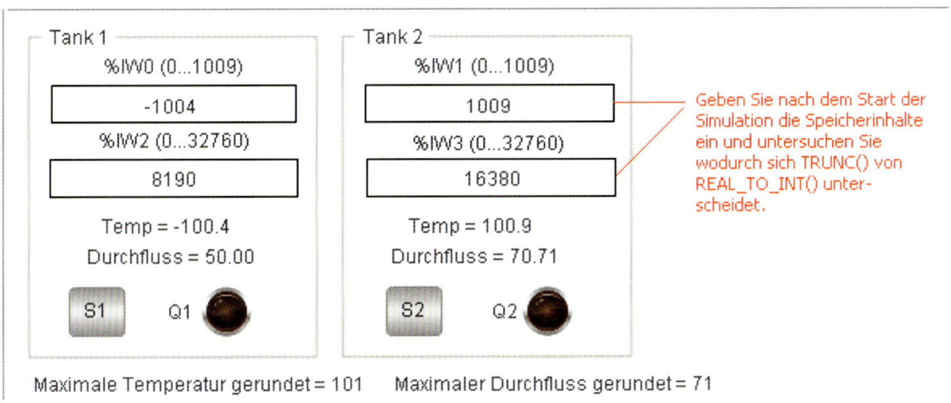

Ist für die gerundete Variable der Datentyp INT oder sogar SINT ausreichend?

Übung 7.1 Tankanlage 2

Erweitern Sie das Programm der Tankanlage 1.

a) Ist der Schalter "S1_AnlEin" eingeschaltet, so wird die Temperatur auf 100 °C konstant gehalten (Zweipunktregler, Kapitel 4).

b) Fügen Sie einen weiteren Tank hinzu.

Übung 7.2 a) Datentypen der Zeit kennen lernen

Analysieren Sie das Programm, um die Zeitdatentypen aus Kapitel 3 näher kennen zu lernen.

Sie können die Programmbausteine importieren, die Datei finden Sie auf **InfoClick**.

Wenn Sie das Projekt mit der Simulation testen, so können Sie die Instanz des RTC als Echtzeituhr benutzen. Funktionsblock "RTC" (RunTimeClock) gibt ab einem vorgegebenen Startzeitpunkt die fortlaufende Datums- und Uhrzeit wieder.

DT
DATE
TOD

Beachten Sie die Schreibweise der Konstanten, wie z.B.

- DATE_AND_TIME#2019-05-06-15:36:30 oder DT#2019-03-29-00:00:00
- DATE#2019-12-24 kurz D#2019-05-14
- TIME_OF_DAY#15:36:30.123 kurz TOD#00:00:01
- TIME# 49d17h2m47s295ms kurz T#49d17h2m47s295ms (maximaler Wert)

sowie die Datentypenumwandlungsfunktionen.
Überlegen Sie, weshalb die TOD_TO_UDINT()verwendet wird.
Die Datentypen TIME, TIME_OF_DAY, DATE und DATE_AND_TIME werden intern wie DWORD behandelt.
Bei TIME und TIME_OF_DAY wird die Zeit in Millisekunden angegeben, wobei bei TOD ab 00:00 Uhr gerechnet wird.
Bei DATE und DT wird die Zeit in Sekunden angegeben, wobei ab dem 1. Januar 1970 um 00:00 Uhr gerechnet wird.

In CoDeSys V2.3 und V3, Übung 7.2
Den Programmcode können Sie den nachfolgenden Bildern entnehmen.

In e!COCKPIT, Übung 7.2

DUT

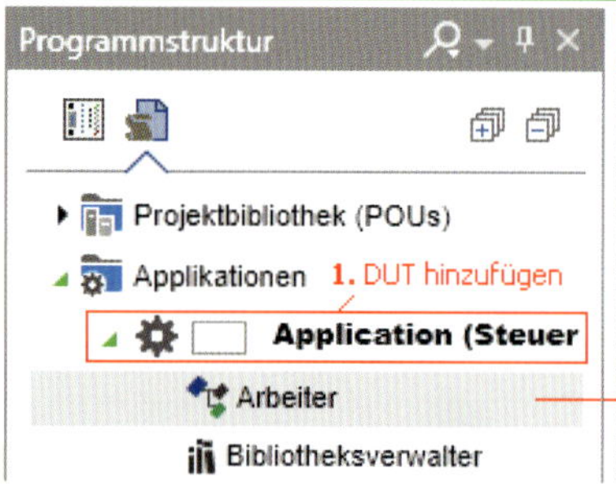

Arbeiter

```
TYPE Arbeiter :
STRUCT
    Name:STRING:='Name';
    Datum:DATE;
    Start, Ende:BOOL;
    Startzeit, Endezeit:TOD;
    Arbeitszeit:TIME;
END_STRUCT
END_TYPE
```

2. Eingeben

PLC_PRG   Visualization

```
PROGRAM PLC_PRG
(*************************************************************
Datentypen der Zeit kennenlernen.
Wenn Sie die Simulation zum Testen verwenden, so können
Sie die Instanz des RTC als Echtzeituhr benutzen
*************************************************************)
VAR
    instRTC:RTC;
    dtZeitpunkt:DT;
    todZeitpunkt: TOD;
    Person:ARRAY[1..3] OF Arbeiter;
    i: USINT;
END_VAR
```

Aus der Standard-Bibliothek (eine Uhr) über die Bibliotheksverwaltung können Sie auf Informationen zugreifen

```
(*Datum und Uhrzeit*)
instRTC(EN:=TRUE , PDT:= DT#2019-05-14-07:00:00, Q=>, CDT=>dtZeitpunkt);
todZeitpunkt:= DT_TO_TOD(dtZeitpunkt);
(*Arbeitszeit ermitteln*)
FOR i := 1 TO 3 DO
IF Person[i].Start THEN
 Person[i].Startzeit:=todZeitpunkt;
 Person[i].Arbeitszeit:=T#0m;
END_IF;
IF Person[i].Ende THEN
 Person[i].Endezeit:=todZeitpunkt;
 Person[i].Arbeitszeit:=UDINT_TO_TIME(TOD_TO_UDINT(Person[i].Endezeit)
                       - TOD_TO_UDINT(Person[i].Startzeit));
END_IF;
Person[i].Datum:=DT_TO_DATE(dtZeitpunkt);
END_FOR;
```

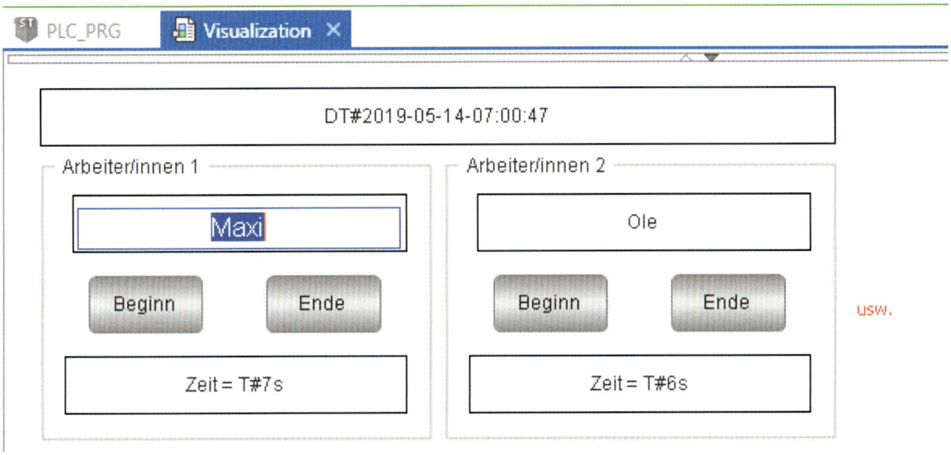

b) Datentypen der Zeit kennen lernen, Stringfunktionen anwenden

Die Werte der Variablen Zeitpunkt sowie Arbeitszeit sollen in der Visualisierung ohne DT# bzw. T# angezeigt werden. Sie können dazu die Stringfunktionen

- RIGHT(STR:= , SIZE:=) sowie
- DELETE(STR:= , LEN:= , POS:=) aus der Standardbibliothek benutzen.

Fügen Sie dazu zwei String-Variablen in Ihrem Projekt ein, beschreiben Sie diese und ändern Sie die Textvariablen in der Visualisierung.

```
(*Für die Visu stZeitpunkt*)
stZeitpunkt:=Standard.RIGHT(STR:=DT_TO_STRING(dtZeitpunkt) , SIZE:=19);
```

In CODESYS V3 - Mit Option -Intelligentes Kodieren- Mit Namensraum einfügen, die Funktion RIGHT() liegt in der Standardbibliothek

In CoDeSys V2.3 nicht eingeben

```
Person[i].stArbeitszeit:=DELETE(TIME_TO_STRING(Person[i].Arbeitszeit),2,1);
```

Mit Namensraum einfügen ist deaktiviert

7.2 Aufzählungstypen

Aufzählungstyp, Enumeration

Ein Aufzählungstyp ist ein Datentyp, der aus einer Menge von String-Konstanten besteht, die Sie selbst definieren können. Diese Konstanten bezeichnet man als Enumerationswerte. Diese Werte sind im ganzen Projekt bekannt.

Aufgabe 7.2 Beleuchtung für Bühnenbilder

a) Für die einzelnen Szenen (hier nur 2) bei einer Theateraufführung ist ein **Programm zu entwickeln**, das abhängig von der Szenennummer die Leuchten (hier nur drei) ein-/ausschaltet und die Helligkeit der Leuchte sowie deren Farbe vorgibt (siehe Tabelle).

Erstellen Sie den anwenderdefinierten Datentyp "LEUCHTE" mit den Variablen `xEin`, `uiFarbe` und `uiHelligkeit` mit dem Initialisierungswert 30. Mit Hilfe der CASE-Anweisung und der Szenennummer kann die Ausleuchtung der Bühnenbilder gesteuert werden, wie das folgende Bild zeigt.
Begrenzen Sie den Eingabewert für die Szenennummer. Benutzen Sie den IEC-Operator `LIMIT`().

Szene	Leuchte	Ein	Farbe	Helligkeit
1	1	ja	0 (weiß)	30 (hell)
	2	ja	20 (blau)	20 (mittel)
	3	ja	30 (grün)	10 (dunkel)
2	1	nein	-	-
	2	ja	10 (rot)	10 (dunkel)
	3	ja	20 (blau)	20 (mittel)

In e!COCKPIT oder CODESYS V3 Programmcode mit anwenderdefiniertem Datentyp

PLC_PRG

```
PROGRAM PLC_PRG
(*********************************************************************
Beleuchtung für Bühnenbilder, anwenderdefinierter Datentyp, CASE...
Verändern Sie den Wert von usiSzenenNr = 0...2 nach dem Einloggen
und Start, beobachten Sie die Werte von Leuchte1...Leuchte3.
*********************************************************************)
VAR
 usiSzenenNr:USINT;
 Leuchte1, Leuchte2, Leuchte3:LEUCHTE;
END_VAR
```

```
usiSzenenNr:= LIMIT(0,usiSzenenNr,2);(*Variablenwert begrenzen 0...2*)
CASE usiSzenenNr OF
1: Leuchte1.xEin:= TRUE;
   Leuchte2.xEin:= TRUE; Leuchte2.usiFarbe:= 20;
   Leuchte2.usiHelligkeit:= 20;
```

usw.

PLC_PRG | LEUCHTE

```
TYPE LEUCHTE :
STRUCT
 xEin:BOOL;
 usiHelligkeit:USINT:= 30;
 usiFarbe:USINT;
END_STRUCT
END_TYPE
```

In CoDeSys V2.3 Programmcode mit anwenderdefiniertem Datentyp, Aufgabe 7.2
Den Programmcode können Sie dem vorhergehenden Bild entnehmen.

Testen Sie Ihr Programm.

b) **Erweitern Sie** das Projekt mit den **Aufzählungstypen** "FARBEN" und "HELLIGKEIT", auch **Enumeration** genannt. Als Präfix können Sie e verwenden, z.B. eFarben. Die Zahlen für die Farben sowie für die Helligkeit werden durch String-Konstante ersetzt, z.B. rot steht für 10, hell steht für 30 usw.

In CoDeSys V2.3 Aufzählungstypen definieren, Aufgabe 7.2

Aufzählungstyp

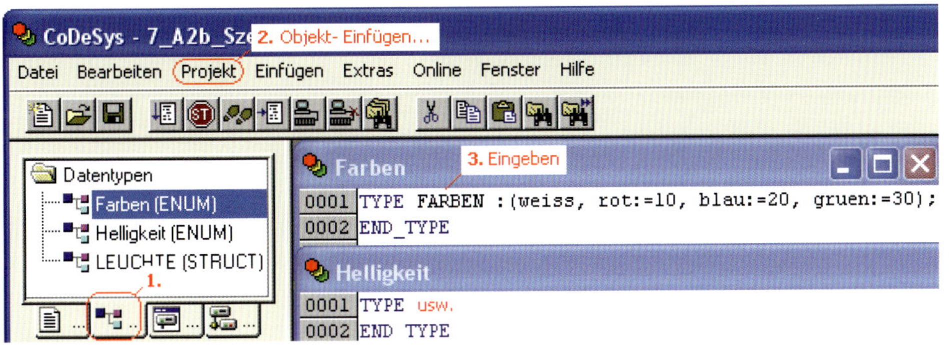

In e!COCKPIT oder CODESYS V3 Aufzählungstypen definieren, Aufgabe 7.2

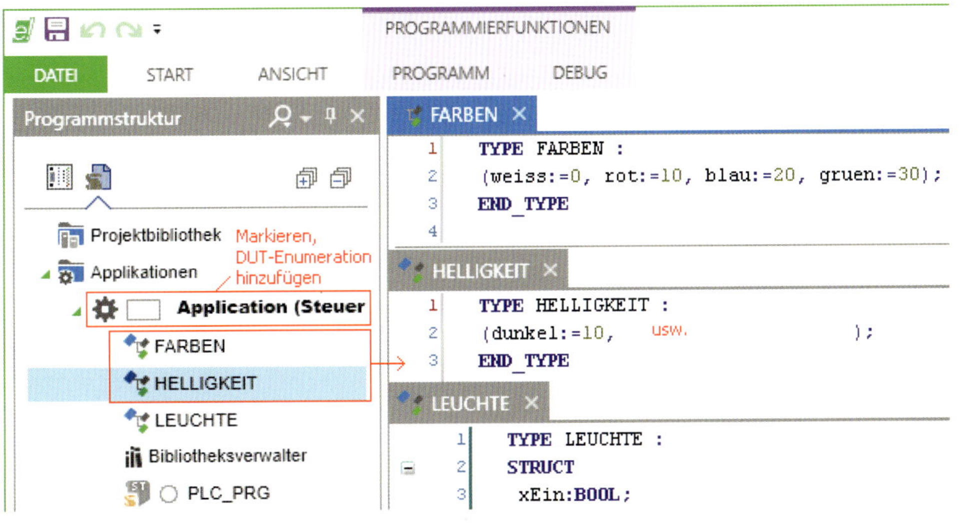

Beachten Sie:
Beim Aufzählungstyp entfallen im Vergleich zum anwenderdefinierten Datentyp die Schlüsselwörter `STRUCT` und `END_STRUCT`.

Und so können Sie die Aufzählungstypen im Programm verwenden:

In CoDeSys V2.3 Programmcode mit Aufzählungstypen, Aufgabe 7.2
Den Programmcode zu PLC_PRG können Sie dem Bild unter CODESYS V3 entnehmen.

In e!COCKPIT oder CODESYS V3 Programmcode mit Aufzählungstypen, Aufgabe 7.2

```
PLC_PRG
PROGRAM PLC_PRG
(*********************************************************************
Verändern Sie den Wert von usiSzenenNr = 0...2 nach dem Einloggen
und Start, beobachten Sie die Werte von Leuchte1...Leuchte3.
*********************************************************************)
VAR
 usiSzenenNr:USINT;
 Leuchte1, Leuchte2, Leuchte3:LEUCHTE;
END_VAR

usiSzenenNr:= LIMIT(0,usiSzenenNr,2);(*Variablenwert begrenzen 0...2*)
CASE usiSzenenNr OF
1: Leuchte1.xEin:= TRUE;
   Leuchte2.xEin:= TRUE; Leuchte2.iFarbe:= blau;
   Leuchte2.iHelligkeit:= mittel;
     usw.
```

Der DUT (Data Unit Typ) wurde überarbeitet

steht z.B. für 20

steht z.B. für 20

Testen Sie Ihr Programm, achten Sie auf die Zahlenwerte, welche die Enumerationswerte bei den Szenennummern annehmen.

Stichpunkte Anwenderdefinierte Datentypen (DUT), Skalieren, `MAX()`, `TRUNC()`, Linearisieren, `SQRT()`, Type ... STRUCT..., `REAL_TO_INT`, Aufzählungstyp, Enumeration, `LIMIT()`, `DATE_AND_TIME`, `TIME_OF_DAY`, Stringfunktionen `RIGHT()` `DELETE()`

7. Selbsttest – Anwenderdefinierte Datentypen, Aufzählungstypen, IEC-Operatoren

Wählen Sie die richtigen Ergänzungen bzw. Aussagen aus.

---

1. Strukturen sind Zusammenfassungen von Daten eines Objekts

- ☐ mit gleichen Datentypen.
- ☐ mit beliebigen Datentypen.
- ☐ nur mit dem Datentyp ARRAY.
- ☐ nur mit ganzzahligen Datentypen.

---

2. Ein anwenderdefinierter Datentyp kann

- ☐ nur in FCs verwendet werden.
- ☐ nur in Programmen verwendet werden.
- ☐ in allen POEs verwendet werden.
- ☐ nur verwendet werden, wenn eine zeitgesteuerte Task konfiguriert ist.

---

3. Die TRUNC()-Funktion

- ☐ wandelt eine Ganzzahl in eine Gleitpunktzahl.
- ☐ rundet auf eine ganze Zahl.
- ☐ schneidet die Nachkommastellen einer Gleitpunktzahl ab.
- ☐ quadriert eine Ganzzahl.

---

4. Skalieren heißt,

- ☐ den Maximalwert einer Variablen zu bestimmen.
- ☐ den Minimalwert einer Variablen zu bestimmen.
- ☐ den Mittelwert einer Variablen zu bestimmen.
- ☐ den Wertebereich einer Variablen in einen anderen Wertebereich umzurechnen.

Einen Selbsttest zu diesem Kapitel finden Sie auf **InfoClick** sowie aktuelle Hinweise zum Umgang mit CoDeSys V2.3, e!COCKPIT und CODESYS V3.

8 Abgeleitete Funktionen (FCs), Bibliotheken, Rezepturen

Lernziele:
- Abgeleitete FCs erstellen, in Bibliotheken ablegen und Bibliotheken benutzen
- Rezepturen verwalten können

Einführung: Codeteile, die häufiger auch in anderen Programmorganisationseinheiten (POEs bzw. POUs) benutzt werden könnten, werden als Funktionen (FCs) oder auch Funktionsblöcke (FBs) erstellt. Sollen diese auch für andere Projekte zur Verfügung stehen, so können diese in einer Bibliothek abgelegt werden. Da eine POEs eine FC mehrfach aufrufen kann und für jeden Aufruf andere Werte übergeben werden können, ist eine FC als "wieder verwendbare POE" definiert. Sie darf deshalb nur lokal deklarierte Variable und keine direkte Adressierung, z. B. %IX0.0, enthalten.

Temporäre Variable

Eine Funktion ist ein Codebaustein **ohne Gedächtnis** mit einem Rückgabewert. FCs werden so benutzt wie IEC-Operatoren, z. B. SQRT() oder LIMIT(). In einer Funktion können nur Eingangsparameter zur Informationsübergabe und temporäre Variable deklariert werden. Der Wert einer **temporären Variablen** ist nur so lange gültig, solange die FC bearbeitet wird.

8.1 Eine bibliotheksfähige Funktion erstellen

Vorgehensweise:

FC

1. Eine FC in den Baustein- bzw. Applikationsordner eines neuen Projekts einfügen. Achten Sie beim Einfügen auf die Option Funktion.
   Geben Sie den Funktionsnamen und den Datentyp des Rückgabewertes an.
   Schreiben Sie den Funktionsnamen durchgängig groß, so ist der Funktionsaufruf im Code leichter erkennbar oder benutzen Sie Fc als Präfix.
2. Die Eingangsparameter (VAR_INPUT) und eventuell die internen temporären Variablen (VAR) deklarieren und den Code schreiben. Vergessen Sie nicht die Funktionsbeschreibung des Bausteins!
3. Zum Testen der Funktion diese mit Parameterwertübergabe im PLC_PRG aufrufen.

Aufgabe 8.1 **Multiplexer für Messwerte**

Einer von vier Messwerten soll, abhängig von der Auswahlvariablen `iSEL`, auf dem Bildschirm dargestellt werden.
Schreiben Sie eine Funktion mit dem Namen `MUX_INT`, die – abhängig vom Wert der Auswahlvariablen – den Messwert 1...Messwert 4 zurückgibt. Testen Sie die Funktion im `PLC_PRG` und speichern Sie nur die FC in der neu zu erstellenden Bibliothek "ANALOG.lib" ab.

FC für eine neue Bibliothek erstellen und testen

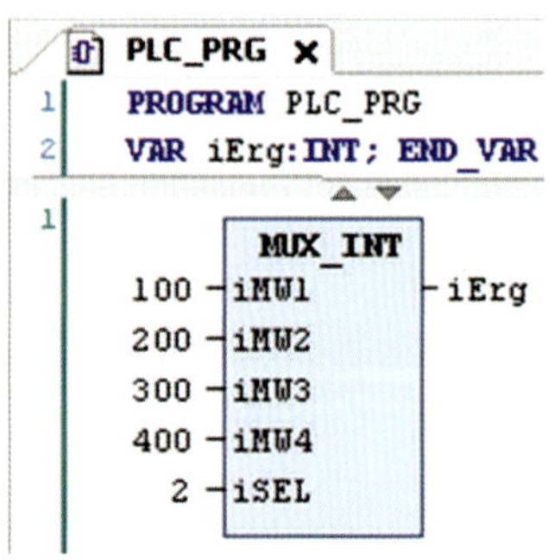

Als Eingangsparameter werden `iMW_1...iSEL` deklariert, wie Sie im nachfolgenden Bild erkennen können.
Die erstellte Funktion wird im `PLC_PRG` getestet. Benutzen Sie zum Aufruf der Funktion die Taste [F2] und wählen Sie definierte Funktionen `MUX_INT`.
Sie könnten die Funktion auch im Hauptprogramm, das in der Programmiersprache FBS (FUP) oder KOP im Bausteinordner eingefügt wurde, aufrufen. Das Bild rechts zeigt den Aufruf der Funktion `MUX_INT` in der Programmiersprache FUP (FBS).
Vergessen Sie nicht, die Simulation zum Testen zu aktivieren.
Beim Aufruf der Funktion werden die Parameter in Klammern geschrieben und getrennt durch Kommas aufgelistet. Verwenden Sie zum Test z.B. die Zahlen 100 ... 400 und 2.

In CoDeSys V2.3 eine Funktion programmieren, aufrufen und testen, Aufgabe 8.1

Parameter

Funktionsaufruf

Rückgabewert

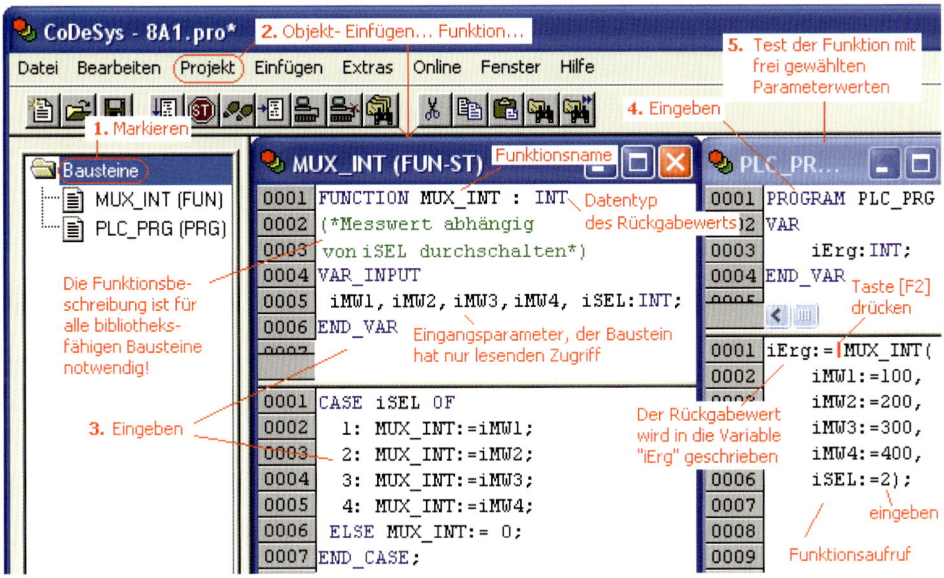

In e!COCKPIT oder CODESYS V3 eine Funktion programmieren, aufrufen und testen, Aufgabe 8.1

Achten Sie beim Einfügen der POU auf die Option "Funktion", vergessen Sie nicht den Typ des Rückgabewertes anzugeben.

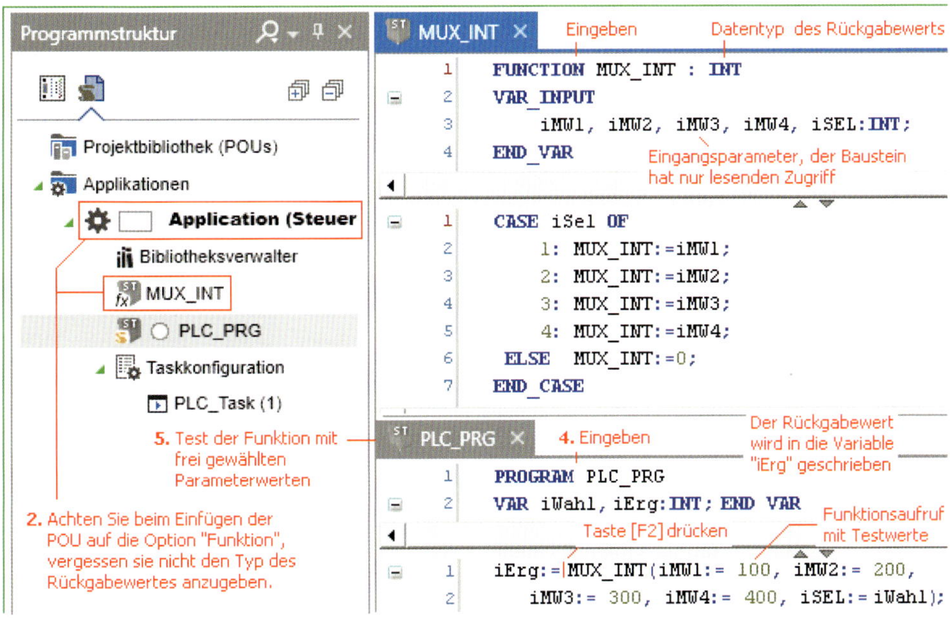

8.2 Neue Bibliothek erstellen und die FC ablegen

In CoDeSys V2.3, neue Bibliothek

Löschen Sie `PLC_PRG` nach dem Test und speichern Sie unter ...ANALOG.lib ihre Funktion als interne Bibliothek ab. Achten Sie auf den Dateityp *.lib und den Speicherort. Interne Bibliotheken wurden mit CODESYS erstellt und nicht mit anderen Programmiersprachen.

In e!COCKPIT neue Bibliothek

- Verschieben Sie in der Programmstruktur die Funktion MUX_INT in den Ordner Projektbibliothek (POUs).
- Löschen Sie die Steuerung in der Gerätesicht und speichern Sie unter ANALOG mit dem Dateityp *.library.
- Öffnen Sie die Backstage-Ansicht über Menü Datei und wählen Sie unter Projekteinstellungen die Projektinformationen und geben Sie Ihre Firma, den Titel der Bibliothek und die Version ein. Sie können dann mit Hilfe dieser Informationen in einem anderen Projekt auf diese Bibliothek zugreifen.

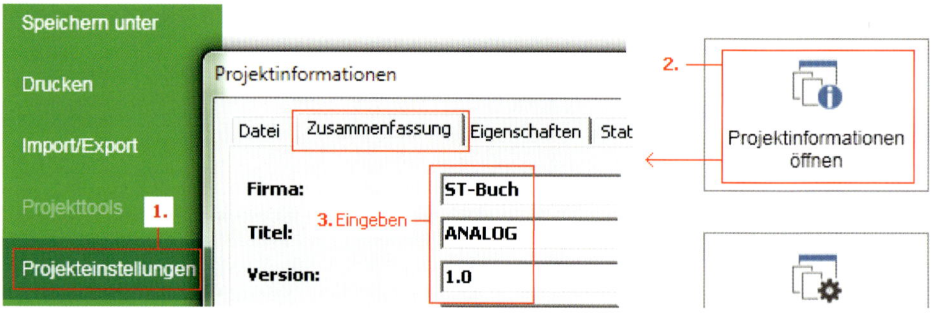

In CODESYS V3 Demo neue Bibliothek

1. Exportieren Sie über Menü Projekt- nur die getestete Funktion (FC).
2. Wählen Sie Neu-Kategorien-Bibliotheken-Leere Bibliothek, geben Sie deren Namen, z.B. ANALOG, ein und wählen Sie den Speicherort.
3. Importieren Sie über Menü Projekt-Importieren... die FC.
4. Fügen Sie über Menü Projekt-Projektinformationen ein... Firma... Titel... Version 1.0.
5. Damit in anderen Projekten über die Bibliotheksverwaltung die erstellte Bibliothek benutzt werden kann, wählen Sie im Menü Datei-Projekt speichern und ins Bibliotheks-Repository (Bibliotheks-Quelle) installieren.

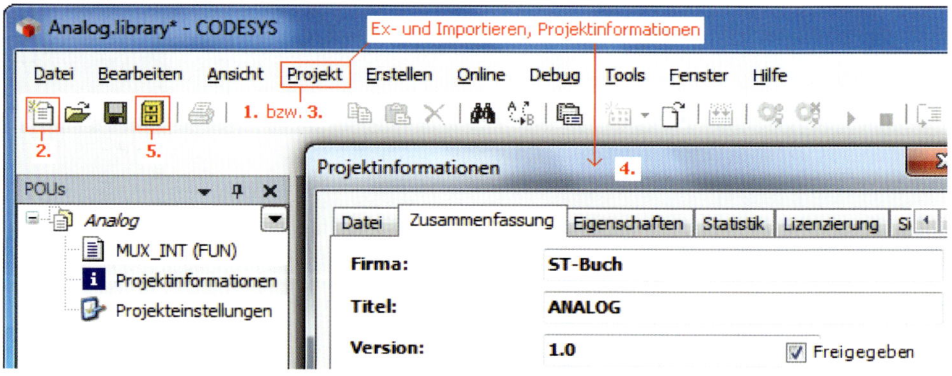

Anmerkung:

MUX Der IEC-Operator MUX hat die gleiche Funktion, siehe CODESYS Hilfe–Index–MUX.

```
iErg:= MUX(i, mw1, mw2, mw3);
```

8.3 Bibliothek benutzen

Um eine interne Bibliothek in einem neuen Projekt benutzen zu können, muss sie im Projekt eingebunden werden, wie die folgende Aufgabe zeigt.

Aufgabe 8.2 Funktion MUX_INT aus der Bibliothek benutzen

Um vier Temperaturmesswerte und vier Druckmesswerte auf einem kleinen Display anzeigen zu können, wird die Funktion `MUX_INT` aus der Bibliothek "ANALOG" verwendet.

Bibliothek benutzen

Benutzen Sie für die Temperaturmessungen die Baugruppe 750-461, wobei 0...100 °C -> 0...1000 im Speicher `%IW0` entsprechen. Für die Druckmessungen wird die Baugruppe 750-452 verwendet, wobei 0...10 MPa (1 Pa = 1 N/m^2) -> 0...20 mA -> 0...32760 im Speicher entsprechen. Im Anhang finden Sie Auszüge aus den Handbüchern der Baugruppen.

Vorgehensweise:

Erstellen Sie ein neues Projekt. Konfigurieren Sie die Steuerung, deklarieren Sie die Variablen der Messwerte global und ordnen Sie die Adressen zu.

Binden Sie die Bibliothek ANALOG aus der Aufgabe 8.1 im neuen Projekt ein und rufen Sie die Funktion "`MUX_INT`" im Programm "`MESSWERTE`" zweimal auf, einmal für die Temperaturanzeige und einmal für die Druckanzeige. Sie können die Eingabehilfe mit der Taste [F2] einblenden.
Das Programm soll alle 100 ms mit einer niedrigen Priorität bearbeitet werden.
Beachten Sie: Nur Programme können einer Task zugeordnet werden (Kapitel 6).

In CoDeSys V2.3 Bibliotheken einbinden, Bibliotheksbausteine aufrufen, Aufgabe 8.2

- CoDeSys Menü Fenster–Bibliotheksverwaltung und dann
- Menü Einfügen–Weitere Bibliotheken ... hier ANALOG.lib suchen und einbinden.

- Sie können dann die Bausteine aus der eingebundenen Bibliothek im Projekt aufrufen, wie das nachfolgende Bild zeigt.

FC-Aufruf

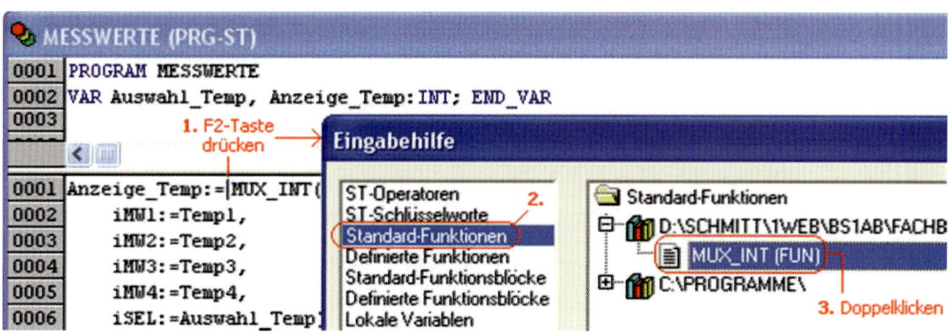

Die Skalierung kann auch in der Visualisierung durchgeführt werden (Bild unten).

In e!COCKPIT oder CODESYS V3 Bibliotheken einbinden, um die Bausteine im Programm aufrufen zu können, Aufgabe 8.2

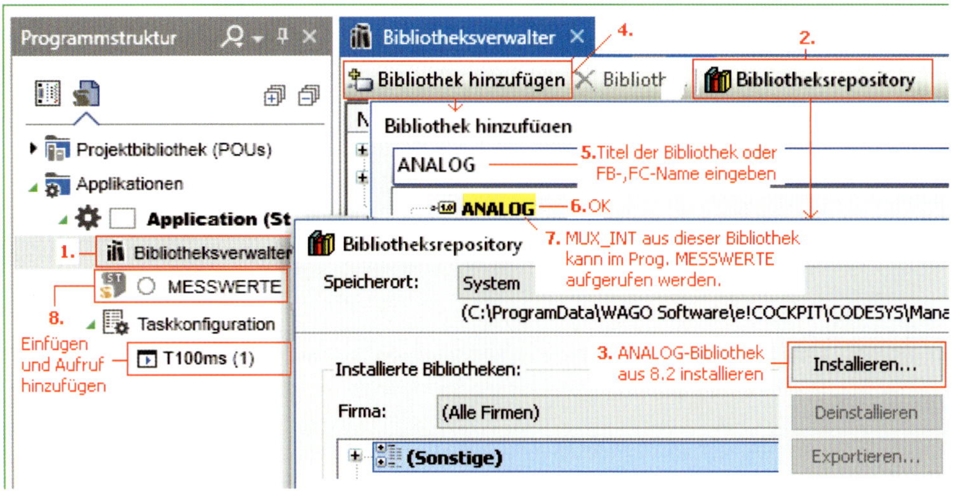

Einen Teil des Programmcodes im Programm MESSWERTE können Sie dem vorhergehenden Bild zu CoDeSys V2.3 entnehmen. Wählen Sie in der Eingabehilfe aus dem Kontextmenü Kategorie-Bausteinaufrufe die Funktion MUX_INT aus.
Vergessen Sie die Task-Konfiguration nicht.

In CoDeSys V2.3 Visualisierung, Aufgabe 8.2

Visualisierung

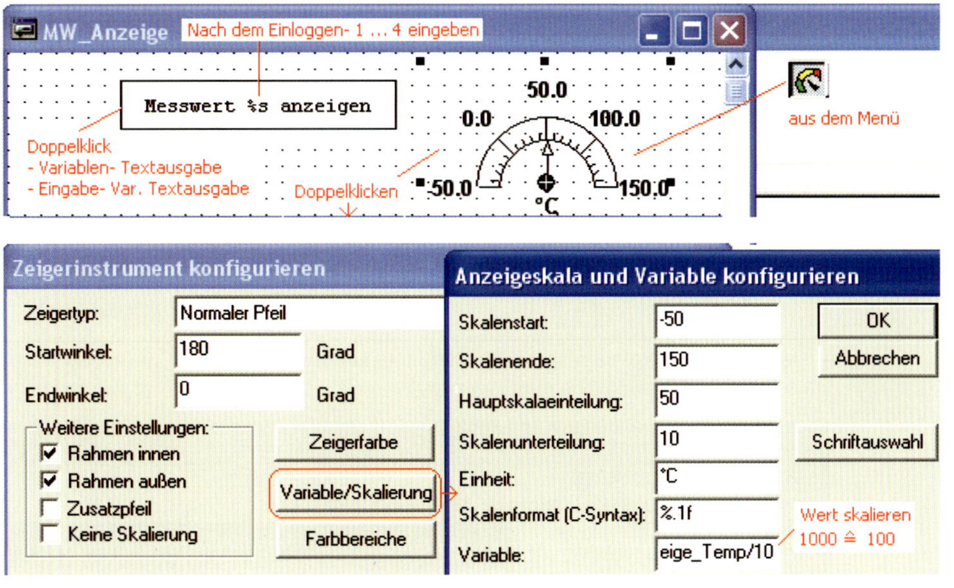

Skalieren

Anmerkung:
Sie sollten die Skalierung, also die Division durch 10, im Programmcode vornehmen, da die Skalierung in der Visualisierung leicht übersehen wird.

In e!COCKPIT oder CODESYS V3 Visualisierung, Aufgabe 8.2

Skalieren

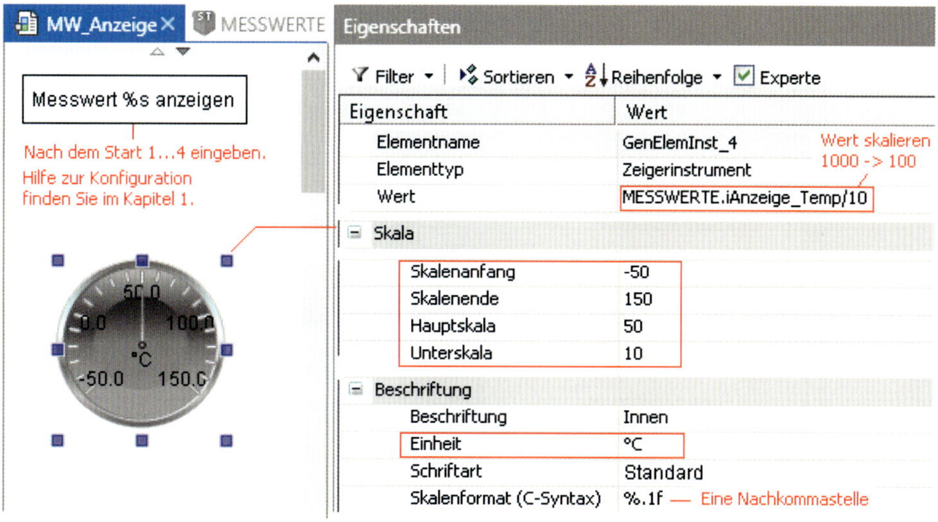

8.4 Rezepturen

Rezepturen

Über die **Rezepturverwaltung** können Sie verschiedene Variable mit unterschiedlichen Werten belegen und in das Zielsystem laden.
Rezepte können deshalb auch zum Testen des Programms benutzt werden.

In Co DeSys V2.3 Rezepturen zur Aufgabe 8.2

Wählen Sie das Register „Ressourcen", doppelklicken Sie den Rezepturverwalter, fügen Sie eine neue Rezeptur ein, z.B. Messwerte1, fügen Sie die Variablen und deren Werte ein, die Sie in die Steuerung schreiben wollen.

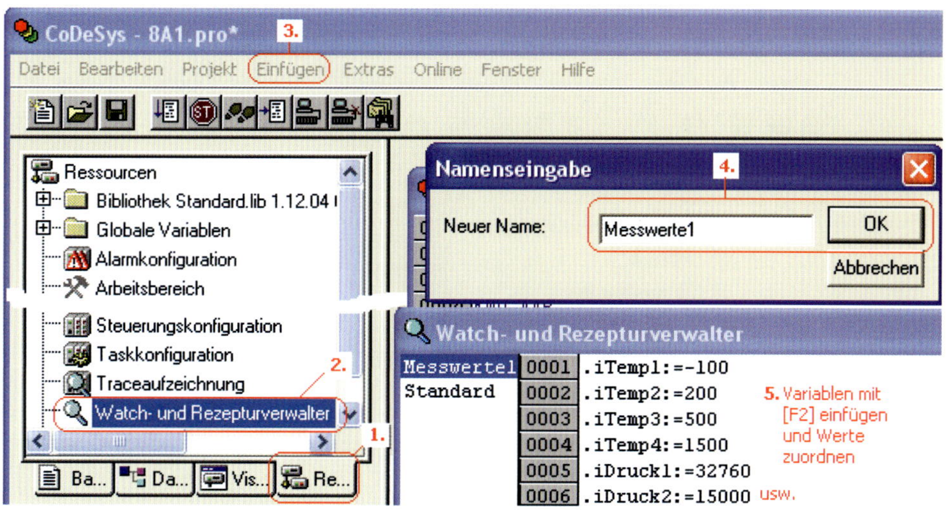

Nach dem Einloggen und Start können Sie bei markiertem Rezept über das Menü Extras die

Rezeptur in die Steuerung schreiben.

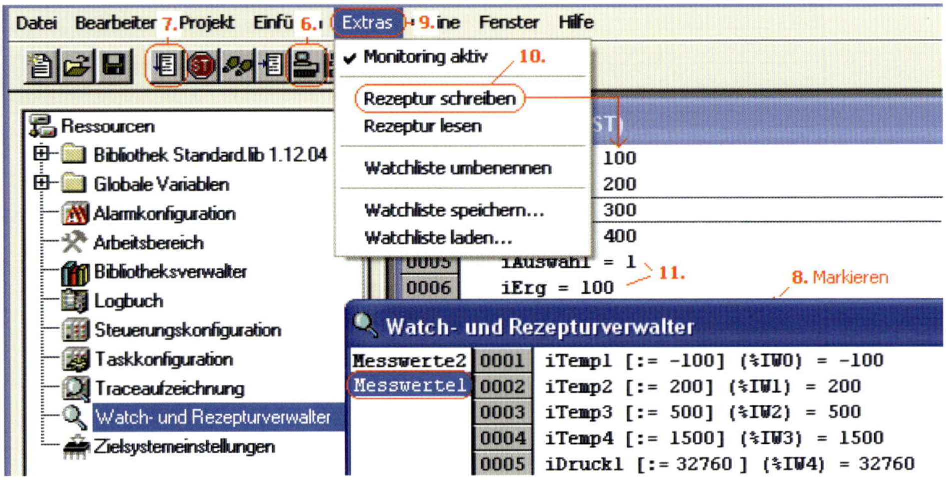

In e!COCKPIT oder CODESYS V3 Demo zur Aufgabe 8.2

Aktivieren Sie, falls erforderlich, die Optionen Menü Tools–Optionen–Features–Objekttypen–Rezepturverwalter.

1. Markieren Sie die Application und wählen Sie im Kontextmenü Objekt hinzufügen... Rezepturverwalter.
2. Markieren Sie in der Projektstruktur bzw. Programmstruktur den Rezepturverwalter, wählen Sie im Kontextmenü Objekt hinzufügen–Rezepturdefinition. Öffnen Sie diese.
3. Wählen Sie im Kontextmenü Rezeptur einfügen, geben Sie den Namen ein, z.B. Test1.
4. Geben Sie die Variablen ein, deren Werte in die Steuerung geschrieben werden sollen.
5. Aktivieren Sie die Simulation, loggen Sie ein und starten Sie die Simulation.
6. Klicken Sie z.B. in die Spalte Test1 und wählen Sie im Kontextmenü Rezeptur schreiben. Die Werte aus der Spalte Test1 werden in die Steuerung geschrieben.

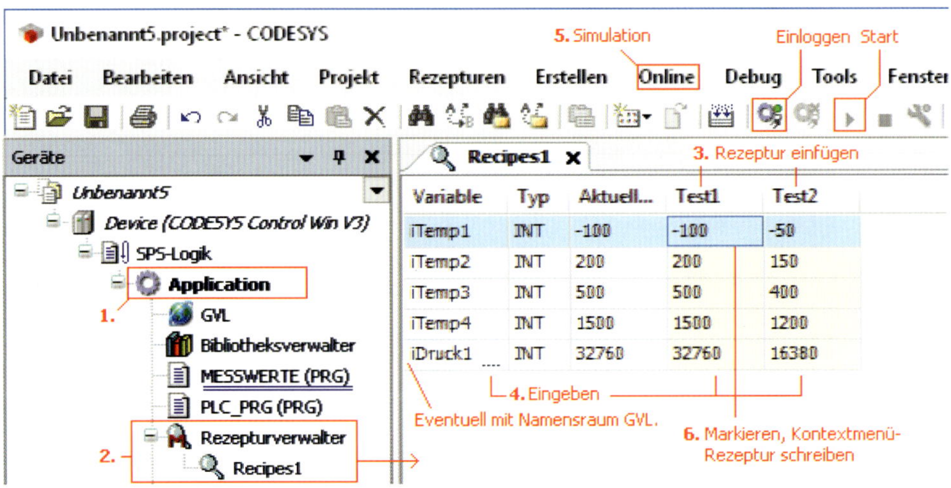

8.5 Bibliothek erweitern

Vorgehensweise:

Exportieren

Öffnen Sie die Bibliothek, die Sie erweitern wollen, z. B. ANALOG. Achten Sie beim Öffnen auf den Dateityp, z.B. *.lib bzw. *.library. Fügen Sie den neuen Baustein ein, z.B. die Funktion SCALE aus der Aufgabe 8.3. Sie können auch eine FC, die Sie in einem Projekt erstellt und getestet haben, über Menü Projekt- bzw. Menü Programm-Exportieren... exportieren und in die zu erweiternde geöffnete Bibliothek importieren.

In CoDeSys V2.3 Bibliothek erweitern

Bibliothek erweitern

Fügen Sie zusätzlich zum Testen das Programm PLC_PRG ein und rufen Sie den erstellten Baustein im PLC_PRG auf. Löschen Sie PLC_PRG nach dem Testen wieder und speichern Sie die erweiterte Bibliothek.

In CODESYS V3 Bibliothek erweitern
Sie können, wenn nötig, die Compilerversion unter Projekt- Projektumgebung- Compilerversion aktualisieren. Um die neu erstellte FC oder den FB testen zu können, fügen Sie zusätzlich im Register Geräte über das Kontextmenü -Gerät anhängen- eine Steuerung ein sowie ein Programm mit einer Task. Rufen Sie den neu erstellten Baustein, z.B. die Funktion SCALE, im Programm auf. Testen Sie den Baustein und löschen Sie danach die Steuerung wieder. Achten Sie beim Speichern auf den Dateityp *.library.

In e!COCKPIT Bibliothek erweitern
Sie können, wenn nötig, die Compilerversion unter Datei- Projekteinstellungen- Projektumgebung- Compilerversion aktualisieren. Um die neu erstellte FC oder den FB testen zu können, fügen Sie zusätzlich in der Gerätestruktur eine Steuerung ein. Rufen Sie den neu erstellten Baustein, z.B. die Funktion SCALE, in PLC_PRG auf. Testen Sie den Baustein und löschen Sie danach die Steuerung wieder. Achten Sie beim Speichern auf den Dateityp *.library.

Aufgabe 8.3 Analogwertverarbeitung 1, SCALE

Erweitern Sie die Bibliothek "ANALOG" mit der FC "SCALE".

Der Messverstärker liefert das Einheitssignal 4...20 mA bei einem Druck von 6...10 MPa. Der A/D-Umsetzer wandelt dieses Signal in einen Digitalwert 0...32760 um. Um im Programm mit Zahlen zu arbeiten, die dem Druck entsprechen, soll eine Funktion zur Skalierung erstellt werden.

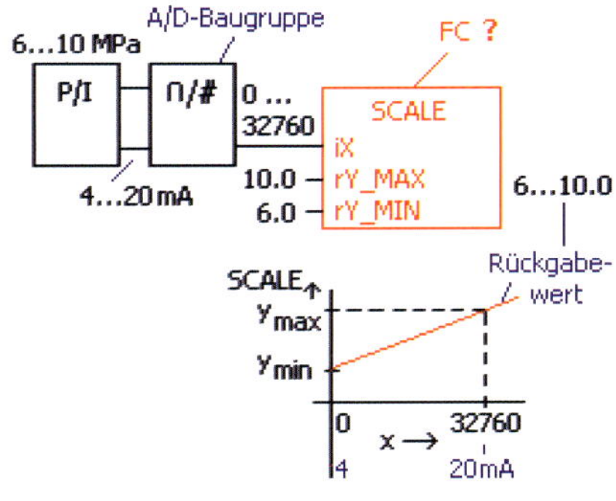

Skalieren

SCALE

a) Erstellen Sie die Funktion "SCALE", die bei iX = 0 den Wert rY_MIN und bei iX = 32760 den Wert rY_MAX als Rückgabewert liefert. Speichern Sie die Funktion in der Bibliothek "ANALOG" ab.

b) Benutzen Sie die Funktion "SCALE", die den digitalisierten Wert 0...32760 in den Wert 6.0...10.0 umwandelt, und testen Sie diese.

Übung 8.1 Analogwertverarbeitung 2, SCALE benutzen

Schreiben Sie ein Programm, in dem mit den Temperaturwerten −100 °C bis 400 °C gearbeitet wird. Benutzen Sie dazu aus der Bibliothek die Funktion "SCALE" von oben. Der Messverstärker ist so eingestellt, dass die Ausgangs-spannung bei −100 °C -> 0 V und bei 400 °C ->10 V ist.

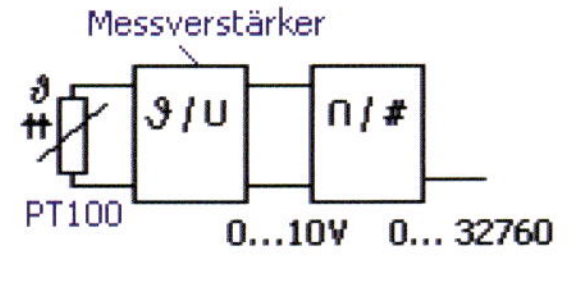

8.6 Parameter mit anwenderdefiniertem Datentyp

Aufgabe 8.4 Mittelwert, Parameter mit anwenderdefiniertem Datentyp

Der Datentyp eines Ein- oder Ausgangsparameters kann auch ein anwenderdefinierter Datentyp sein. Mit anwenderdefinierten Datentypen können **sehr kompakte Programme** geschrieben werden.

Analysieren Sie das Programm.

In CoDeSys V2.3 Programmanalyse, Aufgabe 8.4
Entnehmen Sie den Programmcode aus den folgenden Bildern zu e!COCKPIT.

In e!COCKPIT oder CODESYS V3 Programmanalyse, Aufgabe 8.4

MESSWERTE

```
TYPE MESSWERTE :
STRUCT
    MW1,MW2,MW3,MW4:INT;
END_STRUCT
END_TYPE
```

Anwenderdefinierter Datentyp (DUT)

GVL

```
VAR_GLOBAL
    Temperaturen AT %IW1:MESSWERTE;
END_VAR
```

Anfangsadresse für vier Messwerte je 16 bit

MITTELWERT

```
FUNCTION MITTELWERT : INT
VAR_INPUT
    IN_4_W:MESSWERTE;
END_VAR
```

Der Eingangsparameter kann vier Messwerte aufnehmen

```
MITTELWERT:=(IN_4_W.MW1 + IN_4_W.MW2 + IN_4_W.MW3 +IN_4_W.MW4)/4;
```

PLC_PRG

```
PROGRAM PLC_PRG
(*****************************************************
Mittelwert von 4 Messwerten berechnen.
Zur Simulation, nach dem Einloggen und Start,
4 Werte in der GVL eingeben,
Werte schreiben und Variable iMittelwert beobachten.
*****************************************************)
VAR
    iMittelwert:INT;
END_VAR
```

Die Temperaturwerte werden von der Eingangsbaugruppe gelesen und der FC MITTELWERT übergeben

Namensraum ab Version 3

```
iMittelwert:= MITTELWERT(IN_4_W:= GVL.Temperaturen );
```

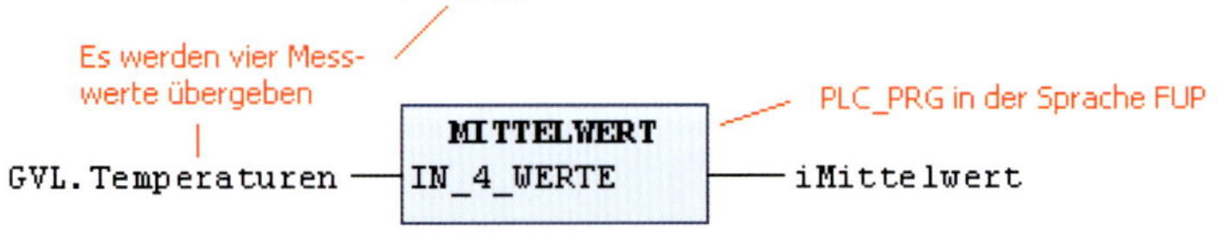

Sie können die Variable `Temperaturen` auch global deklarieren und mit den Adressen der AI-Eingangsbaugruppe(n) verknüpfen.
Konfigurieren Sie die Steuerung und entfernen Sie die lokale Variable `Temperaturen` im `PLC_PRG`.
Rufen Sie die Funktion MITTELWERT im PLC_PRG zum Testen auf.

Die Variable Temperaturen vom Datentyp MESSWERTE, `Temperaturen.MW1` wird mit dem Wert aus %IW0 bzw. %IW1 beim PFC200 beschrieben, `Temperaturen.MW2` mit dem Wert aus %IW1 bzw. %IW2 usw.
Vergessen Sie nicht, die Simulation zum Testen zu aktivieren.

In CoDeSys V2.3 testen, Aufgabe 8.4

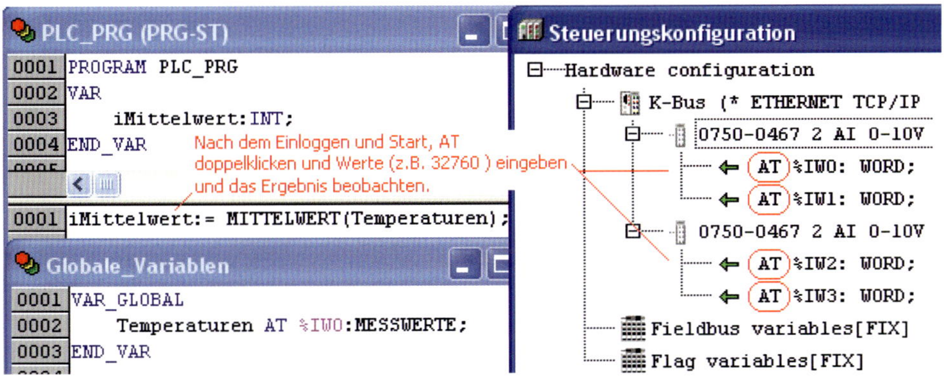

In e!COCKPIT testen, Aufgabe 8.4

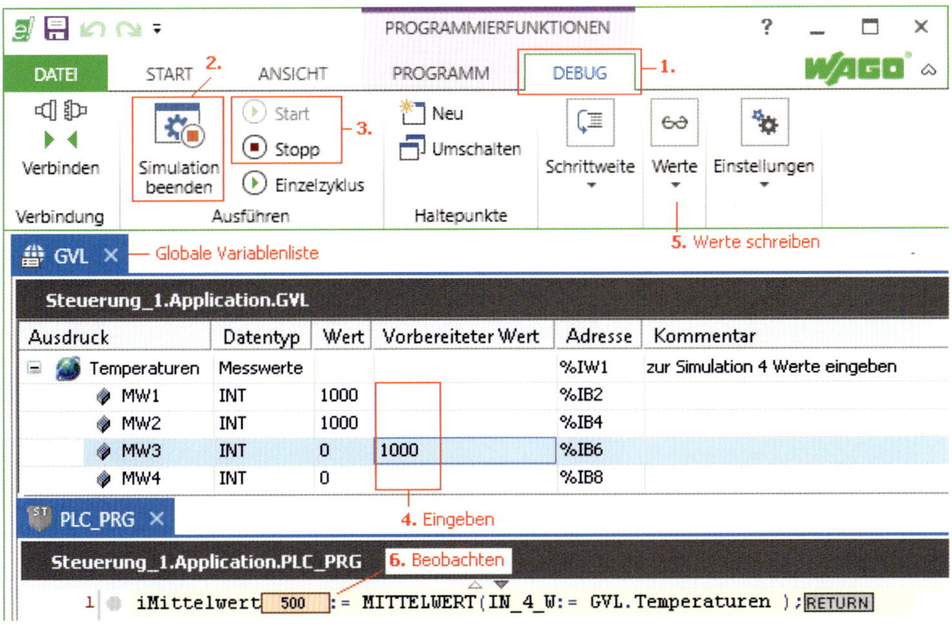

In CODESYS V3 testen, Aufgabe 8.4

Aktivieren Sie im Menü Online die Simulation und loggen Sie ein, geben Sie den neuen Wert in der Spalte „Vorbereiteter Wert" ein und betätigen Sie die Tasten [Strg] und [F7] gleichzeitig, um den Wert zu schreiben. Beurteilen Sie das Ergebnis.

Übung 8.2 **Schreiben Sie** bibliotheksfähige Funktionen und testen Sie diese durch Aufruf im `PLC_PRG`.

a) "`RADIZIERER_INT`", der Parameter IN und der Rückgabewert sind vom Datentyp INT.

b) "SIN_GRAD", die den Sinus des Parameters, der im Gradmaß angegeben ist, berechnet.

c) Bahnkorrektur aus Kapitel 3.
Überlegen Sie, wie viele Rückgabewerte eine FC liefern kann; kann ein anwenderdefinierter Datentyp verwendet werden? InfoClick.

Weitere Übungen finden Sie in Kapitel 12.

Übung 8.3 **Volumenberechnung mit anwenderdefiniertem Datentyp als Parametertyp**

Das Füllvolumen mehrerer (drei) kugelförmiger Tanks soll berechnet werden.

Das Füllvolumen V ist abhängig von der Füllhöhe h und dem Durchmesser d, siehe Übung 1.1.

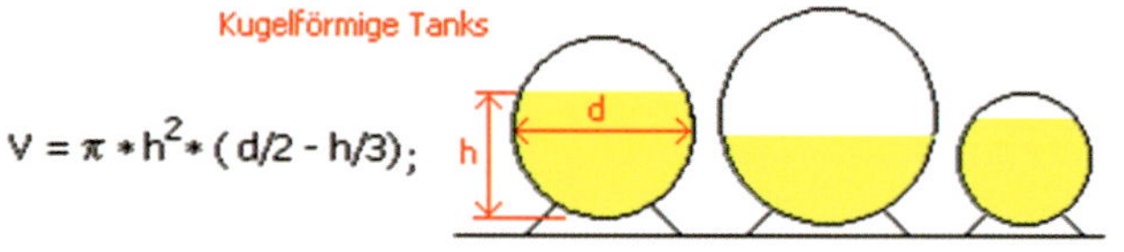

Bei d = 2,5 m und h = 1,5 m -> V = 5,29875 m^3

Schreiben Sie eine bibliotheksfähige Funktion mit dem Eingangsparametertyp

```
TYPE KUGEL :
   STRUCT
      rFuellhoehe, rDurchmesser, rVolumen: REAL;
   END_STRUCT
 END_TYPE
```

Testen Sie diese Funktion durch Aufruf im PLC_PRG.

Stichpunkte Temporäre Variable, Bibliothek, Parameter, Funktionsaufruf, Rückgabewert, Visualisierung, Skalieren, Rezepturen, SCALE, Parameter mit anwenderdefiniertem Datentyp

8. Selbsttest – FC-Bibliotheken, Rezepturen

Wählen Sie die richtigen Ergänzungen bzw. Aussagen aus.

---

1. Es ist nicht erlaubt, von einem "größeren" Datentyp auf einen "kleineren" implizit (unausgesprochen) zu konvertieren. Wenn man das tun will, muss man spezielle Typenumwandlungsfunktionen anwenden.

   Welche Funktion könnte entfallen, da implizit vom Compiler konvertiert wird?

   ☐ DINT_TO_INT() ☐ REAL_TO_INT() ☐ INT_TO_REAL() ☐ WORD_TO_BYTE()

2. ```
   i:= 1;
   y:= MUX(i,53,11,31);
   ```

   Nach Ausführung der Anweisungen nimmt y den Wert an: ☐ 1 ☐ 11 ☐ 31 ☐ 53

---

3. Der Parameterwert, welcher der Funktion übergeben wird, muss eine

   ☐ Gleitpunktzahl sein.

   ☐ positive Zahl sein.

   ☐ ganze Zahl sein.

   ☐ negative Zahl sein.

   ```
   FUNCTION SIN_GRAD : REAL
   VAR_INPUT
    IN:INT;
   END_VAR
   VAR
    PI:REAL:= 3.14159;
   END_VAR

   SIN_GRAD:=SIN(2*PI/360*IN);
   ```

---

4. Eine Funktion ist eine parametrisierbare POE. Weshalb darf bei der Deklaration der Parameter kein direkter Adressbereich (z. B. %I0.0) angegeben werden?

   Die FC könnte dann nicht

   ☐ verwendet werden. ☐ kopiert werden.

   ☐ aufgerufen werden. ☐ öfter verwendet werden.

Einen Selbsttest zu diesem Kapitel finden Sie auf **InfoClick** sowie aktuelle Hinweise zum Umgang mit CoDeSys V2.3, e!COCKPIT und CODESYS V3.
   ```

9 Funktionsblöcke (FBs)

Lernziele:
- Standardfunktionsblöcke (FBs) benutzen, Instanzen
- Abgeleitete, bibliotheksfähige FBs erstellen

Einführung: Ein Funktionsblock (FB) ist ein Codebaustein (POE bzw. POU), der über einen zugeordneten Speicherbereich verfügt; dieser Bereich wird **Instanz** genannt. Sie können mehrere Instanzen eines Standard-FBs oder eines abgeleiteten (selbsterstellten) FBs deklarieren und aufrufen.

Instanz

9.1 Standard-FBs

Nach IEC sind verschiedene FBs standardisiert; fügen Sie, wenn notwendig, die Standardbibliothek zu ihrem Projekt hinzu. Die Standardbibliothek beinhaltet z.B. bistabile FBs, Timer, Zähler ...

- **In CoDeSys V2.3** Bibliotheken einbinden über Menü Fenster–Bibliotheksverwaltung–Standard.lib
- **In e!COCKPIT oder CODESYS V3** Bibliotheken einbinden über Bibliotheksverwalter

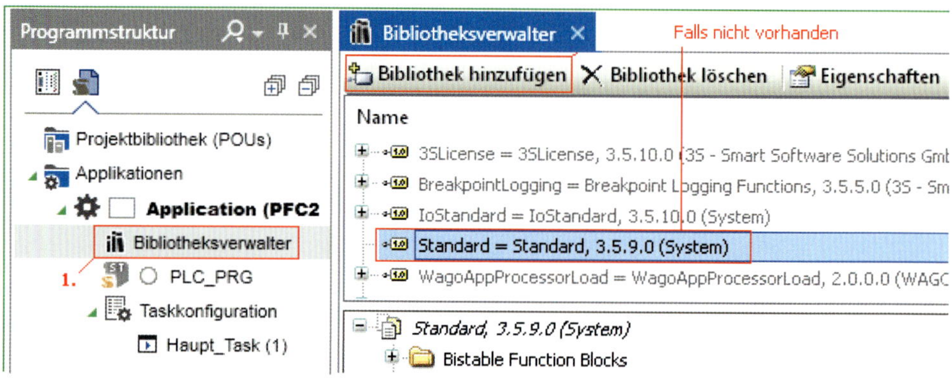

Standard-Bibliothek

Aufgabe 9.1 Standard-FB, RS oder SR, lokale Instanzen

Viele Aktionen in der Automatisierungstechnik zeigen speicherndes Verhalten.
Beispiel: Die Anlage wird über den EIN- und über AUS-Taster betriebsbereit geschaltet. Eine Meldeleuchte zeigt dies an. Das folgende Bild zeigt den Programmcode.

a) **Geben Sie** den Code ein und testen Sie die Funktion. Halten Sie die Ergebnisse in der Tabelle fest. Über die Eingabehilfe, die Sie über die Taste [F2] öffnen können, können Sie unter dem Eintrag "Lokale Variablen" die Instanz des Standard-FBs, hier RS1, auswählen. Im Codeabschnitt erscheinen die Formalparameter, die mit den Aktualparametern ergänzt werden müssen. Wie das nachfolgende Bild zeigt, kann die Übergabe der Parameterwerte auf unterschiedliche Weise durchgeführt werden. Vergessen Sie nicht, die Simulation zum Testen zu aktivieren.

RS

SR

PLC_PRG (PRG-ST)

```
PROGRAM PLC_PRG
VAR
 S1_Anl_ein, S0_Anl_aus, P1_betriebsbereit :BOOL;
 RS1 :RS; (*Instanz des Standard-FBs RS*)
END_VAR
```

Hier Taste [F2] betätigen -> Kategorie- Instanzaufruf doppelklicken

```
(*Aufruf mit Parameterübergabe*)
RS1(SET:= S1_Anl_ein, RESET1:= S0_Anl_aus);
P1_betriebsbereit:= RS1.Q1;
```

0 I P1

↓ Zeit

mit RS			mit SR		
S0	S1	P1	S0	S1	P1
1	0	...	1	0	...
0	1	...	0	1	...
0	0	...	0	0	...
1	0	...	1	0	...
0	0	...	0	0	...
1	1	...	1	1	...

oder

```
RS1();(*Aufruf*)
RS1.SET:= S1_Anl_ein;(*Parameterübergabe*)
RS1.RESET1:= S0_Anl_aus;
P1_betriebsbereit:= RS1.Q1;
```

Benutzen Sie diese Art der Parameterübergabe nicht. Diese Art der Übergabe ist z.B. nicht im SCL-Editor von STEP 7 V5 vorgesehen.

oder

```
RS1(SET:= S1_Anl_ein, RESET1:= S0_Anl_aus, Q1=> P1_betriebsbereit));
```

oder

```
(*Aufruf mit Parameterübergabe*)
RS1(SET:= S1_Anl_ein, RESET1:= NOT S0_Anl_aus);
P1_betriebsbereit:= RS1.Q1;
```

Wird die Variable über einen Taster mit Öffnerkontakt beschrieben (Drahtbruch sicher), so muss ihr Wert negiert werden.

In e!COCKPIT oder CODESYS V3 Programmcode mit Standard-FBs, Aufgabe 9.1
Die Deklaration der Variablen sowie die Anweisungen können Sie den vorhergehenden Bildern zu CoDeSys V2.3 entnehmen.

b) **Benutzen Sie** anstelle einer RS-Instanz eine SR-Instanz und testen Sie die Funktion. Untersuchen Sie die unterschiedliche Funktionsweise. Achten Sie auf das zeitliche Vorgehen bei der Wertzuweisung der Variablen. Halten Sie die Ergebnisse in der Tabelle fest.

S=, R=

c) Wenn Sie mit CODESYS V3 oder e!COCKPIT arbeiten, so können Sie die Operatoren S= und R= verwenden. Der Operator S= setzt eine Variable. Wenn der Wert der Variablen links von S= einmal TRUE wurde, bleibt er TRUE, auch wenn der Operand, der rechts von S= steht, wieder auf FALSE geht.
Die Zuweisung R= setzt eine Variable zurück. Wenn der Wert der Variable links von R= einmal FALSE wurde, bleibt er FALSE, auch wenn der Operand, der rechts von R= steht, wieder auf TRUE geht.

PLC_PRG

```
PROGRAM PLC_PRG
(**********************************************************************
Selbsthaltung, rücksetzen vorrangig
Zur Simulation werden nach dem Einloggen und Start die
Werte von xS1_Start und xS0_Stopp wechselnd vorbereitet
und geschrieben (Strg+F7). xOut wird beobachtet.
**********************************************************************)
VAR
 xS1_Start, xS0_Stopp, xOut :BOOL;
END_VAR
```

```
xOut S= xS1_Start;
xOut R= xS0_Stopp;
```

Aufgabe 9.2 **Bandsteuerung**

Erweitern Sie das Unterprogramm "BANDANL", das Sie von **InfoClick** in Ihr Projekt importieren können, mit Band 2, das folgende Forderungen erfüllt.

Forderungen:

Über die Taster S0 und S1 sollen sich die Förderbänder 1 und 2 ein- und ausschalten lassen. Band 2 soll automatisch immer dann um 2 s einschaltverzögert laufen, wenn Band 1 fördert. Nach dem Betätigen des Tasters S0 (Ö) sollen Band 1 noch 1,5 s und das Band 2 noch 3 s leer fördern. Vergessen Sie nicht, das Unterprogramm im Hauptprogramm aufzurufen.

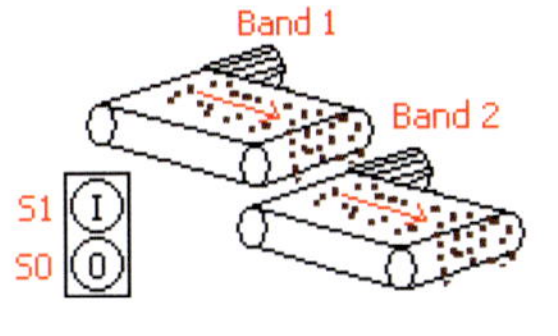

Benutzen Sie eine Instanz von "TON", um das Band 2 verzögert einzuschalten, und eine zweite Instanz von "TOF", um es verzögert auszuschalten.

Timer- TOF, TON, TP

"TON" steht für Timer einschaltverzögert, "TOF" für Timer ausschaltverzögert und "TP" steht für Timer-Puls.

Zeit-FBs, Timer

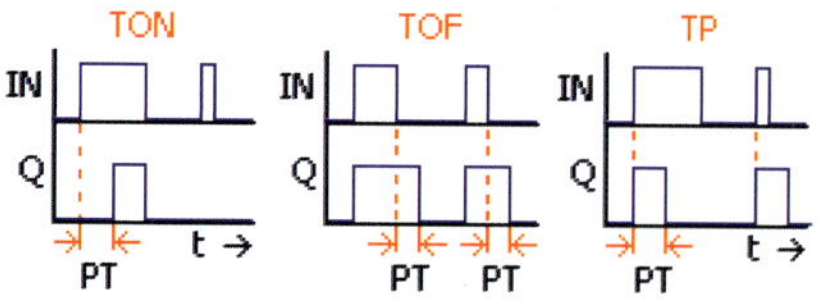

Instanz von TOF (Ausschaltverzögerung)

Zeit starten, hier mit der Variable Q1 der Instanz RS_Band_1

zweiter Eingangsparameter

Zeitwert, hier konstant

```
TOF_1(IN:= RS_Band_1.Q1, PT:= T#1s500ms);
Q1_Band1:= TOF_1.Q;
```

Timer- Ausgang, ein Ausgangsparameter

CODESYS-Menü Hilfe-Index...TON..., siehe auch CODESYS-Menü Hilfe–Suchen... TIMER.

In CoDeSys V2.3 Programmcode mit Instanzen und deren Aufrufe, Aufgabe 9.2
Den Programmcode können Sie dem folgenden Bild unter e!COCKPIT entnehmen. Sie können auch die Vorlage von **InfoClick** verwenden.

In e!COCKPIT oder CODESYS V3 Programmcode mit Instanzen und deren Aufrufe (Vorlage), Aufgabe 9.2
Die Deklaration der Variablen sowie die Anweisungen können Sie den vorhergehenden Bildern zu CoDeSys V2.3 entnehmen.

PLC_PRG | BANDANL

```
PROGRAM BANDANL
VAR
(*Instanzen*)
  RS_Band_1:RS;
  TOF_1:TOF;
END_VAR
```

GVL

```
VAR_GLOBAL
  S0_Band_AUS AT %IX2.0:BOOL;(*Öffner*)
  S1_Band_Ein AT %IX2.1:BOOL;
  Q1_Band1 AT %QX0.0:BOOL;
END_VAR
```

```
(*Band 1*)
RS_Band_1(SET:= S1_Band_Ein, RESET1:= NOT S0_Band_AUS);
TOF_1(IN:= RS_Band_1.Q1, PT:= T#2s);
Q1_Band1:= TOF_1.Q;
```

Rufen Sie dieses Unterprogramm im Hauptprogramm PLC_PRG auf.

Aufgabe 9.3 Behälterfüllung

Über das zeitliche Ansteuern der Ventile A und B kann das wählbare Mischverhältnis $k = V_A/V_B$ bestimmt werden. Der Füllvorgang beginnt, wenn die Schaltfläche Start in der Visualisierung betätigt wird und k eingestellt ist. Die Füllzeit beträgt 15 s, wenn beide Ventile angesteuert sind.

Vorüberlegungen:

$t_A + t_B = 30$ s; $t_A = (30s / (k+1))*k$

REAL_ TO_ TIME

Um rechnen zu können, müssen die Zeitwerte vom Datentyp "REAL" sein. Der Eingangsparameter PT vom Timer TP muss vom Datentyp "TIME" sein. Die Umwandlungsfunktion **REAL_TO_TIME**(...) wandelt die Anzahl der **ms** in das TIME-Format um.

a) **Analysieren Sie** das Programm.

Sie können die globalen Variablen, das Programm und die Visualisierung von **InfoClick** in Ihr Projekt importieren.

Visualisierung

TP

```
Globale_Variablen
VAR_GLOBAL
 M10_Ventil_A AT %QX0.0:BOOL;
 M11_Ventil_B AT %QX0.1:BOOL;
END_VAR
```

```
PLC_PRG (PRG-ST)
PROGRAM PLC_PRG
(*Behälter füllen*)
VAR
 xStart:BOOL;(*visu. Schaltfläche*)
 rK :REAL:=2.0;(*Mischverhältnis VA/VB*)
 tTa, tTb: TIME;(*Ventilöffnungszeiten*)
 rTa, rTb: REAL;(*in ms*)
 TP_A, TP_B :TP;(*Instanzen*)
END_VAR
```

```
(*Öffnungszeit abhängig von k berechnen*)
IF rK>0 THEN
 rTa:= 30/(rK+1)* rK;
 rTb:= 30-rTa;
 tTa:= REAL_TO_TIME(rTa*1000);
 tTb:= REAL_TO_TIME(rTb*1000);
(*Aufruf der Instanzen*)
 TP_A(IN:=xStart , PT:=tTa);
 M10_Ventil_A:= TP_A.Q;
 TP_B(IN:=TP_A.Q , PT:=tTb);
 M11_Ventil_B:= TP_B.Q;
END_IF;
```

Beachten Sie die implizierte Datentypenumwandlung

In e!COCKPIT oder CODESYS V3, Aufgabe 9.3

```
PLC_PRG  GVL
PROGRAM PLC_PRG
VAR
 xStart:BOOL;//visu. Schaltfläche
 rK :REAL:=2.0;//Mischverhältnis VA/VB
 tTa, tTb: TIME;//Ventilöffnungszeiten
 rTa, rTb: REAL;//in ms
 TP_A, TP_B :TP;//Instanzen
END_VAR
```

```
IF rK >0.0 THEN
 rTa:= 30.0/(rK+1.0)*rK;
 rTb:=30.0-rTa;
 tTa:=REAL_TO_TIME(rTa*1000.0);
 tTb:=REAL_TO_TIME(rTb*1000.0);
(*Aufruf der Instanzen von TP*)
 TP_A(IN:=xStart , PT:=tTa);
 M10_Ventil_A:=TP_A.Q;
 TP_B(IN:=TP_A.Q , PT:=tTb);
 M11_Ventil_B:=TP_B.Q;
END_IF;
```

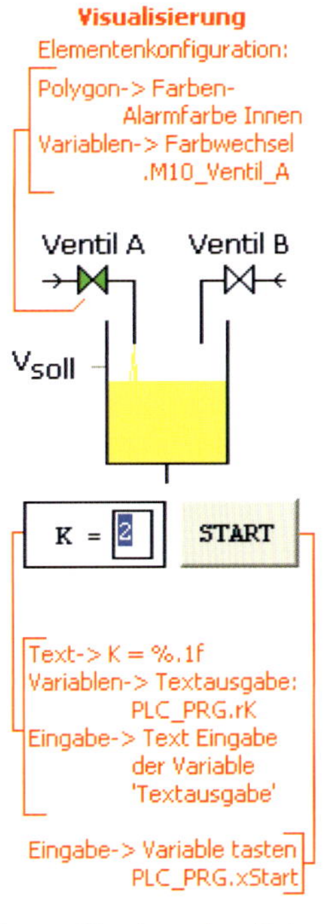

b) **Erweitern Sie** das Programm für mehrere (zwei) Behälter. Deklarieren Sie dazu den Datentyp BEHAELTER. Die Deklaration im Programm wird dadurch vereinfacht.

Beachten Sie, dass die Instanzen vom `TP` ein Bestandteil des Typs `BEHAELTER` sind.

In CoDeSys V2.3 TYPE, STRUCT, Aufgabe 9.3

Den Programmcode für die beiden Lösungsansätze können Sie den folgenden Bildern unter e!COCKPIT entnehmen.

In e!COCKPIT oder CODESYS V3 TYPE, STRUCT, Aufgabe 9.3

Lösungsansatz 1:

TYPE, STRUCT

BEHAELTER

```
TYPE BEHAELTER :
STRUCT
 xStart, xVentil_A, xVentil_B:BOOL;
 rK:REAL:=2.0;(*Mischverhältnis VA/VB*)
 tTa, tTb:TIME;(*Öffnungszeit der Ventile*)
 rTa,rTb:REAL;(*in ms*)
 TP_A, TP_B:TP;(*Instanz*)
END_STRUCT
END_TYPE
```

PLC_PRG

```
PROGRAM PLC_PRG
VAR
 Beh_1:BEHAELTER;
 Beh_2:BEHAELTER;
END_VAR
```

```
(*Behälter 1 Öffnungszeit abhängig von k berechnen*)
IF Beh_1.rK > 0.0 THEN
 Beh_1.rTa:= 30.0/(Beh_1.rK+1)*Beh_1.rK;
      usw.
```

Lösungsansatz 2 mit FOR-Schleife und Feldvariable:

PLC_PRG

```
PROGRAM PLC_PRG
VAR
 Beh:ARRAY[1..2] OF BEHAELTER;
 i: USINT;
END_VAR
```

```
FOR i := 1 TO 2 DO
(*Öffnungszeit abhängig von k berechnen*)
IF Beh[i].rK > 0.0 THEN
 Beh[i].rTa:= 30.0/(Beh[i].rK+1)*Beh[i].rK;
    usw.
 (*Aufruf der Instanzen von TP*)
 Beh[i].TP_A(IN:=Beh[i].xStart , PT:= Beh[i].tTa);
 Beh[i].xVentil_A:= Beh[i].TP_A.Q;
    usw.
END_IF;
END_FOR;
(*Ventile Behälter 1*)
M10_Ventil_A:= Beh[1].xVentil_A;
    usw.
(*Ventile Behälter 2*)
M20_Ventil_A:=Beh[2].xVentil_A;
    usw.
```

Diese Art des Instanzaufrufs ist dann von Vorteil, wenn die Anlage aus vielen Behältern besteht.

9.2 Abgeleitete und bibliotheksfähige FBs erstellen

Abgeleitete FBs

Lokale Instanzen

Funktionsblöcke (FBs) können auch selbst erstellt werden, sie werden dann abgeleitete FBs genannt. Ein Codeteil, der häufiger auch in anderen POEs benutzt werden könnte, wird als Funktion (FC) oder auch als FB erstellt. FBs sind im Unterschied zu FCs instanzierfähig, sie haben also ein "Gedächtnis". In einem FB können Instanzen eines anderen FBs oder auch Standard-FBs deklariert werden, sogenannte **lokale Instanzen**. FBs liefern keinen Rückgabewert wie FCs, sie beschreiben Ausgangsparameter. Diese müssen deklariert werden.

Parameter

Beachten Sie: **Eingangsparameter** (VAR_INPUT...) können vom FB nur gelesen, **Ausgangsparameter** (VAR_OUTPUT...) können nur vom FB beschrieben werden.

Aufgabe 9.4 Behälterfüllung mit abgeleitetem FB

Das obige Behälterfüll-Programm von Aufgabe 9.3 wird für mehrere (zwei) Behälter benötigt. Aus diesem Grund wird ein abgeleiteter Funktionsblock "BEHAELTER_K" erstellt, dieser FB kann im Projekt öfter mit Hilfe von Instanzen benutzt werden.

a) **Vollziehen Sie das Beispiel nach.**

In CoDeSys V2.3 bibliotheksfähiger FB, Aufgabe 9.4 a)

1. Steuerung konfigurieren. Hilfe finden Sie in Kapitel 2.
2. Fügen Sie im Bausteinordner in CoDeSys V2.3 über Menü–Projekt–Objekt... einen Funktionsblock mit dem Namen `BEHAELTER_K` in der Sprache ST ein und schreiben Sie den Programmcode, wie im folgenden Bild unter e!COCKPIT gezeigt wird.

In e!COCKPIT oder CODESYS V3 bibliotheksfähiger FB, Aufgabe 9.4 a)

Fügen Sie bei markierter Applikation über das Kontextmenü die POU – Funktionsblock mit dem Namen `BEHAELTER_K` in der Sprache ST ein und schreiben Sie den Programmcode, wie im folgenden Bild gezeigt wird.

REAL_TO_TIME

BEHAELTER_K | PLC_PRG | GVL — Funktionsblockname

```
FUNCTION_BLOCK BEHAELTER_K
//Behälter, Mischverhältnis, Füllzeit
VAR_INPUT
 START:BOOL;
 K:REAL;//Mischverhältnis VA/VB
END_VAR
VAR_OUTPUT
 YA:BOOL;
 YB:BOOL;
END_VAR
VAR
 ta, tb: TIME;//Öffnungszeit der Ventile A,B
 ta_real, tb_real: REAL;//Öffnungszeit in ms
 TP_A, TP_B:TP;//Instanzen
END_VAR
```

Eingangsparameter; Ausgangsparameter; Interne statische Variablen; Lokale Instanzen

Dieser Baustein kann in Programmen beliebig oft über Instanzen aufgerufen werden.

Verwenden Sie in CoDeSys V2.3 nicht den Zeilen- sondern den Blockkommentar mit (*...*)

```
//Öffnungszeit abhängig von k berechnen
ta_real:= 30.0/(K+1.0)*K;
tb_real:= 30.0-ta_real;
ta:=REAL_TO_TIME(ta_real*1000.0);
tb:=REAL_TO_TIME(tb_real*1000.0);
//Aufruf der Instanzen von TP
TP_A(IN:=START , PT:=ta);
YA:=TP_A.Q;
TP_B(IN:=YA , PT:=tb);
YB:=TP_B.Q;
```

Es werden nur lokale Variablen verwendet.

3. Rufen Sie im Hauptprogramm die Instanzen des FBs für Behälter 1 und Behälter 2 auf. **Testen Sie** die Funktion mit der Simulation.

   In CoDeSys V2.3 Instanzen des FBs aufrufen, Aufgabe 9.4 a)
   Den Programmcode können Sie dem folgenden Bild unter CODESYS V3 entnehmen.

   In e!COCKPIT und CODESYS V3 Instanzen des FBs aufrufen, Aufgabe 9.4 a)

PLC_PRG | GVL | BEHAELTER_K

```
PROGRAM PLC_PRG
(*********************************************************************
Behälter füllen mit anwenderdefinierten FB.
Zur Simulation werden nach dem Einloggen und Start die
Werte von xStart und rK vorbereitet und geschrieben (Strg+F7).
Beobachten Sie in der GLV das verzögerte Schalten von M10_Ventil_A ...
abhängig vom rK-Wert.
*********************************************************************)
VAR
 (*Behälter 1*)
 xStart_1:BOOL;
 rK_1:REAL:=2.0;
 BEHAELTER1: BEHAELTER_K;
(*Behälter 2*)
 xStart_2:BOOL;
 rK_2:REAL:=0.5;
 BEHAELTER2: BEHAELTER_K;
END_VAR
```

In der GVL deklariert

```
(*Aufruf der Instanzen des FBs*)
BEHAELTER1(START:=xStart_1,K:=rK_1,YA=>M10_Ventil_A,YB=>M11_Ventil_B);
BEHAELTER2(START:=xStart_2,K:=rK_2,YA=>M20_Ventil_A,YB=>M21_Ventil_B);
```

b) Die maximale Füllzeit (im Bsp. oben 30 s) soll dem Parameter `T_FUELL` des FBs übergeben werden können. **Überarbeiten Sie** das Programm. Sie können auch die Lösung 9.4a von **InfoClick** als Vorlage benutzen.

c) Die FB-Parameter können auch mit einer FOR-Schleife und indizierbaren Variablen (Feldvariablen) übergeben werden. Dies führt zu übersichtlichen und damit leicht wartbaren Programmen. Dies ist dann interessant, wenn die Anzahl der Aufrufe hoch ist, im Beispiel sind es nur zwei Aufrufe. **Ändern Sie** Ihr Hauptprogramm wie folgt.

   In CoDeSys V2.3 PLC_PRG mit FOR-Schleife, Aufgabe 9.4 c)
   Den Programmcode können Sie dem folgenden Bild unter CODESYS V3 entnehmen. Schreiben Sie die Initialwerte der ARRAYs nicht in [ ].

In e!COCKPIT oder CODESYS V3 PLC_PRG mit FOR-Schleife, Aufgabe 9.4 c)

GVL | PLC_PRG | BEHAELTER_K

```
PROGRAM PLC_PRG
(**********************************************************************
Behälter füllen mit anwenderdefinierten FB und ARRAY.
**********************************************************************)
VAR
 xStart:ARRAY [1..2]OF BOOL;
 rK:ARRAY [1..2]OF REAL:= [2.0, 0.5];
 tFuellzeit:ARRAY [1..2]OF TIME:= [T#10S, T#15S];
 BEHAELTER:ARRAY [1..2]OF BEHAELTER_K;
 i:INT:=1;
END_VAR
```

Beachten Sie: Die Initialisierungswerte der Feldvariablen werden in CoDeSys V2.3 nicht in [ ] geschrieben.

```
FOR i := 1 TO 2 DO
 BEHAELTER[i](START:= xStart[i], K:= rK[i], T_FUELL:= tFuellzeit[i]);
END_FOR;
M10_Ventil_A:=BEHAELTER[1].YA;
M11_Ventil_B:=BEHAELTER[1].YB;
M20_Ventil_A:=BEHAELTER[2].YA;
M21_Ventil_B:=BEHAELTER[2].YB;
```

Aufgabe 9.5 **Zweipunktregler**, FB-Instanz als Feldvariable

Zweipunkt-regler

a) **Entwickeln und testen Sie** einen FB-Zweipunktregler "Z_REG" mit den Eingangsparametern: W (Sollwert), X (Istwert), H (Hysterese) und dem Ausgangsparameter: Y (Stellwert) (Kapitel 4).
Benutzen Sie "Z_REG", um die Temperatur von drei Öfen zu regeln.

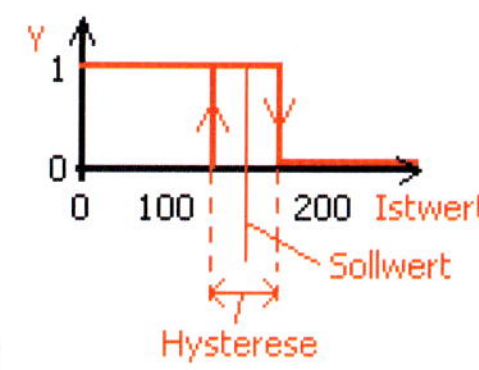

b) Realisieren Sie die Instanz-Aufrufe der FBs über eine Schleife. Sie können eine Projektvorlage von InfoClick importieren.

In CoDeSys V2.3 PLC_PRG mit FOR-Schleife, Aufgabe 9.5
Den Programmcode können Sie dem folgenden Bild unter CODESYS V3 entnehmen. Schreiben Sie die Initialwerte der ARRAYs nicht in [ ].

In e!COCKPIT oder CODESYS V3 GVL und PLC_PRG mit FOR-Schleife, Aufgabe 9.5

GVL

```
VAR_GLOBAL
 Temp0 AT %IW1:INT; Temp1 AT %IW2:INT;  usw.          ;//Temp.Sensoren
 Q0 AT %QX0.0:BOOL; Q1  usw.                          ;//Schütze
END_VAR
```

GVL | PLC_PRG | Z_REG

```
1 PROGRAM PLC_PRG
2 VAR
3  i: INT;
4  Z_REG_:ARRAY [0..2]OF Z_REG;
5  rW:ARRAY [0..2]OF REAL:= [150.0, 120.0, 180.0];
6  rX  usw.
8 END_VAR
```

Beachten Sie: Die Initialisierungswerte der Feldvariablen werden in CoDeSys V2.3 nicht in [ ] geschrieben.

```
1 //Temperaturen lesen von 750-461
2 rX[0]:=INT_TO_REAL(Temp0)/10.0; rX[1]:=INT_TO_REAL(Temp1)/10.0; usw.
3 //Instanzen des Zweipunktreglers aufrufen
4 FOR i := 0 TO 2 DO
5  Z_REG_[i](W:= rW[i], X:= rX[i], H:= rH[i]);
6 END_FOR;
7 //Schütze schalten
8 Q0:=Z_REG_[0].Y;  usw.
```

Führt die Anweisung `rX[0]:=INT_TO_REAL(Temp0/10);` zum gleichen Ergebnis wie die in Zeile 2?

Aufgabe 9.6 Tanksteuerung, IN_OUT-Parameter mit anwenderdefiniertem Datentyp

IN-OUT-Parameter

Außer Parametern vom Typ IN und Typ OUT kann auch der Typ IN_OUT verwendet werden. Dieser Parameter kann dann vom Baustein gelesen und beschrieben werden. Der Datentyp eines Parameters kann auch ein anwenderdefinierter Datentyp sein (Kapitel 7).

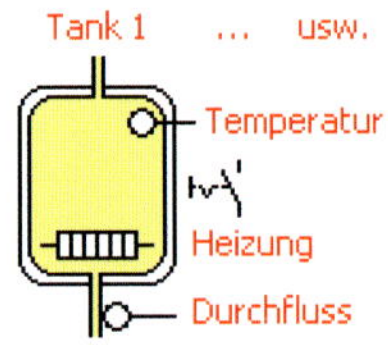

a) **Schreiben Sie** den FB und **erweitern Sie** das Programm der Tankanlage mit einem zweiten Tank.

In CoDeSys V2.3 FB mit In-Out-Parameter, Aufgabe 9.6

TYPE

typTANK

```
TYPE typTANK :
STRUCT
 rTemperatur:REAL;
 rDurchfluss:REAL;
 xHeizung, xEin:BOOL;
END_STRUCT
END_TYPE
```

PLC_PRG (PRG-ST)

```
PROGRAM PLC_PRG
VAR
    Tankanlage_1:typTANK;
    instTANK_ANL_1:FbTANK_ANL;(*Instanz des FBs*)
      usw.
```

```
instTANK_ANL_1(ANL:= Tankanlage_1); usw.
```

Aufruf mit Parameterübergabe, es werden vier Parameterwerte übergeben

PAP

FbTANK_ANL (FB-ST)

```
FUNCTION_BLOCK FbTANK_ANL
(*Steuerung eines Tanks*)
VAR_IN_OUT
    ANL:typTANK;
END_VAR
```

Ein- Ausgangsparameter können vom FB gelesen und beschrieben werden.

Anwenderdefinierter Datentyp

```
IF ANL.xEIN AND ANL.rDurchfluss > 25.0 THEN
  ?
END_IF;
```

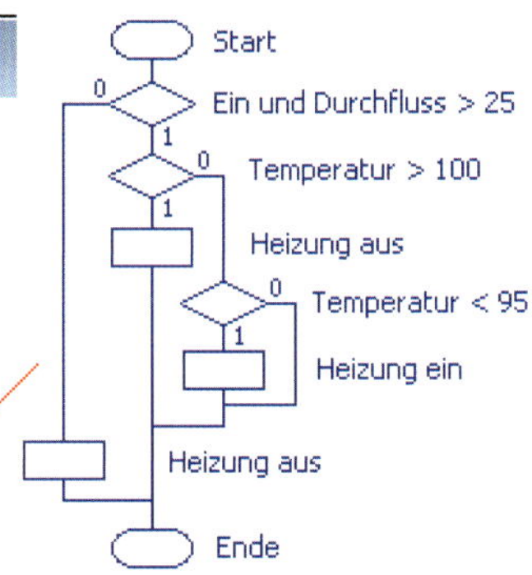

In e!COCKPIT oder CODESYS, Aufgabe 9.6 – den Programmcode entnehmen Sie dem vorhergehenden Bild.

b) Rufen Sie die Instanzen in einer FOR-Schleife auf und testen Sie die Funktion.

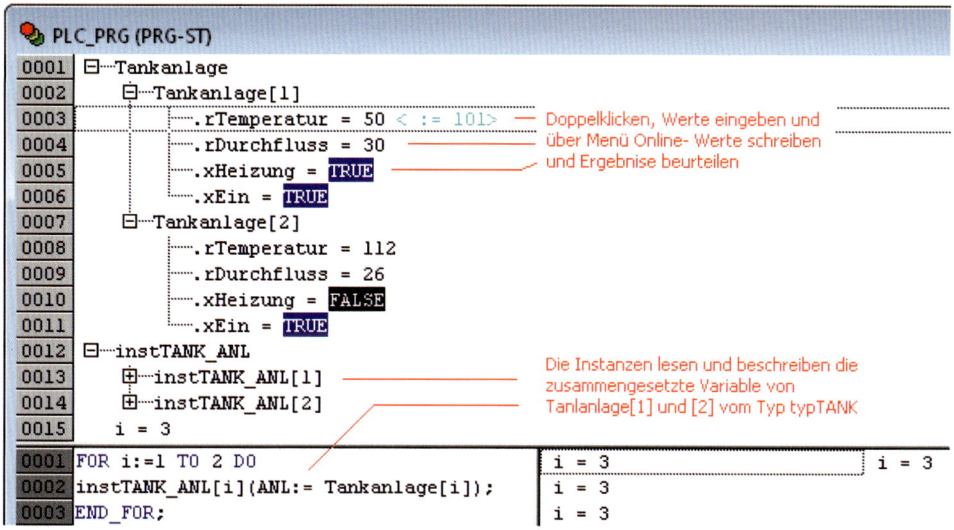

FOR-Schleife

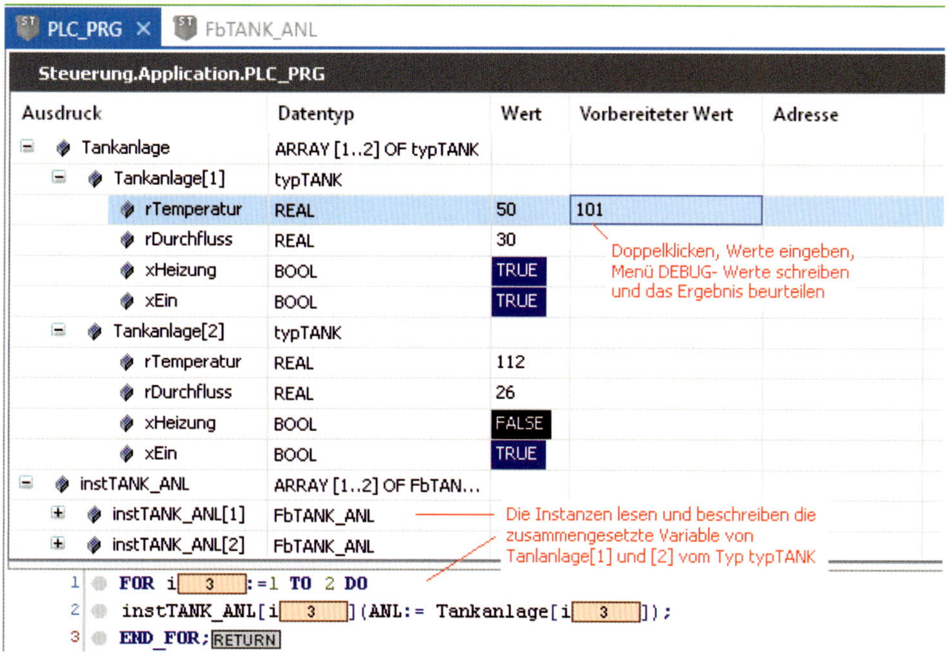

FOR-Schleife

Das Lesen und Beschreiben des Prozessabbildes wurde nicht programmiert. Wenn Sie die Lösung auf **InfoClick** herunterladen, so finden Sie eine Möglichkeit, um das Prozessabbild zu lesen und zu beschreiben.

Stichpunkte Instanz, RS, SR, TOF, TON, TP, REAL_TO_TIME, TYPE...STRUCT, Visualisierung, Abgeleitete FBs, Eingangs-, Ausgangsparameter, Instanzaufruf eines FBs, Instanz als Feldvariable, Zweipunktregler, IN-OUT-Parameter, PAP

9. Selbsttest – Funktionsblöcke (FBs)

Wählen Sie die richtigen Ergänzungen bzw. Aussagen aus.

---

1. Der Aktualparameter, der dem Formalparameter "PT" der Instanz vom FB "TON" übergeben wird, ist vom Datentyp

   ☐ BOOL. ☐ TIME. ☐ INT. ☐ BYTE.

---

2. `M10_Ventil_A:= BEHAELTER1.YA;` ist ein Codeabschnitt, bei dem

   ☐ die Parameterwerte dem FB übergeben werden.

   ☐ `M10_Ventil_A` dem FB-`BEHAELTER1` übergeben wird.

   ☐ der Wert des Formalparameters `YA` aus der Instanz `BEHAELTER1`, `M10_Ventil_A` zugewiesen wird.

   ☐ `M10_Ventil_A` als Aktualparameterwert `YA` der Instanz `BEHAELTER1` zugewiesen wird.

---

3. Bei der Instanzierung wird

   ☐ der notwendige Speicherbereich für den Code des FBs reserviert.

   ☐ der Code des FBs kopiert.

   ☐ der FB aufgerufen.

   ☐ der notwendige Speicherbereich für die Parameter und die statischen Variablen reserviert.

---

4. Eine Instanz wird wie eine Variable deklariert, indem zum Instanzbezeichner der Name

   ☐ des PLC_PRG als Typ angegeben wird.

   ☐ des Unterprogramms als Typ angegeben wird.

   ☐ der Funktion als Typ angegeben wird.

   ☐ des Funktionsbausteins als Typ angegeben wird.

Einen Selbsttest zu diesem Kapitel finden Sie auf **InfoClick** sowie aktuelle Hinweise zum Umgang mit CoDeSys V2.3, e!COCKPIT und CODESYS V3.

10 Bibliotheksfähige Funktionsblöcke, GRAFCET

Lernziele: - Funktionsblöcke (FBs) erstellen, Bibliotheken anlegen, erweitern und benutzen, GRAFCET als Programmentwurf benutzen

Bibliotheken

Bibliotheken dienen dazu, häufig benötigte Objekte, z.B. FCs oder FBs, leicht in einem Projekt einbinden zu können.
Entwickeln bzw. ergänzen Sie FBs und legen Sie diese in einer Bibliothek ab.

10.1 Funktionsblöcke für die Regelungstechnik

Aufgabe 10.1 Regelstreckensimulation mit I-Verhalten

Es soll die Bibliothek "STRECKEN" zur Simulation von Regelstrecken erstellt werden.

Regelstrecke I-Verhalten

a) Rufen Sie den FB, den Sie von **InfoClick** importieren können, siehe auch unten, in einem Testprogramm auf, das alle 100 ms bearbeitet wird.

Beachten Sie: Nur Programme können einer Task zugeordnet werden.

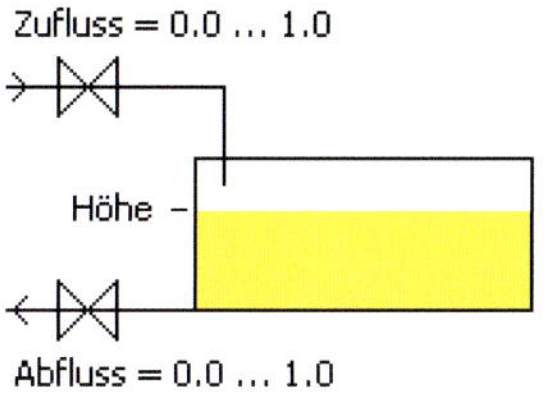

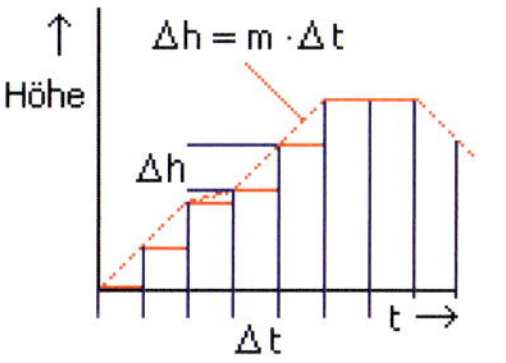

Die Steigung "m" ist abhängig vom Zufluss und Abfluss

Analysieren und testen Sie den FB. In welcher Zeit wird der Behälter gefüllt, wenn der Zuflusswert = 1,0 und der Abflusswert = 0 ist?

```
FUNCTION_BLOCK BEHAELTER_I
(*Simulation eines niedrigen Behälters - I-Verhalten*)
VAR_INPUT
 rZUFLUSS, rABFLUSS:REAL;(*normiert 0 ... 1.0, Eingangsparameter*)
END_VAR
VAR_OUTPUT
 rHOEHE:REAL;(*normiert 0 ... 1.0, Ausgangsparameter*)
END_VAR
VAR
 r_m:REAL;(*Steigung*)
END_VAR

IF rHOEHE <= 0.0 THEN (*Begrenzung*)
 rHOEHE:= 0.0; rABFLUSS:= 0.0;
END_IF;
r_m:=(rZUFLUSS - rABFLUSS);(*Steigung*)
rHOEHE:= rHOEHE + r_m*0.1/10;(*bei einer Abtastzeit = 0.1 s*)
IF rHOEHE > 1.0 THEN (*Begrenzung*)
 rHOEHE:= 1.0; RETURN;
END_IF;
```

TIME_ TO_REAL

b) **Ergänzen Sie** den FB mit dem Eingangsparameter `tFUELLZEIT` (bei Zufluss = 1 und Abfluss = 0), damit Behälter mit unterschiedlichen Füllzeiten simuliert werden können. Beachten Sie: Um mit einem Zeitwert rechnen zu können, muss eine Datentypenumwandlung `TIME_TO_REAL()` durchgeführt werden. Der Rückgabewert der Umwandlung entspricht der Anzahl der Millisekunden.

c) **Ergänzen Sie** den FB mit einem weiteren Eingangsparameter `tCYCLE` (Aufruf-Zeitintervall). Speichern Sie den FB nach dem Test in die Bibliothek "STRECKEN" (siehe Kapitel 8).

Aufgabe 10.2 Digitalfilter

Analogwerte, die über eine SPS-Baugruppe als Ganzzahl, z. B. 0...27648, im Speicher abgelegt werden, sind mit Störsignalen überlagert.

$$y(n) = \frac{1}{N+1} \sum_{k=0}^{N} x(n-k)$$

Filter

Ein verbreitetes Verfahren, mit Software die Störsignale zu unterdrücken, ist die "gleitende Mittelwertbildung".
Bei dem Verfahren wird über eine Anzahl von Eingangswerten im zeitlichen Abstand Ta (Tastperiodendauer) gemittelt. Es wird immer nur eine bestimmte Anzahl (N) von Werten aus der Vergangenheit betrachtet und beim Einlesen eines neuen Wertes der älteste Wert hinaus geschoben.

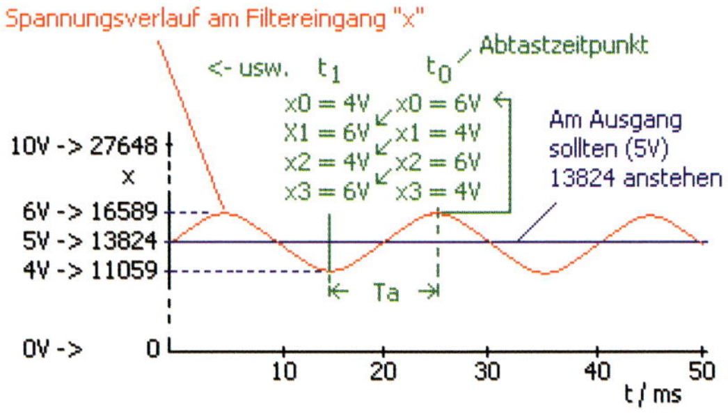

Annahme:
Eine nahezu konstante Spannung sei mit einer Störwechselspannung, die eine Frequenz von 50 Hz hat, überlagert (siehe Bild oben). Der Wert wird vom Programm alle 10 ms gelesen.

Vorgehensweise:

- **Ergänzen Sie** den Funktionscode des Filters und testen Sie die Funktion (Haltepunkt). Sie können die Vorlage des FBs von **InfoClick** importieren.
- Die Abtastung kann über eine Taskkonfiguration des Programms, in dem die Instanz des FBs aufgerufen wird, erfolgen.
- **Speichern Sie** den FB nach dem Test in die Bibliothek "ANALOG". Siehe Kapitel 8.

```
FUNCTION_BLOCK FILTER_M
(*Gleitende Mittelwertbildung mit N+1=4*)
VAR_INPUT
 i_X:INT;(*aktueller Eingangswert,0..10V=>0..27648*)
END_VAR
VAR_OUTPUT
 i_Y:INT;(*berechneter Ausgangswert,0..27648=>0..10V*)
END_VAR
VAR
 x0, x1, x2, x3, y:REAL;
END_VAR
(*alte x-Werte verschieben*)
x3:= x2; x2:= x1; ...:=...;
(*neuen Wert einlesen*)
x0:= ....................................................;
(*neuen Ausgangswert berechnen*)
y:= .....................................................;
(*Wert in INT wandeln*)
i_Y:= ...................................................;
```

Aufgabe 10.3 Taktgeber

Der Programmablaufplan zeigt die Funktion eines Taktgebers.

Taktgeber

a) **Erstellen Sie** einen FB `CLOCK_R` mit dem Ausgangsparameter `OUT` mit Hilfe des Programmablaufplans.
Testen Sie den FB in einem Programm, das alle 100 ms aufgerufen wird. Die Instanz des FBs wird ohne Übergabe eines Eingangsparameters aufgerufen.

```
CLOCK_R_1();
```

Analysieren Sie die Funktion. Benutzen Sie das Visualisierungselement Trend bzw. Trace, wie in den folgenden Bildern gezeigt wird.

Pulsdauer = ... s; Periodendauer = ... s;

OUT_{max} = ... ; OUT_{min} = ... ;

n -> Anzahl der ....

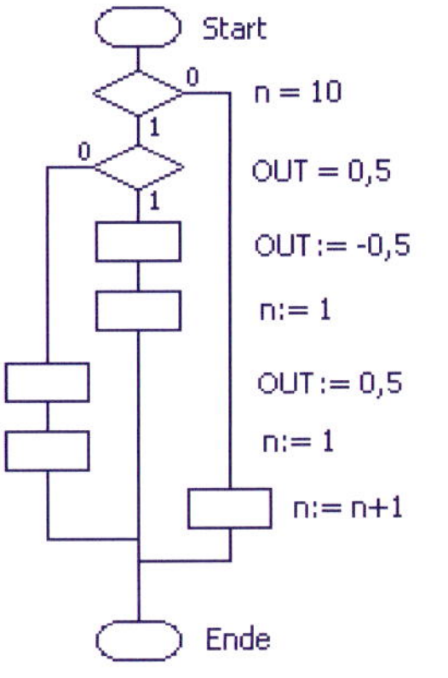

Visualisierung

Trend

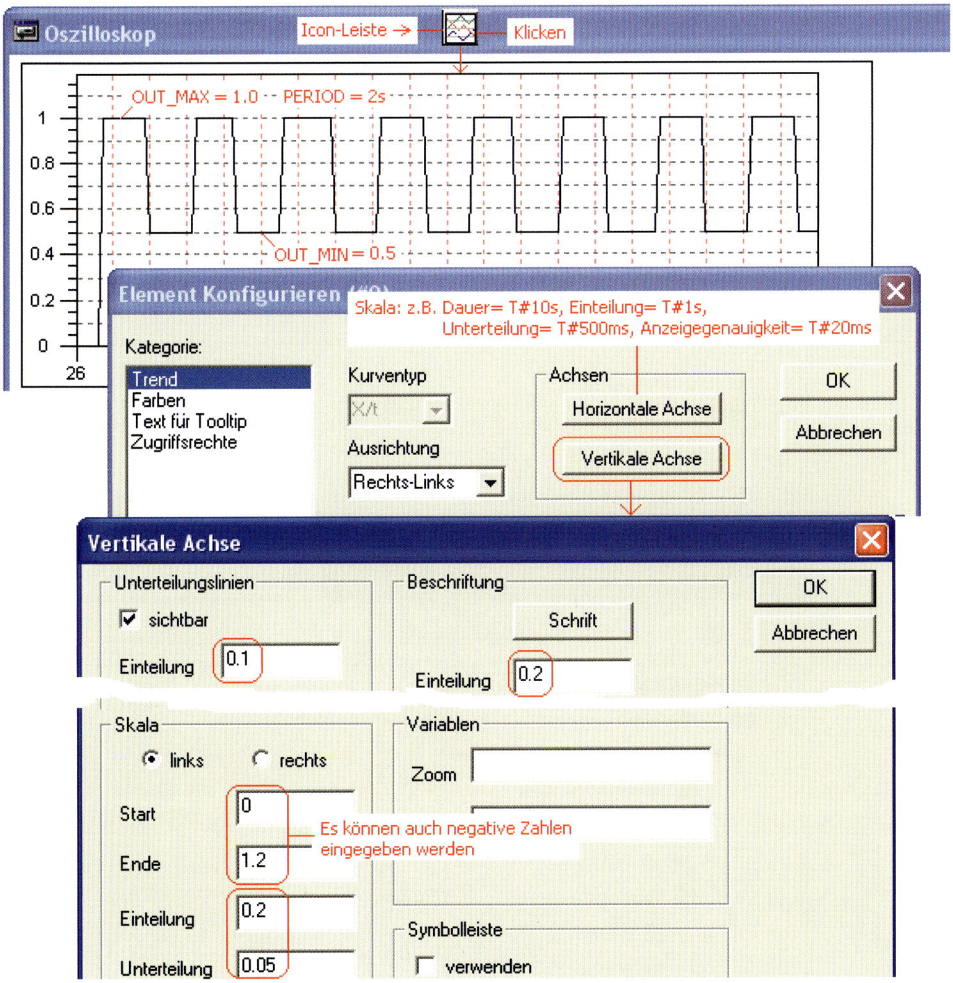

In e!COCKPIT oder CODESYS V3 Visualisierung – Trace, Aufgabe 10.3

Visualisierung

Trace

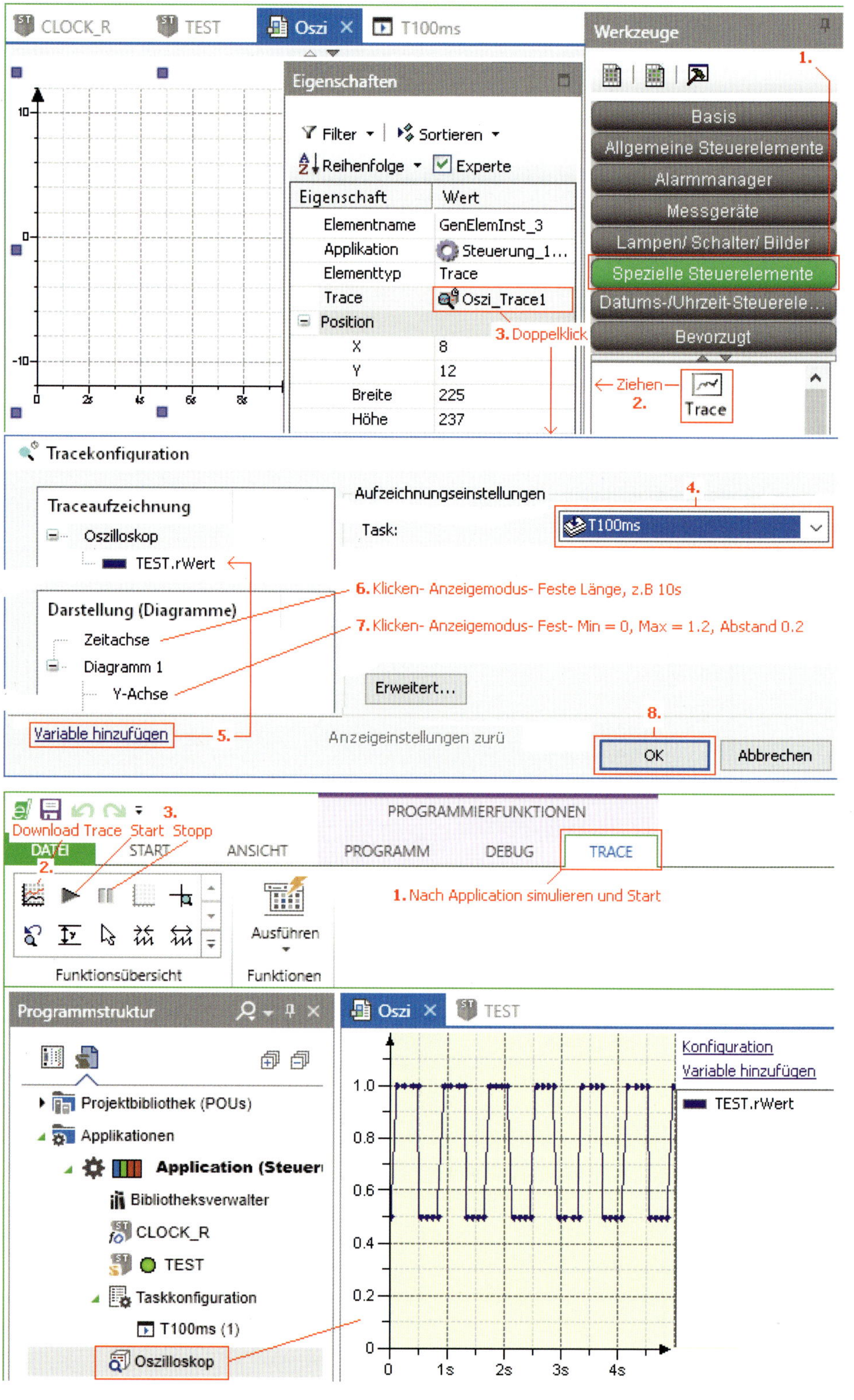

b) **Erweitern Sie** den FB mit den Eingangsparametern `CYCLE`, `PERIOD`, `OUT_MAX` und `OUT_MIN`. Dem Parameter `CYCLE` wird der Wert des Zeitintervalls übergeben, mit dem das Programm zyklisch aufgerufen wird, z. B. `T#100ms`. `PERIOD` gibt die Periodendauer an, z. B. `T#1s`. `OUT_MAX` und `OUT_MIN` legen die Grenzwerte der Ausgangsvariablen fest, siehe nachfolgendes Bild. Ist der Wert der Parameters `PERIOD` kleiner als der von `CYCLE`, so wird der Ausgangsparameter `FAULT` mit `TRUE` beschrieben.

TIME_TO REAL

Beachten Sie: Um mit einem Zeitwert rechnen zu können, muss eine Datentypenumwandlung durchgeführt werden.
Fügen Sie den getesteten FB in die Bibliothek "ANALOG" ein.

c) Deklarieren Sie einen DUT (Data Unit Typ) CLOCK, um nur einen Eingangsparameter übergeben zu müssen. Ergeben sich Vorteile dadurch?

Aufgabe 10.4 Tiefpass

Ein Tiefpass hat die Aufgabe, hohe Frequenzen zu unterdrücken.

Tiefpass

Schreiben Sie einen FB `LOW_PASS`, der die Störsignale eines Messsignals unterdrückt.
Testen Sie den Baustein und fügen Sie diesen in die Bibliothek "STRECKEN" ein.

Die Anweisung `OUT:=((IN-OUT)/N)+ OUT;` beschreibt den mathematischen Zusammenhang, wobei der Eingangsparameter `IN` für das zu entstörende Signal und `N` für die Anzahl der Taskzyklen steht, die notwendig sind, bis der Ausgangsparameter `OUT` den Wert am `IN`-Parameter erreicht hat. Je größer `N` ist, desto kleiner ist der Zuwachs von `OUT`. Die Anstiegsgeschwindigkeit ist auch abhängig von der Taskzykluszeit (z.B. 100 ms), mit der die Instanz des FBs aufgerufen wird. Der Ausgangsparameter `FAULT` soll mit `TRUE` beschrieben werden, wenn `N` <5 oder >200 ist.

Annahme:
Das Messsignal schwankt aufgrund von Störungen zwischen 7,5 und 8,5, es hat den Verlauf wie im nachfolgenden Bild gezeigt. Die Variable `rDruck` nimmt jedoch, bei richtiger Konfiguration von `N`, den Wert 8 an.

LOW_PASS

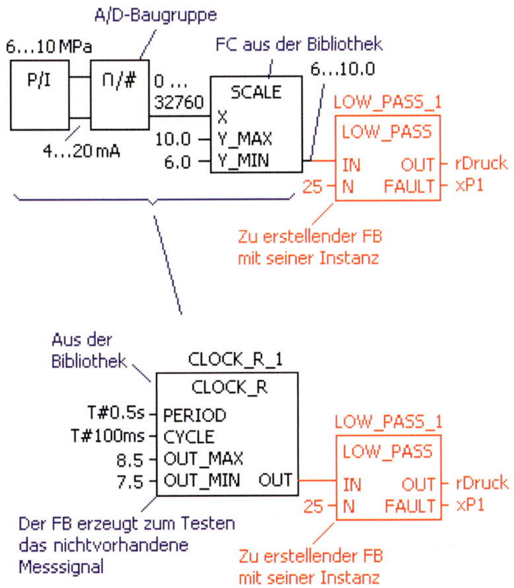

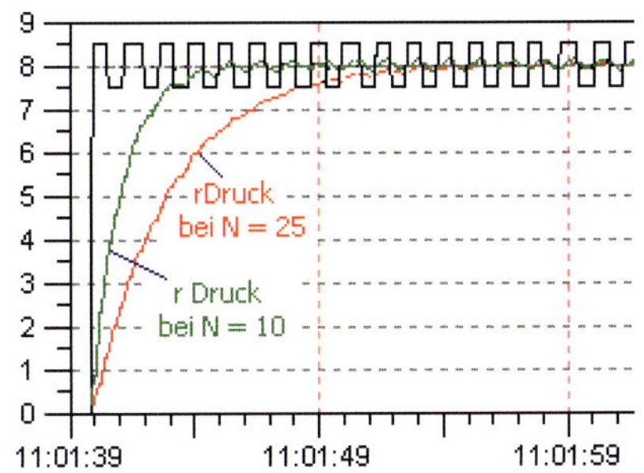

Das gestörte Messsignal wird zum Testen des FB `LOW_PASS` durch den FB `CLOCK_R` aus Aufgabe 10.3 von oben simuliert.

Sie können die Visualisierung von **InfoClick** in Ihr Projekt importieren. Passen Sie die Variablen an. Fügen Sie Bibliothek "STRECKEN" mit den Baustein `CLOCK_R` hinzu.

Aufgabe 10.5 Streckensimulation für Regelstrecken mit Ausgleich

FB im FB

PT1-, PT2-Verhalten

Funktionsblöcke sind auch in Funktionsblöcken aufrufbar. Sie können den FB "LOW_PASS" von oben auch benutzen, um eine Regelstrecke mit Ausgleich, die PT1-Verhalten zeigt, zu simulieren. Werden zwei dieser FBs hintereinander geschaltet, so ergibt sich ein PT2-Verhalten. Beispielsweise hat eine Temperaturregelstrecke ein solches Verhalten. **Erstellen Sie** einen neuen FB `PT2`, rufen Sie in diesem den FB `LOW_PASS` zweimal auf. Eine Visualisierung zum Testen des FBs finden Sie auf **InfoClick**. Passen Sie wenn nötig die Variablen in der Visualisierung an.

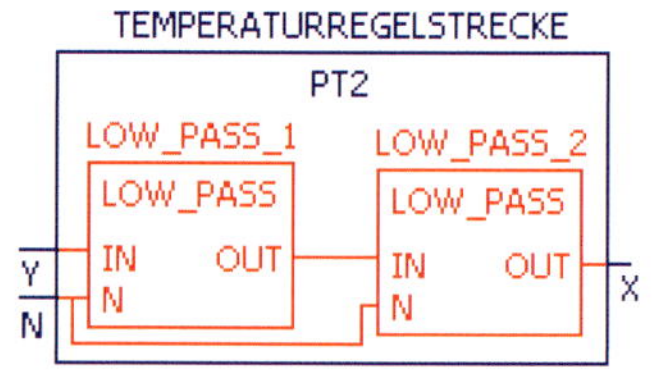

Regelstrecke PT2-Verhalten

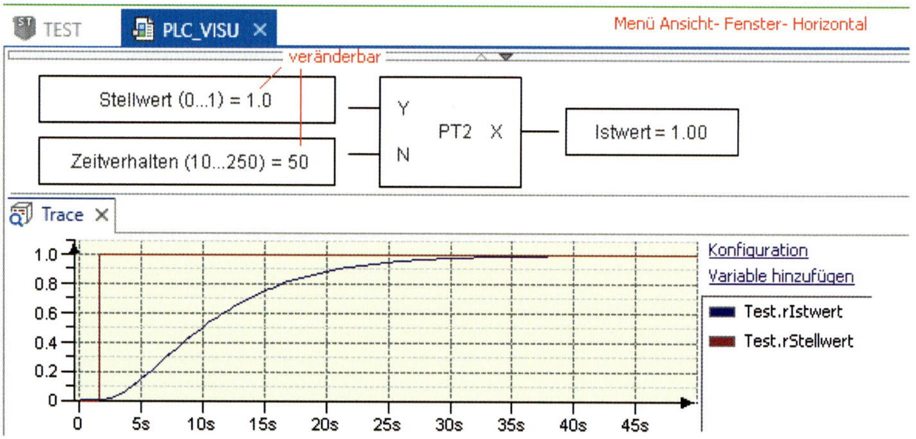

Verwenden Sie die Eingangsparameter `Y` für den Stellwert (normiert 0...1.0) und `N` (5...200) für das zeitliche Verhalten. Als Ausgangsparameter verwenden Sie `X` (normiert 0...1.0) für den Istwert. Rufen Sie die Instanz des neuen FBs in einem Testprogramm auf, so dass diese alle 100 ms bearbeitet wird (Taskkonfiguration – Kapitel 6).

Fügen Sie den getesteten Baustein in die Bibliothek "STRECKEN" ein.

10.2 GRAFCET als Programmentwurfsmethode benutzen

Der GRAFCET ist eine Spezifikationssprache für Ablaufsteuerungen nach EN 60 848.
Er ist als Hilfe für einen Programmentwurf gut geeignet, wie Sie der nachfolgenden Aufgabe entnehmen können.

Aufgabe 10.6 Autowaschanlage

a) Erstellen Sie einen Funktionsbaustein für die Autowaschstraße mit der Betriebsart Automatik, rufen Sie die Instanz im Hauptprogramm PLC_PRG auf und testen Sie die Funktion.
Unter b) erweitern Sie das Programm mit der Betriebsart Hand.

Beschreibung

Wird im Automatikbetrieb „Bereit“ angezeigt und die Schaltfläche „Start“ betätigt, so wird das Auto zur Position Vorwäsche transportiert, das Vorwäscheventil M1 wird geöffnet. Ist die Position Hauptwäsche erreicht, so öffnet das Ventil M2, M1 schließt und die Drehbürsten werden eingeschaltet. In Position 3 schalten M2 und die Drehbürsten aus und der Lüfter für eine kurze Zeit ein, im Modell 8 s. Der Bandantrieb wird dann abgeschaltet.

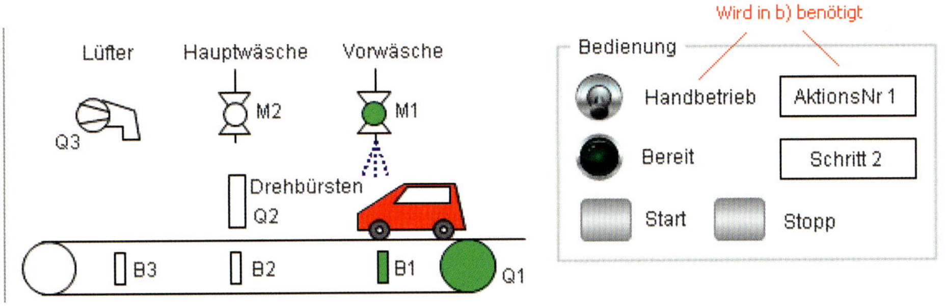

Vorüberlegungen Automatikbetrieb:

Der Funktionsablauf ist im GRAFCET, den Sie im nachfolgenden Bild finden, dargestellt. Der Ablauf wird in Schritte zerlegt. Bei einer linearen Schrittkette werden abhängig von der Schrittnummer die jeweiligen Ausgänge für die Aktoren beschrieben. Die Schrittnummer wird um 1 erhöht, wenn die Weiterschaltbedingung erfüllt ist.

Der Anfangsschritt, mit der Schrittnummer 0, ist bei dieser Methode beim Neustart der CPU aktiviert, die Schrittnummer hat den Wert 0. Der Ausgangsparameter BAND wird rückgesetzt, BEREIT hat den Wert TRUE, solange die Schrittnummer den Wert 0 hat. Wird der Wert des Eingangsparameters START TRUE, so wird der Schrittnummer der Wert 1 zugewiesen und der Ausgangsparameter BAND wird speichernd eingeschaltet, bis die Schrittnummer wieder den Wert 0 hat. Zusätzlich muss der Wert der Bedingung FREIGABE TRUE sein usw.

Sie können die Exportdatei auf **InfoClick** benutzen.

Lösen Sie die Aufgabe mit der CASE-Anweisung. Beachten Sie, dass die Instanz des Einschalt-Timers TON1 **vor** der CASE-Anweisung aufgerufen wird.

```
FUNCTION_BLOCK WASCH
VAR_INPUT
    START, STOPP, POS_VORW, POS_HAUPTW, POS_TROCK:BOOL;
END_VAR
VAR_OUTPUT
    BEREIT, BAND, VOR_WAESCHE, HAUPT_WAESCHE, TROCKNER:BOOL;
    SCHRITT:USINT;
END_VAR
VAR
    FREIGABE:RS; TON1:TON;// lokale Instanzen
    step_no: USINT;
END_VAR
```

GRAFCET

```
(*********** Automatikbetrieb **********)
(* Schrittkette *)
TON1(IN:= step_no = 4, PT:= T#8S);
CASE step_no OF
 0: IF START THEN
     step_no:= 1;
    END_IF;
 1: IF POS_VORW THEN
     step_no:= 2;
    END_IF;
 2: IF     ?      THEN
     step_no:= 3;
    END_IF;
 3: IF     ?     THEN
     step_no:= 4;
    END_IF;
 4: IF TON1.Q THEN
     step_no:= 0;
    END_IF;
END_CASE;
(*Aktionsfreigabe*)
FREIGABE(SET:= START, RESET1:= STOPP);
(* Aktionen *)
BEREIT:= step_no = 0;
BAND:= step_no > ? AND FREIGABE.Q1;
VOR_WAESCHE:= step_no = 2 AND FREIGABE.Q1;
    ?       := step_no = 3 AND FREIGABE.Q1;
TROCKNER:= step_no = 4        ?       ;
SCHRITT:=step_no; (*Anzeige*)
```

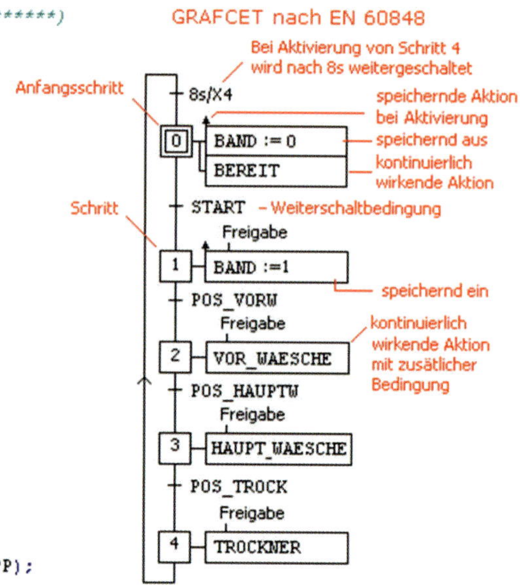

Anlagensimulation

Wenn Sie die Exportdatei als Vorlage benutzen, finden Sie eine Visualisierung und einen Funktionsbaustein „MODELL_W", der die „Intelligenz" der simulierten Anlage ist. Beide zusammen dienen der Anlagensimulation.

Damit Sie die Funktion Ihres Programms mit der Anlagensimulation testen können, rufen Sie als Erstes im Hauptpragramm die Instanz des Modellbausteins und dann die Instanz der Waschstraße auf. Wenn Sie die Variablennamen übernehmen, die das folgende Bild zeigt, so können Sie über die Visualisierung die simulierte Anlage steuern und beobachten.

```
PROGRAM PLC_PRG
(*********************************************************************
Autowaschanlage, ablauforientiert programmiert, CASE, IF...
mit einer simulierten Waschstraße mit Hilfe der Visualisierung
und den Baustein MODELL_W

Einloggen und Start, beobachten Sie den Ablauf in der Visualisierung.
*********************************************************************)
VAR
 S1_Start, S0_Stopp : BOOL;(*Taster Visu*)
 S2_Hand :BOOL; (*Schalter Handbetrieb Visu*) — für Aufgabe 10.6b
 B1_pos_vorw, B2_pos_hauptw, B3_pos_trock: BOOL;(*simulierter Pos.schalter*)
 P1_startbereit AT %QX0.0: BOOL;(*Anzeige*)
 Q1_Band AT %QX0.2: BOOL;(*Schütz Bandantrieb*)
 M1_Vorw AT %QX0.3: BOOL;(*Ventil*)
 M2_Q2_Hauptw AT %QX0.4: BOOL;(*Ventil+ Schütz Bürsten*)
 Q3_Trockner AT %QX0.5: BOOL;(*Schütz Trocknerantrieb*)
 usiSchrittNr:USINT; usiAktionsNr: USINT := 1; (*Visu Anzeige und Eingabe*)
 WASCH1:WASCH; MODELL1:MODELL_W;(*Instanzen*)
END_VAR                                  für Aufgabe 10.6b
```

```
(*Modell der Waschstraße, simuliert die Positionsschalter*)
MODELL1(BAND:= Q1_Band, POS_VORW=> B1_pos_vorw,
                POS_HAUPTW=> B2_pos_hauptw,
                POS_TROCK=> B3_pos_trock);
(*Waschstraße 1*)
WASCH1(
    START:= S1_Start,
    STOPP:= S0_Stopp,
    POS_VORW:= B1_pos_vorw,
    POS_HAUPTW:= B2_pos_hauptw,
    POS_TROCK:= B3_pos_trock,
    BEREIT=> P1_startbereit,
    BAND=> Q1_Band,
    VOR_WAESCHE=> M1_Vorw,
    HAUPT_WAESCHE=> M2_Q2_Hauptw,
    TROCKNER=> Q3_Trockner,
    SCHRITT=> usiSchrittNr);
```

b) Erweitern Sie Ihren Funktionsbaustein mit der Betriebsart Hand und testen Sie die Funktion.

Handbetrieb: Im Handbetrieb, der über den Schalter S2 gewählt wird, werden die Aktionen unabhängig von der Schrittkette über eine Aktionsnummer und einen Schaltfläche Start tippend aktiviert. Diese Betriebsart kann für das Einrichten der Anlage benutzt werden.

```
IF HAND THEN
  (*********** Handbetrieb ***************
   Aktionsnummer wählen und S1-Start betätigen*)
    step_no:=0;
    IF AKTION_NR > 4 OR AKTION_NR < 0
     THEN AKTION_NR:= ? ;
    END_IF;
    BAND:= AKTION_NR=1 AND   ?   ; VOR_WAESCHE:= AKTION_NR=2 AND START;
    HAUPT_WAESCHE:= AKTION_NR=3 AND START; TROCKNER:= AKTION_NR=4 AND START;
ELSE
 (*********** Automatikbetrieb ****************)
   usw.
END_IF;
```

Übung 10.1 Lichtszenen

Die Gebäudeinstallation enthält einen I/O-Controller zur Gebäudeautomatisierung. Sie erhalten den Auftrag, einen FB `LICHT_SZENEN` für die Bibliothek GEBAEUDE.lib zu erstellen. Die Leuchtengruppen (E7...E9) im Wohnzimmer sollen über den Taster (S8) gesteuert werden.

a) Abhängig vom Zählwert des bei einer Betätigung des Tasters hochgezählten Zählers werden die Leuchten geschaltet.
Legen Sie die Lichtszenen nach Ihrer Wahl in der Tabelle fest.
Benutzen Sie die CODESYS-Hilfe -> Menü-Hilfe...Suchen-Index...Zähler eingeben.

Zählwert(CV)	E7	E8	E9
0	0	0	0
1	0	...	...
2	0	...	...
3	1	...	...
4	1	...	...
5	1	...	...

Lichtszenen

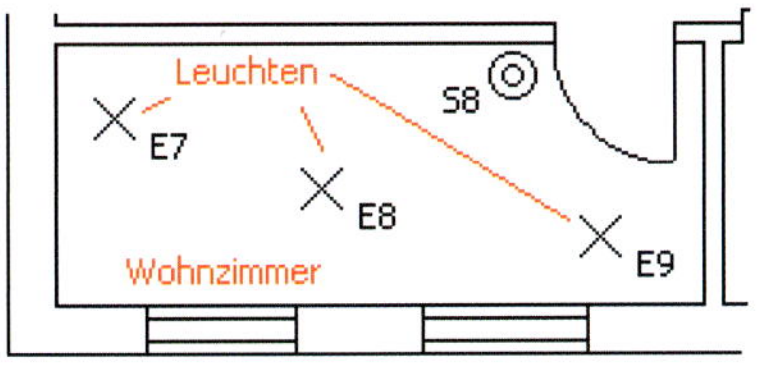

Benutzen Sie den Standard-FB **Vorwärtszähler** CTU

Zähler CTU

```
CTU1(CU:= IN, RESET:= ,PV:= ,Q=> ,CV=> );
CASE CTU1.CV OF
 0: OUT1:= FALSE; OUT2:= FALSE; OUT3:= FALSE;
 usw.
END_CASE;
(*Ausschalten wenn IN länger als 1s TRUE ist*)
TON1(IN:= IN, PT:= T#1s);
IF CTU1.CV > 5 OR TON1.Q THEN
 CTU1.RESET:= TRUE;
 ELSE CTU1.RESET:= FALSE;
END_IF
```

Instanz *(counter up)*

Zählwert zurück auf 0 setzen, z.B. wenn CUT_1.CV > 5

Vorgabewert

Zähleingang vorwärts *(up)* zählen

Q liefert TRUE, wenn CV größer oder gleich der Obergrenze PV ist.

Aufruf mit Übergabe der Eingangsparameterwert

aktueller Zählwert *(counter value)*

Es muss nicht jedem Eingangsparameter ein Wert übergeben werden.

Lesen eines Ausgangsparameters

Parameter können auch einzeln beschrieben werden

b) Erweitern Sie die Funktion so, dass bei einer längeren Betätigung des Tasters S8, z. B. 1 s, die Leuchten ausschalten. Benutzen Sie die CODESYS-Menü-Hilfe...Suchen-Index...Timer.

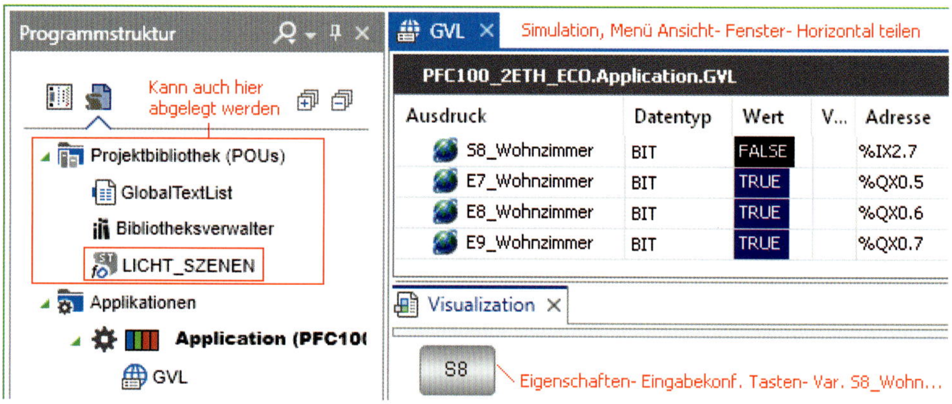

c) Sie können auch den Funktionsbaustein mit Hilfe des GRAFCETs entwerfen und programmieren.

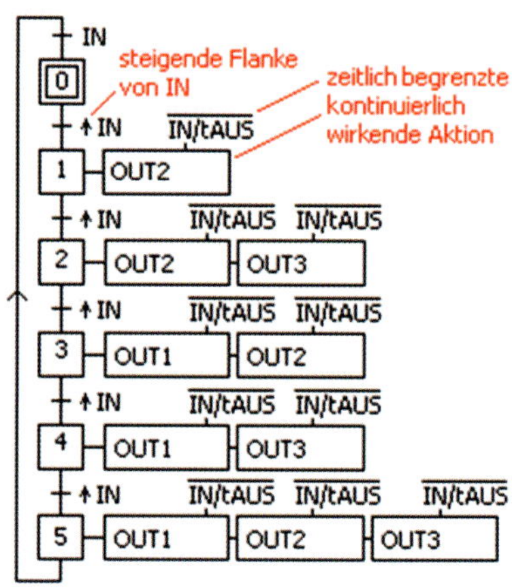

GRAFCET

Flanke R_TRIG

Beachten Sie im GRAFCET den Pfeil beim Eingangsparameter IN; er zeigt an, dass die Weiterschaltbedingung bei einer steigenden Flanke erfolgt. Den Baustein R_TRIG finden Sie in der Standardbibliothek unter Trigger. Achten Sie weiterhin auf die kontinuierlich wirkenden Aktionen mit zeitlicher Begrenzung, die Aktion wird ausgeführt, solange der zugehörige Schritt aktiv ist, maximal aber die Zeit am Eingangsparameter tAUS, wobei der Timer über den Eingangsparameter IN gestartet wird.

```
FUNCTION_BLOCK LICHTSZENEN
(**************************************
6 Szenen mit 3 Ausgänge, Schrittkette
**************************************)
VAR_INPUT
    IN:BOOL;
    tAUS:TIME:=T#3S;(*Ausschalten wenn IN länger ist*)
END_VAR
VAR_OUTPUT
    OUT1, OUT2, OUT3:BOOL;
END_VAR
VAR
    schrittNr:USINT;
    TON1:Standard.TON; R_TRIG_IN:Standard.R_TRIG;
END_VAR
```

Diese Bausteine finden Sie in der Standardbibliothek

In CoDeSys V2.3 nicht eingeben

Ist nur ein Zyklus TRUE, wenn IN TRUE wird

```
R_TRIG_IN(CLK:= IN); (* Flanke von IN *)
(* Schrittkette *)
CASE schrittNr OF
 0: IF R_TRIG_IN.Q THEN
     schrittNr:= 1;
    END_IF;
 1: IF R_TRIG_IN.Q THEN
    usw.

(*Ausschalten wenn IN länger als 3s TRUE ist*)
TON1(IN:= IN, PT:= tAUS);
(* Kontinuierlich wirkende zeitlich begrenzte Aktionen *)
IF TON1.Q THEN schrittNr:=0; END_IF;
OUT1:= schrittNr = 3 OR schrittNr = 4 OR schrittNr = 5;
    usw.
```

Übung 10.2 **Waschstraße mit Drehbürste**

Die Waschstraße aus Übung 6.1, leicht abgeändert, soll mit Hilfe der Programmentwurfsmethode GRAFCET programmiert werden.

Entwerfen Sie den GRAFCET und **entwickeln Sie** einen FB, der für eine Waschanlage mit mehreren Waschstraßen benutzt werden könnte. Testen Sie die Funktion mit Hilfe der virtuellen Anlage (MODELL-FB und Visualisierung).

Sie können die Vorlage von **InfoClick** importieren, diese enthält eine Visualisierung und einen Modell-Baustein, den Sie als Erstes im Hauptprogramm aufrufen, um das Programm zu testen. Beachten Sie die globalen Variablen.

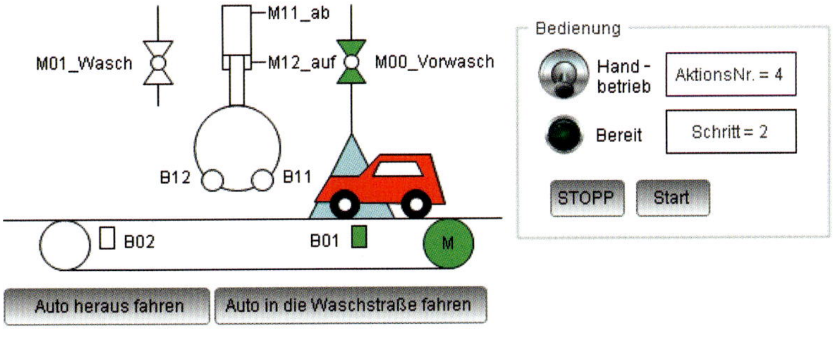

Stichpunkte Exportieren, Importieren, Regelstrecke, TIME_TO_REAL, DUT, Visualisierung, Trend, Trace, Tiefpass, FB im FB, CTU, CTD, GRAFCET als Programmentwurfsmethode, Anlagensimulation

10. Selbsttest - FBs, Bibliotheken, GRAFCET

Wählen Sie die richtigen Ergänzungen bzw. Aussagen aus.

---

1. Sie möchten den FB `BEHAELTER_I` in Ihrem Programm normgerecht aufrufen.

- ☐ Sie deklarieren im Deklarationsteil nur die Instanz: `BEHAELTER_I:BEHAELTER_1;`
- ☐ Die Instanzierung ist nicht nötig, Sie rufen den Baustein mit `rFuellstand:= BEHAELTER_1.rHOEHE;` auf.
- ☐ Sie instanzieren und rufen den Baustein auf mit `BEHAELTER_1(rZUFLUSS:= rZulauf, rABFLUSS:= rAblauf); rFuellstand:= BEHAELTER_1.rHOEHE;`
- ☐ Sie instanzieren und rufen den Baustein auf mit `BEHAELTER_I(rZUFLUSS:= rZulauf, rABFLUSS:= rAblauf); rFuellstand:= BEHAELTER_I.rHOEHE;`

---

2. Eine Bibliothek

- ☐ enthält immer nur einen Baustein.
- ☐ kann mehrere Bausteine beinhalten.
- ☐ kann nur FCs beinhalten.
- ☐ kann nur FBs beinhalten.

---

3. Der Parameter `IN` in der Anweisung `OUT:=((IN-OUT)/N)+ OUT;` hat einen positiven Wert.

- ☐ Der Zuwachs der Variablen `OUT` wird mit jedem Bearbeitungszyklus immer größer.
- ☐ Der Zuwachs der Variablen `OUT` wird mit jedem Bearbeitungszyklus immer kleiner.
- ☐ Je größer der Wert von `IN`, desto kleiner ist der Wert von `OUT`.
- ☐ Je größer der Wert von `N`, desto größer ist der Wert von `OUT`.

---

4. CTU1.CV ist der Ausgangsparameter der Instanz eines Funktionsblocks

- ☐ "Aufwärtszähler", der den Zählwert zurückgibt.
- ☐ "Abwärtszähler", der den Zählwert zurückgibt.
- ☐ "Aufwärtszähler", der TRUE wird, wenn der Zählwert >= dem Wert am CTU1.PV ist.
- ☐ "Abwärtszähler", der TRUE wird, wenn der Zählwert >= dem Wert am CTU1.PV ist.

---

5. Der GRAFCET ist eine

- ☐ Programmiersprache in CODESYS.
- ☐ Programmiersprache nach IEC 61 131-3.
- ☐ Spezifikationssprache, die Sie als Programmentwurfsmethode verwenden können.
- ☐ Spezifikationssprache, um nichtspeichernde Verknüpfungen zu beschreiben.

---

6. Mit Hilfe der CASE-Anweisung kann der Programmfluss abhängig vom Wert einer
   - ☐ booleschen Variable ☐ Struct-Variable ☐ Int-Variable ☐ REAL-Variable

   gesteuert werden.

---

7. R_TRIG ist ein Systemfunktionsbaustein; er erzeugt bei einer
   - ☐ negativen Flanke am CLK-Parameter nach dem ersten Zyklus am Q den Wert TRUE.
   - ☐ positiven Flanke am CLK-Parameter nach dem ersten Zyklus am Q den Wert TRUE.
   - ☐ positiven Flanke am CLK-Parameter einen Zyklus lang am Q den Wert TRUE.
   - ☐ negativen Flanke am CLK-Parameter einen Zyklus lang am Q den Wert TRUE.

Einen Selbsttest zu diesem Kapitel finden Sie auf **InfoClick** sowie aktuelle Hinweise zum Umgang mit CoDeSys V2.3, e!COCKPIT und CODESYS V3.

11 Bibliotheken verwenden

Lernziele:
- Bibliothek von Firmen bzw. Organisationen verwenden
- FBs für zeitversetztes Zentral-Ein- und Ausschalten, Lichtszenen schalten, Auswertung "Doppelklick", PID-Regler und Zufallszahl benutzen

Bibliothek benutzen

Bibliothek benutzen

Es werden Bibliotheken für die unterschiedlichsten Anwendungen angeboten.
Um eine Bibliothek in einem Projekt benutzen zu können, muss sie im Projekt eingebunden werden. Laden Sie die Bibliothek, die Sie benötigen, von der Webseite der Firma bzw. Organisation oder von InfoClick herunter, merken Sie sich den Pfad.
Achten Sie nicht nur auf den Namen der Bibliothek, sondern auch darauf, ob die Bibliothek zum Zielsystem bzw. zur Entwicklungsumgebung passt.

In CoDeSys V2.3

- Wählen Sie CoDeSys V2.3 Menü–Fenster–Bibliotheksverwaltung, dann
- Menü–Einfügen–Weitere Bibliotheken ... wählen Sie die benötigte Bibliothek aus.

Sie können die Funktionen bzw. Funktionsblöcke jetzt in Ihrem Projekt benutzen.
Siehe auch Kapitel 8 – Bibliothek benutzen. Achten Sie auf die Auflistung mit - im eingefügten Text.

In CODESYS V3 oder e!COCKPIT

Doppelklicken Sie in der Programmstruktur unter Application den Bibliotheksverwalter...- Klicken Sie auf Bibliotheks-Repository und installieren Sie die hinzuzufügende Bibliothek, z.B. GEBAEUDE.library, falls dies noch nicht geschehen ist. - Klicken Sie dann auf Bibliothek hinzufügen, geben Sie in der Volltextsuche den Namen der FC des FBs, z.B. Fb_LichtZentral, oder der Bibliothek, z.B. Gebaeude, ein. Die FCs bzw. FBs diese Bibliothek können Sie jetzt in Ihrem Projekt verwenden.

Schreiben Sie zu den folgenden Aufgaben die Programme. **Benutzen Sie** die Bausteine aus den Bibliotheken und **testen Sie** die Funktion. Vergessen Sie nicht, die Simulation zu aktivieren.

Aufgabe 11.1 Zeitversetztes Zentral-Ein- und Ausschalten

Um Lastspitzen beim Ein- und Spannungsspitzen beim Ausschalten großer Beleuchtungskreise zu vermeiden, werden diese zeitversetzt geschaltet.

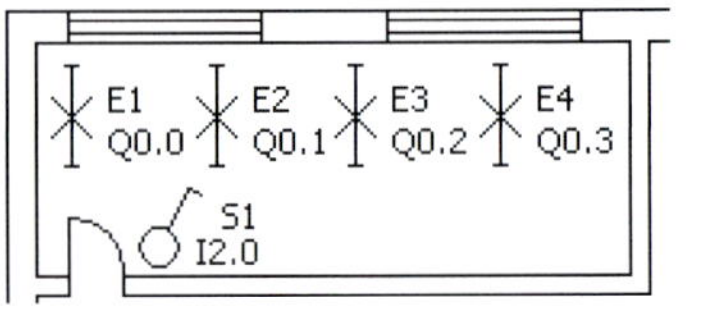

In CoDeSys V2.3

In der Bibliothek "Gebaeude_allgemein.lib" von der Firma WAGO finden Sie Bausteine für die Gebäudeautomatisation. Der Baustein `Fb_LichtZentral` im Ordner Lichtsteuerung kann zur Lösung der Aufgabe benutzt werden.

Die Bibliothek "Gebaeude_allgemein.lib" finden Sie auf InfoClick oder auf der Webseite "www.wago.de" der Fa. WAGO.

Bausteinbeschreibung:

Zeitversetztes Zentral-Ein- und Ausschalten

Bei Empfang eines EIN-Telegramms am Eingangsobjekt werden die fünf Ausgangsobjekte zeitversetzt EIN-geschaltet. Die Verzögerungszeit zwischen den Schaltungen ist einstellbar. Auch das AUS-Telegramm am Eingangsobjekt kann zeitversetzt auf die fünf Ausgangsobjekte übertragen werden. Die Verzögerungszeit kann auf 0 gesetzt werden, wenn die Verzögerung beim Abschalten nicht gewünscht ist.

WAGO-I/O-*PRO CAA* Elemente der Bibliothek		
Kategorie:	Gebäudetechnik	
Name:	Fb_LichtZentral	
Typ:	Funktion ☐ Funktionsblock ☒ Programm ☐	
Name der Bibliothek:	Gebaeude_allgemein.lib	
Anwendbar für:	Alle programmierbaren Feldbus-Controller	
Eingangsparameter:	**Datentyp:**	**Kommentar:**
xEingang	BOOL	Eingang Schaltsignal
uiTvein_10tel_s	UINT	Verzögerungszeit EIN – schalten Wertebereich 5 – 200 [0,1 s] Voreinstellung = 10
uiTvaus_10tel_s	UINT	Verzögerungszeit AUS – schalten Wertebereich 5 – 200 [0,1 s] Voreinstellung = 10
Rückgabewert:	**Datentyp:**	**Kommentar:**
xAusgang1	BOOL	Ausgangsschaltsignal 1
xAusgang2	BOOL	Ausgangsschaltsignal 2
xAusgang3	BOOL	Ausgangsschaltsignal 3
xAusgang4	BOOL	Ausgangsschaltsignal 4
xAusgang5	BOOL	Ausgangsschaltsignal 5

In CODESYS V3 oder e!COCKPIT, Aufgabe 11.1

Die Bibliothek mit dem Fb_LichtZentral gibt es für e!COCKPIT und CODESYS V3 nicht. Benutzen Sie die Bibliothek GEBAEUDE.library auf **InfoClick** oder erstellen Sie selbst den FB.

Aufgabe 11.2 Lichtszenen schalten in CoDeSys V2.3

Über den Funktionsblock `FbSzeneDigital` kann auf Tastendruck z. B. ein Beleuchtungsszenario aufgerufen werden.

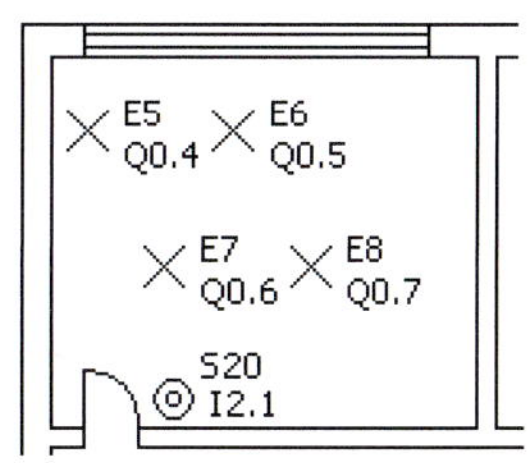

In CoDeSys V2.3

In der Bibliothek Gebaeude_allgemein.lib von oben, im Ordner Szene, finden Sie diesen Baustein.

Bausteinbeschreibung:

Es sind acht Szenen pro Baustein abrufbar. Die Anzahl der Aktorgruppen beträgt vier. Einzelne Lichtszenen- Bausteine können kaskadiert (parallel laufen) werden, wenn die Anzahl der Szenen / Aktorgruppen nicht ausreichend ist.

Die Auswahl der gewünschten Lichtszenennummer erfolgt über die Werte 1–8 (BYTE) am Eingang "bAktorSzenenNr1bis8". Die intern gespeicherten bzw. konfigurierten Werte für die Schaltaktoren "xDoSchaltAktor1-4" werden dann gesetzt.
Die Lichtszenen können über die Eingänge "xSchaltAktor1-4" neu konfiguriert werden.
Dabei werden die Eingangssignale für die Werte "xSchaltAktor1-4" nur dann ausgewertet, wenn die Betriebsart Speichern aktiv ist.

Licht-szenen

Die Vorgehensweise zur Eingabe neuer Lichtszenen (LZ) erfolgt in fünf Schritten:

1. Aufruf der LZ, die neu programmiert werden soll
2. Aktivierung des Eingangs "xSpeichern"
3. Eingabe der Werte 1–4
4. Verlassen des Betriebsmodus "Speichern"
5. Die neue Szene ist abgespeichert

Die folgenden Werte sind als Defaultwerte im Baustein hinterlegt:

	Aktor 1	Aktor 2	Aktor 3	Aktor 4
Szene 1	AUS	AUS	AUS	AUS
Szene 2	EIN	AUS	AUS	AUS
Szene 3	AUS	EIN	AUS	AUS
Szene 4	AUS	AUS	EIN	AUS
Szene 5	AUS	AUS	AUS	EIN
Szene 6	AUS	AUS	EIN	EIN
Szene 7	AUS	EIN	EIN	EIN
Szene 8	EIN	EIN	EIN	EIN

WAGO-I/O-*PRO CAA* Elemente der Bibliothek		
Kategorie:	Gebäudetechnik	
Name:	FbSzeneDigital	
Typ:	Funktion ☐ Funktionsblock ☒ Programm ☐	
Name der Bibliothek:	Gebaeude_allgemein.lib	
Anwendbar für:	Alle programmierbaren Feldbus-Controller	
Eingangsparameter:	**Datentyp:**	**Kommentar:**
bAktorSzenenNr1bis8	BYTE	Auswahl der gewünschten Lichtszenen - Nr. Wertebereich 1 - 8
xSchaltAktor1	BOOL	Vorgabewert für Aktor 1 bei Speichermodus
xSchaltAktor2	BOOL	Vorgabewert für Aktor 2 bei Speichermodus
xSchaltAktor3	BOOL	Vorgabewert für Aktor 3 bei Speichermodus
xSchaltAktor4	BOOL	Vorgabewert für Aktor 4 bei Speichermodus
xSpeichern	BOOL	Aufruf Speichermodus
Rückgabewert:	**Datentyp:**	**Kommentar:**
xDoSchaltAktor1	BOOL	Schaltsignal Aktor 1
xDoSchaltAktor2	BOOL	Schaltsignal Aktor 2
xDoSchaltAktor3	BOOL	Schaltsignal Aktor 3
xDoSchaltAktor4	BOOL	Schaltsignal Aktor 4

Auswertung "Doppelklick" Taster (FbKlick) in CoDeSys V2.3

Mit Hilfe des Funktionsblocks `FbKlick` kann bei einem Einfach-Klick die Szene gewechselt werden. Bei einem Doppelklick wird ausgeschaltet. In der Bibliothek Gebaeude_allgemein.lib von oben, im Ordner Tasterauswertung, finden Sie diesen Baustein.

Bausteinbeschreibung:

Doppelklick

Der Funktionsblock erkennt, ob auf dem binären Eingangssignal "xTaster" ein einzelner Puls oder zwei aufeinander folgende Pulse auftreten.
Tritt während der parametrisierbaren Zeit "uiT_10tel_s" nur ein Puls auf, wird der Ausgang "xEinzel" für einen Taskzyklus lang auf 1 gesetzt. Treten zwei Eingangspulse während der Zeit "uiT_10tel_s" auf, wird das Ausgangssignal "xDoppel" für einen Taskzyklus lang auf 1 gesetzt.

Visualisierung

WAGO-I/O-*PRO CAA* Elemente der Bibliothek		
Kategorie:	Gebäudetechnik	
Name:	FbKlick	
Typ:	Funktion ☐ Funktionsblock ☒ Programm ☐	
Name der Bibliothek:	Gebaeude_allgemein.lib	
Anwendbar für:	Alle programmierbaren Feldbus-Controller	
Eingangsparameter:	**Datentyp:**	**Kommentar:**
xTaster	BOOL	Eingang Tastsignal
uiT_10tel_s	UINT	Überwachungszeitraum für Doppelklick Wertebereich 5 - 50 [0,1 s] Voreinstellung = 10
Rückgabewert:	**Datentyp:**	**Kommentar:**
xDoppel	BOOL	Ausgang zeigt doppelten Klick an
xEinzel	BOOL	Ausgang zeigt einzelnen Klick an

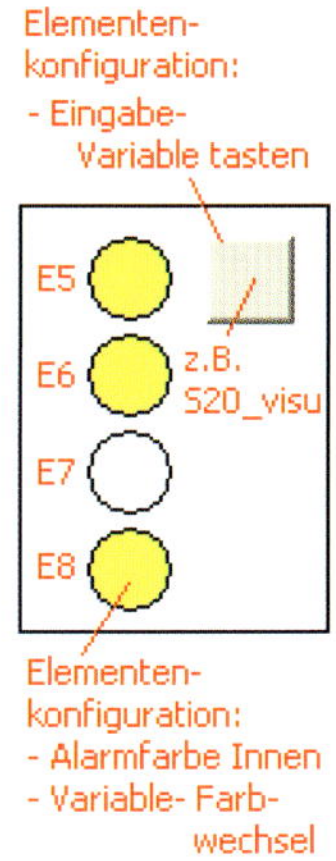

Benutzen Sie eine Visualisierung mit einem zusätzlichen virtuellen Taster.

Bibliotheksrepository

In CODESYS V3 oder e!COCKPIT, Aufgabe 11.2
Die Bibliothek mit dem FbSzeneDigital gibt es für e!COCKPIT und CODESYS V3 nicht. Benutzen Sie die Bibliothek GEBAEUDE.library auf **InfoClick** oder erstellen Sie selbst den FB.
Für die Auswertung -Doppelklick- benutzen Sie den Baustein CLICK_MODE aus der Bibliothek OSCAT- BUILDING.

- Öffnen Sie den Bibliotheksverwalter, klicken Sie auf Bibliotheksrepository und installieren Sie die hinzuzufügende Bibliothek, falls dies noch nicht geschehen ist. Diese Bibliotheken finden Sie auch auf **InfoClick**.
- Klicken Sie dann im Bibliotheksverwalter auf Bibliothek hinzufügen, geben Sie im Dialogfenster in der obigen Volltextsuche CLICK_MODE oder BUILDING ein und fügen Sie mit OK die Bibliothek hinzu.
- Die Dokumentation der Bausteine finden Sie über Bibliotheksverwalter- BUILDING-Documentation.
- Instanzieren Sie den Baustein im Deklarationsteil des Programms. Sie können die Instanz im Anweisungsteil über die Eingabehilfe- Kategorien Instanzaufrufe einfügen und parametrisieren.

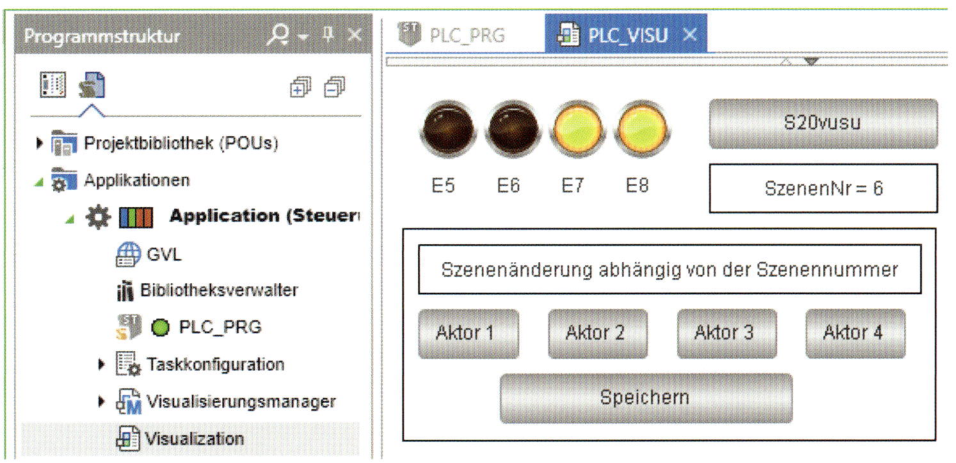

Beachten Sie in der Bausteinbeschreibung am Anfang der Aufgabe 11.2 die Vorgehensweise zur Eingabe neuer Lichtszenen.

Aufgabe 11.3 Temperaturregelung mit dem PID-Reglerbaustein

Die Temperatur in einem Behälter soll geregelt werden. Über den Sollwert können Sie die gewünschte Temperatur einstellen. In diesem Beispiel sind alle Werte normiert von 0...1.0.

Regler

Der **Regler** hat die Aufgabe, den Stellwert so einzustellen, dass Sollwertänderungen möglichst schnell ausgeführt werden. Dabei soll das Überschwingen klein und die bleibende Regeldifferenz null sein.

Strecken-parameter

Sprung-antwort

Simulieren Sie die Temperaturregelstrecke (Strecke mit Ausgleich) mit dem Baustein "PT2" aus Kapitel 10. Sie können diesen FB "A11.3" von **InfoClick** in Ihr Projekt importieren. Übergeben Sie für den Eingangsparameter `N` den Wert 30 (zeitliches Verhalten). Rufen Sie die beiden FBs, die Streckensimulation und den Regler, in einem Programm auf, das alle 100 ms bearbeitet wird. Untersuchen Sie das zeitliche Verhalten der Regelgröße.

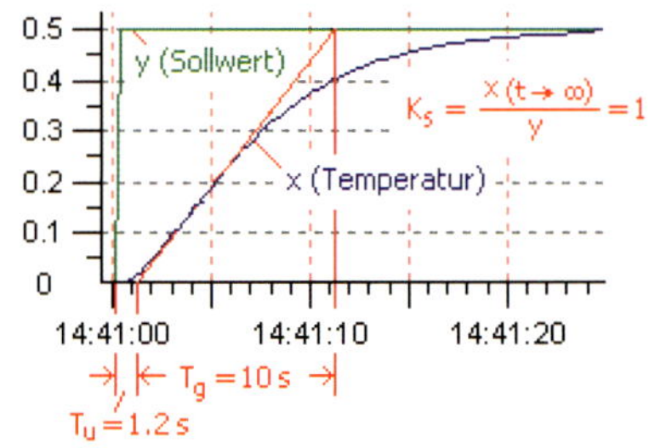

Optimierung nach TAKAHASHI:

Optimie-rung nach Takahashi

Aus den **Streckenparametern** der **Sprungantwort** (Bild oben) können die Reglerparameter bestimmt werden. Da auch die Parameterwerte der Strecke normiert sind, ist K_S = 1. Die Reglerparameter K_{PR} (Proportionalverstärkung), T_i (Nachstellzeit) und T_d (Vorhaltezeit) können Sie mit Hilfe der Streckenparameter berechnen. Die Abtastzeit T soll 100 ms sein, sie muss mindestens 10% von der Gesamtstreckenzeitkonstanten (T_u + T_g) sein.
Begrenzen Sie den Stellbereich von 0 (rOutputMin) auf 1.0 (rOutputMax).

Regler	K_{PR}	$T_i = T_n$	$T_d = T_V$
PID	$1{,}2 * T_g/(K_S*(T_u+T))$	$2 * (T_u+T/2)^2/(T_u+T)$	$0{,}5 * (T_u+T)$

Über die Reglerparameter `rKp`, `rTi` und `rTd` können Sie das **Reglerverhalten** verändern.

Visualisie-rung

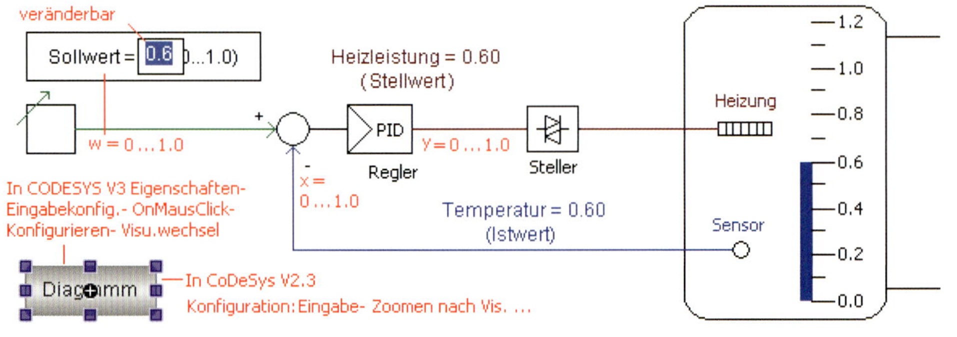

Sie können auch mehrere **Visualisierungs**-Fenster gestalten und über Schaltflächen navigieren. Die Visualisierungen können Sie auch von **InfoClick** in Ihr Projekt importieren. Passen Sie wenn nötig die Variablen in der Visualisierungsvorlage an.

Regler-
verhalten

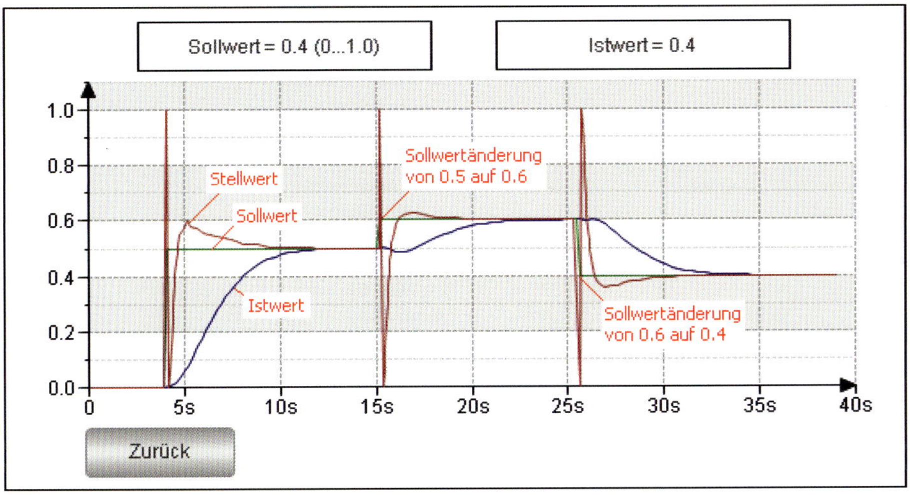

In CoDeSys V2.3, Aufgabe 11.3

Mit dem Funktionsblock `Fb_Control_PID` aus der Bibliothek «Building_HVAC_01.lib» von der Fa. WAGO im Ordner Controller/Regler kann diese Aufgabe gelöst werden.

Der Funktionsblock `Fb_Control_PID` ist ein Standard-PID-Regler.
Wenn der Eingang `xEnable` aktiviert ist, wird aus den Eingangsgrößen `rActualValue` (Istwert) und `rReferenceValue` (Sollwert) der Ausgangsstellwert `rY` berechnet. Signal FALSE am Eingang `xEnable` bewirkt, dass der Ausgangsstellwert auf null gesetzt wird, bis der Regler wieder aktiviert wird.
Die Abtastzeit des Reglers wird über den Eingangsparameter `rCycleTime` vorgegeben. Die kleinste Abtastzeit ist auf 10 ms begrenzt.
Der Stellbereich des Reglers wird über die beiden Eingangsparameter `rOutputMin` und `rOutputMax` beschränkt.
Durch die Beschränkung des Stellwertes wird verhindert, dass bei einer eventuell stationär verbleibenden Regeldifferenz der I-Anteil des Reglers weiter aufintegriert wird (Anti-Wind-Up).
Der Ausgang `rDifference` zeigt die aktuelle Abweichung zwischen Soll- und Istwert an.
Die Ausgänge `xMaxLimitReached` und `xMinLimitReached` signalisieren, ob der Stellwert seinen Grenzwert erreicht hat.

WAGO-I/O-*PRO CAA* Elemente der Bibliothek		
Kategorie:	Gebäudetechnik	
Name:	Fb_Control_PID	
Typ:	Funktion ☐	Funktionsblock ☒ Programm ☐
Name der Bibliothek:	Building_HVAC_01.lib	
Anwendbar für:	Alle programmierbaren Feldbus-Controller	
Eingangsparameter:	**Datentyp:**	**Kommentar:**
xEnable	BOOL	Aktivierung des PID- Reglers Voreinstellung = TRUE
rActualValue	REAL	Istwert
rReferenceValue	REAL	Sollwert
rCycleTime	REAL	Abtastzeit des Reglers [s] Minimalwert = 0.01 [s] Voreinstellung = 0.1 s

rKp	REAL	Proportionalverstärkung (P - Anteil) Voreinstellung = 10
rTi	REAL	Nachstellzeit (I - Anteil) [s] Voreinstellung = 60 s
rTd	REAL	Vorhaltezeit (D - Anteil) [s]
rOutputMin	REAL	Minimaler Stellwert (rY)
rOutputMax	REAL	Maximaler Stellwert (rY) Voreinstellung = 100
Rückgabewert:	**Datentyp:**	**Kommentar:**
rY	REAL	Stellwert des Reglers [%]
rDifference	REAL	Abweichung Soll- / Istwert
xMaxLimitReached	BOOL	Maximaler Stellwert erreicht
xMinLimitReached	BOOL	Minimaler Stellwert erreicht

Mit Auszügen aus WAGO-Unterlagen, www.wago.de

In e!COCKPIT oder CODESYS V3, Aufgabe 11.3

Mit dem PID-Regler aus der Bibliothek «Util» im Ordner Util- Controller kann diese Regelaufgabe gelöst werden. Öffnen Sie den Bibliotheksverwalter, wählen Sie Bibliothek hinzufügen, geben Sie im Dialogfenster in der obigen Volltextsuche Util ein und fügen Sie mit OK die Bibliothek hinzu. Instanzieren Sie den PID-Regler, z.B. Fb_Control_PID_1:PID, im Deklarationsteil des Programms. Sie können die Instanz des PID-Reglers im Anweisungsteil über die Eingabehilfe-Kategorien Instanzaufrufe einfügen und parametrisieren.

Eingänge/Ausgänge | Graphisch | Dokumentation

FUNCTION_BLOCK PID

Name	Datentyp	Initi...	Kommentar
ACTUAL — x	REAL		Current value, process variable
SET_POINT - w	REAL		Desired value, set point
KP	REAL		Proportionality const. P
TN	REAL		Reset time I [sec]
TV	REAL		Rate time, derivative time D [sec]. If set to 0, then it works as PI controller
Y_MANUAL	REAL		``Y`` is set to this value as long as ``MANUAL`` = ``TRUE``
Y_OFFSET	REAL		Offset for manipulated variable
Y_MIN	REAL		Minimum value for manipulated variable
Y_MAX	REAL		Maximum value for manipulated variable
MANUAL	BOOL		| ``TRUE``: Manual: ``Y`` is not influenced by controller | ``FALSE``: C
RESET	BOOL		``TRUE``: Set ``Y`` output to ``Y_OFFSET`` and reset integral part
Y ——— y	REAL		Manipulated variable, set value
LIMITS_ACTIVE	BOOL	FALSE	``TRUE``: ``Y`` has exceeded the given limits ``Y_MIN``, ``Y_MAX`` a
OVERFLOW	BOOL	FALSE	Overflow in integral part

Übung 11.1 Zufallszahl erraten

Schreiben Sie ein Programm, das eine Zufallszahl erzeugt. Diese Zahl soll der Anwender erraten. Benutzen Sie dazu die Funktion `RDM()`.
Für CoDeSys V2.3 aus der "oscat260.lib",
für e!COCKPIT oder CODESYS V3 aus der oscat_basic_333.library.
Sie finden die Bibliothek auf InfoClick oder unter www.oscat.de. Die Variablendeklaration finden Sie unten. Benutzen Sie für diese Übung den Controller 750-881 oder -841 als Zielsystem in CoDeSys V2.3 oder den PFC100 bzw. PFC200 in e!COCKPIT. In CODESYS V3 verwenden Sie die Soft-PLC (Standardprojekt).

Zufallzahl

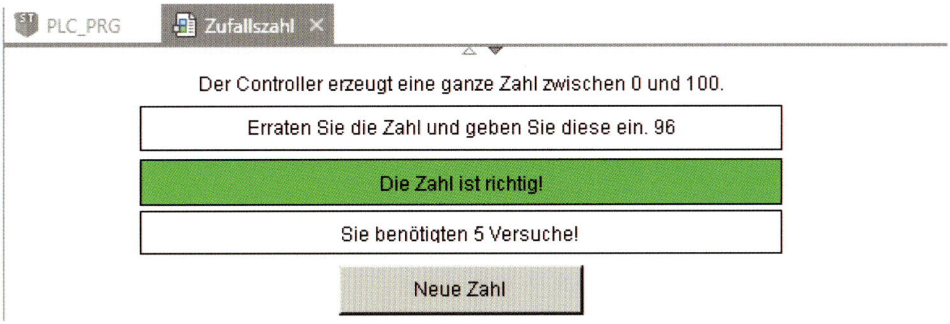

Die Visualisierung finden Sie ebenfalls auf **InfoClick**. Passen Sie wenn nötig die Variablen an.

```
VAR
 Zufallszahl: USINT;
 Eingabezahl: USINT;(*Visu*)
 Meldung: STRING;
 Meldung_ok: STRING:='Sie haben gewonnen! Ihre Zahl ist richtig.';
 Meldung_gr: STRING:='Ihre Zahl ist zu groß!';
 Meldung_kl: STRING:='Ihre Zahl ist zu klein!';
 richtig: BOOL:= TRUE;(*Visu*)
 go: BOOL;(*Taster Neue Zahl in der Visu*)
 Versuche: INT;(*Anzahl der Versuche*)
 Eingabezahl_alt: USINT;
END_VAR
```

Den Programmablaufplan können Sie als Lösungsansatz verwenden.

Bausteinbeschreibung:

Die Funktion `RDM()` im Ordner POUs-Mathematik berechnet eine Pseudo-Zufallszahl. Dazu wird der SPS-interne Timer ausgelesen und in eine Pseudo-Zufallszahl überführt. Da `RDM()` als Funktion und nicht als Funktionsbaustein geschrieben wurde, kann es keine Daten zwischen zwei Aufrufen speichern und muss deshalb mit Vorsicht angewendet werden. Wird `RDM()` nur einmal je Zyklus aufgerufen, liefert sie hinreichend gute Zahlen. Wird sie aber mehrfach innerhalb eines Zyklus aufgerufen, so liefert sie dieselbe Zahl, weil höchstwahrscheinlich der SPS-Timer noch auf demselben Wert steht. Wird die Funktion mehrfach innerhalb eines Zyklus benötigt, so muss ihr bei jedem Aufruf eine unterschiedliche Startzahl (LAST) übergeben werden. Wird sie hingegen nur einmal je Zyklus aufgerufen, genügt der Aufruf RDM(0). Als Startzahl kann bei jedem Aufruf die letzte ermittelte Zahl von `RDM()` verwendet werden. Die von `RDM()` gelieferten liegen zwischen 0 und 1, die 1 nicht enthalten (0 <= Zufallszahl < 1).

Auszüge aus der Bibliotheksbeschreibung "oscat.lib", www.oscat.de

Lösungsansatz: PAP

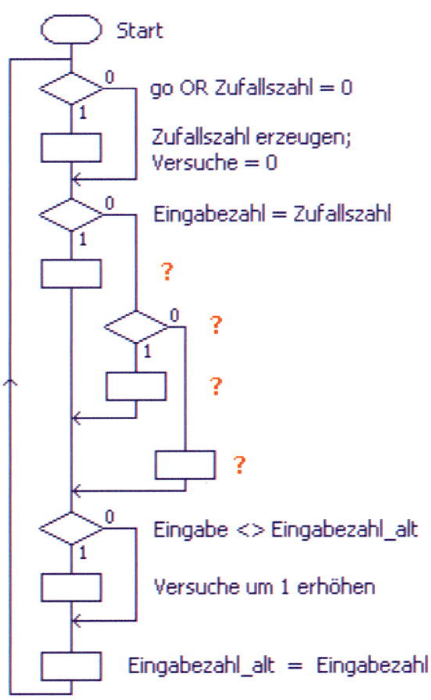

Übung 11.2 Würfelspiel PIG2

Es gewinnt derjenige Spieler, der die meisten Augen gesammelt hat. Innerhalb eines Spielzugs werden alle Würfelaugen zusammengezählt, bis entweder eine EINS gewürfelt wird, dann ist der Zug zu Ende und alle Punkte sind verloren, oder der Spieler den Würfel weiterreicht. Nur in diesem Fall werden die gewürfelten Augen aufsummiert und dem Konto des Spielers gutgeschrieben.

Lösungsvariante 1 mit Hilfe eines Programmablaufplans
Eine Vorlage mit einer Visualisierung finden Sie auf InfoClick. Passen Sie, wenn nötig, die Variablen an.

RDM

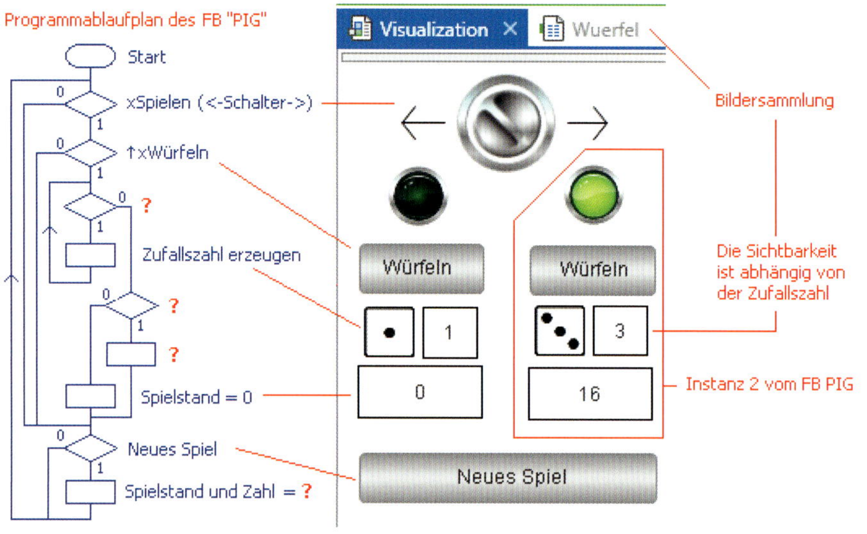

Schreiben Sie das Programm, verwenden Sie einen Funktionsbaustein PIG, dessen zwei Instanzen Sie für zwei Spieler aufrufen.

Benutzen Sie die Funktion RDM()
für CoDeSys V2.3 aus der „oscat260.lib",
für e!COCKPIT oder CODESYS V3 aus der „oscat_basic_333.library".

Lösungsvariante 2 mit Hilfe eines GRAFCETs

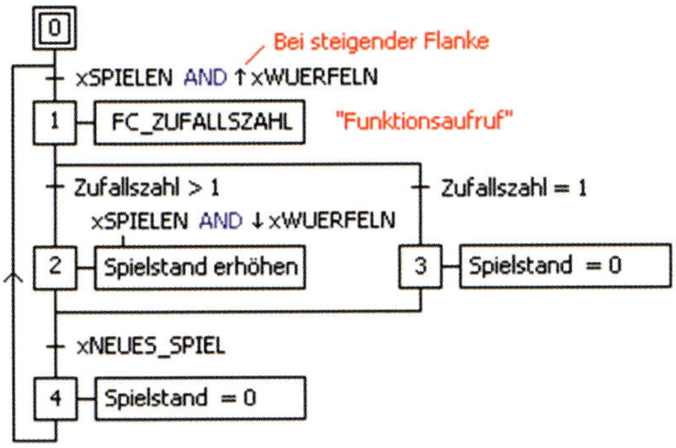

GRAFCET mit Ablaufauswahl (Alternativverzweigung)

Bei ihr folgen mehrere Weiterschaltbedingungen (Transitions) nach einem Schritt, hier Zufallszahl > 1 und Zufallszahl = 1 nach Schritt 1. Es wird der Teilablauf aktiviert, dessen Weiterschaltbedingung als erste erfüllt ist.
Diese Ablaufstruktur wird auch Entweder-Oder-Verzweigung genannt.

PIG × | Visualization | FC_ZUFALLSZAHL

```
FUNCTION_BLOCK PIG

instWUERFELN_TRIG_R(CLK:= xWUERFELN);
instWUERFELN_TRIG_F(CLK:= xWUERFELN);
CASE usiSchrittNr OF
 0: IF instWUERFELN_TRIG_R.Q AND xSPIELEN THEN
      usiSchrittNr:= 1;
    END_IF;
 1: usiWUERFELZAHL:= FC_ZUFALLSZAHL();
    IF usiWUERFELZAHL > 1 THEN
     usw.
 4: uiSPIELSTAND:= 0; usiWUERFELZAHL:= 0;
    IF instWUERFELN_TRIG_R.Q AND xSPIELEN THEN
     usiSchrittNr:= 1;
    END_IF;
END_CASE;
```

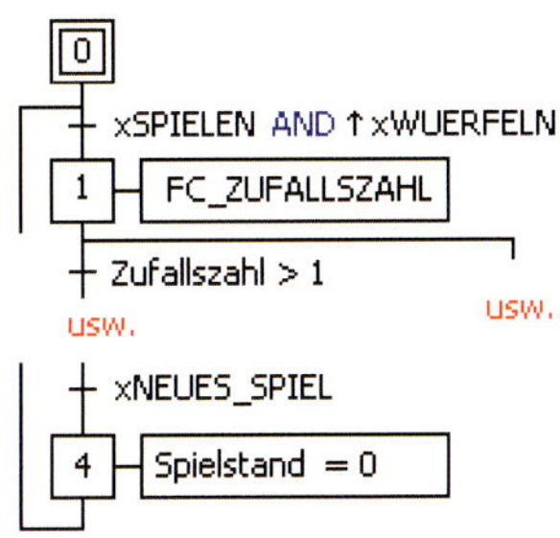

Übung 11.3 **Fragen – Antworten**

Laden Sie die Vorlage von **InfoClick** herunter, binden Sie die Bibliothek "oscat260.lib" für CoDeSys V2.3 bzw. "oscat_basic_333.library" für e!COCKPIT oder CODESYS V3 über den Bibliotheksverwalter ein.
Öffnen Sie nach dem Einloggen und Start die Visualisierung und klicken Sie auf "Frage" … "Antwort". Analysieren Sie das Programm.

Stichpunkte Bibliothek, Zeitversetztes Schalten, Lichtszenen, Doppelklick, Regler, Streckensimulation, Sprungantwort, Takahashi, Zufallszahl, Visualisierung

11. Selbsttest – Bibliotheken verwenden

Wählen Sie die richtigen Ergänzungen bzw. Aussagen aus.

1. Um Bausteine aus einer Bibliothek benutzen zu können, muss

- ☐ die Bibliothek deklariert werden.
- ☐ die Bibliothek im Projekt über die Bibliotheksverwaltung eingebunden werden.
- ☐ die Bibliothek kopiert und im FB importiert werden.
- ☐ die importierte Bibliothek in den FB exportiert werden.

2. Beim Aufruf eines FBs wird der Instanzname angegeben und es

- ☐ muss jedem Eingangsparameter ein Wert zugewiesen werden.
- ☐ muss nur dem Ausgangsparameter ein Wert zugewiesen werden.
- ☐ darf nur ein Ausgangsparameterwert gelesen werden.
- ☐ muss nicht jedem Eingangsparameter ein Wert zugewiesen werden.

3. Der Wertebereich des Datentyps USINT ist

☐ -32768...32767 ☐ 0...255 ☐ -128...127 ☐ 0...65535

4. Weshalb ist der Fb_LichtZentral aus der Bibliothek ein FB und nicht ein FC?

- ☐ Da nur FBs in einem Projekt öfter benutzt werden können.
- ☐ Nur FBs können in einer Bibliothek abgelegt werden.
- ☐ Da im FB TIMER verwendet werden, die eine Instanz benötigen.
- ☐ Da zwei Eingangsparameter mit dem Präfix `ui` beginnen.

Einen Selbsttest zu diesem Kapitel finden Sie auf **InfoClick** sowie aktuelle Hinweise zum Umgang mit CoDeSys V2.3, e!COCKPIT und CODESYS V3.

12 Fuzzy-Control-Füllstandsregelung

Lernziele:
- Einblicke in die Fuzzy-Logik (Fuzzy = unscharfe Logik, es gibt nicht nur 0 und 1) gewinnen
- Mit FCs der Fuzzy-Logik eine Füllstandsregelung programmieren

Einführung

Mit Hilfe der Fuzzy-Logik besteht die Möglichkeit, das Wissen eines Anlagenbetreibers, das sogenannte Expertenwissen, in verständlicher Form in einem Rechnersystem, z. B. einer SPS, umzusetzen. Aus den unpräzisen Aussagen des Anlagenbetreibers werden Regeln formuliert, die Regelbasis, die von der SPS in exakte Stellgrößen umgesetzt werden.

Fuzzy

Sind also Automatisierungsaufgaben mit herkömmlichen Mitteln nur schwer zu realisieren, so kann die Fuzzy-Logik zu einfachen Lösungen führen.
Ein Fuzzy-Regler wird in der Regelungstechnik dann eingesetzt, wenn die Regelstrecke mathematisch schwer beschreibbar ist oder wenn das Verhalten des Regelkreises durch WENN... DANN-Regeln von linguistischen Termen einfach beschrieben werden kann.
Am Beispiel einer einfachen Füllstandsregelung können Sie einige Elemente eines Fuzzy-Systems kennen lernen.

Auftrag: **Füllstandsregelung mit einem Fuzzy-Regler**

Der Füllstand eines Behälters soll mit Hilfe eines Fuzzy-Reglers geregelt werden. **Entwerfen Sie** dazu die notwendigen Funktionen. **Testen Sie** diese. Um die Verschaltung dieser FCs zum Fuzzy-Regler testen zu können, verwenden Sie als Streckensimulation den FB IT1.

Vorgehensweise:

1. Die Funktionen zur Fuzzifizierung erstellen.
2. Die Funktion zur Inferenz und Defuzzifizierung erstellen.
3. Den Funktionsbaustein verwenden, der die Regelstrecke simuliert, und mit den Fuzzy-Funktionen von 1. und 2. können Sie eine Fuzzy-Füllstandsregelung projektieren und testen.

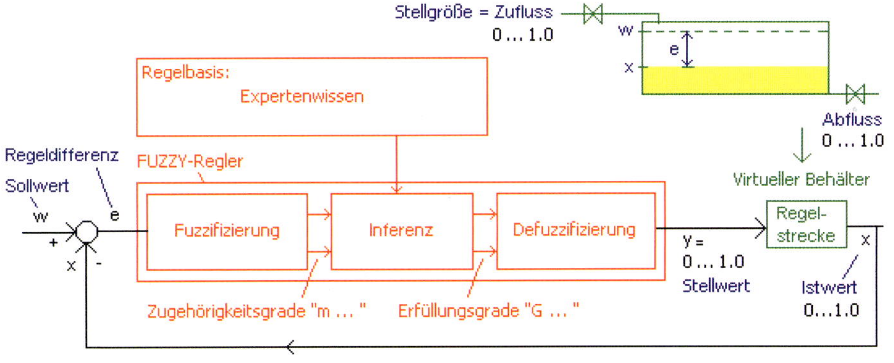

Der aktuelle scharfe Wert der Regeldifferenz "e(t)" wird am Eingang des Reglers zunächst fuzzifiziert. Darunter versteht man ein Umsetzen physikalischer Größen in Terme linguistischer Variablen, z. B. "zu leer" und "zu voll". Damit werden die Zugehörigkeitsgrade, z. B. "m_l" und "m_v", der linguistischen Variablen gebildet.

Der Regler wertet alle Regeln der Regelbasis aus und bildet mit Hilfe von logischen Operationen den Erfüllungsgrad G jeder Regel (Inferenz). Danach wird die Fuzzy-Menge der Stellgröße "y" für jede Regel ermittelt und daraus als letzten Schritt einen resultierenden scharfen Wert der Stellgröße berechnet (Defuzzifizierung), mit dem eine Stelleinrichtung, z. B. das Zuflussventil, angesteuert werden kann. Im Folgenden werden die Begriffe anhand von Beispielen näher erklärt.

Fuzzifizierung

12.1 Fuzzifizierung

Linguistischer Term

Aus einem scharfen Eingangswert einer Variablen werden die **Zugehörigkeitsgrade** "m" mit Hilfe von Zugehörigkeitsfunktionen zu den linguistischen Termen (unscharfe Werte) dieser Variablen gebildet. Zugehörigkeitsfunktionen haben in der betrieblichen Praxis die Formen von **Rampen, Dreiecken, Trapezen** oder **Singleton.**

Zugehörigkeitsfunktion ...

Beispiel 1:
Die Variable "e" (Regeldifferenz) wird in die linguistischen Terme "zu voll" und "zu leer" eingeteilt. Als **Zugehörigkeitsfunktionen** wurden die fallende und die steigende **Rampe** gewählt. Der Bereich, in dem die Regelung einsetzen soll, sei +-10 %.

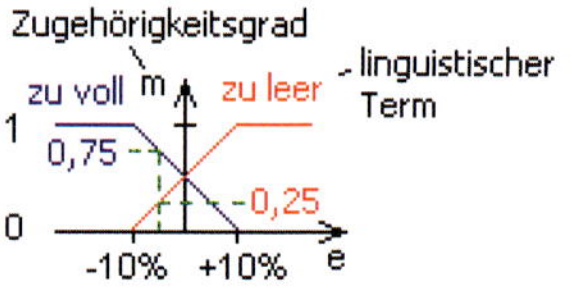

- Rampen

Annahme: e = –5 % -> die Zugehörigkeitsgrade "m" sind
für "zu voll" -> m_v = 0,75 und
für "zu leer" -> m_l = 0,25

Beispiel 2:
Für die Variable der Ausgangsgröße "y" werden in diesem Beispiel die linguistischen Terme "zu" und "auf" und als Zugehörigkeitsfunktion nicht die Form Rampe, sondern die Form **Singleton** gewählt.

- Singleton

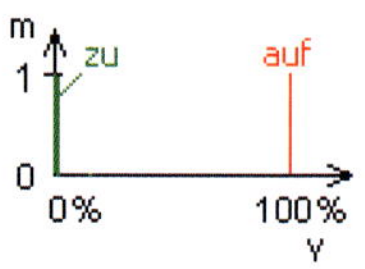

Beispiel 3:
Ist der Kaffee in der Tasse bei 27,5 °C kalt, warm oder sehr warm? Mit Hilfe eines Expertenwissens kann diese Frage durch Festlegung der Zugehörigkeitsfunktionen zu den linguistischen Thermen beantwortet werden.
Die Zugehörigkeitsgrade bei 27,5 °C
m_kalt = 0,25; m_warm = 0,75; m_sehr_warm = 0,0.

- Dreieck

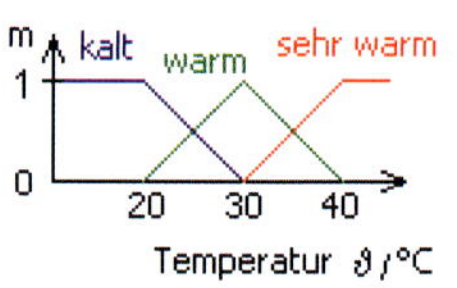

Beispiel 4:
Die Variable "e" (Regeldifferenz) wird in die linguistischen Terme negativ, null und positiv eingeteilt. Hier sind die Formen Trapez und die fallende sowie steigende Rampe als Zugehörigkeitsfunktionen gewählt worden.

- Trapez

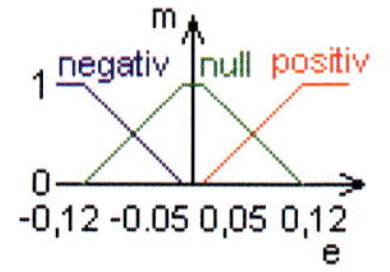

Beispiel 5:
Die Variable y (Heizleistung) wird in die linguistischen Terme hoch und mittel eingeteilt. Hier sind die Formen Dreieck und steigende Rampe als Zugehörigkeitsfunktionen gewählt worden.

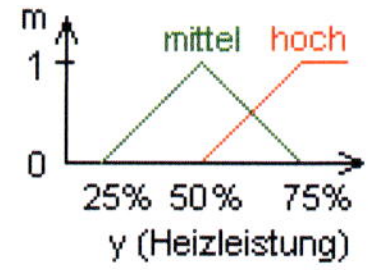

Beispiel 6:
Die Variable y (Heizleistung) wird in die linguistischen Terme hoch und mittel eingeteilt. Hier ist die Form **Singleton** als Zugehörigkeitsfunktion gewählt worden.

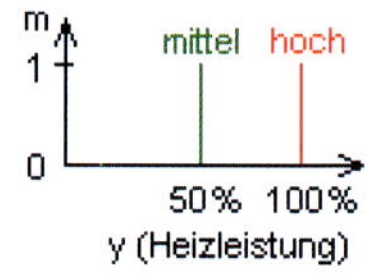

Aufgabe 12.1 Funktionen zur Fuzzifizierung

Erstellen Sie die Funktionen zur Fuzzifizierung für fallende und steigende Rampen sowie die Trapezfunktion. **Testen Sie** die Funktionen und speichern Sie diese in der Bibliothek "FUZZY" ab.

Vorüberlegungen:

1. Funktion für eine fallende Rampe

Die fallende Rampenfunktion "FUZ_Rfall" gibt abhängig von e und den **Stützpunkten** s1, s2 den Zugehörigkeitsgrad m als Wert (0.0 ... 1.0) zurück.
Beim Aufruf der Funktion werden z. B. den Parametern `IN` die Variable "e", `S1` -0.1 und `S2` 0.1 (+-10 %) übergeben.

Rampen

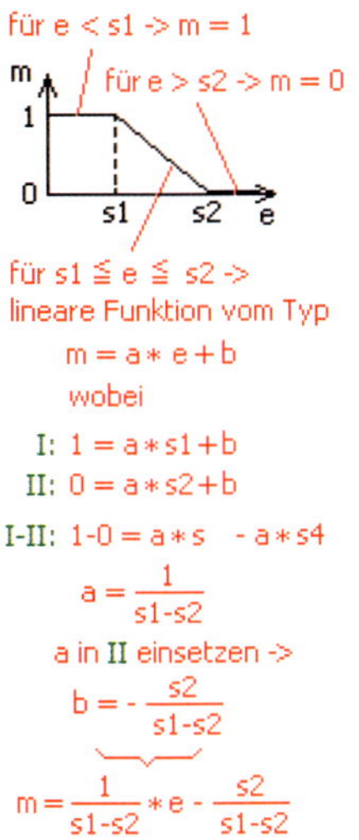


```
FUNCTION FUZ_Rfall : REAL
(*Zugehörigkeitsgrad bestimmen*)
VAR_INPUT
 IN, S1, S2:REAL;(*Eingang und Stützpunkte*)
END_VAR
VAR
 m:REAL;(*Zugehörigkeitsgrad*)
END_VAR

IF IN < S1 THEN
 m:= 1.0 ;
ELSIF IN > S2 THEN
 m:= 0.0 ;
ELSE
 m:= 1.0/(S1-S2)*IN-S2/(S1-S2);
END_IF;
FUZ_Rfall:= m;
```

Sie finden die Funktion auch als Export- oder Textdatei auf **InfoClick**.

2. Funktion für eine steigende Rampe

Die steigende Rampenfunktion "FUZ_Rsteig" gibt abhängig von e und den Stützpunkten s1, s2 den Zugehörigkeitsgrad m als Wert (0.0 ... 1.0) zurück.

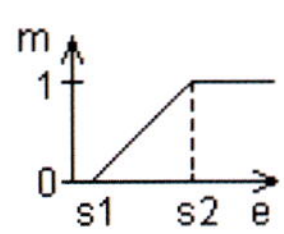

Trapez

3. Trapezfunktion

Die Trapezfunktion "FUZ_Trapez" besitzt vier Stützpunkte. Sie hat also 5 Eingangsparameter.

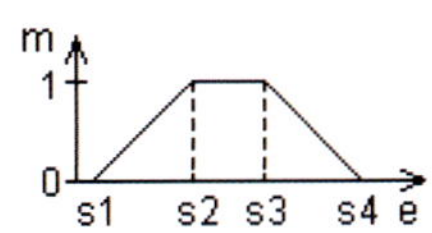

Vorgehensweise:

1. Erstellen Sie die Funktionen "FUZ_Rfall", "FUZ_Rsteig" mit den Parametern "IN, S1, S2" und "FUZ_Trapez" mit den Parametern "IN, S1, S2, S3, S4".
2. Rufen Sie die FCs im PLC_PRG zum Testen am Beispiel der linguistischen Terme "kalt, warm, sehr warm" mit ihren Stützpunkten auf, die im folgenden Bild gezeigt werden.

   `m_kalt:= FUZ_Rfall(IN:=temp, S1:=20.0, S2:=30.0);` usw.
3. Aktivieren Sie die Simulation und testen Sie die FCs. Tragen Sie die Ergebnisse in die nachfolgende Tabelle ein.

Überprüfung:

Temperatur/°C	m_kalt	m_warm	m_sehr warm
20	1,0	0,0	0,0
25	....	....	....
27.5	....	0,75	....
30	....	....	....
42	....	....	1,0

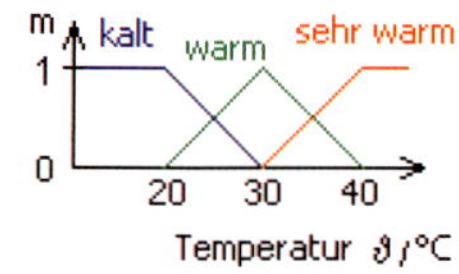

4. **In CoDeSys V2.3:** Löschen Sie nach dem Test der FCs das Programm PLC_PRG und speichern Sie die Funktionen in der Bibliothek "FUZZY.lib" ab.
   In e!COCKPIT: Öffnen Sie eine zweite Instanz von e!COCKPIT, fügen Sie eine leere Bibliothek ein, kopieren Sie die getesteten FCs und fügen Sie diese in die neue Bibliothek "FUZZY" ein.

12.2 Inferenz und Defuzzifizierung

Inferenz und Defuzzifizierung

Die **Inferenz** soll mit Hilfe der Zugehörigkeitsgrade und den WENN...DANN-Regeln eine resultierende Fuzzy-Menge mit den Erfüllungsgraden "G" bilden. Die WENN...DANN-Regeln stellen das **Expertenwissen** dar.

Expertenwissen

Beispiel 1:

Regelbasis

Als **Regelbasis** für das Zulaufventil wird gewählt:
- Regel 1: WENN "zu voll", DANN y (Ventil) "weiter zu" oder kurz ausgedrückt "zu"
- Regel 2: WENN "zu leer", DANN y (Ventil) "weiter auf" oder kurz ausgedrückt "auf"

Als Zugehörigkeitsfunktionen wurden für die linguistische Terme "zu voll" die fallende Rampe, für "zu leer" die steigende Rampe, für y-zu und y-auf die Singleton-Funktion gewählt.

Annahme: e = 5 % (0,05), daraus ergibt sich eine resultierende Fuzzy-Menge mit den **Erfüllungsgraden "G".**

Erfüllungsgrad

G1 = m_v(0,05) = 0,25; (zu voll)

G2 = m_l(0,05) = 0,75; (zu leer)

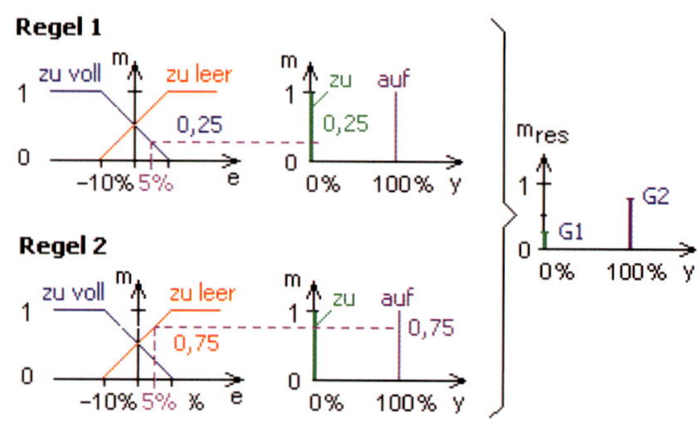

Beachten Sie: Bei nur einer Variablen, hier "e", ist der Zugehörigkeitsgrad gleich dem Erfüllungsgrad.

Mit Hilfe der Erfüllungsgrade G1 und G2 wird defuzzifiziert (siehe unten), also ein scharfer Ausgangswert, die Stellgröße, gebildet.

Beispiel 2:

Regelbasis
- Regel 1: WENN ϑ kalt, dann y (Heizung) hoch.
- Regel 2: WENN ϑ warm, dann y (Heizung) mittel.

In diesem Beispiel wurden als Zugehörigkeitsfunktionen für die linguistische Terme "warm" und "y-mittel" die Dreieck-Funktion gewählt. Die anderen Zugehörigkeitsfunktionen sind Rampen-Funktionen.

Annahme: ϑ' = 27,5 °C, daraus ergibt sich eine resultierende Fuzzy-Menge mit den **Erfüllungsgraden "G".**

$G1 = m_{kalt}(27{,}5) = 0{,}25;$

$G2 = m_{warm}(27{,}5) = 0{,}75;$

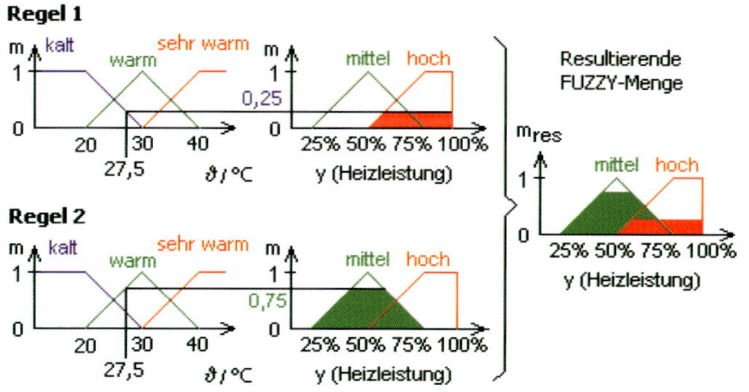

Ergebnis der Inferenz ist zunächst eine resultierende Fuzzy-Menge mit der Zugehörigkeitsfunktion $m_{res}(y)$.

Defuzzifizierung

Defuzzifizierung

Aufgabe der Defuzzifizierung ist es, mit Hilfe der Erfüllungsgrade "G" einen sinnvollen scharfen Ausgangswert "y" zu generieren. Es können verschiedene Methoden angewandt werden.

Beispiele von **Defuzzifizierungsmethoden**

Maximum-Methode

1. **Maximum-Methode**

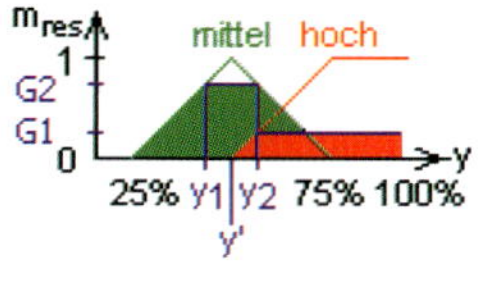

$$y' = \frac{y1 + y2}{2}; \quad y' = \frac{43{,}75\% + 68{,}75\%}{2} = 56{,}25\%$$

Schwerpunkt-Methode

2. **Schwerpunkt-Methode**

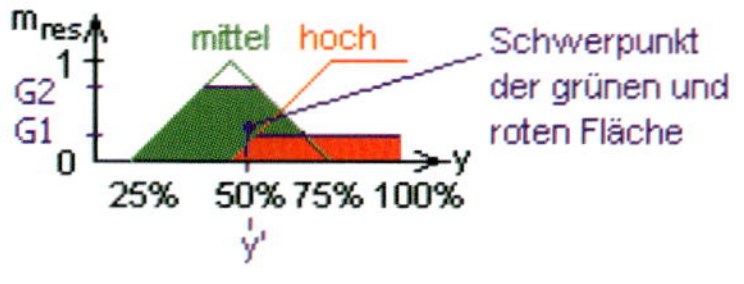

Für diese Methode ist ein hoher Rechenaufwand nötig, um einen scharfen Ausgangswert zu berechnen.

Höhen-Methode

3. **Höhen-Methode**

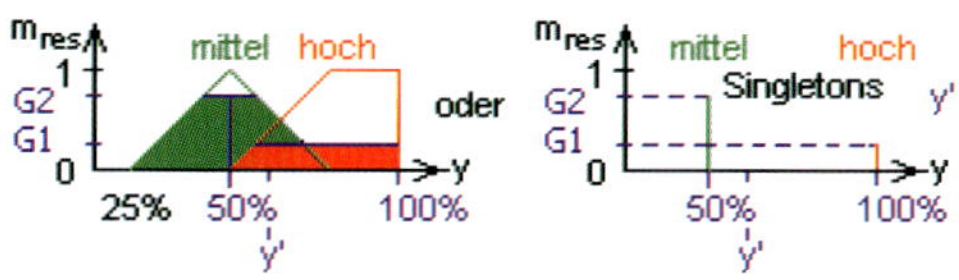

$$y' = \frac{G2 \cdot 50\% + G1 \cdot 100\%}{G1 + G2}$$

Wird das Ergebnis der Inferenz des 1. Beispiels im vorhergehenden Abschnitt defuzzifiziert, so ergibt dies bei

e = -5 % -> G1 = 0,25 und G2 = 0,75 -> y = 0,75 bzw. 75 %

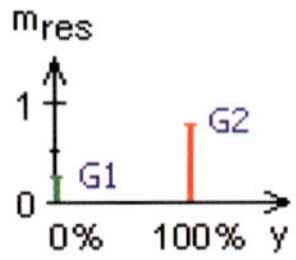

$$y = \frac{G1 \cdot 0\% + G2 \cdot 100\%}{G1 + G2} \; ; \; y = \frac{0{,}25 * 0\% + 0{,}75 \;\; 100\%}{0{,}25 + 0{,}75} = 0{,}75$$

Aufgabe 12.2 Funktionen zur Inferenz und Defuzzifizierung

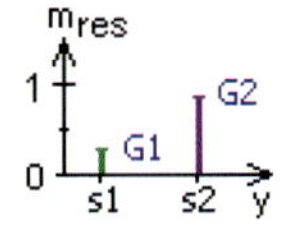

Erstellen und testen Sie die Funktion "DEFUZ_2" zur Inferenz und Defuzzifizierung. Legen Sie diese in der Bibliothek "FUZZY" ab.

Die Zugehörigkeitsfunktion der Variablen, hier y, die in zwei linguistischen Termen beschrieben wird, wird als Singletons dargestellt.
Zur Defuzzifizierung soll die Höhenmethode benutzt werden.

Die Funktion soll abhängig von den Erfüllungsgraden G1, G2 und den dazugehörigen Stützpunkten s1, s2 einen scharfen Wert (0.0...1.0) zurückgeben.
Beim Aufruf der Funktion werden den Parametern G1, S1 und G2, S2 Werte übergeben.

Vorgehensweise:

1. Ergänzen Sie das Projekt aus Aufgabe 12.1 mit der DEFUZ_2- Funktion.

```
DEFUZ_2:= (G1*S1+G2*S2)/(G1+G2);
```

2. Übersetzen und testen Sie die Funktion. Ergänzen Sie dazu PLC_PRG aus Aufgabe 12.1.
   Die Regelbasis, um die FCs zu testen, soll lauten:
   - R1: WENN ϑ kalt, dann y (Heizung) hoch -> G1 = m_kalt, S1 = 1 (y = 100 %)
   - R2: WENN ϑ warm, dann y (Heizung) mittel -> G2 = m_warm, S2 = 0.5 (y = 50 %)
   Da es nur zwei Regeln sind, ist die FC "DEFUZ_2" ausreichend.

Temperatur/°C	m_kalt	m_warm	m_sehr_warm	y
20	1,	0,0	0,0	....
25	....	....	....	....
27,5	....	....	....	0,625
30	....	....	....	....
42	....	....	1,0	....

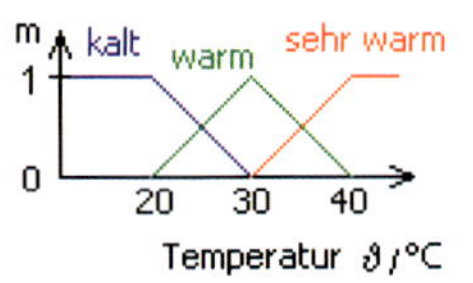

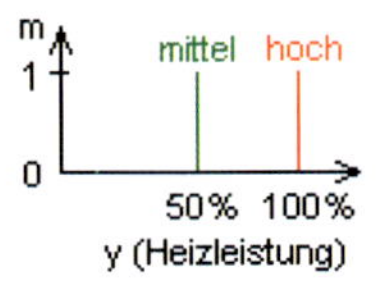

3. **In CoDeSys V2.3:** Exportieren Sie die getestete Funktion "DEFUZ_2" und importieren Sie diese in die Bibliothek FUZZY.lib.
   In e!COCKPIT oder CODESYS V3: Kopieren Sie die getestete Funktion, starten Sie in einer zweiten Instanz e!COCKPIT bzw. CODESYS V3, öffnen Sie die Bibliothek „FUZZY“ und fügen Sie die Funktion ein.

12.3 Fuzzy-Control

Aufgabe 12.3 Füllstandsregelung mit einem Fuzzy-Regler

Die Regelstrecke ist ein flacher Behälter mit IT1-Verhalten (verzögerter kontinuierlicher Anstieg

Fuzzy-Control

des Füllstands). Der Sollwert des Füllstands wird vorgegeben, er soll durch automatisches Verstellen des Zuflussventils konstant gehalten werden, auch wenn sich die Ablaufmenge ändert. Der Stellgrad des Ablaufventils sowie des Zuflussventils liegt zwischen 0...1.0 (0...100 %).

Programmieren Sie den Regler mit dem Vergleicher.

Der Entwurf des Reglers:

Entwurf

Füllstands-regelung

1. Festlegung der **Bereiche**
   - Der Änderungsbereich der Füllstandsdifferenz (e = w-x) wird als +-100 % (-1...1) festgelegt
   - Der Bereich, in dem die Regelung einsetzt, wird auf +-10 % (-0,1...0,1) festgelegt.
   - Der Stellbereich (y) soll 0...100 % (0...1) sein.

Regelbasis

2. Es werden die **linguistischen Terme** gebildet und **Regeln** formuliert. Mögliche linguistische Terme und deren **Zugehörigkeitsfunktion** von "e" und "y" zeigen das Bild.

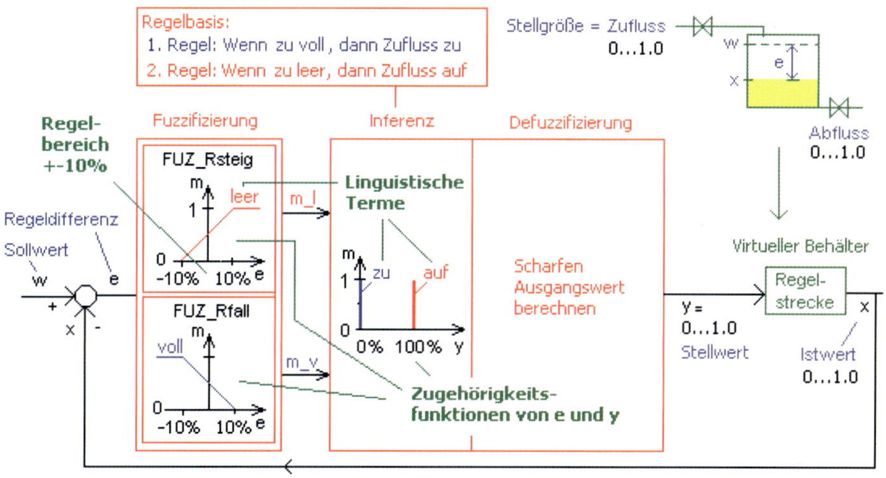

3. Mit Hilfe der Höhen-Methode wird defuzzifiziert, also der scharfe Ausgangswert berechnet. Beispiel:

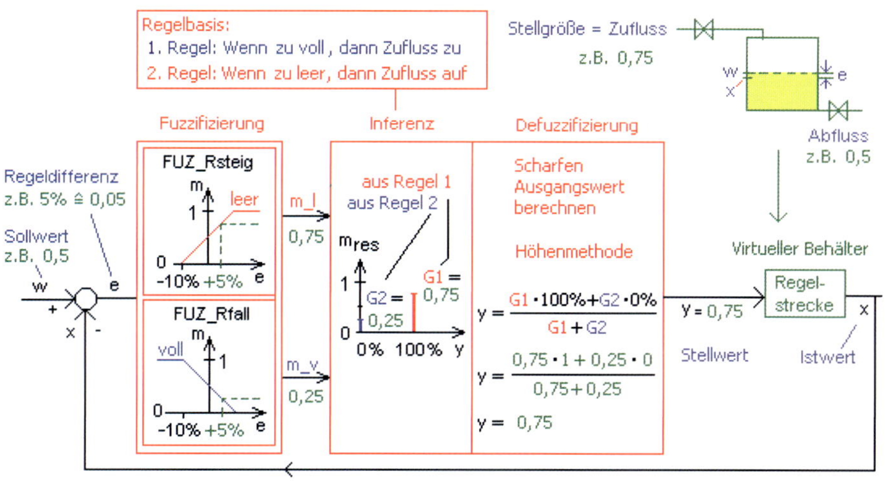

Das Verhalten der Regelstrecke, ein niedriger Behälter, können Sie mit dem Baustein BEHAELTER_IT1 simulieren. Sie finden den Baustein "BEHAELTER" auf **InfoClick**. Sie können diesen in Ihr Projekt importieren. Das Bild rechts zeigt die Sprungantwort, das Verhalten des FBs, wenn dieser in einem Programm, das alle 100 ms bearbeitet wird, instanziert ist. Konfigurieren Sie dazu eine zyklische Task für das Programm (siehe Kapitel 6).

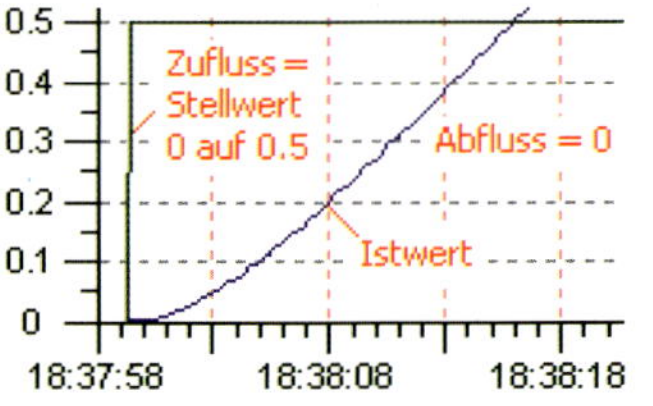

Um den Regler mit dem Controller nachzubilden, sind die Funktionen `FUZ_Rfall`, `FUZ_Rsteig` und `DEFUZ_2` in der Aufgabe 12.1 und 12.2 erstellt worden. Die dort erstellte Bibliothek "FUZZY" müssen Sie im Projekt einbinden (siehe Kapitel 8). Das Überlappen der einzelnen Fuzzy-Sets, im Beispiel „zu voll" und „zu leer", spielt eine große Rolle für das Übertragungsverhalten des Fuzzy-Reglers. Achten Sie bei der Definition der Fuzzy-Sets darauf, dass die einzelnen Bereiche sich teilweise überlappen, um Definitionslücken zu vermeiden, und der gesamte Definitionsbereich sinnvoll abgedeckt ist. Die Überlappung sollte 20% bis 50% betragen, im Beispiel wurden 50% gewählt. Je weiter die einzelnen Fuzzy-Sets überlappen, umso stabiler wird das Ergebnis. Benutzen Sie die Visualisierungsmöglichkeiten. Sie können auch die Visualisierung von **InfoClick** in Ihr Projekt importieren. Passen Sie wenn nötig die Variablen in der Visualisierung an.

```
PROGRAM FUELLSTANDS_REG
(*Füllstandsregelung, Task: Zyklisch 100ms*)
VAR
 w:REAL;(*Sollwert*)
 x:REAL;(*Istwert = Füllhöhe*)
 e:REAL;(*Regeldifferenz*)
 y:REAL;(*Stellwert 0...1.0 = Zuflussmenge*)
 z:REAL:= 0.5;(*Abflussmenge*)
 BEHAELTER_1: BEHAELTER_IT1;(*Instanz*)
 m_l:REAL;(*Zugehörigkeitsgrad für "zu leer"*)
 m_v:REAL;(*Zugehörigkeitsgrad für "zu voll"*)
END_VAR

(*******************************************************
Simulation des Behälters
*******************************************************)
BEHAELTER_1(rZUFLUSS:= y, rABFLUSS:= z);
x:= BEHAELTER_1.rHOEHE;
(*******************************************************
Fuzzy-Regler
*******************************************************)
e:= w-x;
IF w = 0.0 OR e = 0.0 THEN y:= 0.0; RETURN; END_IF;
(*Bereich in dem die Regelung einsetzt = -0.1 und +0.1*)
m_v:= FUZ_Rfall(IN:= e, S1:= -0.1, S2:= 0.1);
m_l:= FUZ_Rsteig(IN:= e, S1:= -0.1, S2:= 0.1);
(*Regel 1: WENN "zu voll" DANN y (Ventil) zu
  Regel 2: WENN "zu leer" DANN y (Ventil) auf
  zu -> S1 = 0.0, auf -> S2 = 1.0*)
y:= DEFUZ_2(G1:= m_v, S1:= 0.0, G2:= m_l, S2:= 1.0);
```

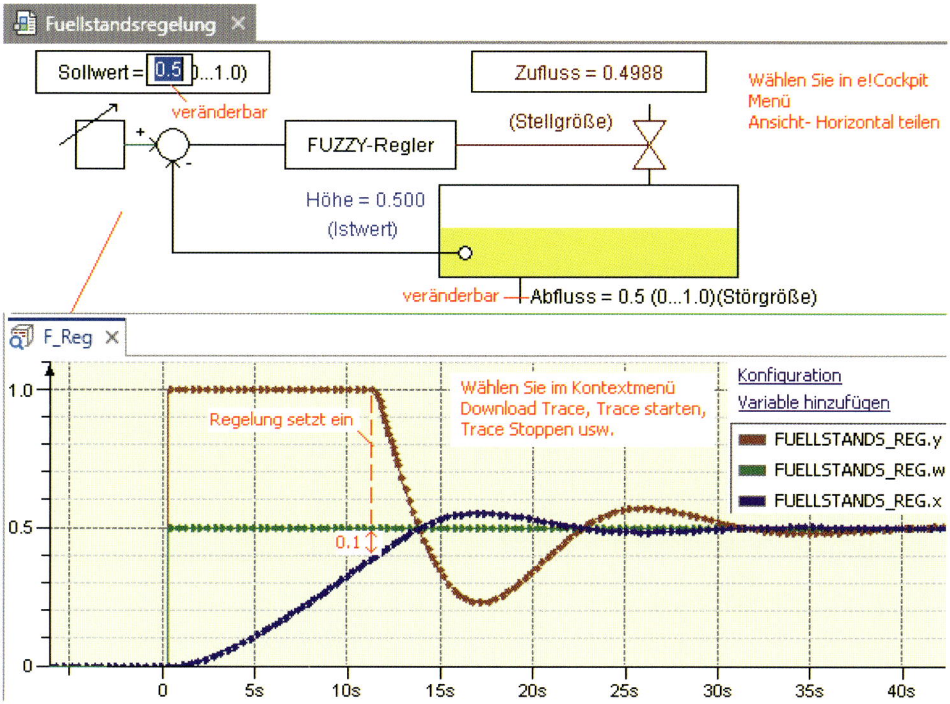

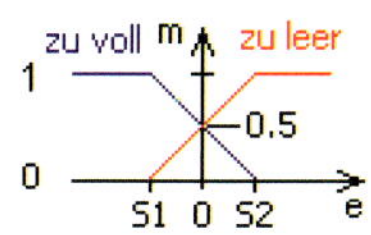

- **Verändern Sie** den Bereich, in dem die Regelung einsetzt, durch Änderung der Stützpunkte in den FCs zur Fuzzifizierung und beobachten Sie deren Auswirkungen auf die Regelgüte.
  Die Abflussmenge beträgt 0.5.

- **Verändern Sie** die Abflussmenge z. B. auf 0.25 und beobachten Sie deren Auswirkungen auf die Regelgüte.

- **Verändern Sie** die Überschneidung der linguistischen Terme von e durch Änderung der Stützpunkte in den FCs zur Fuzzifizierung so, dass der Schnittpunkt bei 0.25 und nicht bei 0.5 liegt. Beobachten Sie deren Auswirkungen.

Übung 12.1 **Fuzzy-Regler als Funktionsbaustein**

Wird der Fuzzy-Regler in einem Projekt oder auch in verschiedenen Projekten öfter benötigt, so ist es sinnvoll, einen Funktionsbaustein (FB) als Fuzzy-Regler zu programmieren und dessen Instanzen zu benutzen.

Überarbeiten Sie die Aufgabe 12.3, programmieren Sie einen FB und rufen Sie dessen Instanz zum Testen im PROGRAM FUELLSTANDS_REG auf.

Übung 12.2 Ändern Sie Ihr Projekt aus Aufgabe 12.3 so ab, dass die Stellgröße die Abflussmenge ist.

Aufgabe 12.4 Mehrfachgrößen-Fuzzy-Regler, hier Störgrößenaufschaltung

Um auch die Abflussmenge "z" (Störgröße) dem Fuzzy-Regler mitzuteilen, wird die Regelbasis erweitert und diese im Programm eingefügt.

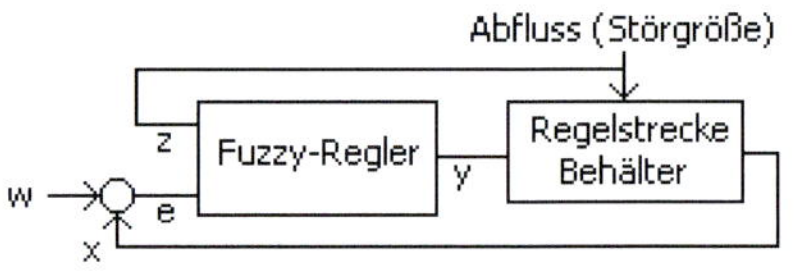

Störgrößen-aufschaltung

Erweitern Sie Ihr Projekt aus Aufgabe 12.3 oder verwenden Sie als Vorlage die Lösung der Aufgabe 12.3 auf **InfoClick**.

Vorüberlegungen:

1. **Regelbasis** formulieren

		z	
		klein	groß
e	zu voll	zu	mittel
	zu leer	mittel	auf

R1: Wenn „zu voll" UND „z klein", dann „y zu"
R2: Wenn „zu voll" UND „z groß", dann „y mittel"
R3: Wenn „zu leer" UND „z klein", dann „y mittel"
R4: Wenn „zu leer" UND „z groß", dann „y auf"

2. **Zugehörigkeitsfunktionen** mit ihren Stützpunkten festlegen

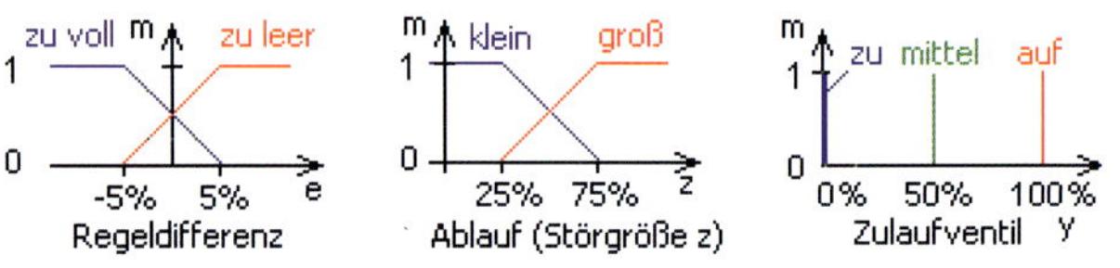

Um die Werte der Zugehörigkeitsgrade „m" von „e" bzw. „m" von „z" zu ermitteln, benutzen Sie im Programm die Funktionen „FUZ_Rsteig" und „FUZ_Fall" aus der Aufgabe 12.1 oder aus der Fuzzy-Bibliothek.

MIN()

3. **Erfüllungsgrade** G ermitteln

Wie Sie aus den Regeln erkennen können, sind die Fuzzy-Eingangsgrößen mit den Variablen "zu voll" bzw. "zu leer" und "klein" bzw. "groß" UND-verknüpft.
Diese Verknüpfung können Sie mit der MIN()-Standardfunktion im Programm realisieren. Die Funktion gibt von den beiden Parametern den Wert des kleineren zurück.

Um die Erfüllungsgrade G zu ermitteln, werden die Mengen UND-verknüpft (MIN-Funktion).

Annahme:
e = 0,025, z = 0,5

Aus R1: g1 = MIN(zu voll, z_klein)	g1 = MIN(0,25, 0,5) = 0,25
Aus R2: g2 = MIN(zu voll, z_groß)	g2 = MIN(**?** , **?**) = **?**
Aus R3: g3 = MIN(zu leer, z_klein)	g3 = MIN(**?** , **?**) = **?**
Aus R4: g4 = MIN(zu leer, z_groß)	g4 = MIN(**?** , **?**) = **?**

4. **Defuzzifizierung: Erstellen Sie** eine Funktion zur Defuzzifizierung von **vier** Erfüllungsgraden. Sie können die Funktion DEFUZ_2 erweitern.

Höhenmethode: $$y = \frac{G1 * y_{zu} + G2 * y_{mittel} + G3 * y_{mittel} + G4 * y_{auf}}{G1 + G2 + G3 + G4}$$

TRACE

Schreiben Sie das Programm und **testen Sie** die Funktion.

Sie können die beiden Objekte TRACE und die Visu über Ansicht Horizontal verwenden. Markieren Sie das Tace-Objekt, hier F_Reg, in der Vorlage und wählen Sie Tace übertragen. Geben Sie in der Visu den Sollwert, z.B. 0.5, ein und etwas später ändern Sie die Abflussmenge z.B. auf 0.25.

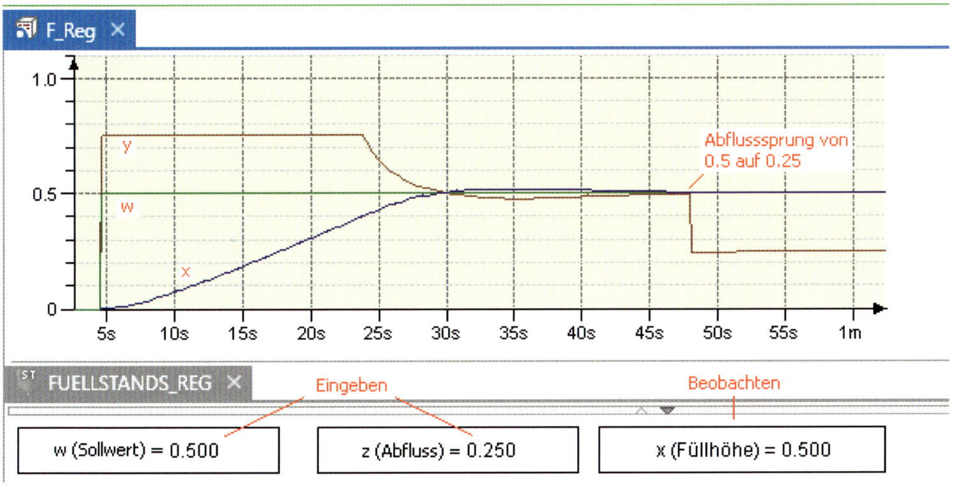

- Verändern Sie den Sollwert z.B. von 0 auf 0.5 und dann die Abflussmenge z.B. von 0.5 auf 0.25 und beobachten Sie die Auswirkungen auf die Regelgüte. Vergleichen Sie die Ergebnisse jeweils mit der Aufgabe 12.3.

- Verändern Sie die Abflussmenge von 0.25 auf 0.75 und beobachten Sie die Auswirkungen auf die Regelgüte.

- Verändern Sie die Abflussmenge von 0.75 auf 0.6 und beobachten Sie die Auswirkungen auf die Regelgüte.

Stichpunkte Fuzzifizierung, linguistischer Term, Zugehörigkeitsfunktion, Inferenz und Defuzzifizierung, Regelbasis, Erfüllungsgrad, Höhenmethode, Fuzzy-Control, Visualisierung, Störgrößenaufschaltung

12. Selbsttest – Fuzzy-Füllstandsregelung

Wählen Sie die richtigen Ergänzungen bzw. Aussagen aus.

---

1. Was heißt Fuzzifizierung?

   - ☐ Aus einem scharfen Eingangswert werden Zugehörigkeitsgrade ermittelt.
   - ☐ Aus Zugehörigkeitsgrade werden scharfe Ausgangswerte ermittelt.
   - ☐ Aus den Regeln werden die Zugehörigkeitsgrade ermittelt.
   - ☐ Eine Regeldifferenz bilden.

---

2. Mit der Zugehörigkeitsfunktion FUZ_Trapez kann auch die Dreiecksfunktion nachgebildet werden, wenn

   - ☐ der Wert, der dem Parameter S1 übergeben wird, gleich dem vom S2 ist.
   - ☐ der Wert, der dem Parameter S2 übergeben wird, gleich dem vom S3 ist.
   - ☐ der Wert, der dem Parameter S1 übergeben wird, gleich dem vom S3 ist.
   - ☐ der Wert, der dem Parameter S3 übergeben wird, gleich dem vom S4 ist.

---

3. Je kleiner der Bereich ist, in dem die Regelung einsetzt, desto

   - ☐ langsamer wird der Istwert dem Sollwert nachgeführt.
   - ☐ schneller wird der Istwert dem Sollwert nachgeführt.
   - ☐ langsamer wird der Sollwert dem Istwert nachgeführt.
   - ☐ schneller wird der Sollwert dem Istwert nachgeführt.

---

4. Der Bereich, in dem die Regelung einsetzen soll, wird durch die Stützpunkte der Zugehörigkeitsfunktionen für die Regeldifferenz festgelegt.

   - ☐ Kleine Werte der Stützpunkte machen den Regelkreis schnell, aber er neigt zur Instabilität.
   - ☐ Kleine Werte der Stützpunkte machen den Regelkreis langsam, Schwingungen der Regelgröße klingen schnell ab.
   - ☐ Große Werte der Stützpunkte machen den Regelkreis schnell, aber er neigt zur Instabilität.
   - ☐ Große Werte der Stützpunkte machen den Regelkreis schnell, aber er neigt zur Instabilität.

Einen Selbsttest zu diesem Kapitel finden Sie auf **InfoClick** sowie aktuelle Hinweise zum Umgang mit CoDeSys V2.3, e!COCKPIT und CODESYS V3.

13 Ethernetbasierende Automatisation, Übersicht

Lernziele: – Begriffe zur ethernetbasierenden Kommunikation kennen lernen

Übersicht: Die Kommunikation, das heißt der Datenaustausch zwischen den Automatisierungsgeräten, basiert immer mehr auf Ethernet-Netzwerken. Mit Hilfe spezieller Protokolle sowie Netzwerkkomponenten ist eine echtzeitfähige Kommunikation möglich.
Die ethernetbasierende Automatisierung wird nicht nur in der Industrie, sondern auch mehr und mehr in der Gebäudeautomatisierung eingesetzt. Ethernet TCP/IP bietet, mit hohen Übertragungsraten, ausreichend Leistungsreserven, um zusätzlich noch Bild- und Sprachdaten zu übertragen. Die Integration von Multimediafunktionen wie "Voice over IP" und die Kommunikationszugänge für Geräte, wie Mobiltelefone, PDAs, Web-Kameras usw., sind Gründe für den durchgängigen Einsatz von Ethernet. In der Gebäudeautomatisierung können preiswerte Standardkomponenten, wie Switche, Kabel, Stecker usw., verwendet werden.

Controller oder Koppler

Der Ethernet-TCP/IP-**Controller** oder -**Koppler** verbindet das I/O-SYSTEM mit dem Kommunikations-Netzwerk. Das I/O-SYSTEM besteht aus digitalen und analogen Ein- und Ausgängen sowie Sonderfunktionen. Sämtliche Eingangssignale der Sensoren werden in dem Koppler zusammengeführt und über das Netzwerk dem übergeordneten programmierbaren Controller (Steuerung) zugeleitet. Die daraus erzeugten Daten werden vom Controller über das Netzwerk und den Koppler an die Aktoren ausgegeben.

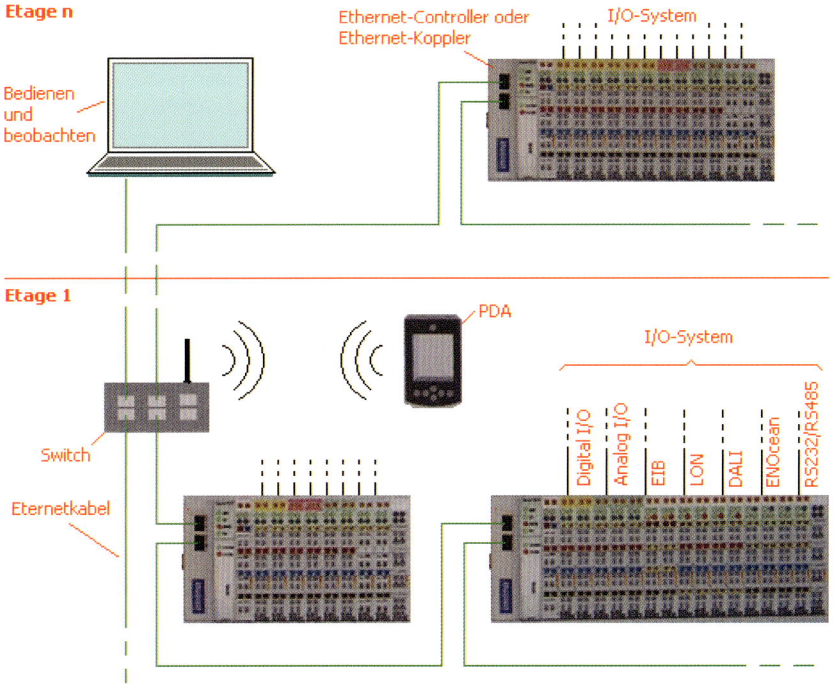

Über Gateways können klassische Netzwerke in der Industrie, z. B. der Profibus, als Subnetz am Ethernet angekoppelt werden.
Über KNX/EIB-, Bacnet- bzw. LON-Busklemmen können klassische Bussysteme der Gebäudeautomatisation ebenfalls am Ethernet angekoppelt werden.

Datenübertragung und Leitungen

Beim Ethernet sind drei Standards verbreitet: 10, 100 und 1000 BASE-T/F.
Beispiel: 100 BASE-T/F (Fast Ethernet)

Twisted Pair

RJ45

- Übertragungsrate bis 100 Mbit/s.
- Übertragungsmedien bei kleinen Entfernungen.
  - Elektrische Leitungen **Twisted Pair** (paarweise verdrillt) mit **RJ45**-Stecker bis max. 100 m.
- Übertragungsmedien bei großen Entfernungen oder starken elektromagnetischen Störeinflüssen:
  - Optische Leitungen mit Multimode-Lichtwellenleiter bis max. 3 km.
  - Optische Leitungen mit Monomode-Lichtwellenleiter bis max. 26 km zwischen Endgerät und Netzkomponente.
- Funknetz, z. B. Wireless LAN, ca. 30 m Reichweite.

Wie werden die Teilnehmer miteinander verbunden? – Topologie

Topologie

Switch

Die Teilnehmer werden an einem Switch angeschlossen, dadurch entsteht automatisch eine sternförmige Netztopologie. Werden mehrere sternförmige Strukturen miteinander verbunden, so entsteht eine baumförmige Netztopologie, wie das nachfolgende Bild zeigt.
Ein **Switch** regeneriert und verteilt empfangene Signale anhand der MAC-Adressen. Besitzen die Teilnehmer integrierte Switches mit zwei Anschlüssen, so kann eine linienförmige Netztopologie aufgebaut werden. Der Aufwand für die Verkabelung ist bei der Linientopologie am geringsten. Fällt jedoch ein integrierter Switch aus, so wird das Netz in zwei Teilsegmente getrennt.

Beispiel einer strukturierten Gebäudeverkabelung

Strukturierte Verkabelung

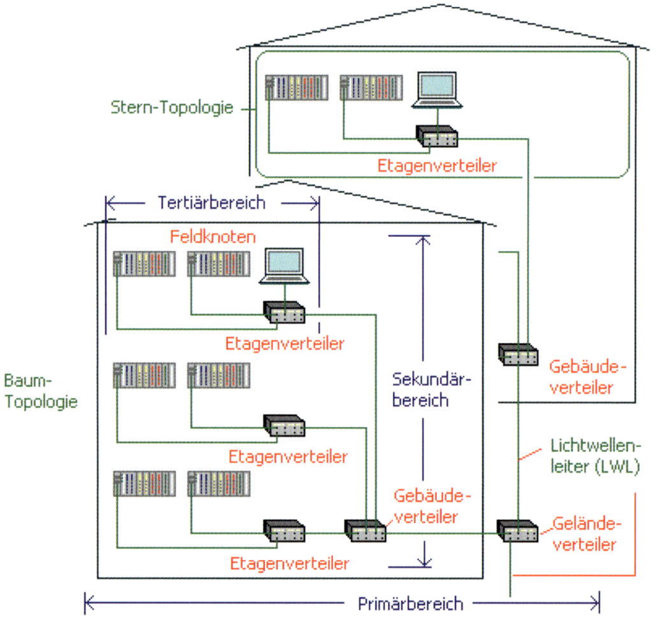

Tertiärverkabelung:
Zum Beispiel die Vernetzung einer Etage. Das Datenaufkommen ist in diesem Bereich am geringsten.

Sekundärverkabelung:
Sie ist beispielsweise die Verbindung der einzelnen Etagen eines Gebäudes miteinander. Im Vergleich zur Primärverkabelung ist das Datenaufkommen hier deutlich geringer.

Primärverkabelung:
Auf dieser Ebene werden dann die verschiedenen Gebäude miteinander verbunden.

Zur Verarbeitung der hohen Datenmengen müssen im Primärbereich Technologien mit hoher Bandbreite, z. B. durch "Switched ETHERNET", eingesetzt werden.

Adressen

IP-Adresse

Damit ein Gerät als Teilnehmer im Netz angesprochen werden kann, benötigt es eine Adresse. Da die Kommunikation auf dem TCP/IP-Protokoll basiert, ist eine eindeutige **IP-Adresse** notwendig. Sie besteht zurzeit aus 4 Dezimalzahlen mit dem Wertebereich 0...255, z. B. 192.168.0.100. Sie wird aber aufgrund zu vieler Teilnehmer auf 6 Dezimalzahlen erweitert. In der IP-Adresse ist die Adresse des Netzes und des Teilnehmers enthalten. Wie Sie die IP-Adresse des Controllers (SPS) und die des Kopplers (dezentrale Peripherie) den Geräten zuweisen können, ist im Anhang beschrieben.

MAC-Adresse

Jedem Gerät wird bereits im Werk eine eindeutige Geräte-Identifikation zugewiesen, die **MAC-Adresse** (Medium Access Control Identity). Sie setzt sich aus 3 Byte Herstellerkennung und 3 Byte Gerätekennung zusammen und wird hexadezimal dargestellt, z. B. 00:30:DE:04:72:F2. MAC-Adresse und IP-Adresse arbeiten mit Hilfe des ARP (Address Resolution Protocol) zusammen. Im Speicher des Netzteilnehmers werden die Verknüpfungen zwischen MAC- und IP-Adresse in einer Tabelle abgelegt.

Netzwerkzugriffsverfahren

Netzwerkzugriff CSMA/CD

Der Zugriff der Feldbusknoten (Controller oder Koppler) auf das Netzwerk geschieht beim Ethernet-Standard über das Konkurrenzverfahren CSMA/CD (Carrier Sense Multiple Access/Collision Detection).

- Carrier Sense: Der Sender horcht, ob das Netzwerk frei ist.
- Multiple Access: Mehrere Sender können auf das Netzwerk zugreifen.
- Collision Detection: Eine "Kollision" wird erkannt.

Dabei kann jede Station eine Nachricht senden, nachdem sie sich davon überzeugt hat, dass das Übertragungsmedium frei ist. Treten Kollisionen von Datenpaketen durch zeitgleiches Senden mehrerer Stationen auf, sorgt CSMA/CD dafür, dass solche erkannt und die Datenübertragung wiederholt wird. Für eine sichere Datenübertragung unter Industriebedingungen reicht das jedoch nicht aus. Damit die Kommunikation und Datenübertragung über Ethernet zuverlässig erfolgen kann, werden verschiedene Kommunikationsprotokolle benötigt.

Protokoll

Protokolle legen fest, wie die Daten transportiert werden. Die beiden grundlegenden Protokolle für das Ethernet sind das Transmission Control Protocol und das Internet Protocol, kurz TCP/IP. Für die Steuerung der Daten der I/O-Baugruppen wird das MODBUS TCP(UDP)-, Ethernet/IP-, Profinet-, EtherCAT-Protokoll usw. benutzt.

Port

Port

Als Port wird eine Schnittstelle bezeichnet, an dem ein weiteres Gerät angeschlossen werden kann. Als Port wird aber auch ein Teil einer Adresse bezeichnet, der Datensegmente einem Netzwerkprotokoll zuordnet. Die Protokolle TCP und UDP verwenden dieses Konzept. Die Portnummer ist 16 Bit groß, sie kann also Werte von 0 bis 65535 annehmen. Bestimmte Applikationen verwenden Portnummern, ihr Wert liegt üblicherweise zwischen 0 und 1023. Um auf Webseiten eines Webservers zuzugreifen, werden der Dienst HTTP und die Portnummer 80 bzw. 8080 verwendet. Für die Kommunikation über Modbus-UDP wird beispielsweise die Portnummer 502 verwendet.

Stichpunkte Ethernet-TCP/IP-Controller oder -Koppler, Twisted Pair, RJ45, Topologie, Switch, Strukturierte Verkabelung, IP-Adresse, MAC-Adresse, CSMA/CD, Protokoll, Port

Fragen: 1. Warum wird das Ethernet in der Gebäudeautomatisierung verwendet?

....

....

....

....

....

2. Was ist ein Ethernet-TCP/IP-Koppler?

....

....

....

....

3. Welche Datenübertragungsrate und Übertragungsmedien benutzt das Ethernet 100 BASE-T/F?

....

....

....

....

....

4. Welche Aufgabe hat ein Switch? Welche Netztopologien entstehen?

....

....

....

....

5. Weshalb ist eine IP-Adresse nötig?

....

6. Was ist eine MAC-Adresse?

....

14 Kommunikation Controller–Feldbuskoppler, Modbus

Lernziele: – Kommunikation Controller–Feldbuskoppler (dezentrale Peripherie) über MODBUS/TCP(UDP) analysieren, erweitern oder konfigurieren

Modbus

Modbus ist ein herstellerunabhängiger, offener Feldbusstandard für Anwendungen in der Fertigungs-, Prozess- und Gebäudeautomation.
Das Modbus-Protokoll wird benutzt, um Daten zwischen unterschiedlichen Geräten auszutauschen. Das MODBUS/TCP(UDP)-Protokoll ist eine Variante des Modbus-Protokolls, das für die Kommunikation über TCP/IP-Verbindungen optimiert wurde. Es hat sich neben Profinet IO, Ethernet/IP, EtherCAT und Powerlink als Standard für die industrielle Kommunikation über Ethernet etabliert.

Master-Slave

Anders als beim Standard-Ethernet wird beim MODBUS/TCP der Zugriff der Teilnehmer auf das Netz nicht per CSMA/CD-Verfahren, sondern nach dem **Master/Slave-Prinzip** (Client/Server) gesteuert. Der Master ist eine übergeordnete Steuerung, ein PC oder eine SPS, z. B. der programmierbare Feldbus-Controller 750-881 oder 750-8100. Der Master fordert die Kommunikation an; der Slave, z. B. der Feldbuskoppler 750-342, eine Schnittstelle, die I/O-Daten sammelt, antwortet dem Master.
Über die Modbus-Funktionen 1 bis 23 können gewünschte binäre oder analoge Ein- und Ausgangsdaten des Slaves gesetzt, ausgelesen oder gesetzt und ausgelesen werden.
Alle Datenpakete werden über eine TCP- bzw. UDP-Verbindung mit der Portnummer 502 gesendet.

Aufgabe 14.1 Gebäudeautomatisation

Zur Automatisierung des Gebäudes befindet sich in der 1. Etage ein programmierbarer Controller (PFC), in allen weiteren Etagen sind jeweils ETHERNET-TCP/IP Feldbuskoppler (FBC) installiert. Die Kommunikation zwischen Controller und Koppler erfolgt über das Ethernet.
Der PFC (Master) greift auf die DIs/DOs des FBC (Slave) zu. Programmieren und konfigurieren Sie den Master so, dass eine Wechselschaltung für das Büro 1 zur Verfügung steht.

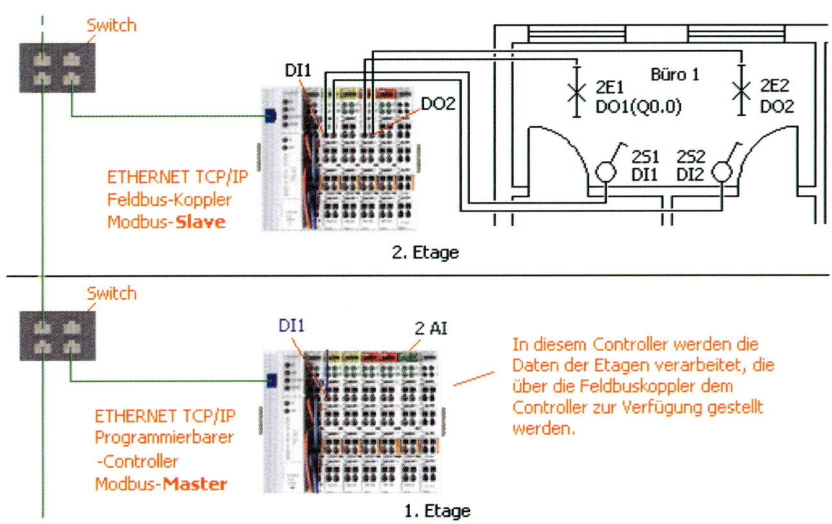

Vollziehen Sie das Beispiel nach.

In CoDeSys V2.3 Vorgehensweise zur Aufgabe 14.1

Im Folgenden wird die Kommunikation mit Hilfe des FBs "ETHERNET_MODBUSMASTER_UDP" beschrieben. Sie können auch eine Modbuskonfiguration mit dem Konfigurator durchführen. Die Vorgehensweise in e!COCKPIT finden Sie einige Seiten weiter hinten.

1. **Konfigurieren Sie** den Controller mit den I/Os, z.B. 2x4DI, 2x4DO und 1x2AI (Standardkonfiguration des Lehrgerätes).
   Da der Modbus-Master den Speicher des Feldbuskopplers liest bzw. beschreibt, muss der Koppler nicht konfiguriert werden. Die Ein- und Ausgänge der Feldbuskoppler werden nicht über IEC-Adressen, sondern über die Modbus-Adressen angesprochen.
2. **Fügen Sie** die Bibliothek "ModbusEthernet_04.lib" über die Bibliotheksverwaltung in Ihr Projekt ein, in dieser finden Sie den Kommunikations-FB. Die Bibliothek können Sie auch von InfoClick herunterladen.

   Bausteinbeschreibung:

   Mit dem Baustein "ETHERNET_MODBUSMASTER_UDP" wird ein Ethernet-Controller zum Modbus-Master. Der Baustein verwendet das Protokoll UDP (User-Datagramm-Protokoll) und ermöglicht dadurch einen schnelleren Datenaustausch als die TCP-Variante.
   Die Anzahl der Slaves ist nur durch das Modbus-Protokoll begrenzt.

WAGO-I/O-*PRO* 32 Elemente der Bibliothek			
Kategorie:	Kommunikationsbausteine		
Name:	ETHERNET_MODBUSMASTER_UDP		
Typ:	Funktion	Funktionsblock X	Programm
Name der Bibliothek:	ModbusEthernet_04.lib		
Verwendete Bibliotheken	Ethernet.lib		
Anwendbar für:	**Feldbus-Controller 750-842 ab FW: 02.02.00(04)** **Feldbus-Controller 750-841**		

Eingangsparameter:	**Datentyp:**	**Kommentar:**
strIP_ADDRESS	STRING	IP-Adresse des ModbusSlaves.
wPORT	WORD	Port-Nr. des ModbusSlaves. (Default 502)
bUNIT_ID	BYTE	Füllt das Feld "UnitId" im Modbus-Protokollkopf. Verwendung: -Referenziert die Slave-ID in einem seriellen Modbus-Subnetz. - Bufferindex des Modbusslave auf dem PC in Verbindung mit ActiveMBTSlaveCtl.
bFUNCTION_CODE	BYTE	Folgende Modbus-Funktioncodes werden unterstützt: FC1: (0x01) – read coils FC2: (0x02) – read input discrets FC3: (0x03) – read multiple registers FC4: (0x04) – read input registers FC5: (0x05) – write coil FC6: (0x06) – write single register FC7: (0x07) – read exception status FC11: (0x0B) – get comm eventcounter FC15: (0x0F) – force multiple coils FC16 (0x10) – write multiple registers FC23 (0x17) – read write multiple registers
wREAD_ADDRESS	WORD	Modbusadresse im Slave, von der gelesen werden soll.
wREAD_QUANTITY	WORD	Anzahl zu lesender Bits bzw. Wörter.
ptREAD_DATA	POINTER TO BYTE	Zeiger auf lokalen Datenbereich, in dem die gelesenen Daten abgelegt werden.
wWRITE_ADDRESS	WORD	Modbusadresse im Slave, an die geschrieben werden soll.
wWRITE_QUANTITY	WORD	Anzahl zu schreibender Bits bzw. Wörter.
ptSEND_DATA	POINTER TO BYTE	Zeiger auf lokalen Datenbereich, in dem die zu schreibenden Daten abgelegt sind.

xSTART	BOOL	Auslösen eines Modbustelegramms
xRESET	BOOL	Rücksetzen der internen Daten
tTIME_OUT	TIME	Maximale Wartezeit auf das Antwort-telegramm des Modbus-Slaves

Rückgabewert:	Datentyp:	Kommentar:
xREADY	BOOL	Datentransfer ist abgeschlossen oder die in tTIME_OUT parametrierte Wartezeit ist abgelaufen.
wERROR	WORD	0x0000 – Successful 0x0001 – Illegal functioncode 0x0002 – Illegal data address 0x0003 – Illegal data value 0x0004 – Slave device failure 0x0005 – Acknoledge 0x0006 – Slave device busy 0x0007 – Negative acknowledge 0x0008 – Memory parity error 0x000A – Gateway path unaviable 0x000B – Gateway target norespond 0x0095 – Error Socket-Close 0x0096 – no valid Socket from FW 0x0097 – Illegal number of points 0x0098 – Internal buffer overrun 0x0099 –TimeOut
bRESPONSE_UNIT_ID	BYTE	Inhalt des Feldes “UnitId” im Modbus-Protokollkopf des Antworttelegrammes

Mit Auszügen aus WAGO-Unterlagen.

3. **Importieren Sie** das Programm von **InfoClick** in Ihr Projekt. Passen Sie die IP-Adresse an die Ihres Feldbuskopplers an.

```
PROGRAM PLC_PRG
(*Funktion: Kommunikation Controller-Feldbuskoppler.
1.) Liest vom Slave 192.168.0.109 die Eingangswerte und schreibt
    diese in Receive_Data[]
2.) Schreibt von ADR(Transmit_Data) Werte in die Ausgänge von
192.168.0.109
Bibliotheken: ModbusEthernet_04.lib, Ethernet.lib, mod_com.lib*)
VAR
(*2. Etage: Slave über Modbus lesen und beschreiben*)
 KOMMU_E2: ETHERNET_MODBUSMASTER_UDP;(*Instanz für die Kommunikation*)
 Receive_Data: ARRAY [0..5] OF WORD;(*Empfangsdaten*)
 Transmit_Data: ARRAY [0..2] OF WORD;(*Sendedaten*)
 TON1: TON;
 (*Slave-Eingänge*)
 x2S1, x2S2: BOOL;
 DI_WORD_0: WORD;
 (*Slave-Ausgänge*)
 x2E1: BOOL;
 x2E2: BOOL;
 DO_WORD_0: WORD;
END_VAR

(*2. Etage: Slave über Modbus alle 0.1s lesen und beschreiben*)
TON1(IN:= KOMMU_E2.xREADY, PT:= T#0.1s);
```

```
KOMMU_E2(
 strIP_ADDRESS:='192.168.0.109',
 wPORT:= 502,
 bFUNCTION_CODE:= 23,
 wREAD_ADDRESS:= 16#0000,(*Modbus-Adr. der Slave-Eingänge*)
 wREAD_QUANTITY:= 6,
 ptREAD_DATA:= ADR(Receive_Data),
 wWRITE_ADDRESS:= 16#0200,(*Modbus-Adr. der Slave-Ausgänge*)
 wWRITE_QUANTITY:= 3,
 ptSEND_DATA:= ADR(Transmit_Data),
 xSTART:= TON1.Q,);
(*2. Etage: Büro 1, Beleuchtung*)
DI_WORD_0:= Receive_Data[0];(*Slave-Eingänge lesen *)
x2S1:= DI_WORD_0.0;(*Bit 0*)
x2S2:= DI_WORD_0.1;
(*Verarbeiten*)
x2E1:= x2S1 XOR x2S2;
x2E2:= x2E1;
(*Slave-Ausgänge (Transmit_Data) beschreiben*)
DO_WORD_0.0:= x2E1;(*in Bit 0 schreiben*)
DO_WORD_0.1:= x2E2;
Transmit_Data[0]:= DO_WORD_0;
```

Bits lesen/ beschreiben

ADR()

Die Adressfunktion `ADR()` liefert die Adresse der Empfangs- und Sendedaten in einem DWORD und übergibt sie dem FB-Parameter `ptREAD_DATA und ptSEND_DATA` als Zeiger (Pointer).

4. **Analysieren Sie** die Funktionsweise des Bausteins und des Programms. Aktivieren Sie dazu in CoDeSys die **Simulation**, loggen Sie ein und **testen Sie** die Funktion.

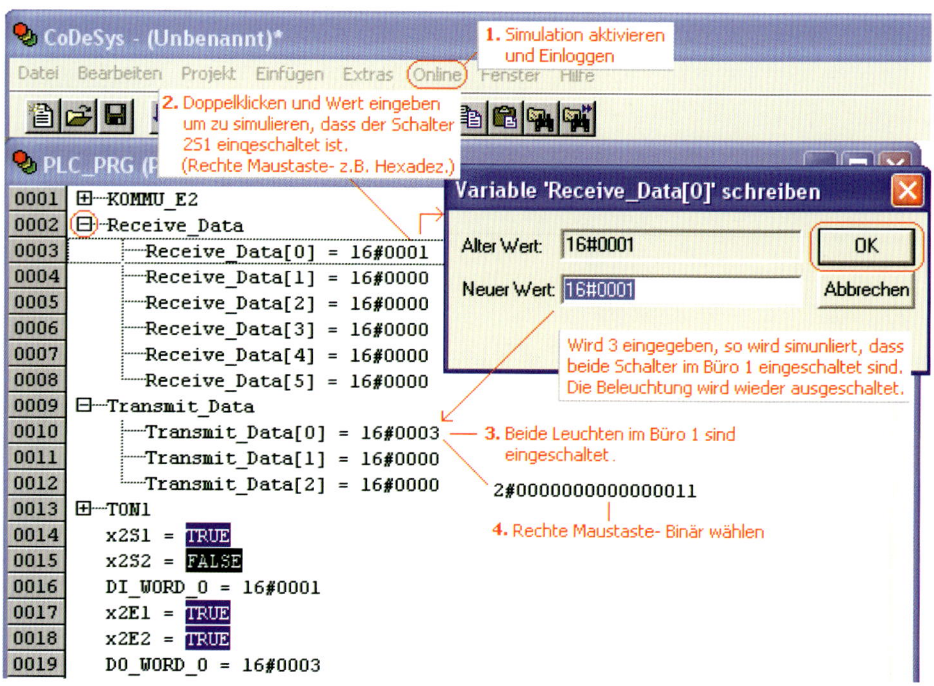

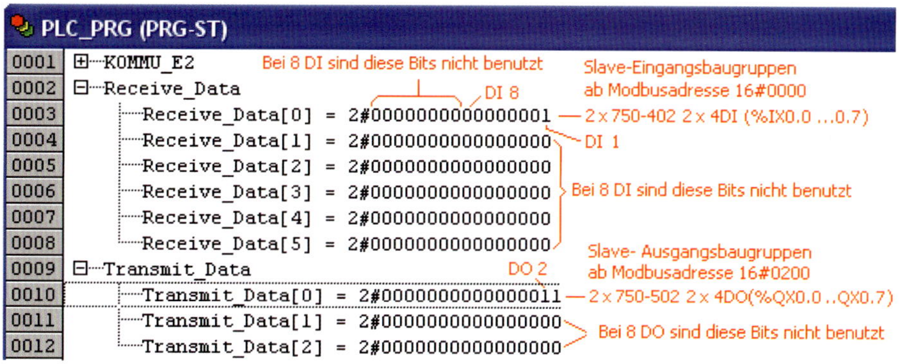

Wie das Bild zeigt, werden im obigen Programm 6 Register (6 x 16 Bits) gelesen. Es können also 6 x 16 DIs vom Feldbuskoppler gelesen werden. Der Koppler könnte mit entsprechend vielen DI-Baugruppen aufgerüstet werden, ohne das Programm zu ändern.
Es werden drei Registerwerte zum Koppler gesendet und die DOs beschrieben.

Analysieren Sie die Daten in den vorhergehenden Bildern und beantworten Sie die Fragen.

Welcher Schalter 2S1 oder 2S2 ist eingeschaltet? ....

Welche Leuchte ist eingeschaltet? ....

5. Falls Ihnen ein Controller und ein Feldbuskoppler zur Verfügung stehen, so nehmen Sie die Anlage in Betrieb. Achten Sie beim Einloggen auf die Kommunikationsparameter. Wie Sie die Parameter einstellen sowie die IP-Adressen zuweisen können, finden Sie im Anhang unter "Programm in den Controller laden, Kommunikation konfigurieren".
Passen Sie die IP-Adresse im Programm an die des Feldbuskopplers (Slave) an.

Registerzugriff

Mit dem obigen Baustein und der Modbus-Funktion 23 lesen bzw. beschreiben Sie den Speicher im Feldbuskoppler über die Modbus-Adressen.

Da am Koppler nur DI- und DO-Baugruppen vorhanden sind, wird der Wert von DI1 der ersten DI-Baugruppe, z. B. 750-402, aus dem niederwertigsten Bit des Registers mit der Modbus-Adresse 16#0000 gelesen. Der DO1 der ersten DO-Baugruppe, z. B. 750-502, wird über das niederwertigste Bit des Registers mit der Modbus-Adresse 16#0200 vom Master beschrieben.

Zuordnung der Adressen

MODBUS-Adresse		IEC-61131-
(dez)	(hex)	Adresse
0 ... 255	0000 ... 00FF	%IW0 ... %IW255
512 ... 767	0200 ... 02FF	%QW0 ... %QW255

Anmerkung:
Bei einer Steuerungskonfiguration mit z. B. einer zusätzlichen zweikanaligen Analog-Eingangsbaugruppe verschieben sich die Adressbereiche. Analogbaugruppen belegen die vorderen Adressplätze, wie Sie im nachfolgenden Bild erkennen können.

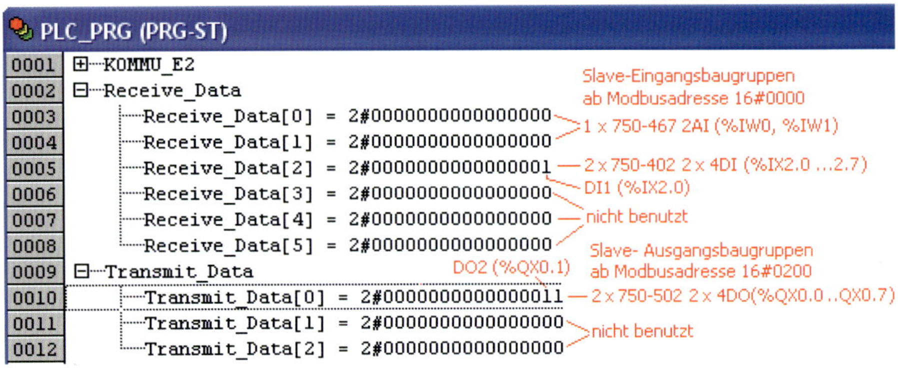

In e!COCKPIT , Aufgabe 14.1: Wechselschaltung in Etage 2; mit **Modbus**

Um die Modbus-Kommunikation einzurichten, wird in dieser Aufgabe a) die **Modbus-Konfiguration** benutzt. Sie können auch die Aufgabe mit einem **Kommunikationsbaustein** lösen, die Vorgehensweise finden Sie weiter unter b).

a) Vollziehen Sie das Beispiel mit dem Modbus-Konfigurator nach.

Vorgehensweise:

1. **Gerätekonfiguration**
   Fügen Sie ein neues Projekt ein und passen Sie die IP-Adresse der projektierten Steuerung über das Register -Einstellungen- an. Konfigurieren Sie die DI/DO-Baugruppen.
   Ziehen Sie aus dem Produktkatalog den Feldbuskoppler (FBC), z.B. den 750-342, ins Netzwerk-/Geräte-Fenster, geben Sie dem FBC den Namen Etage2 und passen Sie die IP-Adresse im Projekt an. Achten Sie darauf, dass die IP-Adressen im gleichen Netz liegen. Konfigurieren Sie die DI/DO-Baugruppen.
   Wie Sie die IP-Adresse des Controllers bzw. des Feldbuskopplers ändern können, finden Sie im Anhang unter „Programm in den Controller laden, Kommunikation konfigurieren".

2. **Modbus-Verbindung**
   Konfigurieren Sie die Verbindung, indem Sie die grauen Rechtecke der Steuerung (PFC) und des Feldbuskopplers (FBC) mit der Maus verbinden, wie das folgende Bild zeigt. Wählen Sie das Protokoll Modbus (UDP). Das Protokoll UDP (User-Datagramm-Protokoll) ermöglicht einen schnelleren Datenaustausch als die TCP-Variante.

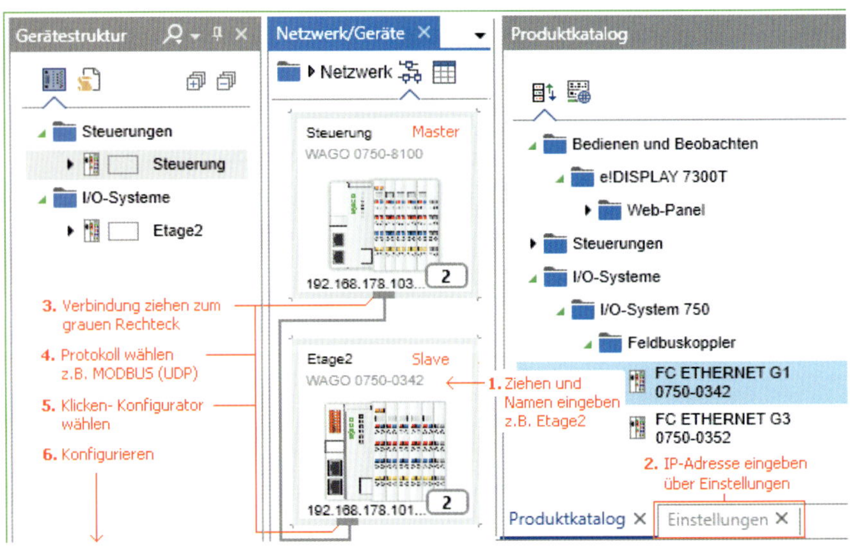

3. **Modbus-Variable**
   Markieren Sie das graue Rechteck, wie das vorhergehende Bild zeigt, und wählen Sie im Kontextmenü Konfiguration.
   Sie können im Modbus-Feldbuskonfigurator-Fenster die Baugruppen des FBC einsehen. Ziehen Sie Ihre Datenpunkte in den linken Teil des Fensters, wie das folgende Bild zeigt. Es werden zwei DIs für die Schalter und zwei DOs für die Leuchten benötigt.

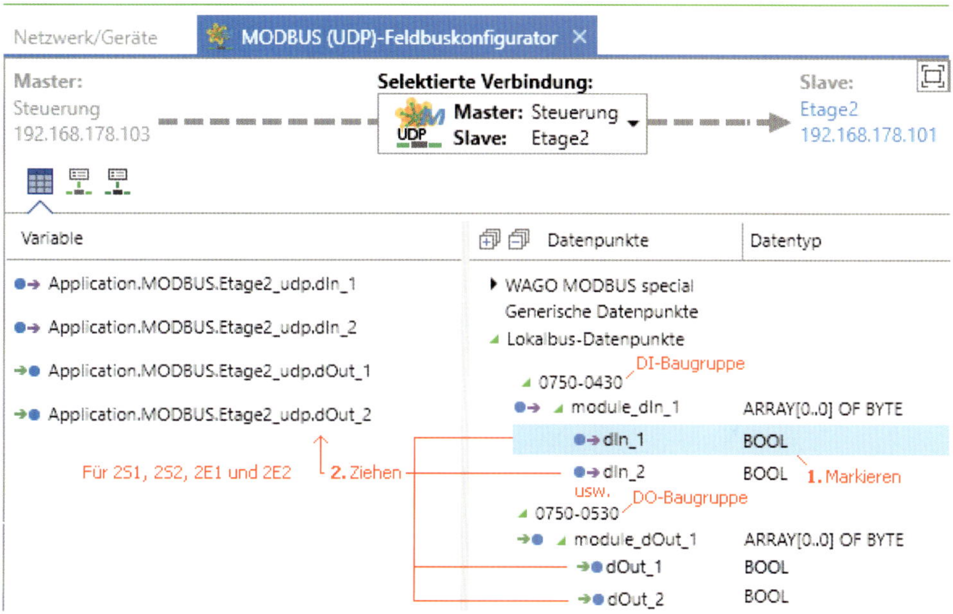

4. **Programm schreiben**
   Wechseln Sie in die Programmstruktur. Sie können erkennen, dass einige Objekte durch die Modbus-Konfiguration zur Applikation hinzugefügt wurden.
   Deklarieren Sie die Variablen im PLC_PRG, stellen Sie den Cursor in den Anweisungsteil und wählen Sie im Kontextmenü *Eingabehilfe- Variablen- Applikation- MODBUS- Etage2_udp* und geben Sie das Programm ein.

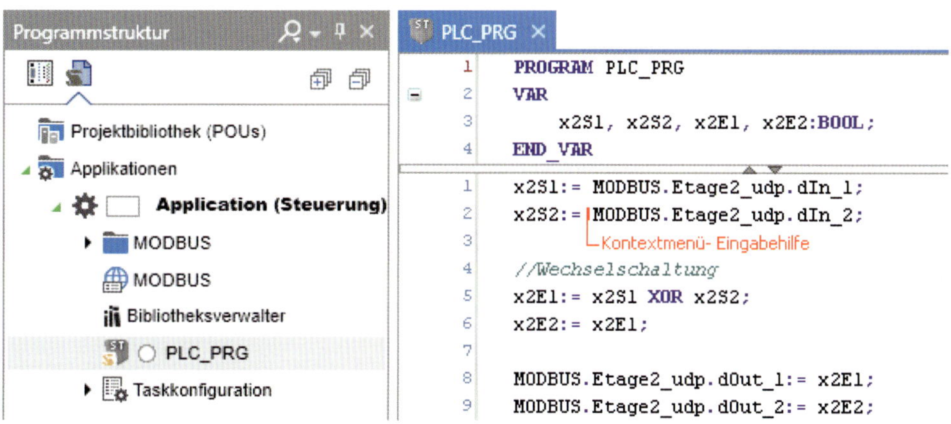

5. **Programm übersetzen und testen**

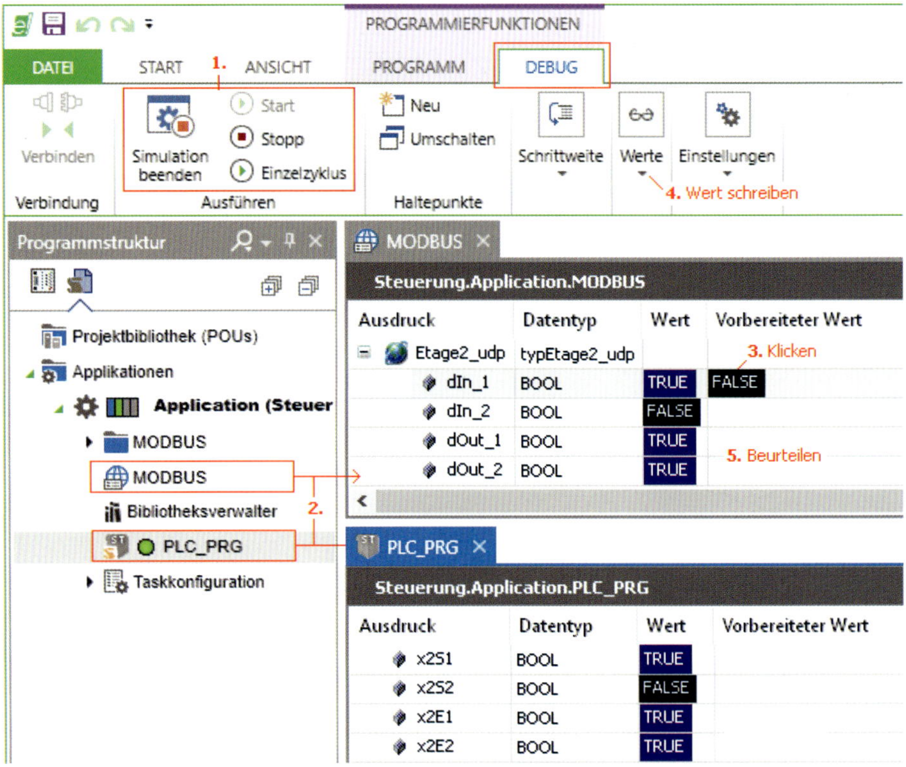

6. **Inbetriebnahme**
   Falls Ihnen die Geräte zur Verfügung stehen, so können Sie die Applikation in die Steuerung übertragen und die Funktion überprüfen.

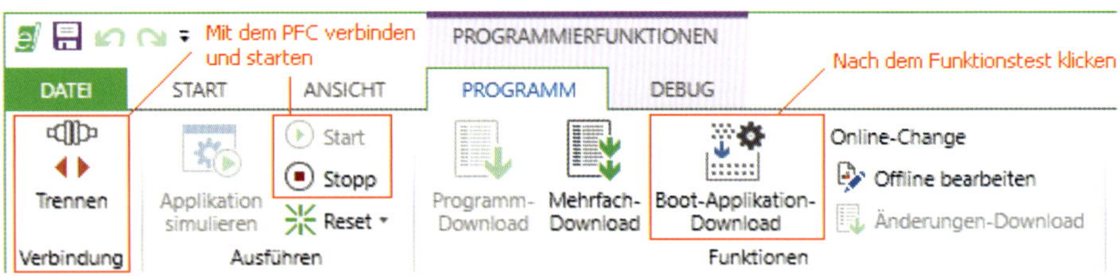

Wird der Schalter S2 in der Etage 2 (x2S2) oder S1 betätigt, so schalten die Leuchten E1 (x2E1) und E2 (x2E2) ein.

b) In e!COCKPIT, Aufgabe 14.1: Wechselschaltung in Etage 2 mit einem **Kommunikationsbaustein**

1. **Programm schreiben** oder von **InfoClick** herunterladen und analysieren. Passen Sie die **IP-Adressen** an Ihre Geräte an.
   Der Funktionsblock `FbMbMasterUdp` aus der Bibliothek WagoAppPlcModbus bietet Modbus Master-Funktionalität.
   Füllen Sie die Struktur `utQuery` mit Ihren Anfragedaten aus. Über den Funktionscode 23 (16#17) können die Register (WORDs) im Slave gelesen und beschrieben werden. Der Registerzugriff wurde gewählt, weil ein Zugriff auf 16 Coils (Bits) eine größere CPU-Last zur

Folge hat. Unter der Vorgehensweise zu CoDeSys V2.3 finden Sie die Funktionscodes in einer Tabelle aufgelistet. Wird der Parameter `uiReadAddress` mit 0 initialisiert, so wird ab WORD 0 gelesen. Die Anzahl der gewünschten Register (je 16 Bit) übergeben Sie den Parametern `uiReadQuantity` und `uiWriteQuantity`, max. 125 WORDs. Der Funktionsblock unterstützt drei Arten von Frame, die durch den Eingabeparameter `eFrameType` ausgewählt wurden. Der gewählte Frame-Typ wird mit einem UDP-Paket transportiert. Über den Parameter `xTrigger` wird der Dienst gestartet; beachten Sie die Set-Zuweisung S=. Wenn der Auftrag erledigt ist, wird die Variable bei `xTrigger` automatisch durch den Funktionsblock zurückgesetzt. Sie finden in der Struktur `utResponse` die Informationen, die vom Slave gegeben werden, in der Struktur `utQuery.awWriteData` die, die in den Slave geschrieben werden.

PLC_PRG

```
PROGRAM PLC_PRG
(**************************************************************************
Kommunikation Controller-Feldbuskoppler
1.) Liest vom Slave 192.168.178.101 die DI und schreibt
    diese in utResponse.awData[]
2.) Schreibt von utQuery.awWriteData[] die Werte in die DO vom Slave
**************************************************************************)
VAR
    KOMMU_E2: FbMbMasterUdp;
    utQuery: typMbQuery:= (bUnitId := 1, // Slaveaddress
             bFunctionCode    := 16#17,   // Register lesen/schreiben
             uiReadAddress    := 0,       // Startaddress
             uiReadQuantity   := 1,       // Quantität der Register
             uiWriteAddress   := 0,
             uiWriteQuantity := 1,
             awWriteData      := [124(0)]);
    xTxTrigger: BOOL;(*Job zu starten. Variable wird vom Master
                      zurückgesetzt, wenn der Job erledigt ist.*)
    utResponse: typMbResponse;
    tonDelay:TON := (PT := T#20MS); // Zeit zwischen zwei Anträgen
    xError:BOOL;
END_VAR
```

```
// Verzögerung zwischen zwei Anfragen
tonDelay( IN := (NOT tonDelay.Q) AND (NOT xTxTrigger));
xTxTrigger S= tonDelay.Q; // die nächste Anfrage auslösen
//2. Etage: Slave über Modbus lesen und beschreiben
KOMMU_E2(xConnect:= TRUE,
        sHost:= '192.168.178.101',
        wPort:= 502,
        eFrameType:= eMbFrameType.ETHERNET,
        tTimeOut:= T#30MS,
        utQuery:= utQuery,
        xTrigger:= xTxTrigger,
        utResponse:= utResponse,
        xIsOpen=> ,
        xError=> xError,
        oStatus=> );
//Etage 2: Slave-Eingänge lesen DI1, DI2 und Ausgänge DO1, DO2 beschreiben
utQuery.awWriteData[0].0:= utResponse.awData[0].0 XOR utResponse.awData[0].1;
utQuery.awWriteData[0].1:= utQuery.awWriteData[0].0;
```

2. Programm übersetzen und testen

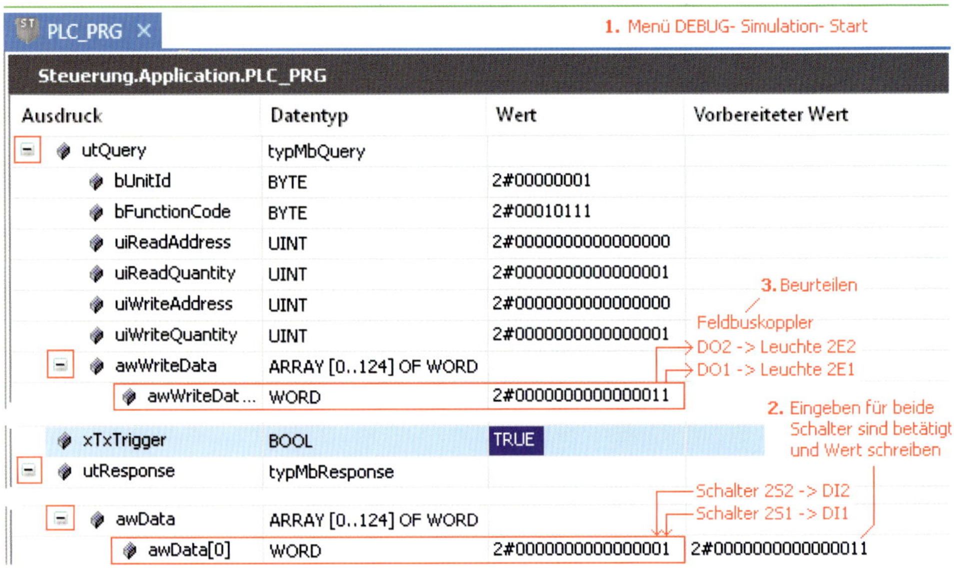

3. Inbetriebnahme

Falls Ihnen die Geräte zur Verfügung stehen, so können Sie die Applikation in die Steuerung übertragen und die Funktion überprüfen.

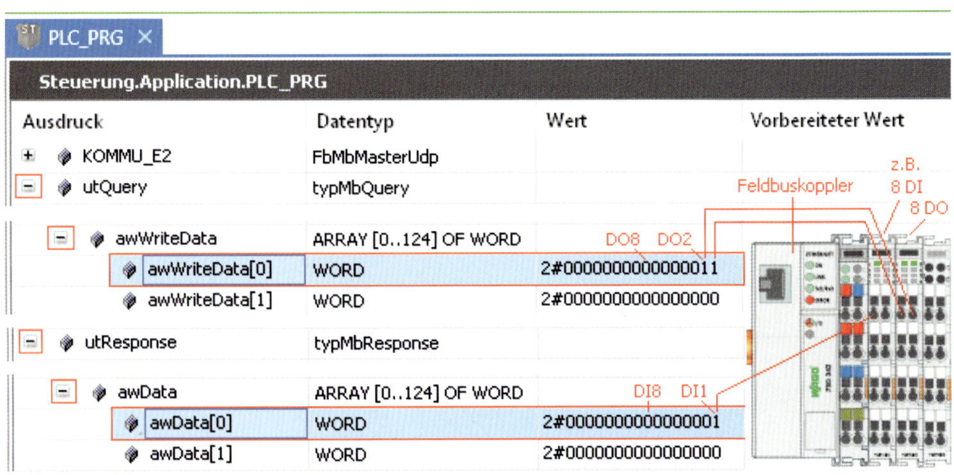

Anmerkung:
Bei der Lösung mit dem Kommunikationsbaustein müssen Sie nicht unbedingt den Feldbuskoppler in der Gerätestruktur konfigurieren.
Um die CPU-Last möglichst gering zu halten,

- sollte die Zykluszeit so groß wie möglich gewählt werden,
- sollten möglichst viele Datenpunkte in einer Query zusammengefasst werden,
- kann das minimale Query-Intervall erhöht werden.

Aufgabe 14.2 Gebäudeautomatisation mit Erweiterung

Die Anlage soll nachgerüstet werden.

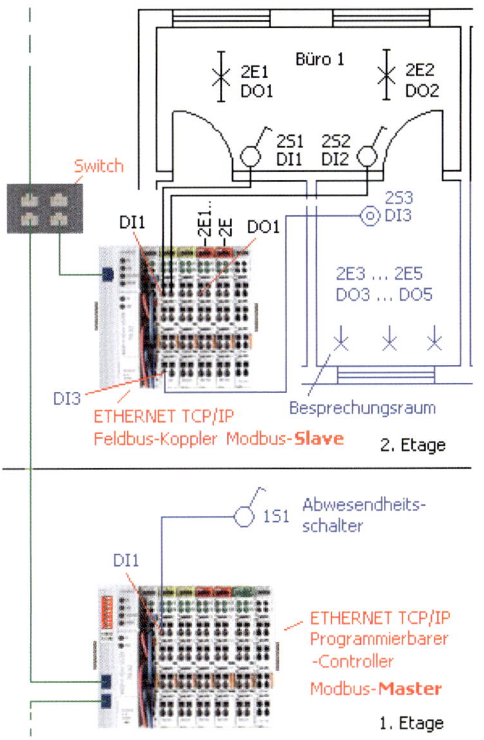

a) Mit einer Lichtszenen-Beleuchtungssteuerung im **Besprechungsraum**. Benutzen Sie aus Kapitel 10 Ihren Lichtszenenbaustein. Sie können auch den `FB_Lichtszenen` von **InfoClick** in Ihr Projekt importieren.
Um testen zu können, ist es sinnvoll, die zeitgesteuerte Ausschaltung im FB_Lichtszenen aus zu kommentieren oder tAUS zu verlängern.

b) Mit einem **zentralen Abwesenheitsschalter** "1S1" in der 1. Etage. Mit diesem kann die gesamte Beleuchtung ausgeschaltet, (die Heizungsleistung abgesenkt, alle Jalousien hochgefahren ...) werden.
Anmerkung: In dieser Aufgabe ist nur die Beleuchtung zu programmieren.

Erweitern Sie das Programm von der Aufgabe 14.1 und **testen Sie** es.

Nehmen Sie die Anlage in Betrieb, falls Ihnen ein Controller und ein Feldbuskoppler zur Verfügung steht.
Achten Sie beim Einloggen auf die Kommunikationsparameter. Wie Sie die Parameter einstellen können, finden Sie im Anhang unter Programm in den Controller laden, Kommunikation konfigurieren.

Stichpunkte Modbus, Master-Slave, Bits lesen/beschreiben, ADR(), Modbus-Konfigurator

14. Selbsttest – Kommunikation Controller–Feldbuskoppler, Modbus - CoDeSys V2.3

Wählen Sie die richtigen Ergänzungen bzw. Aussagen aus.

---

1. Die Instanz des Kommunikationsbausteins in der Aufgabe 14.1 hat den Bezeichner

   - ☐ ETHERNET_MODBUSMASTER_UDP.
   - ☐ KOMMU_E2.
   - ☐ Receive_Data.
   - ☐ Transmit_Data.

---

2. Wie viel digitale Eingänge (DIs) könnten vom Programm gelesen werden, ohne das Programm der Aufgabe 14.1 zu ändern?

   ☐ 8 ☐ 16 ☐ 32 ☐ 96

---

3. In der Feldvariablen `Receive_Data` im Programm der Aufgabe 14.1 finden Sie die Daten

   - ☐ der DIs des Feldbuskopplers (Modbus-Slave).
   - ☐ der DOs des Feldbuskopplers (Modbus-Slave).
   - ☐ der DIs des Controllers (Modbus-Master).
   - ☐ der DOs des Controllers (Modbus-Master).

---

4. Mit der Anweisung `DO_WORD_0.0:= x2E1;`

   - ☐ wird das WORD 0 mit dem Wert der Variablen `x2E1` beschrieben.
   - ☐ wird das Bit 0 vom WORD 0 mit dem Wert der Variablen `x2E1` beschrieben.
   - ☐ wird der Wert vom WORD 0 gelesen und in die Variable `x2E1` geschrieben.
   - ☐ wird der Wert vom Bit 0 des WORD 0 gelesen und in die Variable `x2E1` geschrieben.

---

14. Selbsttest – Kommunikation Controller–Feldbuskoppler, Modbus - e!COCKPIT

Wählen Sie die richtigen Ergänzungen bzw. Aussagen aus.

1. Die Instanz des Kommunikationsbausteins in der Aufgabe 14.1 hat den Bezeichner

    ☐ WagoAppPlcModbus.

    ☐ FbMbMasterUdp.

    ☐ KOMMU_E2.

    ☐ utResponse.

2. Wie viele digitale Eingänge (DIs) könnten vom Programm gelesen werden, ohne das Programm der Aufgabe 14.1 zu ändern?

    ☐ 8 ☐ 16 ☐ 32 ☐ 96

3. In der Feldvariablen `awData` der Aufgabe 14.1 finden Sie die Daten

    ☐ der DOs des Feldbuskopplers (Modbus-Slave).

    ☐ der DIs des Feldbuskopplers (Modbus-Slave).

    ☐ der DIs des Controllers (Modbus-Master).

    ☐ der DOs des Controllers (Modbus-Master).

4. Der Wert der Komponente `bFunctionCode` der anwenderdefinierten Variablen `utQuery` ist mit `16#17` initialisiert, es können dadurch

    ☐ Coils (Bits) nur gelesen werden.

    ☐ Coils (Bits) gelesen und beschrieben werden.

    ☐ Register (WORDs) nur gelesen werden.

    ☐ Register (WORDs) gelesen und beschrieben werden.

Einen Selbsttest zu diesem Kapitel finden Sie auf **InfoClick**.

15 Kommunikation Controller–Controller, Modbus

Lernziele: – Kommunikation Controller–Controller über MODBUS/TCP(UDP) analysieren, konfigurieren und erweitern

In CoDeSys V2.3 analysieren

Wenn Sie mit e!COCKPIT arbeiten, so bearbeiten Sie die Aufgabe 15.4.
Die Kommunikation zwischen den Controllern (SPSn) erfolgt über das Ethernet.
Im Folgenden wird die Kommunikation mit Hilfe des FBs "ETHERNET_MODBUSMASTER_UDP" beschrieben. Sie können auch eine Modbus-Konfiguration mit dem Konfigurator durchführen. Eine Beschreibung finden Sie im Handbuch unter http://www.wago.de.

Modbus-Funktionscode

Es können verschiedene Modbus-Funktionscodes verwendet werden (siehe Kapitel 14, Bausteinbeschreibung). Der Funktionscode 23 des FBs liest und schreibt eine Anzahl von Registerwerten (WORDs). Als Speicherplatz im Slave wird der **Merker**bereich MW0... beim 750-881 mit der Modbus-Startadresse 16#3000 verwendet.

Merker

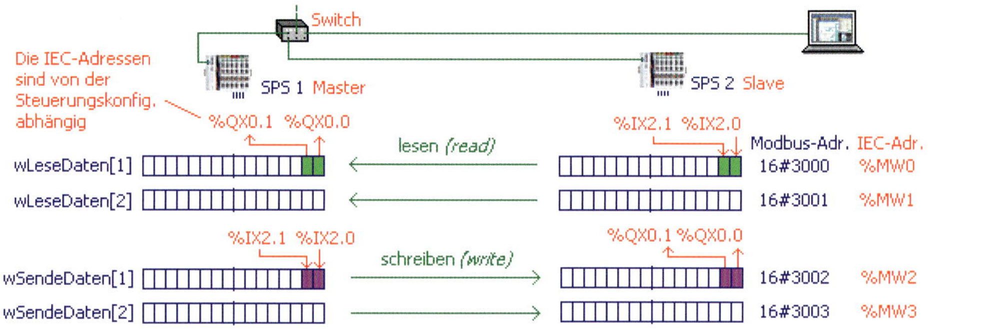

Aufgabe 15.1 **Lesen und schreiben: Analysieren Sie** die Funktion der Programme für den Controller 1 und 2 und nehmen Sie die beiden Steuerungen in Betrieb. Passen Sie wenn nötig die Konfiguration an Ihre Steuerungen an.
Beachten Sie: Analogbaugruppen verschieben den IEC-Adressbereich der Digitalbaugruppen nach hinten.
Vorgehensweise: Öffnen Sie zwei CoDeSys-Fenster, für Controller 1 und 2. Passen Sie die IP-Adressen an Ihre Controller an. Hinweise zur Adressvergabe finden Sie im Anhang: "Programm in den Controller laden, Kommunikation konfigurieren".

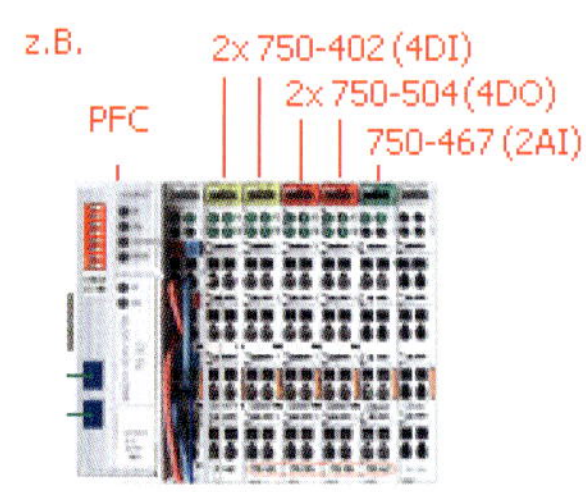

1. Konfigurieren Sie die Steuerungen, z. B. wie im Bild oben.
   Beachten Sie: Bei dieser Konfiguration mit der AI-Baugruppe belegt diese %IW0 und %IW1, der DI1 hat deshalb die IEC-Adresse %IX2.0.
2. Fügen Sie die Bibliotheken "ModbusEthernet_04.lib" über die Bibliotheksverwaltung ein. Sie finden diese Bibliothek auf **InfoClick**.
3. Importieren Sie von InfoClick die Programme für die beiden Steuerungen in Ihre Projekte. Passen Sie im Programm die IP-Adresse des Masters und des Slaves an Ihr Netz an.
4. Verbinden Sie die Controller mit Ihrem Netzwerk und nehmen Sie diese in Betrieb. Hinweise, wie Sie den Controllern eine IP-Adresse zuordnen können, finden Sie im Anhang unter "Programm in den Controller laden, Kommunikation konfigurieren". Achten Sie beim Einloggen auf die Kommunikationsparameter. Starten Sie die Steuerungen und analysieren Sie die Funktionsweise.

Controller 1, Master: Passen Sie die IP-Adressen an die der Controller an.

```
PROGRAM PLC_PRG
(*************************************************************
Funktion: Kommunikation Controller-Controller.
Controller 192.168.0.100 als Master
Controller 192.168.0.101 als Slave
1.) Liest vom Slave MW0, MW1 und schreibt diese in wLeseDaten[].
    MODBUS-Startadresse für MW0 ist beim 750-881, 16#3000
2.) Schreibt von wSendeDaten[] Werte in MW2, MW3 des Slaves
Bibliotheken: ModbusEthernet_04.lib
Firma: ......, Version: 1.0, Datum: ......., Autor: .......
*************************************************************)
VAR
 Master : ETHERNET_MODBUSMASTER_UDP;
 strIP_Adresse:STRING:= '192.168.0.101';(*Slave*)
 wLeseAdr:WORD:= 16#3000;(*Startadresse MW0*)
 wLeseAnzahl:WORD:= 2;(*Lesen MW0 bis MW1*)
 wSchreibAdr:WORD:= 16#3002;(*Startadresse MW2*)
 wSchreibAnzahl:WORD:= 2;(*Schreiben in MW2 und MW3*)
 wSendeDaten:ARRAY[1..2] OF WORD;
 wLeseDaten:ARRAY[1..2] OF WORD;
 T1:TON;(*Sende- Leseintervall*)
 Digitalwert1_zum_Slave AT %IX2.0: BOOL;
 Digitalwert2_zum_Slave AT %IX2.1: BOOL;
 Digitalwert1_vom_Slave AT %QX0.0: BOOL;
 Digitalwert2_vom_Slave AT %QX0.1: BOOL;
END_VAR

(*Merkerwords im Slave über Modbus/TCP lesen und beschreiben*)
(*Wert vom %MX0.0, %MX0.1 des Controllers 2 (Slave) lesen*)
Digitalwert1_vom_Slave:= wLeseDaten[1].0;
Digitalwert2_vom_Slave:= wLeseDaten[1].1;

T1(IN:= MASTER.xREADY, PT:= T#0.1s);
MASTER(
strIP_ADDRESS:= strIP_Adresse,(*Slave*)
wPORT:= 502,
bFUNCTION_CODE:= 23,(*WORDs empfangen und senden*)
wREAD_ADDRESS:= wLeseAdr,(*Modbus-Startadr. MW0 im Slave*)
wREAD_QUANTITY:= wLeseAnzahl,
ptREAD_DATA:= ADR(wLeseDaten[1]),
wWRITE_ADDRESS:= wSchreibAdr,
wWRITE_QUANTITY:= wSchreibAnzahl,
ptSEND_DATA:= ADR(wSendeDaten),
xSTART:=T1.Q);

(*ins %MX2.0, %MX2.1 des Controllers 2 (Slave) schreiben*)
wSendeDaten[1].0:= Digitalwert1_zum_Slave;
wSendeDaten[1].1:= Digitalwert2_zum_Slave;
```

Controller 2, Slave:

```
PROGRAM PLC_PRG
(*Funktion: Kommunikation Controller-Controller.
 Controller 192.168.0.101 als Slave
 MW0 und MW1 werden vom Master gelesen
 MW1 und MW2 werden vom Master beschrieben
 Firma: ......, Version: 1.0, Datum: ......, Autor: .......*)
VAR
 Digitalwert1_zum_Master AT %MX0.0:BOOL;
 Digitalwert2_zum_Master AT %MX0.1:BOOL;
 Digitalwert1_vom_Master AT %MX2.0:BOOL;
 Digitalwert2_vom_Master AT %MX2.1:BOOL;
 MW0 AT %MW0:WORD:= 0;
 MW1 AT %MW1:WORD:= 0;
 MW2 AT %MW2:WORD:= 0;
 MW3 AT %MW4:WORD:= 0;
END_VAR

(*empfangene Daten aus MW2, MW3 lesen*)
%QX0.0:= Digitalwert1_vom_Master;
%QX0.1:= Digitalwert2_vom_Master;

(*Daten ins MW0, MW1 schreiben*)
Digitalwert1_zum_Master:= %IX2.0;
Digitalwert2_zum_Master:= %IX2.1;
```

5. **Tragen Sie** die fehlenden Werte im Bild unten ein.
   Jedes Projekt ist im eigenen CoDeSys-Fenster und eingeloggt. Beide Steuerungen laufen.

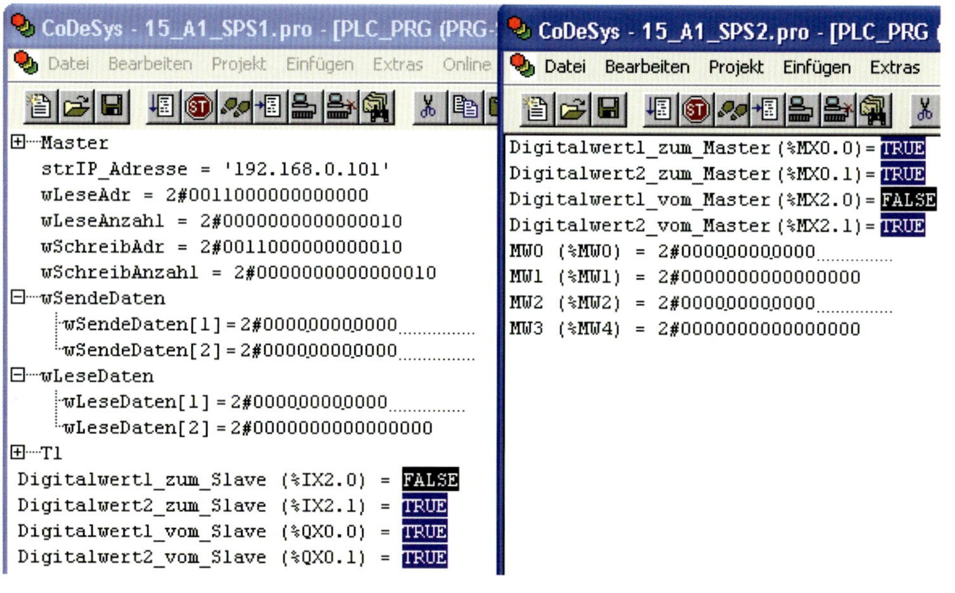

Aufgabe 15.2 Bandanlage in CoDeSys V2.3

Der Programmcode unten auf dieser Seite zeigt einen FB zur Steuerung eines Förderelements. **Integrieren Sie** diesen FB in die Programme aus Aufgabe 15.1 so, dass folgende Forderungen erfüllt werden.

Forderungen:

Jedes Band wird von einem programmierbaren Feldbuscontroller gesteuert.

1. Die jeweilige Anlage wird mit S1 freigegeben bzw. mit S0 (Ö) gestoppt. P1 zeigt an, ob die Anlage 1 (=A1) freigegeben ist, und P2 zeigt an, ob die Anlage 2 (=A2) freigegeben ist.
2. Sind beide Anlagen freigegeben, so schaltet =A1-B2 das Band 2 ein und =A2-B1 das Band 1 aus.
3. Ist nur die Anlage 1 bzw. die Anlage 2 freigegeben, so wird Band 1 durch =A1-B2 ausgeschaltet bzw. Band 2 durch =A2-B1 eingeschaltet.

Fällt die Anlage 1 aus, so kann die Anlage 2 weiter betrieben werden und umgekehrt.

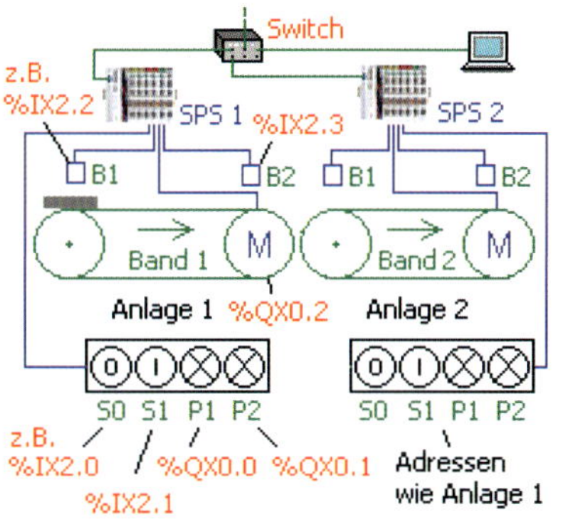

Sie können den I/Os gleich in der **Steuerungskonfiguration** symbolische Namen zuordnen. In der Globalvariablen-Tabelle müssen diese nicht mehr eingetragen werden. Die Vorgehensweise zur Konfiguration der Steuerung ist in Kapitel 2 beschrieben.

Konfiguration

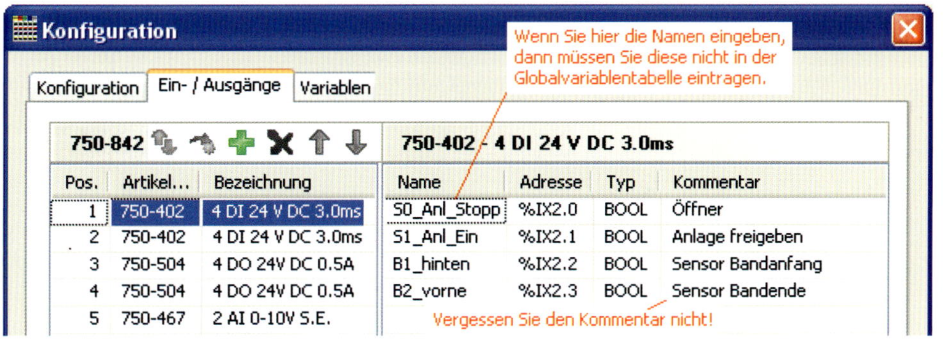

Passen Sie wenn nötig die Konfiguration an Ihre Steuerung an.

```
FUNCTION_BLOCK BAND
VAR_INPUT
 START, STOPP:BOOL;
 SENSOR_1, SENSOR_2:BOOL;
END_VAR
VAR_OUTPUT
 BAND, FREIGABE: BOOL;
END_VAR
VAR
 RS_Freigabe, RS_Band:RS;
END_VAR
```

```
(*Freigabe*)
RS_Freigabe(SET:=START, RESET1:=STOPP);
FREIGABE:= RS_Freigabe.Q1;
(*Band*)
RS_Band(SET:= SENSOR_1, RESET1:= SENSOR_2);
BAND:= RS_Band.Q1 AND RS_Freigabe.Q1;
```

Den FB können Sie von **InfoClick** in Ihr Projekt importieren.

1. **Planung der Datenkommunikation**

   Sie können ein Status-WORD der Anlage 1 (Master) mit den Daten beschreiben, die Sie zur Anlage 2 (Slave) senden wollen, z. B. "P1_Freigabe" ins Bit 0 und "B2_vorne" ins Bit 3 des Status-WORDs "wSendeDaten". Im Slave wird als Speicher z. B. das %MW2 verwendet. Die beschriebenen Bits des %MW2 werden im Anwenderprogramm der Anlage 2 eingebunden und damit die Anzeige "Anlage 1 freigegeben" gesteuert sowie der Antrieb speichernd eingeschaltet.

Datenkommunikation

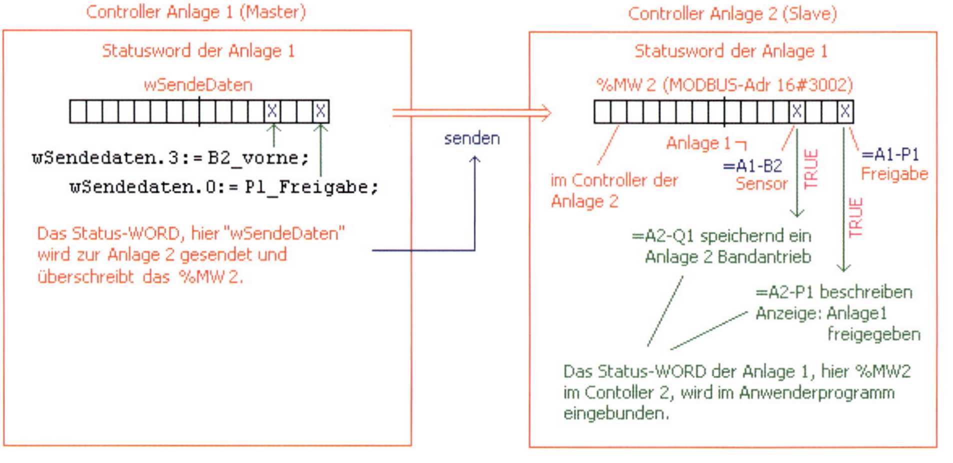

Sie schreiben die Daten von Anlage 2, die der Master lesen soll, in ein Status-WORD, z. B. %MW0. Der Master liest die Daten in die Variable, z. B. wLeseDaten, ein und bindet diese im Anwenderprogramm der Anlage 1 ein, um die Anzeige "Anlage 2 freigegeben" zu steuern und um den Antrieb speichernd abzuschalten.

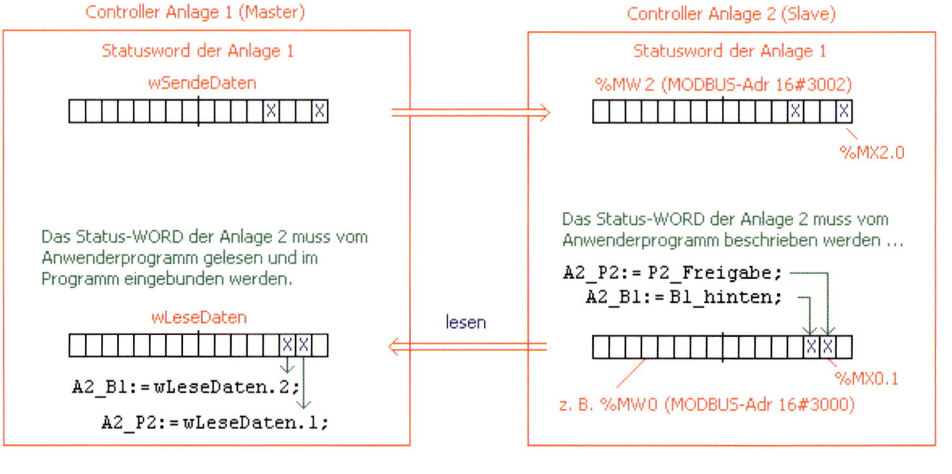

2. **Ändern und ergänzen Sie** Ihre Programme aus Aufgabe 15.1. Reicht ein Sende-Leseintervall von 0,1 s aus, wenn die Sensoren B1 und B2, bei Erkennung eines Objekts, nur kurz ansprechen?
3. Sie können die Programme mit der Simulation einzeln **testen**, z. B. das Programm für die Anlage 1. CoDeSys-Fenster Menü–Online–Simulation aktivieren, dann Einloggen, dann Start.

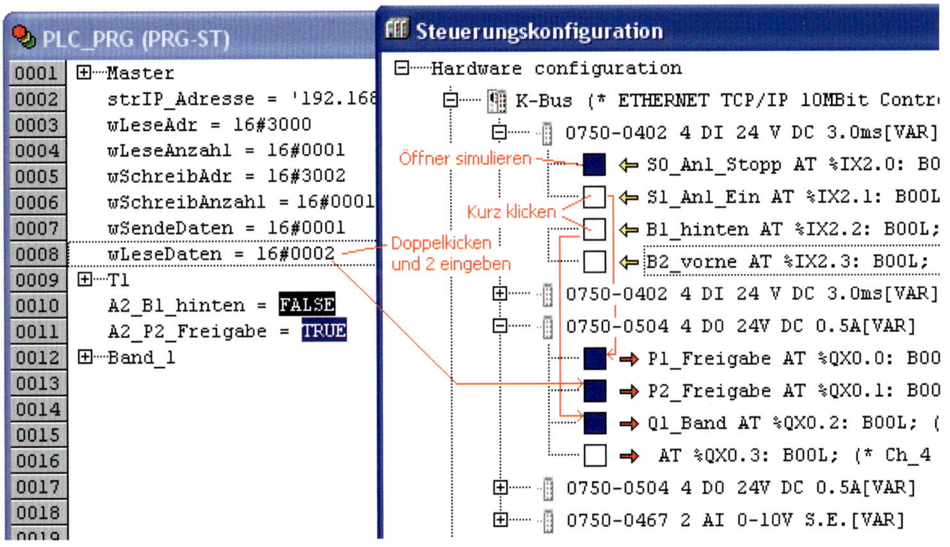

Laden Sie die Programme in die Controller. Achten Sie auf die Kommunikationsparameter. Falls Ihnen Anlagenmodelle zur Verfügung stehen, verdrahten Sie die Anlage und nehmen Sie diese in Betrieb.

Aufgabe 15.3 Bandanlage mit einer Kommunikationsfehlermeldung in CoDeSys V2.3

Kommunikationsfehler

Rufen Sie in beiden Controllern den FB "ETHERNET_MODBUSMASTER_UDP" auf, so können Sie einen **Kommunikationsfehler** über den Ausgangsparameter `wERROR` erkennen und melden. Greifen Sie deshalb nur schreibend auf den Kommunikationspartner (Slave) zu, indem Sie dem Eingangsparameter `bFUNCTION_CODE` des FBs den Wert 16 übergeben. Falls der Slave aufgrund eines Fehlers keine Antwort gibt, wird der Ausgangsparameter `wERROR` den Wert > 0, z. B. 16#0099 (Time-Out-Fehler), zurückgeben.

Modbus-Funktionscode

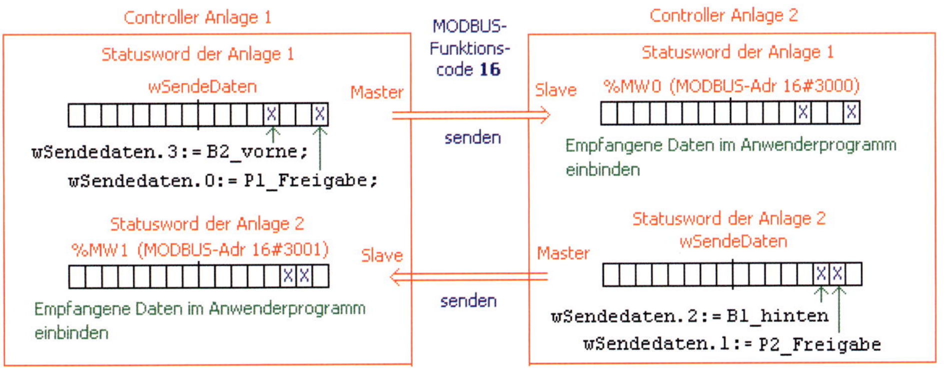

Das Programm zeigt die Deklaration sowie die Anweisungen im Controller der Anlage 1. Sie können das Programm von **InfoClick** in Ihr Projekt importieren.

Analysieren Sie das Programm.

```
PROGRAM PLC_PRG
(**********************************************************************
Anlage: Bandanlage 1, Controller 1 beschreibt MW in der Bandanlage 2,
Bibliotheken: ModbusEthernet_04.lib,
Firma: ......, Version: 1.0, Datum: ......., Autor: .......
**********************************************************************)
VAR
 KOMM:ETHERNET_MODBUSMASTER_UDP;
 strIP_Adresse:STRING:= '192.168.0.101';(*Anlage 2*)
 wSchreibAdr:WORD:= 16#3000;(*Modbus-Adresse für MW0 in Anlage 2*)
 wSchreibAnzahl:WORD:= 1;(*beschreibe nur ein MW*)
 wSendeDaten: WORD;
 T1:TON;(*Schreibintervall*)
 Band_1:BAND;
 A2_B1_hinten:BOOL;
END_VAR

(*zu sendende Daten beschreiben*)
wSendeDaten.0:= P1_Freigabe; (*Bit 0*)
wSendeDaten.3:= B2_vorne;

(*Modbus-Kommunikation*)
T1(IN:= KOMM.xREADY, PT:= T#50ms);
KOMM(
 strIP_ADDRESS:= strIP_Adresse,
 wPORT:= 502,
 bFUNCTION_CODE:= 16,(*WORD senden*)
 wWRITE_ADDRESS:= wSchreibAdr,
 wWRITE_QUANTITY:= wSchreibAnzahl,
 ptSEND_DATA:= ADR(wSendeDaten),
 xSTART:=T1.Q);

(*empfangenes Status-WORD der Anlage 2*)
A2_P2_Freigabe:= %MX1.1;
A2_B1_hinten:= %MX1.2;

(*Kommunikationsfehler*)
P3_Fehler:= KOMM.wERROR > 0;

(*Freigabe und Bandantrieb wird bei einem Fehler abgeschaltet*)
BAND_1(
 START:= S1_Anl_Ein,
 STOPP:= NOT S0_Anl_Stopp OR P3_Fehler, (*S0 Öffner*)
 SENSOR_1:= B1_hinten,
 SENSOR_2:= NOT A2_P2_Freigabe AND B2_vorne OR A2_P2_Freigabe
AND               A2_B1_hinten OR P3_Fehler);
P1_Freigabe:= Band_1.FREIGABE;
Q1_Band:= Band_1.BAND;
```

Die Steuerungskonfiguration für die Bandanlage 1 wurde erweitert. Passen Sie, wenn nötig, die Konfiguration an Ihre Steuerung an.

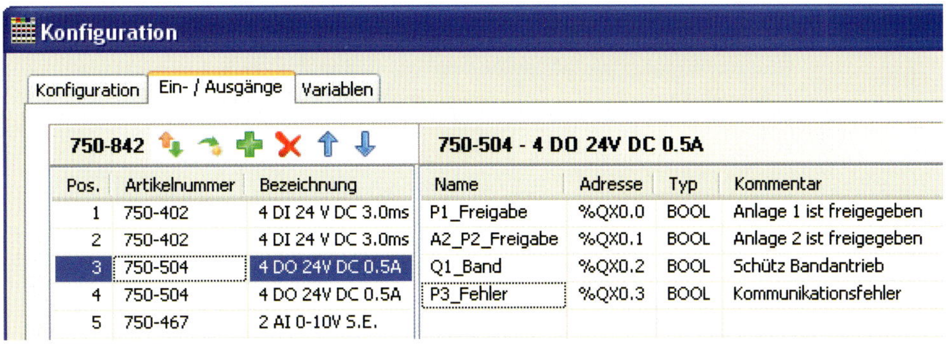
Konfiguration

Konfiguration | Ein- / Ausgänge | Variablen

750-842

Pos.	Artikelnummer	Bezeichnung
1	750-402	4 DI 24 V DC 3.0ms
2	750-402	4 DI 24 V DC 3.0ms
3	750-504	4 DO 24V DC 0.5A
4	750-504	4 DO 24V DC 0.5A
5	750-467	2 AI 0-10V S.E.

750-504 - 4 DO 24V DC 0.5A

Name	Adresse	Typ	Kommentar
P1_Freigabe	%QX0.0	BOOL	Anlage 1 ist freigegeben
A2_P2_Freigabe	%QX0.1	BOOL	Anlage 2 ist freigegeben
Q1_Band	%QX0.2	BOOL	Schütz Bandantrieb
P3_Fehler	%QX0.3	BOOL	Kommunikationsfehler

Das Programm für die Anlage 1 sendet das Statuswort der Anlage 1 zur Anlage 2.
Welcher Speicherbereich und welches Bit werden in der Anlage 2 beschrieben?

Speicher – IEC-Adresse %.......... , das Bit ... für .... und Bit ... für ....

Erweitern Sie für die Bandanlage 2 die Steuerkonfiguration und schreiben Sie das Programm. Wenn der Kommunikationspartner nicht mehr antwortet, soll dieser Fehler angezeigt und die Freigabe abgeschaltet werden.

Aufgabe 15.4 Daten lesen und schreiben

Zwei Eingänge der Anlage 1 schalten zwei Ausgänge der Anlage 2 und zwei Eingänge der Anlage 2 schalten zwei Ausgänge der Anlage 1.
Um die CPU-Last möglichst gering zu halten, sollten möglichst viele Datenpunkte in einer Query zusammengefasst werden. Deshalb wurde bei der Modbus-Konfiguration der WORD(Register)-Zugriff und nicht der Bit(Coils)-Zugriff gewählt.

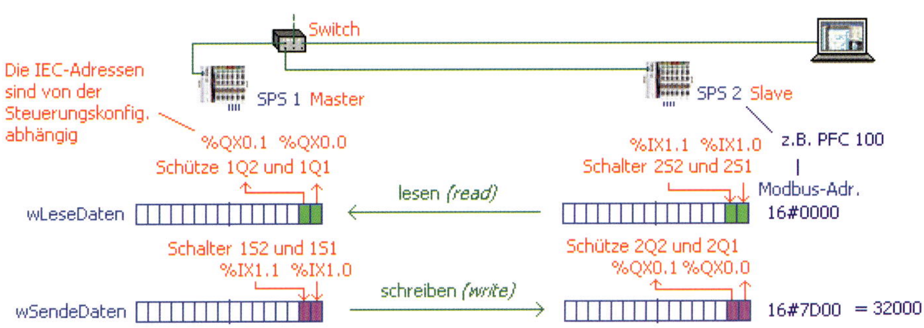

Vollziehen Sie das Beispiel nach.

In e!COCKPIT

Um die Modbus-Kommunikation einzurichten, wird in dieser Aufgabe der **Modbus-Konfigurator** benutzt.

Vorgehensweise

1. **Gerätekonfiguration**
   Fügen Sie ein neues Projekt ein, ziehen Sie aus dem Produktkatalog die beiden Steuerungen (PFCs) und passen Sie die IP-Adresse der projektierten Steuerungen an die Ihrer PFCs über das Register -Einstellungen- an. Sie können aber auch den Controller 1 kopieren und die IP-Adresse anpassen. Wie Sie die IP-Adresse Ihrer PFCs ändern können, finden Sie im Anhang unter „Programm in den Controller laden, Kommunikation konfigurieren". Das nachfolgende Bild zeigt die Vorgehensweise.

2. **Variablendeklaration**
   Deklarieren Sie die Variablen im Controller 2, um die Kommunikation konfigurieren zu können.

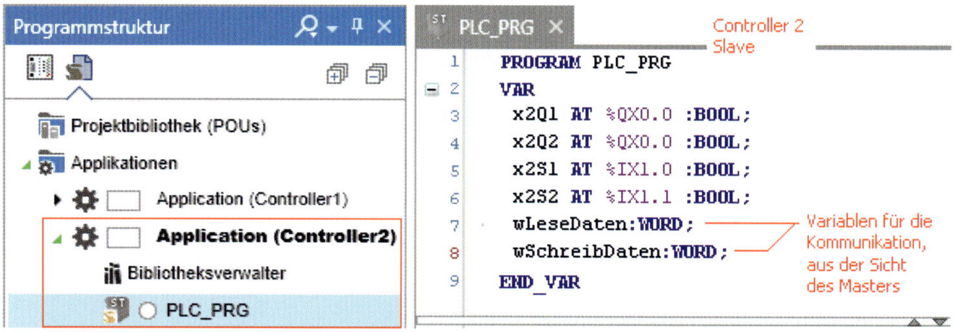

3. **Modbus-Verbindung**
   Konfigurieren Sie die Verbindung, indem Sie die grauen Rechtecke der PFCs mit der Maus verbinden, wie das folgende Bild zeigt. Wählen Sie das Protokoll MODBUS (UDP).

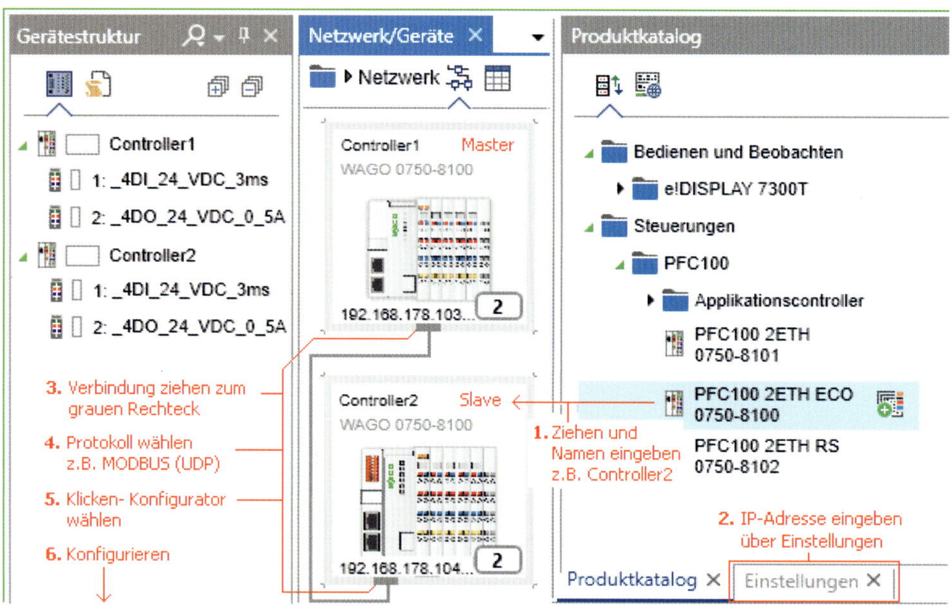

4. Legen Sie die **Datenpunkte** des Slaves an.
   Die Vorgehensweise können Sie den folgenden Bildern entnehmen.

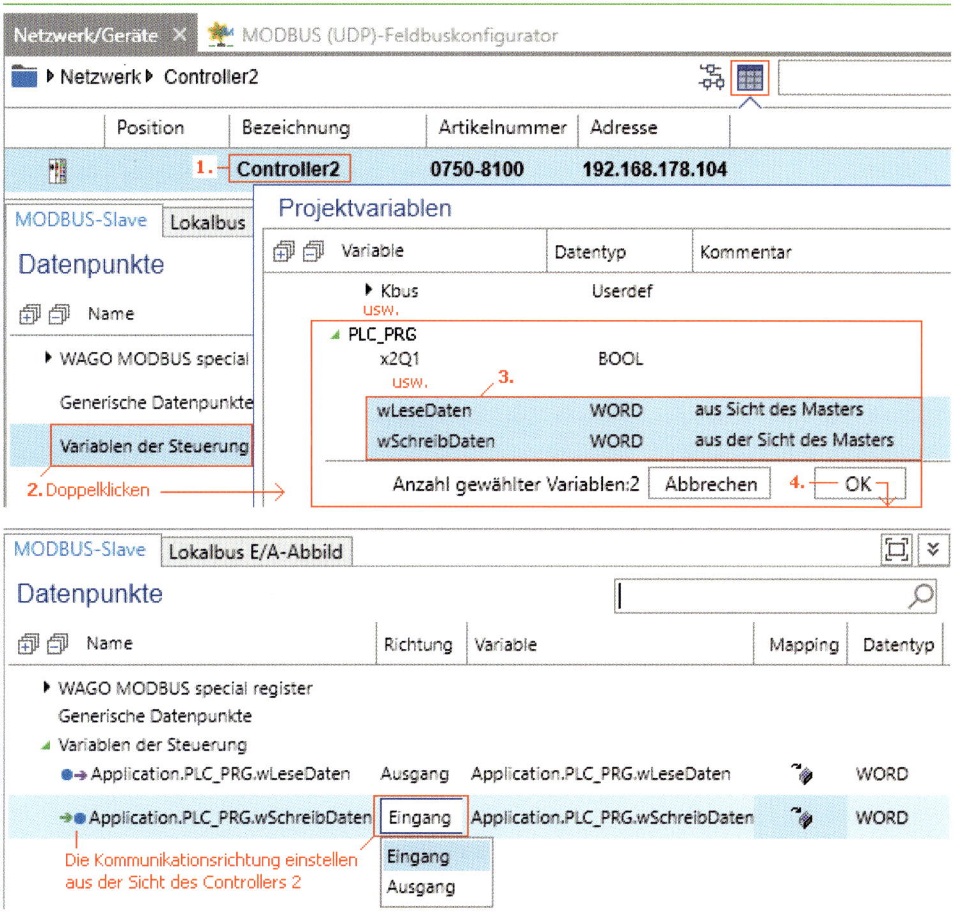
Netzwerk/Geräte
MODBUS (UDP)-Feldbuskonfigurator
Netzwerk
Controller2
Position
Bezeichnung
Artikelnummer
Adresse
1.
Controller2
0750-8100
192.168.178.104
MODBUS-Slave
Lokalbus
Datenpunkte
Name
WAGO MODBUS special
Generische Datenpunkte
Variablen der Steuerung
2. Doppelklicken
Projektvariablen
Variable
Datentyp
Kommentar
Kbus
Userdef
usw.
PLC_PRG
x2Q1
BOOL
usw.
3.
wLeseDaten
WORD
aus Sicht des Masters
wSchreibDaten
WORD
aus der Sicht des Masters
Anzahl gewählter Variablen:2
Abbrechen
4.
OK
MODBUS-Slave
Lokalbus E/A-Abbild
Datenpunkte
Name
Richtung
Variable
Mapping
Datentyp
WAGO MODBUS special register
Generische Datenpunkte
Variablen der Steuerung
Application.PLC_PRG.wLeseDaten
Ausgang
Application.PLC_PRG.wLeseDaten
WORD
Application.PLC_PRG.wSchreibDaten
Eingang
Application.PLC_PRG.wSchreibDaten
WORD
Die Kommunikationsrichtung einstellen
aus der Sicht des Controllers 2
Eingang
Ausgang

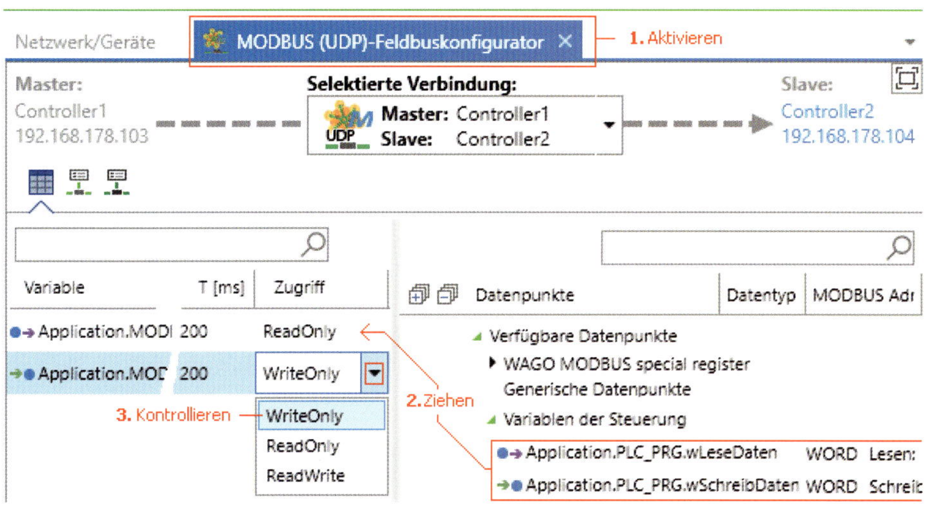
Netzwerk/Geräte
MODBUS (UDP)-Feldbuskonfigurator
1. Aktivieren
Master:
Controller1
192.168.178.103
Selektierte Verbindung:
Master: Controller1
Slave: Controller2
UDP
Slave:
Controller2
192.168.178.104
Variable
T [ms]
Zugriff
Application.MODI
200
ReadOnly
Application.MOD
200
WriteOnly
3. Kontrollieren
WriteOnly
ReadOnly
ReadWrite
2. Ziehen
Datenpunkte
Datentyp
MODBUS Adr
Verfügbare Datenpunkte
WAGO MODBUS special register
Generische Datenpunkte
Variablen der Steuerung
Application.PLC_PRG.wLeseDaten
WORD
Lesen:
Application.PLC_PRG.wSchreibDaten
WORD
Schreib

5. **Schreiben Sie** die Programme im Controller 1 und 2, **analysieren und testen Sie** diese.

PLC_PRG ✕ | PLC_PRG

Controller 1

```
PROGRAM PLC_PRG
(***************************************************************
Funktion:
 Schalter 1S1 der Anlage 1 schaltet das Schütz 2Q1 der Anlage 2
 Schalter 1S2 der Anlage 1 schaltet das Schütz 2Q2 der Anlage 2
 Schalter 2S1 der Anlage 2 schaltet das Schütz 1Q1 der Anlage 1
 Schalter 2S2 der Anlage 2 schaltet das Schütz 1Q2 der Anlage 1
Konfiguriert mit dem MODBUS-Konfigurator
***************************************************************)
VAR
    x1Q1 AT %QX0.0: BOOL; //Schütz 1
    x1Q2 AT %QX0.1: BOOL; //Schütz 2
    x1S1 AT %IX1.0: BOOL; //Schalter 1
    x1S2 AT %IX1.1: BOOL; //Schalter 2
END_VAR
```

```
x1Q1:=MODBUS.Controller2_udp.Application.PLC_PRG.wLeseDaten.0;
x1Q2:=MODBUS.Controller2_udp.Application.PLC_PRG.wLeseDaten.1;
MODBUS.Controller2_udp.Application.PLC_PRG.wSchreibDaten.0:=x1S1;
MODBUS.Controller2_udp.Application.PLC_PRG.wSchreibDaten.1:=x1S2;
```

PLC_PRG ✕ | PLC_PRG

Controller 2

```
PROGRAM PLC_PRG
VAR
     x2Q1 AT %QX0.0 :BOOL;
     x2Q2 AT %QX0.1 :BOOL;
     x2S1 AT %IX1.0 :BOOL;
     x2S2 AT %IX1.1 :BOOL;
     wLeseDaten:WORD;// aus Sicht des Masters
     wSchreibDaten:WORD; // aus der Sicht des Masters
END_VAR
```

```
wLeseDaten.0:=x2S1;
wLeseDaten.1:=x2S2;
x2Q1:=wSchreibDaten.0;
x2Q2:=wSchreibDaten.1;
```

MODBUS ✕

Applikation simulieren- Start- Wert eingeben und schreiben

Controller1.Application.MODBUS

Ausdruck	Datentyp	Wert	Vorbereiteter Wert	Adresse
Controller2_udp	typContro...			
Application	typContro...			
PLC_PRG	typContro...			
wLeseDaten	WORD	2#0000000000000001	2#0000000000000010	
wSendeDat...	WORD	2#0000000000000000		

PLC_PRG ✕

Beurteilen

Controller1.Application.PLC_PRG

Ausdruck	Datentyp	Wert	Vorbereiteter Wert	Adresse	Kommentar
x1Q1	BIT	TRUE		%QX0.0	Schütz 1
x1Q2	BIT	FALSE		%QX0.1	Schütz 2

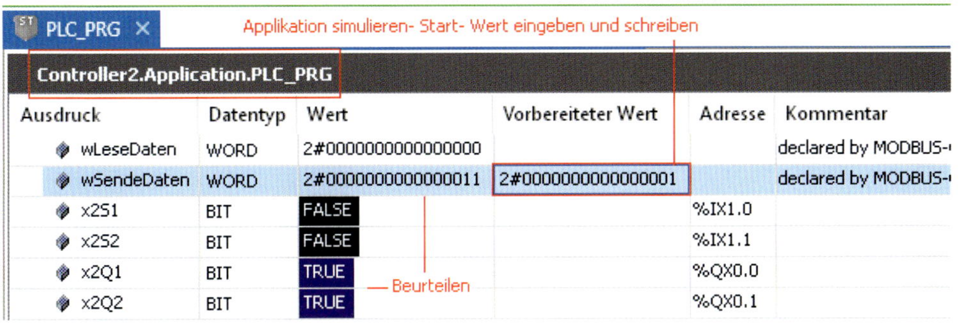

6. **Nehmen Sie** die beiden Controller in Betrieb.
   In den Kommunikationseinstellungen können Sie den Ersatzwert wählen, der bei einem Modbus-Fehler verwendet wird.

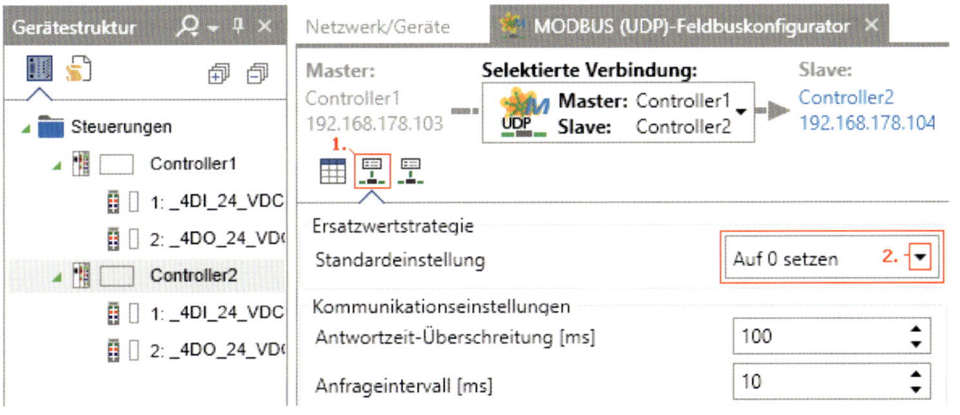

Stichpunkte Modbus-Funktionscode, Planung der Datenkommunikation, Kommunikationsfehler, Modbus-Konfigurator

15. Selbsttest - Kommunikation Controller–Controller, Modbus-CoDeSys V2.3

Wählen Sie die richtigen Ergänzungen bzw. Aussagen aus.

---

1. Beim Aufruf einer Instanz eines FBs

   ☐ muss allen Eingangsparametern ein Wert zugewiesen werden.

   ☐ müssen alle Ausgangsparameter im Programm gelesen werden.

   ☐ muss nicht allen Eingangsparametern ein Wert zugewiesen werden.

   ☐ muss keine Instanz deklariert werden, wenn der FB nur einmal benutzt wird.

---

2. Soll nur WORD-weise lesend auf den Speicher des Kommunikationspartners zugegriffen werden, so ist dem Eingangsparameter bFUNCTION_CODE der Instanz von "ETHERNET_MODBUSMASTER_UDP" der dezimale Wert

   ☐ 1 ☐ 3 ☐ 16 ☐ 23 zu übergeben.

---

3. Die Modbus-Startadresse des Merkerspeicherbereichs im Controller 750-881 (CoDeSys V2.3) ist

   ☐ 16#0000 ☐ 16#0200 ☐ 16#3000 ☐ 16#3002

---

4. Das Programm der Aufgabe 15.3 für die Anlage 1 sendet das Statuswort der Anlage 1 zur Anlage 2. Welcher Speicherbereich und welches Bit werden in der Anlage 2 beschrieben?

   ☐ Speicher - IEC-Adresse %MW0 , das Bit 0 für P1_Freigabe und Bit 3 für B2_vorne.

   ☐ Speicher - IEC-Adresse %MW1 , das Bit 0 für P1_Freigabe und Bit 3 für B2_vorne.

   ☐ Speicher - IEC-Adresse %MW0 , das Bit 0 für P1_Freigabe und Bit 2 für B2_vorne.

   ☐ Speicher - IEC-Adresse %MW1 , das Bit 0 für P1_Freigabe und Bit 2 für B2_vorne.

Einen Selbsttest zu diesem Kapitel finden Sie im **InfoClick**.

15. Selbsttest - Kommunikation Controller-Controller, Modbus-e!COCKPIT

Wählen Sie die richtigen Ergänzungen bzw. Aussagen aus.

---

1. In der Aufgabe 15.4 gilt:

   - ☐ Controller 1 liest wSendeDaten.
   - ☐ Controller 2 liest wSendeDaten.
   - ☐ Beide Controller lesen wSendeDaten.
   - ☐ Controller 2 schreibt in wSendeDaten.

---

2. Die Variable wSendeDaten wurde

   - ☐ als lokale Variable im Controller 1 im PLC_PRG deklariert.
   - ☐ als lokale Variable im Controller 2 im PLC_PRG deklariert.
   - ☐ im Modbus-Konfigurator deklariert.
   - ☐ in der globalen Variablenliste deklariert.

---

3. In Bit 0 von wLeseDaten wird der Wert von

   ☐ x1S1 geschrieben. ☐ x2S1 geschrieben. ☐ x2Q1 geschrieben. ☐ x2Q2 geschrieben.

---

4. Der Wert der Variablen wSendeDaten kann

   - ☐ vom Controller 1 nur gelesen werden (Zugriff- ReadOnly).
   - ☐ vom Controller 1 nur beschrieben werden (Zugriff- WriteOnly).
   - ☐ von beiden Controllern nur gelesen werden.
   - ☐ von beiden Controllern nur beschrieben werden.

Einen Selbsttest zu diesem Kapitel finden Sie im **InfoClick**.

16 Kommunikation über das Ethernet mit Netzwerkvariablen

Lernziele: – Kommunikation über Netzwerkvariable einrichten

Eine weitere Möglichkeit, eine Kommunikation zwischen Controllern zu projektieren, ist der Datenaustausch über Netzwerkvariable.

Aufgabe 16 **Analyse**

Analysieren Sie die Funktion der beiden Programme in den beiden Controllern.

In CoDeSys V2.3 Vorgehensweise:
Beachten Sie:
Der Controller 750-842 unterstützt diese Kommunikation nicht. Verwenden Sie z. B. den 750-881 oder 750-841.

Netzwerkvariable

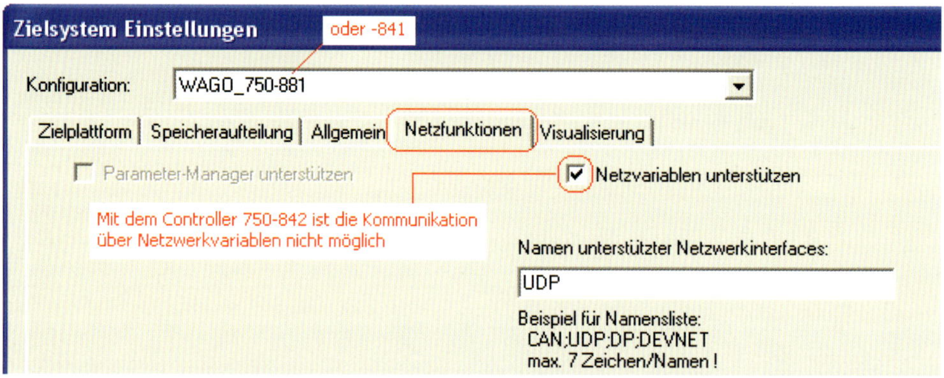

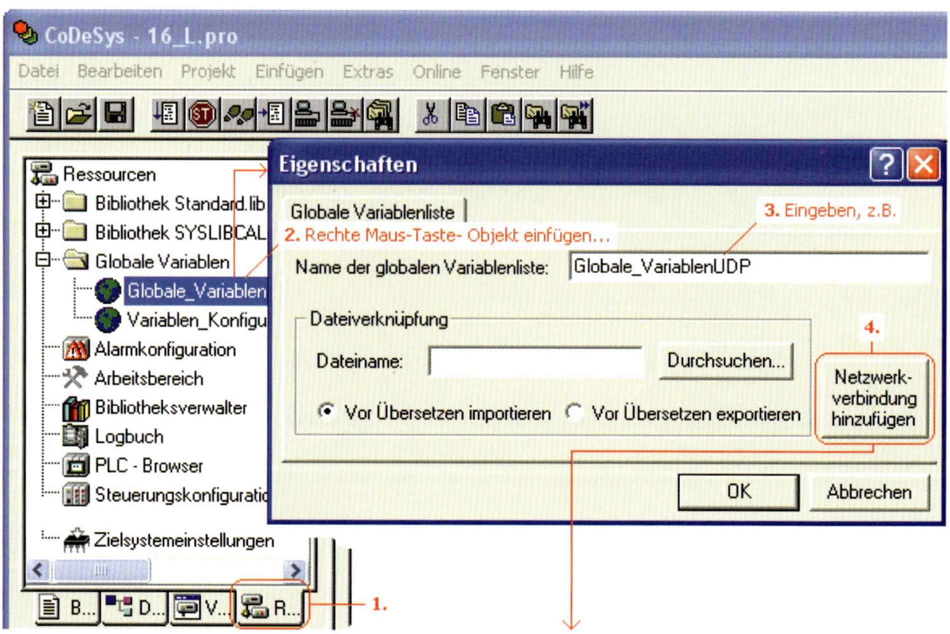

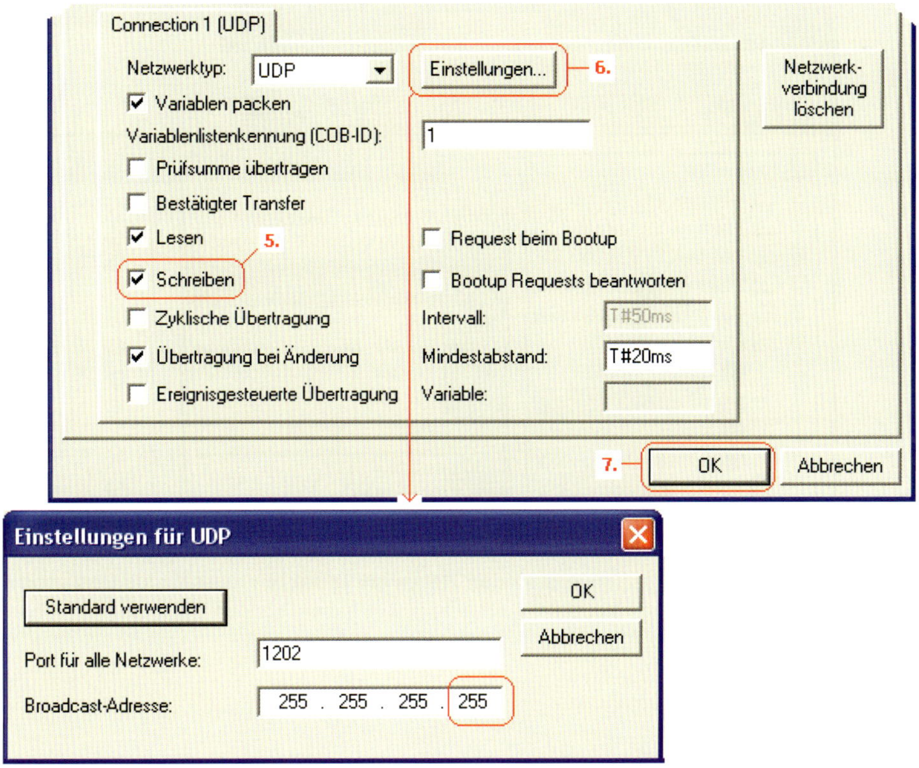

Broadcast

Die globalen Netzwerkvariablen werden über einen **Broadcast** (Rundruf) an alle Teilnehmer im Netz versandt.

Beachten Sie:

Bei vielen Netzwerkvariablen wird dadurch die Kommunikationslast des Ethernet-Netzwerks stark erhöht.

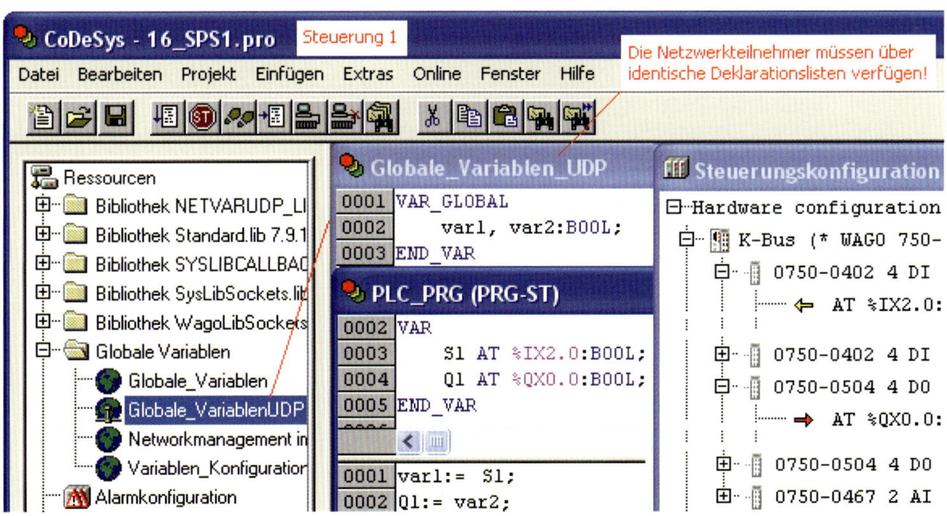

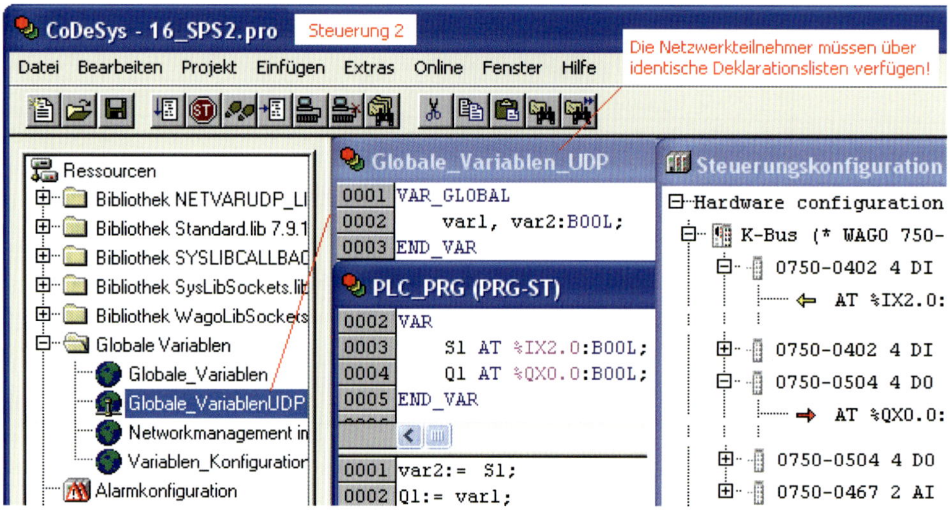

Beachten Sie:
Die Deklarationsliste für die **globalen Netzwerkvariablen** muss für die Netzwerkteilnehmer **identisch** sein. Nachdem Sie die erste angelegt haben, können Sie diese exportieren und im Projekt der zweiten Steuerung importieren.

In e!COCKPIT, Aufgabe 16

Fügen Sie zwei Steuerungen hinzu, verbinden Sie diese, konfigurieren Sie die I/Os und passen Sie die IP-Adressen an.

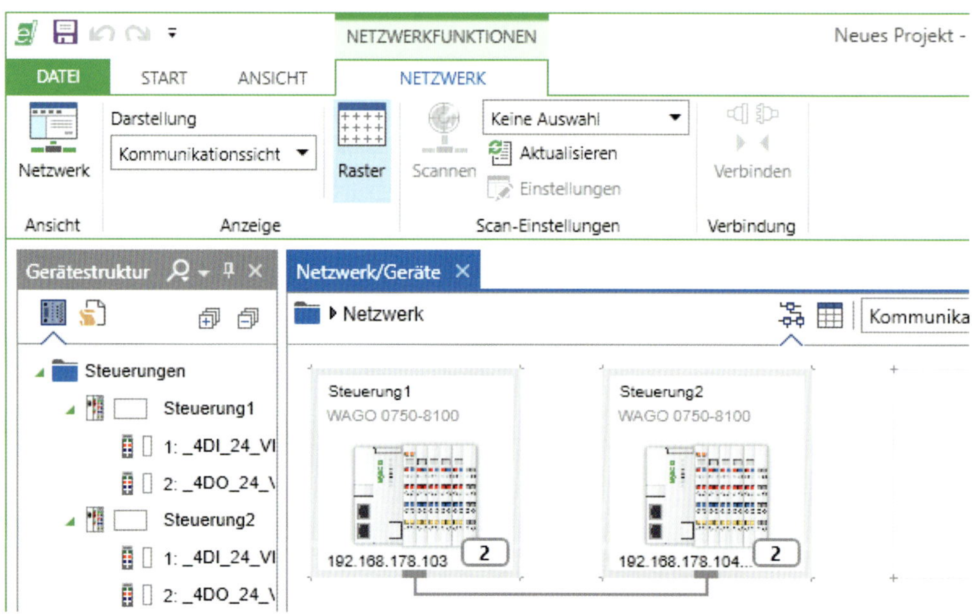

Markieren Sie die Applikation (Steuerung1) und fügen Sie über das Kontextmenü eine *Netzwerkvariablenliste Sender* ein. Markieren Sie diese und wählen Sie im Kontextmenü *Einstellungen* UDP und Kennung 1, wie das folgende Bild zeigt.

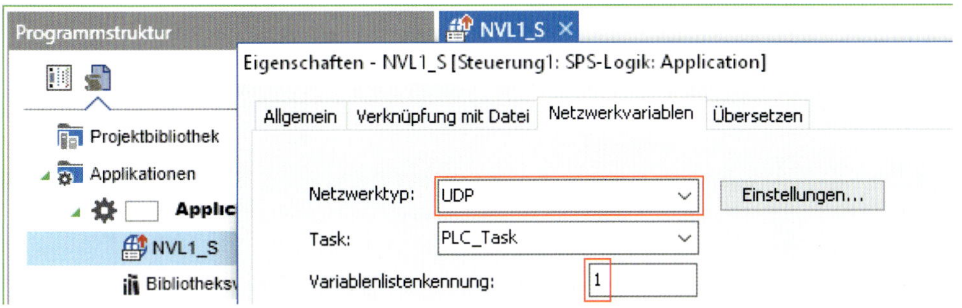

Deklarieren Sie die globale Netzwerkvariable und fügen Sie zur Steuerung 2 eine *Netzwerkvariablenliste Empfänger* hinzu. Das Präfix g weist auf eine globale Variable hin.

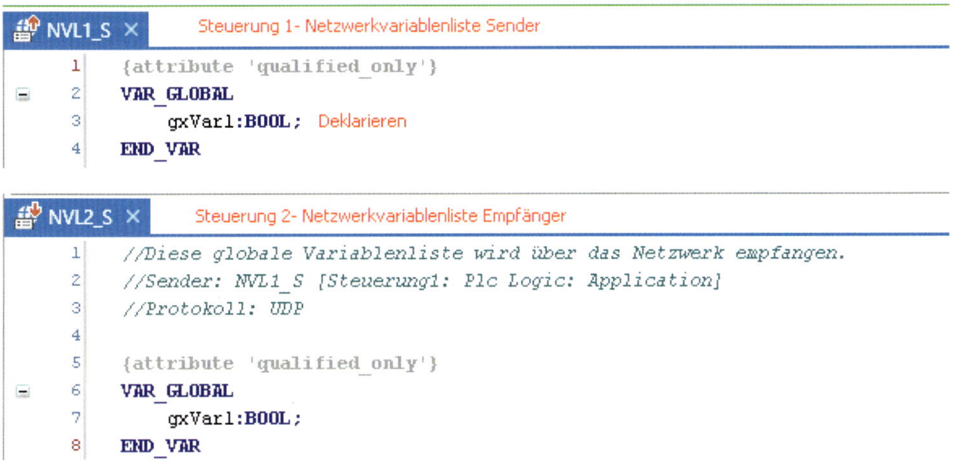

Um auch Daten von der Steuerung 2 zu senden, fügen Sie *Netzwerkvariablenliste Sender* hinzu. Wählen Sie die Kennung 2.

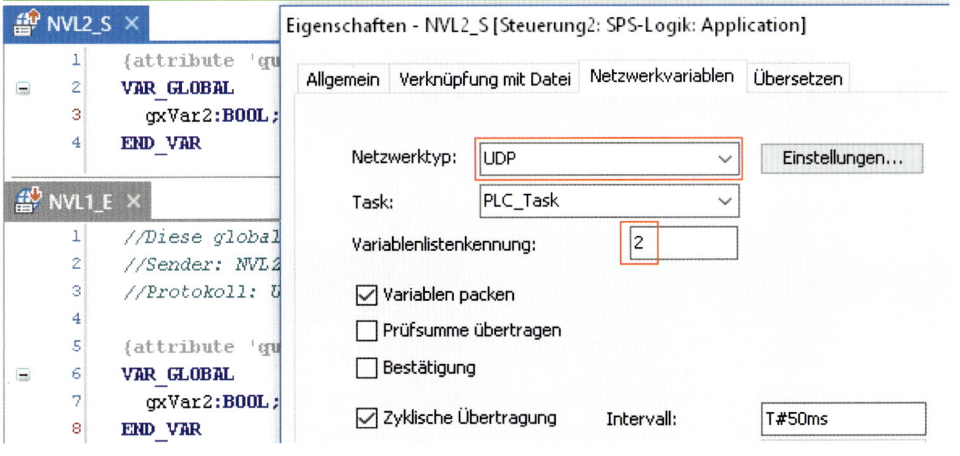

Deklarieren Sie die Variablen in den beiden Hauptprogrammen PLC_PRG und geben Sie den Programmcode ein, benutzen Sie die Eingabehilfe im Kontextmenü.

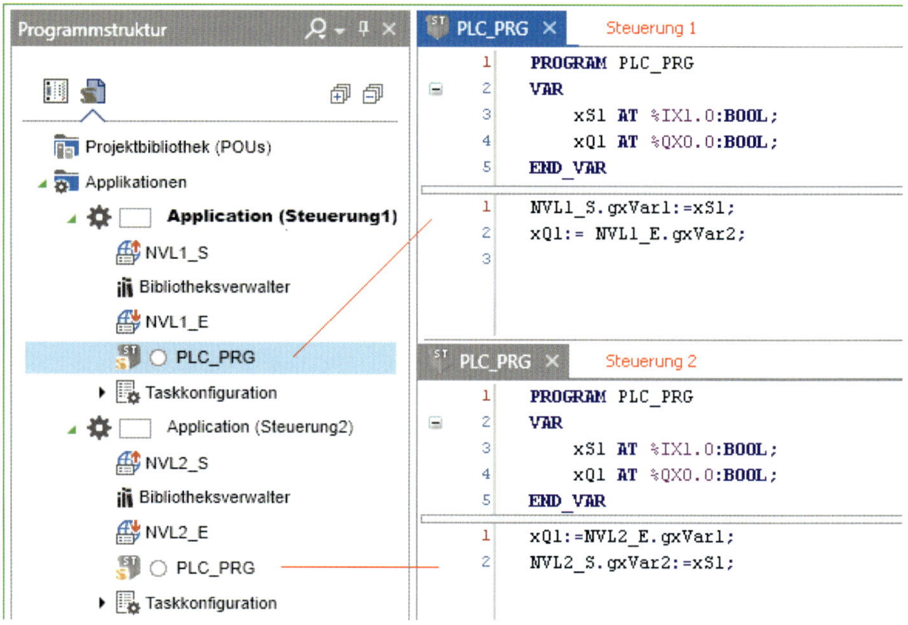

Laden Sie Ihr Projekt in beide Steuerungen und testen Sie die Funktion. Sie können auch die Applikationselemente, die Sie auf **InfoClick** finden, in die jeweilige konfigurierte Steuerung importieren.

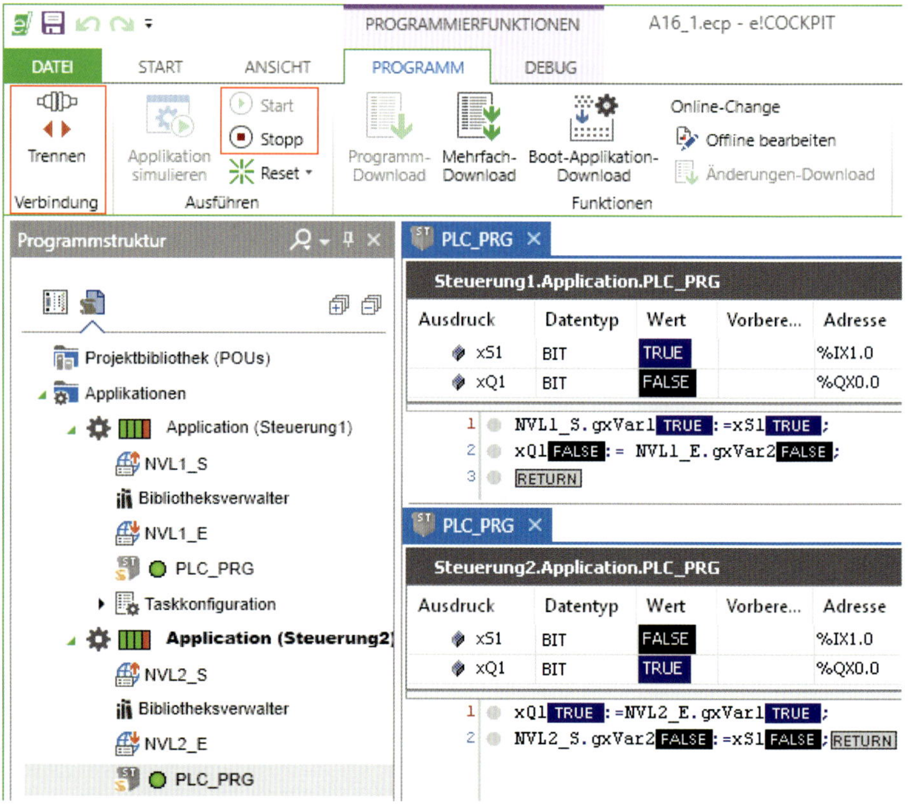

Ergebnisse der Analyse:

Über S1 der Steuerung 1 wird .... geschaltet.

Über S1 der Steuerung 2 wird .... geschaltet.

Stichpunkte Netzwerkvariable, Broadcast

---

17 Beobachten und Steuern über einen Web-Browser oder eine App

Lernziele: – Beobachten und Steuern über einen Web-Browser oder eine App ermöglichen

Aufgabe 17 Eine Anlage soll über einen Web-Browser, z. B. den Internet-Explorer, oder eine App beobachtet und gesteuert werden.
Nachdem Sie Ihr Projekt in WAGO I/O Pro (CoDeSys V2.3) oder e!COCKPIT erstellt und getestet haben, können Sie die in Ihrem Projekt erstellte Visualisierung dazu benutzen.

Webserver

HTML, http

Damit dies möglich ist, muss im Ethernet-Controller ein **Webserver** (*server* = Servierer) ausgeführt werden, damit ein Client (dienstanforderndes Gerät, z. B. ein PC) auf die Dienste zugreifen kann. Der Webserver stellt **HTML**-Seiten (HyperText Markup Language) mit Hypermedien – Texte, Bilder, Applets usw. – nach dem Protokoll **http** (Hyper Text Transfer Protocol) bzw. **https** bereit.
Solche HTML-Seiten werden in CODESYS erstellt und können in den Controller geladen werden.
Das Programm im Controller sollte **nicht freilaufend**, sondern zyklisch, z. B. alle 50 ms, bearbeitet werden (siehe Kapitel 6: Tasks). Die Web-Visualisierung wird dadurch schneller ausgeführt.

In CoDeSys V2.3

Applet, Java

Beim Ausführen der Webvisu werden Applets verwendet. **Applets** sind kleine Programme, die im Browser ausgeführt werden können. Über sie kann auf den Speicher des Ethernet-Controllers zugegriffen werden. Benutzen Sie auf Ihrem Handy oder Tablet die WAGO-WebVisu-App. Wenn Sie einen PC für die Visualisierung benutzen wollen, so muss Java Runtime Environment auf dem PC installiert und der Zugang zur Steuerung freigegeben sein.

Vorgehensweise:

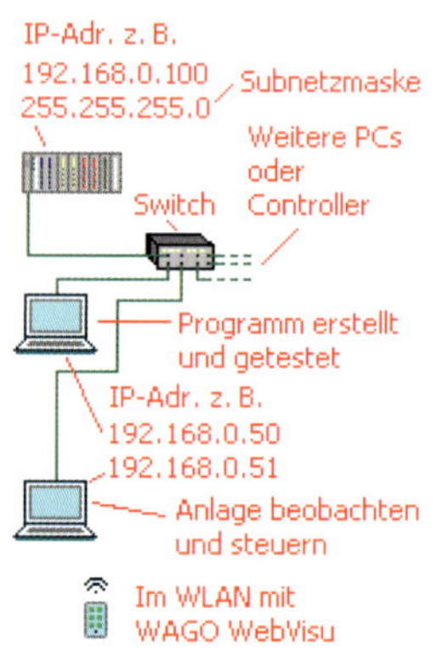

PLC_VISU

1. Aktivieren Sie in CoDeSys unter Ressourcen–Zielsystemeinstellungen–Visualisierung die Web-Visualisierung.
2. Benennen Sie in CoDeSys–Visualisierung die Seite, die im Browser angezeigt werden soll – **PLC_VISU**.
3. Nachdem Sie Ihr Projekt erstellt haben, wählen Sie im CoDeSys-Menü Projekt–Alles bereinigen, danach Projekt–Übersetzen.
4. Stellen Sie die Leitungsverbindungen her (Bild rechts). Achten Sie auf die richtige IP-Adresse des Controllers, diese muss zu Ihrem Subnetz passen.
5. Stellen Sie die Kommunikationsparameter ein. Im Anhang unter "Programm in den Controller laden, Kommunikation konfigurieren" finden Sie eine Beschreibung.
   Loggen Sie auf das Zielsystem ein. Menü Online–Einloggen und starten Sie.
6. Öffnen Sie am PC den Web-Browser, über den Sie die Anlage beobachten und steuern wollen, und geben Sie als Adresse
   http:// IP-Adresse des Webservers im Controller /plc /webvisu.htm,
   z. B. http://192.168.0.100/plc/webvisu.htm ein.
   Tragen Sie eventuell in **Java-Konfigurieren**-Sicherheit in der Ausnahmeliste die IP-Adresse der Webvisu ein.

Java

WebVisu-App

Oder

Laden Sie die WAGO **WebVisu-App** herunter, tragen Sie einen Namen und die IP-Adresse ein, z.B. 192.168.0.100/plc/webvisu.htm, und bestätigen Sie Ihre Eingabe. Betätigen Sie dann die

Schaltfläche "Connect", um die Anlage beobachten und steuern zu können.
Gestalten Sie Ihre Visualisierung möglichst in der Größe, die dem Bildschirm Ihres Smartphones oder Tablet entspricht.

Die WebVisu-App ist als iOS-Version für iPhone und iPad im Apple-App-Store sowie als Android-Version für Smartphones und Tablets im Google-Play-Store erhältlich.

Port

Bei älterer Firmware der Controller muss zusätzlich der Port angegeben werden.
z. B. http://192.168.0.100:8080/webvisu.htm.
Über die **Port**nummer, hier 8080, kann gezielt eine spezielle Anwendung (Dienst) auf dem adressierten Host (hier der Controller) angesprochen werden. Die Portnummer wird der IP-Adresse, getrennt durch einen Doppelpunkt, angehängt (siehe oben).

In e!COCKPIT, Aufgabe 17

Ist der Webserver im Controller freigegeben und befinden sich der Controller und der PC im gleichen Subnetz, so können Sie die im e!COCKPIT erstellte Visualisierung in einem Browser auch ohne Java Runtime Environment öffnen und so die Anlage bedienen und beobachten.
Die Freigabe des Webservers im Controller (PFC) können Sie im Web-based Management (WBM) vornehmen. Öffnen Sie am PC den Web-Browser, geben Sie die IP-Adresse Ihres PFCs ein.
Ignorieren Sie den Zertifikatfehler und loggen Sie sich ein (admin, wago), klicken Sie im Menü auf *Ports and Services- PLC Runtime Services- Webserver enabled*.
Laden Sie Ihr Projekt in den PFC über Verbinden und starten Sie die Ausführung.
Öffnen Sie am PC den Web-Browser, über den Sie die Anlage beobachten und steuern wollen, und geben Sie als Adresse
https:// IP-Adresse des Controller /webvisu/webvisu.htm,
z. B. https://192.168.1.1/webvisu/webvisu.htm ein.

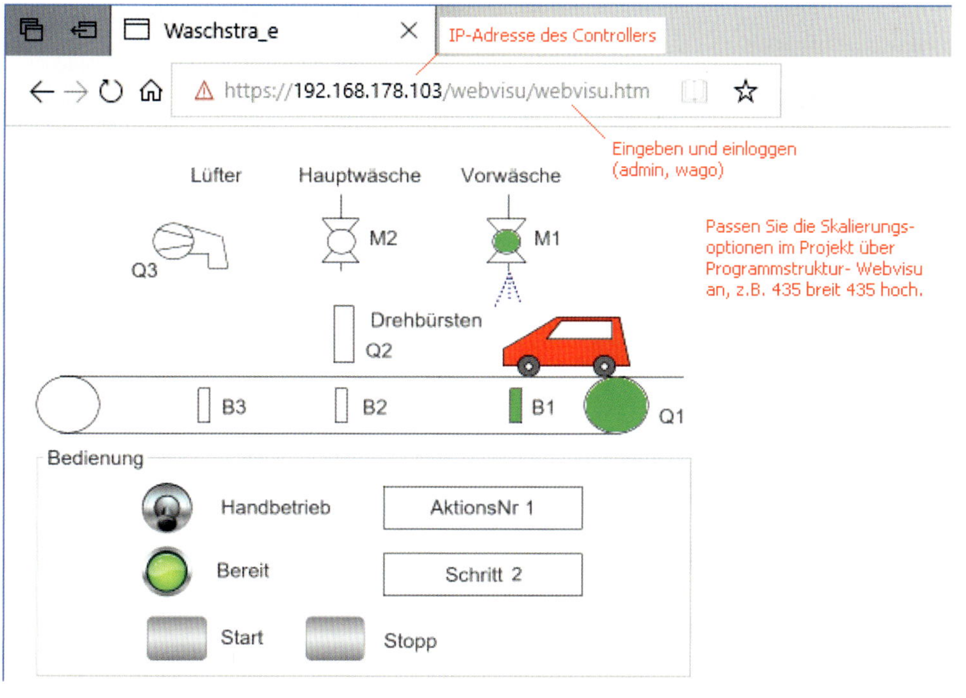

18 Einführung in die objektorientierte Programmierung

Lernziele: – Objektorientierte Programmierung (OOP) kennen lernen

Was ist OOP?

OOP

Um überschaubare Programme zu schreiben, werden komplexe Maschinen- und Anlagensteuerungen in kleinere Funktionseinheiten zerlegt. Maschinen- und Anlagenkomponeten werden durch Softwarekomponenten nachgebildet. Diese werden in FCs bzw. FBs zusammengefasst. Ändert sich solch eine Funktionseinheit, so muss der Baustein umprogrammiert und getestet werden. Einfacher wäre es, wenn der Baustein mit zusätzlichen neuen Methoden (Operationen) und Eigenschaften (Daten) weiterhin benutzt werden kann. Dies ist möglich mit einer Software, die den objektorientierten Ansatz zulässt.

CODESYS-V3 Klasse

Objekte

Methoden

In **CODESYS V3 bzw. e!COCKPIT** wird das Konzept des IEC-61131-3-Funktionsblocks (FB) zur **Klasse** erweitert. Eine Klasse, also ein FB, kann nun mehrere Methoden erhalten, von anderen FBs erben sowie Interfaces implementieren. Eine Klasse bildet eine Funktionseinheit ab, die aus Eigenschaften (Daten) und Methoden (Operationen) besteht. Die Instanzen solcher Klassen sind die **Objekte**. **Methoden** verändern Variablenwerte. Wie Methoden erstellt, überschrieben und aufgerufen werden, wie Methoden und Eigenschaften vererbt werden und wie Interfaces das Programmieren erleichtern, soll am Beispiel "Tankanlage" erlernt werden.

Tankanlage

a) Im Tanktyp 1 ist eine Elektroheizung (E-Heizung) eingebaut, die ein-/ausschaltbar ist.
b) Im Tanktyp 2 ist zusätzlich die Heizleistung einstellbar.

Vollziehen Sie die Aufgaben nach.

Beachten Sie:

Sie benötigen zum Nachvollziehen der Beispiele **CODESYS V3 bzw. e!COCKPIT**.
Beachten Sie auch die Hinweise zum Umgang mit e!COCKPIT oder CODESYS V3 auf **InfoClick**.

Aufgabe 18.1 Tanktyp 1: Heizung ein/aus

Methoden

Methoden sind "Unterfunktionen"; diese werden innerhalb des Funktionsblocks definiert. Der Anwender des Funktionsblocks kann diese mit ihren Namen aufrufen. Methoden können auch Parameter enthalten, so wie übliche Funktionen, die beim Aufruf der Methode mit angegeben werden.
Programmieren Sie die Methoden M_On und M_OFF, um damit die Heizung ein- und auszuschalten.

In den folgenden Punkten wird die Vorgehensweise in CODESYS V3 beschrieben. Sie können die Aufgaben auch mit e!COCKPIT lösen.

In CODESYS V3 bzw. e!COCKPIT Vorgehensweise:

1. Fügen Sie ein neues Standardprojekt ein, wählen Sie in ein programmierbares Gerät (Zielsystem) und als Sprache ST aus.
2. Aktivieren Sie die Simulation im Menü Online-Simulation.
3. Markieren Sie im Geräte-Fenster bzw. Programmstruktur den Punkt "Application" und fügen Sie eine POU... `FB_Heizung` in der Sprache ST ein.
4. Deklarieren Sie die lokale Variable `xOUT` des FBs, markieren Sie den FB, und fügen Sie die Methoden `M_On` und `M_Off` hinzu.

5. Im Anweisungsteil der jeweiligen Methode können Sie `xOUT` den Wert `TRUE` bzw. `FALSE` zuweisen.

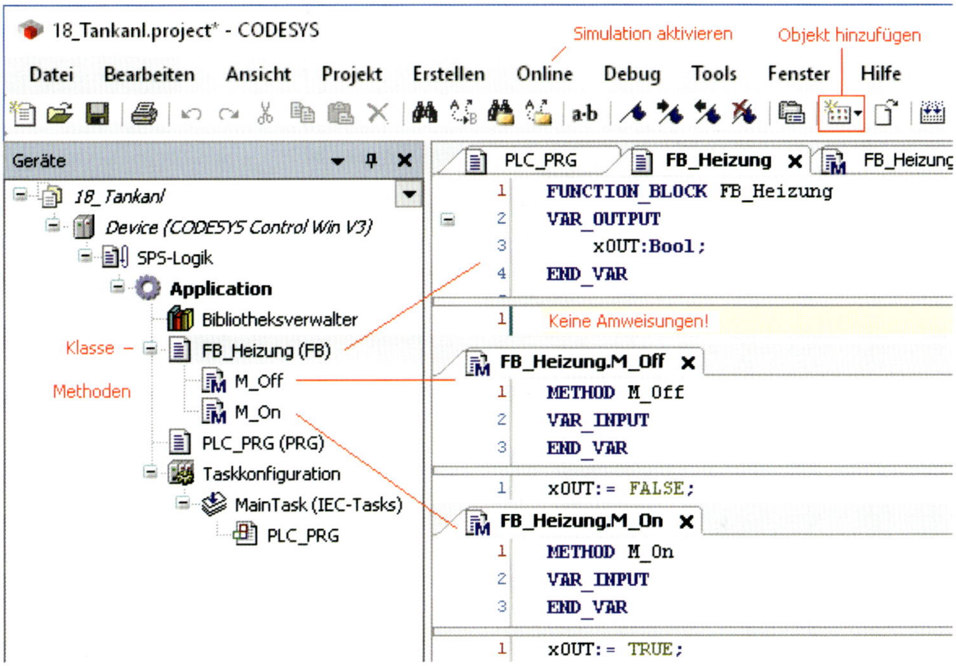

6. Deklarieren Sie im Hauptprogramm (PLC_PRG) die Variablen `xS1` für den Heizungsschalter und `xQ1` für das Heizungsschütz und schreiben Sie die Anweisungen, wie das nachfolgende Bild zeigt. Übersetzen Sie den Code, beseitigen Sie eventuell angezeigte Fehler.

Übersetzen

Kommentar

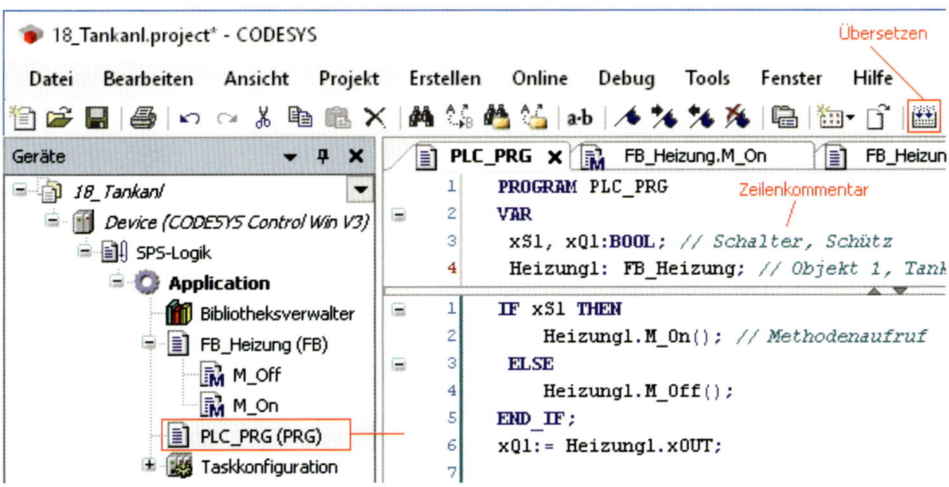

7. Testen Sie das Programm. Hilfe erhalten Sie auf **InfoClick** - "Hinweise zum Umgang mit CODESYS V3" oder "Hinweise zum Umgang mit e!COCKPIT".

Einloggen

Start

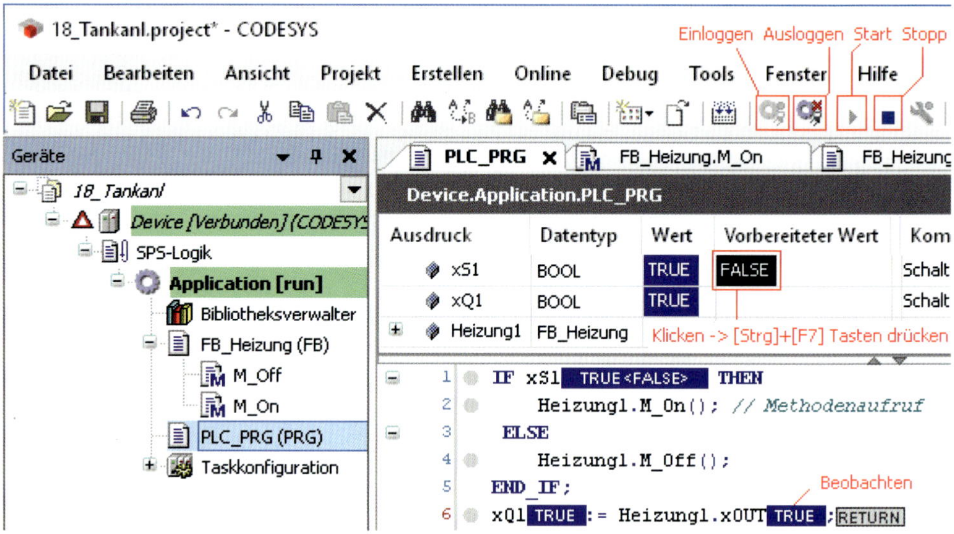

Aufgabe 18.2 Tanktyp 2: Heizung – Leistungssteuerung über eine weitere Methode

Vererbung

Vererbung ist ein Grundprinzip der objektorientierten Programmierung. Bei der Vererbung wird ein neuer Funktionsblock (Klasse) von einem bestehenden Funktionsblock (Basisklasse) abgeleitet. Dieser kann anschließend erweitert werden. Dabei "erbt" der neue Funktionsblock alle Variablen, Eigenschaften und Methoden des Basisfunktionsblocks. Jeder Funktionsblock kann beliebig viele Nachfolger haben, aber er kann lediglich einen Vorgänger (Basisfunktionsblock) besitzen.
Um dieses Vererbungsprinzip effektiv einzusetzen, ist bereits beim Programmentwurf darauf zu achten, die Maschine oder Anlage in kleine Funktionseinheiten, in Objekte zu zerlegen.

EXTENDS

Der `FB_Heizung` ist ein einfacher Funktionsblock und nur in der Lage, mit den Methoden `M_On()` und `M_Off()` ein Schütz ein- und auszuschalten. Vom `FB_Heizung` wird der Funktionsblock `FB_Heiz_Leistungssteuerung` abgeleitet. Der `FB_Heizung` von oben wird als Basisklasse für eine neue Klasse, den `FB_Heiz_Leistungssteuerung`, benutzt. Das Ableiten des neuen Funktionsblocks geschieht bei der Deklaration. Die Anweisung **`EXTENDS`** wird, mit Angabe des Basisfunktionsblocks, hinter den Namen des neuen Funktionsblocks angegeben.
Der `FB_Heiz_Leistungssteuerung` besitzt zusätzlich die Variable `rLeistungswert` für die analoge Stellgröße der Heizung und eine Methode `M_SetzeLeistungswert`, um diese Stellgröße zu verändern. Der `FB_Heiz_Leistungssteuerung` erbt die Variable `xOUT` und die Methoden `M_On()` und `M_Off()` vom `FB_Heizung`.

Vorgehensweise:

1. Fügen Sie im Projekt Tankanlage einen weiteren FB ein, den `FB_Heiz_Leistungssteuerung`. Achten Sie beim Einfügen auf die Option "Erweitert" `FB_Heizung`.
   Deklarieren Sie die Variable `rLeistungswert` als Ausgangsparameter.

FB_Heiz_Leistungsteuerung

```
FUNCTION_BLOCK FB_Heiz_Leistungsteuerung EXTENDS FB_Heizung
VAR_OUTPUT
    rLeistungswert:REAL;(*0...1.0*)
END_VAR
```

Der neue FB erbt vom FB_Heizung (Vaterklasse) alle Variablen und Methoden.
Es sind keine Anweisungen einzugeben

2. Fügen Sie die Methode `M_SetzeLeistungswert` mit dem Eingangsparameter hinzu, kopieren Sie die `M_Off()` und fügen Sie diese im neuen FB ein, um die Methode zu überschreiben.

Methoden überschreiben

Eigentlich besitzt der `FB_Heiz_Leistungssteuerung` schon die Methoden `M_On()` und `M_Off()`. Doch die geerbte Methode `M_Off` kennt die Variable `rLeistungswert` nicht, diese soll beim Methodenaufruf den Wert 0 annehmen. Deshalb wird im neuen FB diese Methode erneut angelegt, sie wird überschrieben.

SUPER^

Für den Zugriff auf die Methoden und Eigenschaften des Basisfunktionsblocks dient der Zeiger **SUPER^**. Dieses Schlüsselwort ist fest vorgegeben und wird von der Laufzeitumgebung automatisch initialisiert.

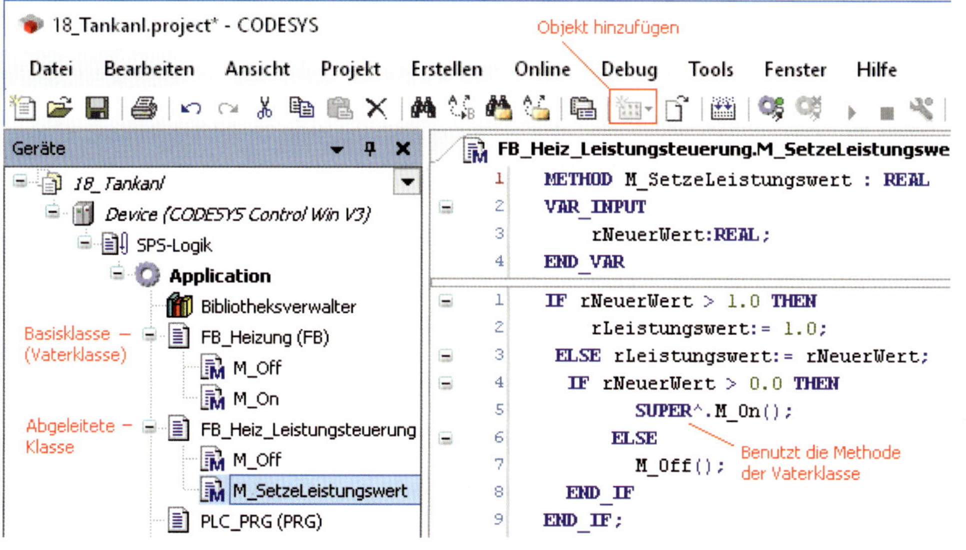

3. Überschreiben Sie die Methode M_Off.

```
FB_Heiz_Leistungsteuerung.M_Off
METHOD M_Off            Überschrieben mit der Anweisung in Zeile 2

xOUT:= FALSE;
rLeistungswert:=0.0;
```

4. Erweitern Sie das Programm mit der Heizung für Tanktyp 2, deren Heizleistung einstellbar ist, und testen Sie es.

```
PLC_PRG
PROGRAM PLC_PRG
VAR
    xS1:BOOL; // Schalter ein/aus
    Heizung1: FB_Heizung; // Objekt 1, Tanktyp 1
    xQ1:BOOL; // Heizungsschütz
    Heizung2: FB_Heiz_Leistungsteuerung; // Objekt 2, Tanktyp 2
    xQ2:BOOL;
    rLeistung:REAL; // Wert für Leistungssteller
    rSollwert:REAL:= 0.8; // Vorgabewert
END_VAR
```

```
IF xS1 THEN
    Heizung1.M_On(); // Methodenaufruf
    Heizung2.M_SetzeLeistungswert(rSollwert);
 ELSE
    Heizung1.M_Off();
    Heizung2.M_Off();
END_IF;
xQ1:= Heizung1.xOUT;
xQ2:= Heizung2.xOUT;
rLeistung:= Heizung2.rLeistungswert;
```

Aufgabe 18.3 Tanktyp 2: Heizung – Leistungssteuerung über eine Eigenschaft

Eigenschaft
Property

Die Aufgabe von oben ist auch mit einem FB, der die **Eigenschaft** (Property) `P_Leistungswert` besitzt, zu lösen. Eine solche Eigenschaft enthält zwei spezielle Methoden, die es ermöglichen, sehr einfach auf diese Eigenschaft lesend und schreibend zugreifen zu können. Die Variable `rLeistungswert` des FBs ist eine interne Variable, nur über die Eigenschaft kann von außen auf diese zugegriffen werden. Dies wird in der OOP auch als Kapselung bezeichnet.

1. Erweitern Sie das Programm aus Aufgabe 18.1. Fügen Sie im Projekt Tankanlage einen weiteren FB ein, den `FB_Heizleistungssteuerung`. Achten Sie beim Einfügen auf die Option "Erweitert". Deklarieren Sie die interne Variable `rLeistungswert`.

FB_Heiz_Leistungsteuerung

```
FUNCTION_BLOCK FB_Heiz_Leistungsteuerung EXTENDS FB_Heizung
VAR
    rLeistungswert:REAL;(*0...1.0*)
END_VAR
```

Es sind keine Anweisungen einzugeben

interne Variable

2. Markieren Sie den `FB_Heizleistungssteuerung` und fügen Sie die Eigenschaft (Property) `P_Leistungswert` ein. Geben Sie die Anweisungen in Get (lesen) sowie Set (setzen) ein.

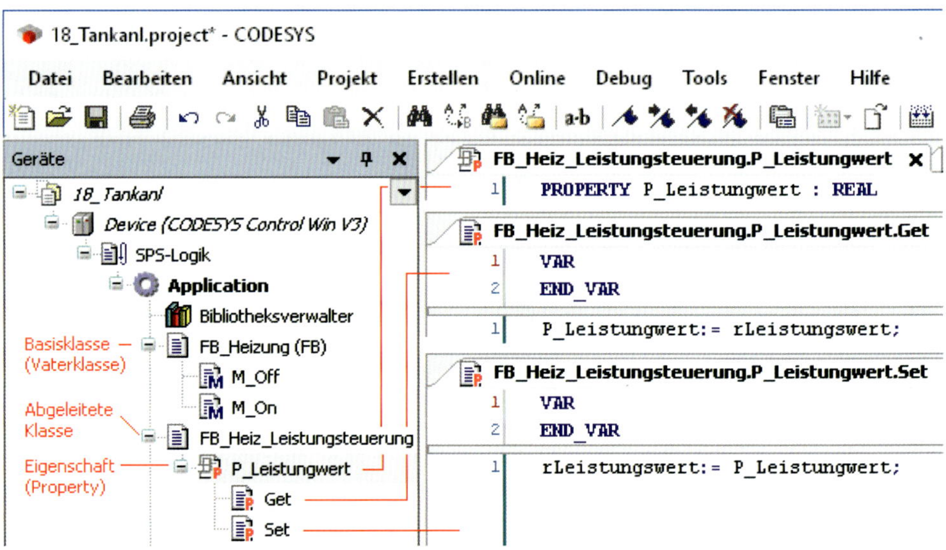

3. Rufen Sie im Hauptprogramm die Objekte mit deren Methoden auf und lesen bzw. beschreiben Sie die Eigenschaft für Objekt 2. Testen Sie die Funktion des Programms.

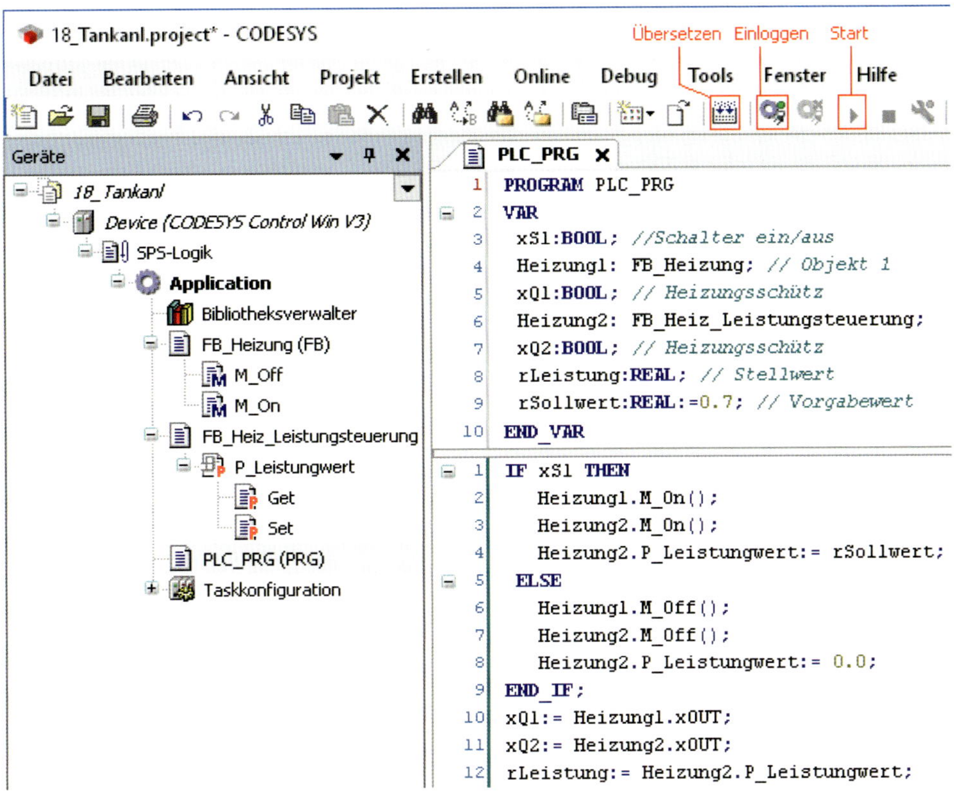

Aufgabe 18.4 Tankanlage, Programm mit Interface

Eine besondere Art von Klassen sind Interfaces. Ein **Interface** (Schnittstelle) definiert nur Methoden und Eigenschaften. In den Methoden und Eigenschaften ist kein Programmcode enthalten. Erbt eine Vaterklasse von einem Interface, so muss die Vaterklasse alle Methoden und Eigenschaften implementieren (einführen, realisieren), die das Interface vorgibt.

Interface

Dafür kann eine Variable des Interfaces zum Aufrufen von Objekten, die von diesem Interface erben, genutzt werden. Welche Implementierung tatsächlich dadurch aufgerufen wird, kann zur Laufzeit verändert werden – ein Leistungsmerkmal, das völlig neue Möglichkeiten eröffnet.
Mit diesen Techniken der OOP ist es möglich, neue Ausprägungen von Maschinen- bzw. Anlagenteilen mit geringem Programmieraufwand umzusetzen. Diese Technik wird an einem einfachen Beispiel gezeigt.

Beispiel: Einfache Tankanlage mit 4 Tanks, deren E-Heizungen über ein Energiemanagement (K1) gesteuert werden.
Die Tanks selbst können in zwei unterschiedliche Typen eingeteilt werden.
- Tanktyp 1: Die Heizung ein- bzw. ausgeschaltet.
- Tanktyp 2: Verfügt zusätzlich zum Tanktyp 1 über eine Leistungssteuerung.

Meldet das Energiemanagement eine zu große Netzlast (K1 = False), so wird die E-Heizleistung um die Hälfte reduziert, und wenn dies nicht möglich ist, wird die Heizung abgeschaltet.

Vollziehen Sie das Beispiel nach.

Vorgehensweise:

1. Fügen Sie ein neues Standardprojekt ein. Achten Sie auf den Speicherort und wählen ein Gerät und als Programmsprache ST aus.
2. Fügen Sie zunächst die Interfaces bzw. Schnittstelle `I_EinAus` und `I_Energiemanagement` mit ihren Methoden ein (Bild unten).
   Beachten Sie: Die Methoden werden erst nach der Implementierung ausprogrammiert.

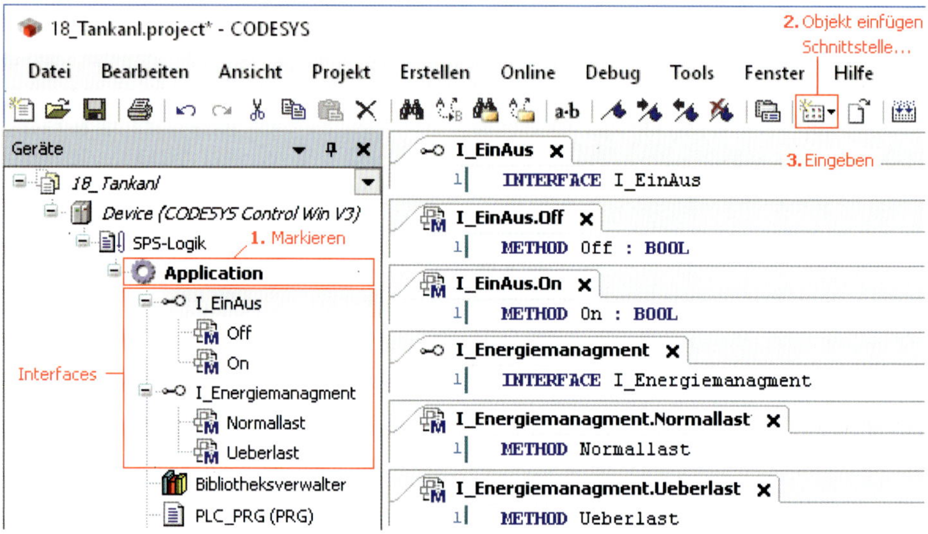

IMPLEMENTS

3. Fügen Sie den `FB_TankTyp1` ein, implementieren Sie mit dem Schlüsselwort **`IMPLEMENTS`** die Interfaces, damit werden die in den Interfaces angelegten Methoden sofort in die Kasse `FB_TankTyp1` übernommen. Aktivieren Sie dazu beim Einfügen die Option "Implementiert"... Deklarieren Sie die Variable `xOUT` und programmieren Sie die Methoden aus.

   Mit der Methode `On()` wird der Wert der Variablen gesteuert. Mit den Methoden `Normallast` und `Ueberlast` wird bei diesem Tanktyp nur die E-Heizung gesteuert, d.h., nur die Methoden `On()` und `Off()` werden aufgerufen.

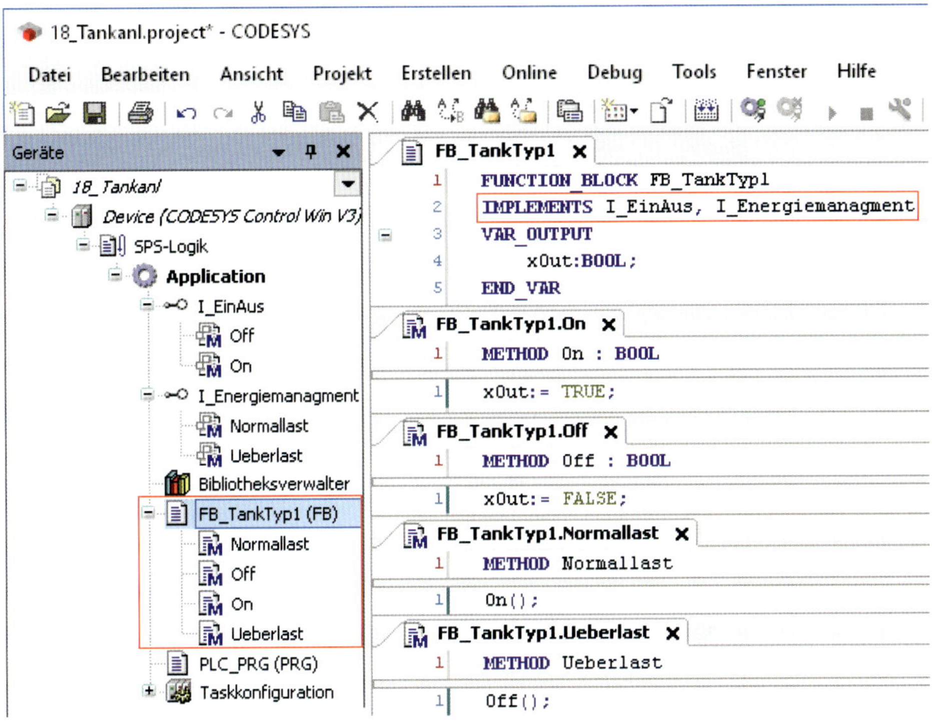

4. Erweitern Sie die Applikation mit der Schnittstelle `I_Leistung` und diese mit der Methode `SetLeistungswert` sowie deren Eingangsparameter.

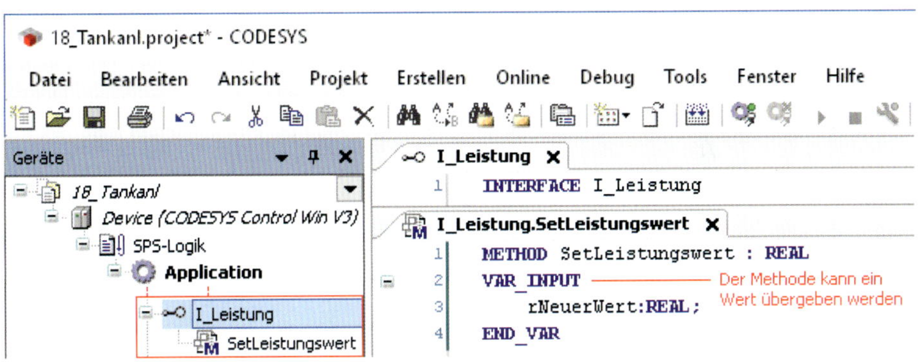

5. Fügen Sie den `FB_TankTyp2` mit der Extension `FB_TankTyp1` ein. Dadurch erbt dieser alle Methoden und Variablen vom `FB_TankTyp1` der Vaterklasse. Implementieren Sie die neue Schnittstelle `I_Leistung`. Programmieren Sie die Methode `SetLeistungswert` aus. Die beiden Methoden `Normallast` und `Ueberlast` werden überschrieben.

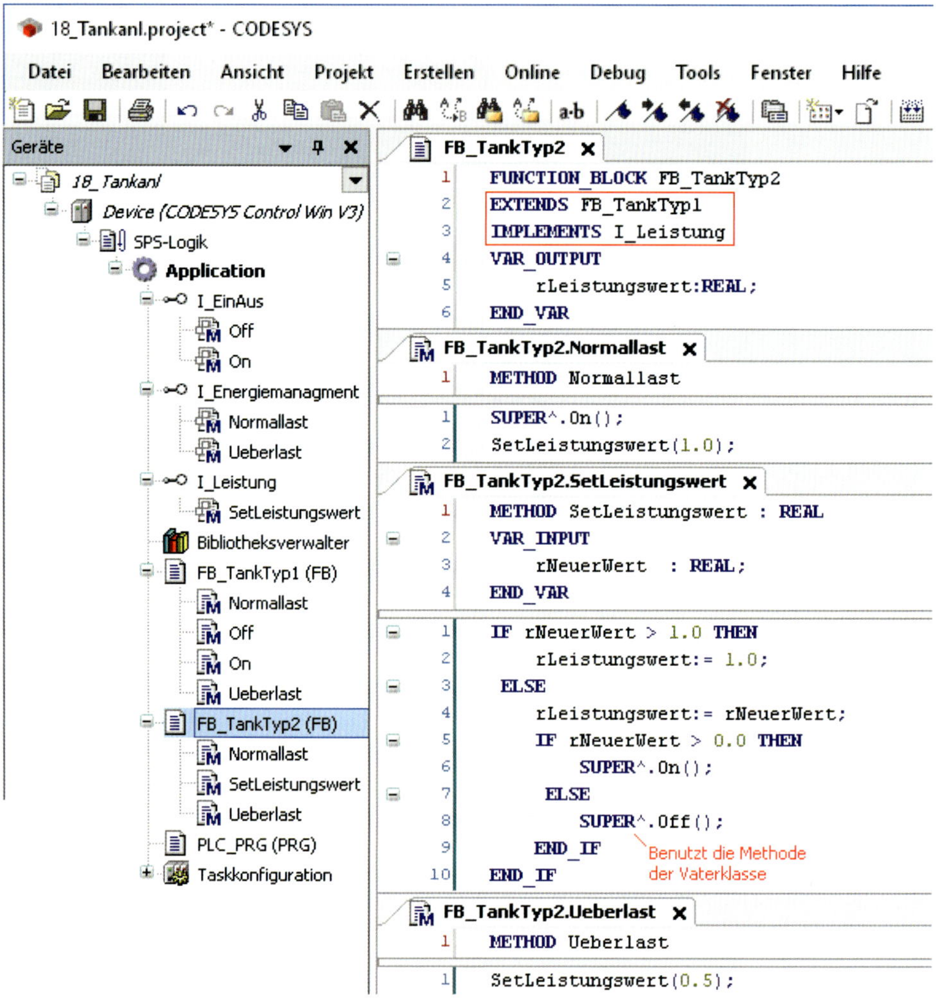

6. Programmieren Sie das Hauptprogramm. Im ARRAY ist die Information darüber, welchen Typ jeder der Tanks hat, nicht mehr erforderlich, dies wird erst zur Laufzeit je nach Instanzierung von Tank1 bis Tank4 entschieden. Die Aufrufe, ob die Heizung abgeschaltet bzw. die Heizleistung reduziert wird, kann in einer Schleife erfolgen.

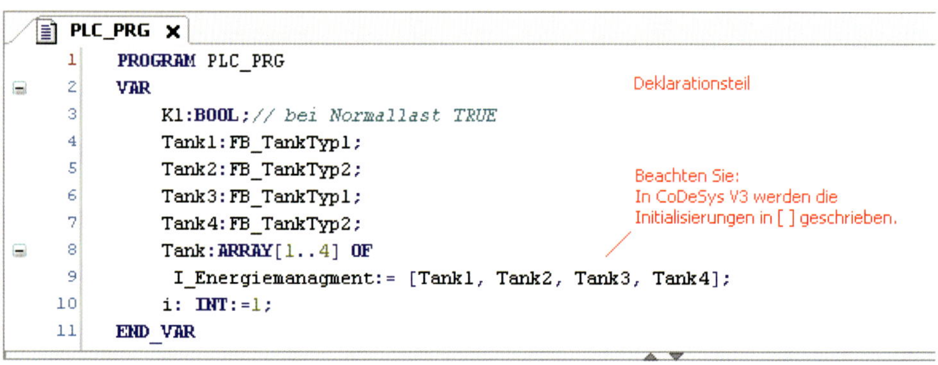

Anweisungsteil

```
FOR i:=1 TO 4 DO
IF K1 THEN
    Tank[i].Normallast();
 ELSE
    Tank[i].Ueberlast();
END_IF;
END_FOR;
```

7. Testen Sie die Funktion des Programms.

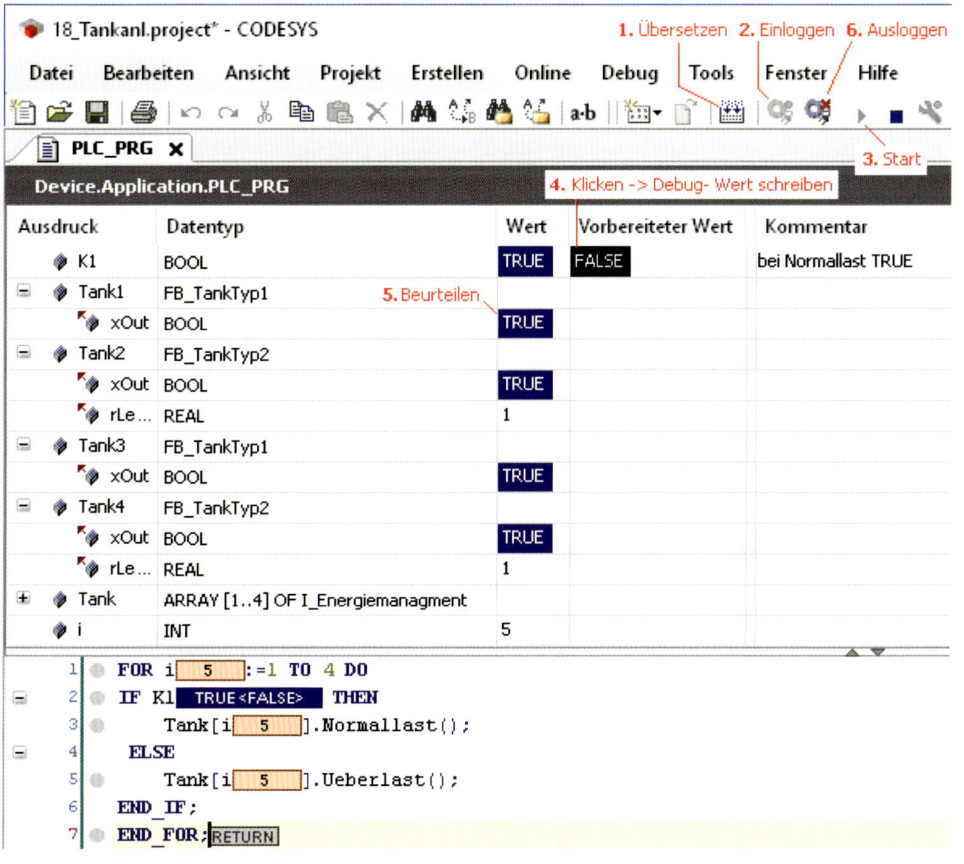

Übung 18.1 **Beschreiben Sie** kurz die Begriffe aus der OOP in CODESYS V3.

Stichpunkte OOP, Klasse, Objekte, Methoden, Kommentar, Vererbung, EXTENDS, SUPER^, Property, Interface, IMPLEMENTS

18. Selbsttest – Einführung in die objektorientierte Programmierung

Wählen Sie die richtigen Ergänzungen bzw. Aussagen aus.

---

1. Ein Objekt ist

- ☐ eine Klasse.
- ☐ die Instanz einer Klasse.
- ☐ eine Methode.
- ☐ eine Unterfunktion.

---

2. Methoden sind

- ☐ Unterfunktionen, die einer Klasse (FB) zugeordnet sind.
- ☐ Klassen, die einer Unterfunktion zugeordnet sind.
- ☐ Propertys, die keine Instanzen benötigen.
- ☐ interne Variable.

---

3. Klassen können von anderen Klassen erben, dazu wird das Schlüsselwort verwendet

- ☐ SUPER^
- ☐ EXTENDS
- ☐ OBJEKT
- ☐ IMPLEMENTS

---

4. Der Programmabschnitt `Heizung2.M_SetzeLeistungswert(Leistungswert);` zeigt

- ☐ den Aufruf eines Objekts.
- ☐ ein Methodenaufruf mit Wertübergabe.
- ☐ eine Wertzuweisung einer Eigenschaft.
- ☐ die Instanzierung einer Klasse.

Einen Selbsttest zu diesem Kapitel finden Sie auf **InfoClick**.

Lösungen

Sie können In CODESYS V3 bzw. e!COCKPIT auch Zeilenkommentare benutzen, z.B. //Testwerte. CoDeSys V2.3 bzw. WAGO I/O Pro kennen nur den Blockkommentar, z.B. (* Testwerte *).

1. Lösungen: Anweisung, Berechnungen

Aufgabe 1.2 **Kompensationsanlage:**

```
PROGRAM PLC_PRG
(*Kompensationsanlage U,I,P-Werte zum Testen des Codes ändern*)
VAR
 r_U :REAL:= 230.0;(*Die Variable wird mit 230.0 initialisiert*)
 r_I :REAL:= 10.5; (*Testwert*)
 r_P :REAL:= 1500.0; (*Testwert*)
 r_S, r_lamda, r_Q :REAL;
END_VAR

(*Scheinleistung berechnen*)
r_S:= r_U * r_I;

(*Leistungsfaktor berechnen*)
r_lamda:= r_P / r_S;

(*Blindleistung berechnen*)
r_Q:= SQRT(EXPT(r_S,2)- EXPT(r_P,2));
```

Übung 1.1 **Volumenberechnung:**

```
PROGRAM PLC_PRG
(*Volumen berechnen, rFuellhoehe- und rD-Werte zum Testen verändern*)
VAR
 rD :REAL:= 2.5;(*Tankdurchmesser mit 2.5 initialisiert*)
 rFuellhoehe :REAL;
 rV :REAL;(*Füllvolumen*)
END_VAR

rV:= 3.14 * rFuellhoehe * rFuellhoehe *(rD/2 - rFuellhoehe/3);
```

oder

```
rV:= 3.14 * EXPT(rFuellhoehe,2) *(rD/2 - rFuellhoehe/3);
```

2. Lösungen: Boolesche Operationen

Übung 2.1 Äquivalenz-Funktion

```
PROGRAM PLC_PRG
(*Äquivalenz-Funktion
 Wert von %IX2.0 und %IX2.1
 zum testen ändern,
 %QX0.1 beobachten*)
VAR
 xB1 AT %IX2.0:BOOL;
 xB2 AT %IX2.1:BOOL;
 xP2 AT %QX0.1:BOOL;
END_VAR

xP2:= (xB1 AND xB2) OR (NOT xB2 AND NOT xB1);
```

Anmerkung:
Die Klammern können entfallen, da AND-Verknüpfungen vor OR verknüpft werden.

Übung 2.2 XOR-Operand

```
PROGRAM PLC_PRG
(*Äntivalenz-Funktion*)
VAR
 xB1_temp AT %IX2.0:BOOL;
 xB2_temp AT %IX2.1:BOOL;
 xP1_Uebertemp AT %QX0.1:BOOL;
END_VAR

xP1_Uebertemp:= xB1_temp XOR xB2_temp;
```

Übung 2.3 Funktion 2 aus 3

B1	B2	B3	P1
0	0	0	0
0	0	1	0
0	1	0	0
0	1	1	1
1	0	0	0
1	0	1	1
1	1	0	1
1	1	1	1

```
PROGRAM PLC_PRG
(*2 aus 3 mit Schließer*)
VAR
 xB1_Temp AT %IX2.0:BOOL;
 xB2_Temp AT %IX2.1:BOOL;
 xB3_Temp AT %IX2.2:BOOL;
 xP1_Temp_zu_hoch AT %QX0.2:BOOL;
END_VAR

xP1_Temp_zu_hoch:= xB1_Temp AND xB2_Temp
            OR xB1_Temp AND xB3_Temp
            OR xB2_Temp AND xB3_Temp;
```

Übung 2.4 Wechselschaltung

```
PROGRAM PLC_PRG
(*Wechselschaltung*)
VAR
 S1 AT %IX2.0:BOOL;(*Schalter*)
 S2 AT %IX2.1:BOOL;
 E1 AT %QX0.0:BOOL;(*Leuchte*)
 E2 AT %QX0.1:BOOL;
END_VAR

E1:= S1 XOR S2;
E2:= E1;
```

Übung 2.5 KV-Diagramm: Funktion 3 aus 4

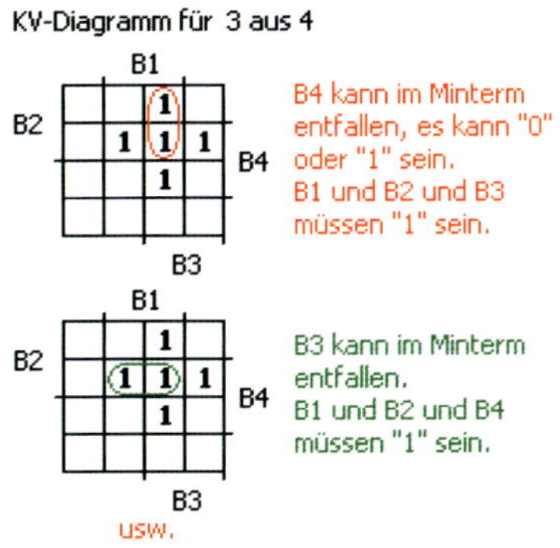


```
PROGRAM PLC_PRG
(*3 aus 4*)
VAR
   xB1 AT %IX2.0:BOOL;
   xB2 AT %IX2.1:BOOL;
   xB3 AT %IX2.2:BOOL;
   xB4 AT %IX2.3:BOOL;
   xP1 AT %QX0.1:BOOL;
END_VAR

xP1:= xB1 AND xB2 AND xB3
   OR xB1 AND xB2 AND xB4
   OR xB1 AND xB3 AND xB4
   OR xB2 AND xB3 AND xB4;
```

Übung 2.6 Funktion 2 aus 3 mit Öffner

Variablendeklaration wie Übung 2.3

```
xP1_Temp_zu_hoch:= (NOT xB1_Temp AND NOT xB2_Temp)
            OR (NOT xB1_Temp AND NOT xB3_Temp)
            OR (NOT xB2_Temp AND NOT xB3_Temp);
```

Übung 2.7 Programmieren nach einer Funktionstabelle

```
PROGRAM PLC_PRG
VAR   xS1 AT %IX1.0:BOOL;
      xS2 AT %IX1.1:BOOL;
      xP1 AT %QX0.0:BOOL;
      xP2 AT %QX0.1:BOOL;
      xP3 AT %QX0.2:BOOL;
END_VAR
xP1:= xS1 OR xS2;
xP2:= xS1 XOR xS2;
xP3:= NOT xP2;
```

3. Lösungen: Datentypen, Codierung

Übung 3.1 **Zahlendarstellung**

binär	hexadezimal	dezimal
2#1001_0101	16#95	149
2#1010_0010	16#A2	162
2#0001_0011	16#13	19

Aufgabe 3.3 a) Das Programm hat die Funktion 2 aus 3.

```
xP1:= BOOL_TO_USINT(xB1)+ BOOL_TO_USINT(xB2)+ BOOL_TO_USINT(xB3)>= 2;
```

Additionen für ganze Zahlen werden mit dem Datentyp USINT ... DINT durchgeführt.
Eine Vergleichsoperation liefert TRUE, wenn das Ergebnis des Ausdrucks wahr ist.

b) Nur wenn zwei der Variablen xB1 ... xB3 den Wert TRUE haben, wird xP1 TRUE.

Aufgabe 3.4 Abhängig vom Datentyp, wird das Bitmuster im Speicher unterschiedlich interpretiert.
Lösung mit Vergleichsoperator: `xP1_neg:= iIn < 0;`

Aufgabe 3.5 **Analogwertverarbeitung 1**

Welche Aufgaben übernehmen

- Zeile 1 im Anweisungsteil? Multiplikation, dann REAL -> INT wandeln.

- Zeile 2 im Anweisungsteil? INT -> WORD umwandeln, um maskieren zu können.

- Zeile 3 im Anweisungsteil? Ist das hochwertigste Bit logisch 1, -> P1 wird TRUE.

rIn	iOut	wOut	xP1_neg
0.25	8192	16# 20 00	FALSE
0.5	16384	16# 40 00	FALSE
0.75	24575	16# 5F FF	FALSE
1.0	32767	16# 7F FF	FALSE
-0.25	-8192	16# E0 00	TRUE

Die Anzeige könnte im Programm einfacher mit einem Vergleichsoperator gelöst werden.

```
xP1_neg:= rIn < 0.0;
```

Übung 3.2 **Analogwertverarbeitung 2, Skalieren**

```
PROGRAM PLC_PRG
(*Skaliert den Wert von 0...32760 nach 0...100.0*)
(*Zum Test den Wert von iTemp_in verändern*)
VAR
 iTemp_in: INT;
 rTemp_out: REAL;
END_VAR

rTemp_out:= INT_TO_REAL(iTemp_in) / 327.6;
```

Aufgabe 3.6 **Eindimensionale Feldvariable:** `rAnfangsposition -> -10.5`, `rEndposition -> 55.5`

Zweidimensionale Feldvariable

```
VAR
 iRegal: ARRAY[1..4, 1..3] OF INT:= 5, 45, 2,
                                    8, 67, 5,
                                    10, 1, 3,
                                    9, 23, 4;
 iID_Nr1, iID_Nr2: INT;
END_VAR ...
```

Regal

y				
3	2	5	3	4
2	45	67	1	23
1	5	8	10	9
	1	2	3	4

x

Übung 3.3 **Bahnkorrektur mit ARRAY**

```
PROGRAM PLC_PRG
VAR
 bSensoren AT %IB4:BYTE; bOut:Byte; i:INT;
 xAlarm AT %QX0.0:BOOL; xOk AT %QX0.1:BOOL;
 xRe AT %QX0.2:BOOL; xLi AT %QX0.3:BOOL;
 out_tab:ARRAY[0..7] OF BYTE:=
  2#0000_0001,
  2#0000_0100,
  2#0000_0010,
  2#0000_0100,
  2#0000_1000,
  2#0000_0001,
  2#0000_1000,
  2#0000_0001;
END_VAR
```

Funktionstabelle:

S1	S2	S3	li	re	ok	alarm
0	0	0	0	0	0	1
0	0	1	0	1	0	0
0	1	0	0	0	1	0
0	1	1	0	1	0	0
1	0	0	1	0	0	0
1	0	1	0	0	0	1
1	1	0	1	0	0	0
1	1	1	0	0	0	1

Zuordnung: Sensor betätigt = 1

S1 -> %Ix.2 alarm -> %Q0.0
S2 -> %Ix.1 ok -> %Q0.1
S3 -> %Ix.0 re -> %Q0.2
li -> %Q0.3

```
i:=BYTE_TO_INT(bSensoren AND 2#0000_0111);
bOut:= out_tab[i];
xAlarm:= bOut.0; xOk:= bOut.1;
xRe:= bOut.2; xLi:= bOut.3;
```

Fragen:

1. Wann wird der Datentyp REAL, INT, BYTE verwendet? Wie viele Bits Speicherplatz muss das System für den jeweiligen Typ reservieren? Welcher Wertebereich kann dargestellt werden?

2. Welches Ergebnis liefert die Verknüpfung 16#FF AND 16#80?

```
PROGRAM PLC_PRG
VAR
(*Menü-Projekt-Optionen-Editor-Bitwert-Hexadez oder Binär*)
 a: BYTE;
END_VAR
a:=16#FF AND 16#80; (*Der Wert von a ist 16#80*)
```

3. Von welchem Datentyp ist das Ergebnis einer Vergleichsoperation?

BOOL

4. Schreiben Sie drei Datentypen für Zeiten auf.
TIME, DATE, TIME_OF_DAY

5. Können zwei Variable vom Datentyp USINT mit OR verknüpft werden?

Nein

4. Lösungen: Kontrollstrukturen – Alternativen

IF...THEN...ELSE...ELSIF

Aufgabe 4.1 b) SR-Kippglied

```
PROGRAM PLC_PRG
VAR
 xStart, xStopp:BOOL;
 xOut:BOOL;
END_VAR
(*setzen vorrangig*)
IF xStopp THEN
 xOut:= FALSE;
END_IF;
IF xStart THEN
 xOut:= TRUE;
END_IF;
```

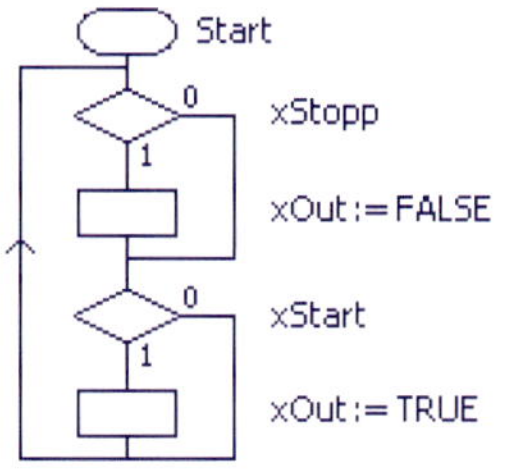

c) SR-Kippglied mit ELSIF...

```
IF xStart THEN
  xOut:= TRUE;
 ELSIF xStopp THEN
  xOut:= FALSE;
END_IF;
```

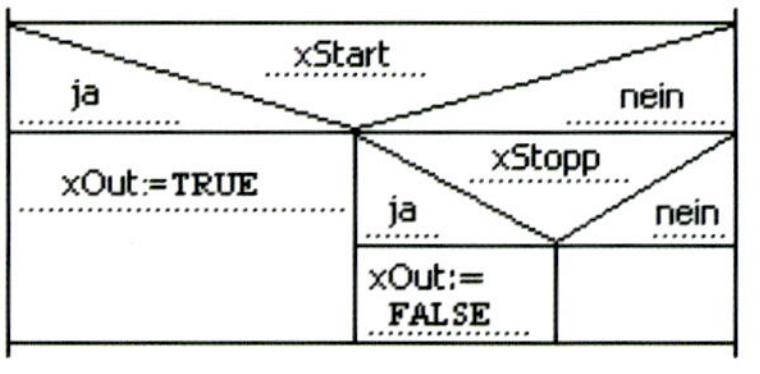

Übung 4.1 Behältersteuerung

```
PROGRAM PLC_PRG
(*Projekt: Behältersteuerung*)
VAR
 S1_ein AT %IX2.0:BOOL;
 B1 AT %IX2.1:BOOL;
 B2 AT %IX2.2:BOOL;
 P1_ein AT %QX0.0:BOOL;
 M1_Ventil AT %QX0.1:BOOL;
 M2_Ventil AT %QX0.2:BOOL;
END_VAR
P1_ein := S1_ein; (*Meldung ein*)
IF NOT B1 THEN(*Ventile ein*)
 M1_Ventil:= TRUE; M2_Ventil:= TRUE;
END_IF;
(*Ventile ausschalten*)
IF B2 OR NOT S1_ein THEN
 M1_Ventil:= FALSE; M2_Ventil:= FALSE;
END_IF;
```

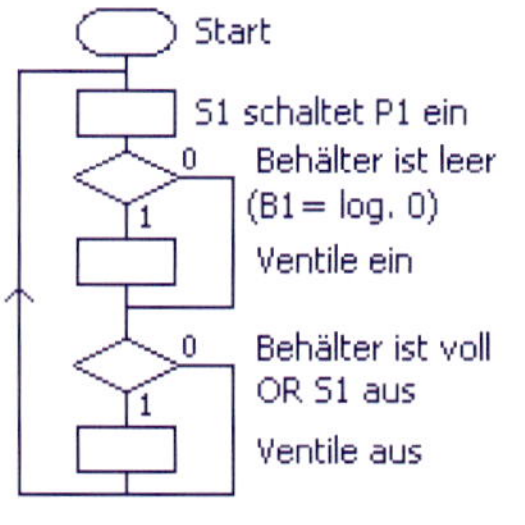

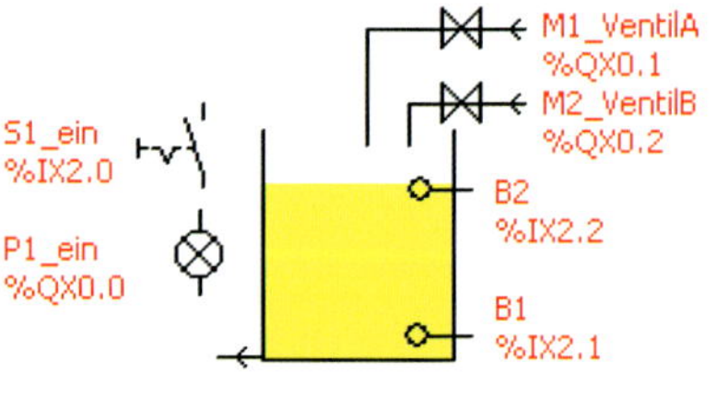

Festlegung:
Die Werte der Variablen B1 und B2 sind TRUE, wenn die Flüssigkeit die Sensoren bedeckt.

Übung 4.2 Zweipunktregler

```
PROGRAM PLC_PRG
(*Helligkeits- und dann Schwellwert ändern, xOut beobachten*)
VAR
 usiSchwellwert :USINT:= 150; (*Testwert*)
 usiHelligkeit :USINT:= 200; (*Testwert*)
 usiEinschaltpunkt, usiAusschaltpunkt :USINT;
 xOut :BOOL;
END_VAR

(*Schwellwert prüfen*)
IF usiSchwellwert >200 OR usiSchwellwert <100
 THEN usiSchwellwert:= 150;
END_IF
(*Schaltpunkte berechnen, Hysterese=50*)
usiEinschaltpunkt:= usiSchwellwert - 25;
usiAusschaltpunkt:= usiSchwellwert + 25;
(*schalten*)
IF usiHelligkeit > usiAusschaltpunkt
 THEN xOut:= FALSE;
END_IF;
IF usiHelligkeit < usiEinschaltpunkt
 THEN xOut:= TRUE;
END_IF;
```

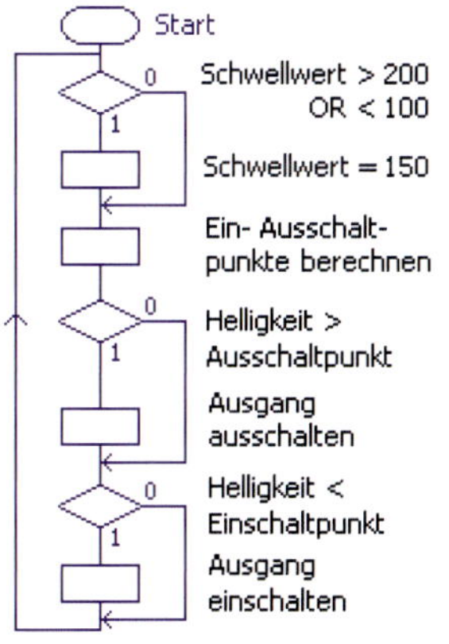

Übung 4.3 Kompensationsanlage

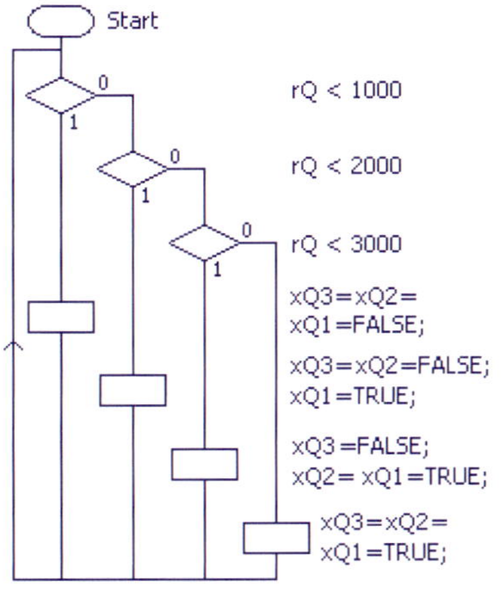


```
PROGRAM PLC_PRG
VAR
(*rQ eingeben, xQ1..xQ3 beobachten*)
 rQ:REAL:= 1500.0; (*Testwert*)
 xQ1, xQ2, xQ3:BOOL;
END_VAR

IF rQ < 1000.0 THEN
  xQ3:= FALSE; xQ2:= FALSE; xQ1:= FALSE;
 ELSIF rQ < 2000.0 THEN
  xQ3:= FALSE; xQ2:= FALSE; xQ1:= TRUE;
 ELSIF rQ < 3000.0 THEN
  xQ3:= FALSE; xQ2:= TRUE; xQ1:= TRUE;
 ELSE
  xQ3:= TRUE; xQ2:= TRUE; xQ1:= TRUE;
END_IF;
```

Bei der Lösung ohne ELSIF dauert die Programmabarbeitung länger.

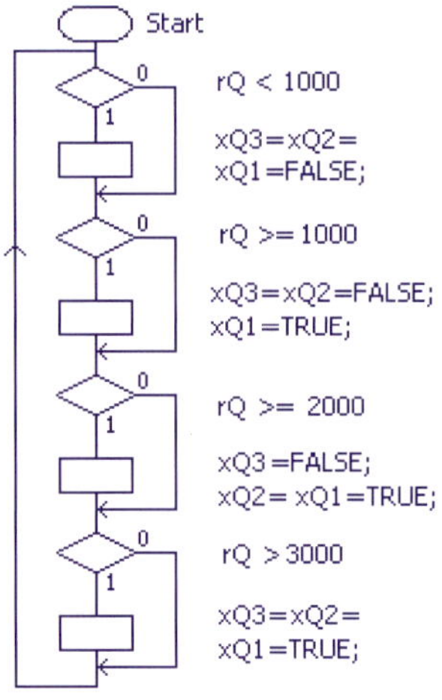


```
PROGRAM PLC_PRG
VAR
(*rQ eingeben, xQ1..xQ3 beobachten*)
 rQ:REAL:=1500.0;(*Testwert*)
 xQ1, xQ2, xQ3 :BOOL;
END_VAR

IF rQ < 1000.0 THEN
 xQ3:=FALSE; xQ2:=FALSE; xQ1:=FALSE;
END_IF;
IF rQ >= 1000.0 THEN
 xQ3:=FALSE; xQ2:=FALSE; xQ1:=TRUE;
END_IF;
IF rQ >= 2000.0 THEN
 xQ3:=FALSE; xQ2:=TRUE; xQ1:=TRUE;
END_IF;
IF rQ > 3000.0 THEN
 xQ3:=TRUE; xQ2:=TRUE; xQ1:=TRUE;
END_IF;
```

Übung 4.4 Zähler

```
PROGRAM PLC_PRG
(* Vorwärtszähler eng. Counter up *)
VAR
 CU AT %IX2.1 :BOOL;(*Zähleingang- count up*)
 CV :INT;(*aktueller Zählwert-countervalue*)
 PV :INT:= 10;(*Vorgabewert-presetvalue*)
 CU_flanke,xGedaechtnis :BOOL;
 Q AT %Q0.0 :BOOL;
END_VAR

(*steigende Flanke erkennen*)
CU_flanke:= CU AND NOT xGedaechtnis;
xGedaechtnis:= CU;
(*vorwärts zählen*)
IF CU_flanke THEN
 CV:= CV + 1;
END_IF
Q:= CV >= PV;
```

Bei einer Signaländerung von %IX2.1 von logisch 0 auf logisch 1 (positive Flanke) wird der Zählwert erhöht. Bei einem Zählwert von >= 10 wird %QX0.0 = logisch 1.

CASE:

Aufgabe 4.2 Würde die Anweisung

```
rOut:=mw_1/3276;
```

auch zu einem richtigen Ergebnis führen?
Nein.

```
PLC_PRG (PRG-ST)
0001      mw1 = mw2 = mw3 = 32759
0002      rOut1 = 9
0003      rOut2 = 9.999695
0004      rOut3 = 9
0001 rOut1:=mw1/3276;
0002 rOut2:=INT_TO_REAL(mw2)/3276.0;
0003 rOut3:=INT_TO_REAL(mw2/3276);
```

Übung 4.5 **Autowaschanlage**

```
PROGRAM PLC_PRG
(*Autowaschanlage, ablauforientiert programmiert*)
VAR
 step_no:USINT:=0;(*Schrittnummer*)
 S1_start AT %IX0.0: BOOL;(*Start-Taste*)
 B1_pos_vorw AT %IX0.1: BOOL;(*Endschalter*)
 B2_pos_hauptw AT %IX0.2: BOOL;(*Endschalter*)
 B3_pos_trock AT %IX0.3: BOOL;(*Endschalter*)
 B4_pos_ende AT %IX0.4: BOOL;(*Endschalter*)

 P1_startbereit AT %QX0.0: BOOL;(*Anzeige*)
 Q1_Band AT %QX0.2: BOOL;(*Bandantrieb*)
 M1_Vorw AT %QX0.3: BOOL;(*Ventil*)
 M2_Q2_Hauptw AT %QX0.4: BOOL;(*Ventil+Bürsten*)
 Q3_Trockner AT %QX0.5: BOOL;(*Trocknerantrieb*)
END_VAR

CASE step_no OF
 0: Q1_Band: = FALSE;
    Q3_Trockner:= FALSE;
    P1_startbereit:= TRUE;
    IF S1_start THEN
    step_no:= step_no + 1; END_IF;
 1: P1_startbereit:= FALSE;
    Q1_Band:= TRUE;
    IF B1_pos_vorw THEN
    step_no:= step_no + 1; END_IF;
 2: M1_Vorw:= TRUE;
    IF B2_pos_hauptw THEN
    step_no:= step_no + 1; END_IF;
 3: M1_Vorw:= FALSE;
    M2_Q2_Hauptw:= TRUE;
    IF B3_pos_trock THEN
    step_no:= step_no + 1; END_IF;
 4: M2_Q2_Hauptw:= FALSE;
    Q3_Trockner:= TRUE;
    IF B4_pos_ende THEN
    step_no:= 0; END_IF;
END_CASE;
```

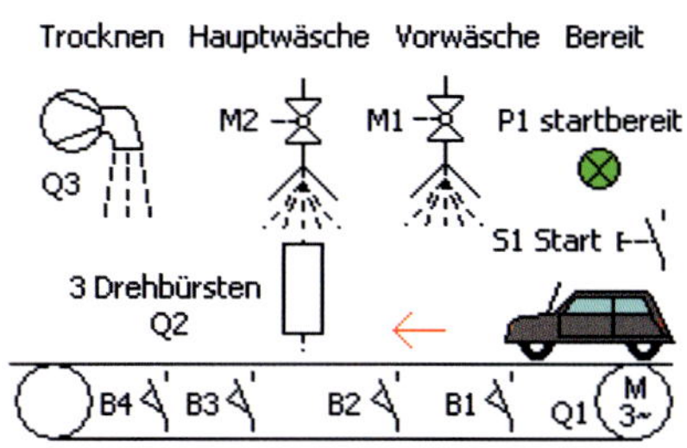

Aufgabe 4.3 Meldung, String

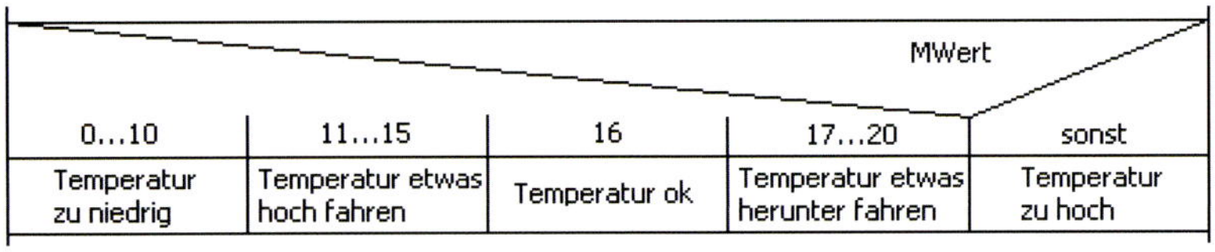


```
PROGRAM PLC_PRG
(*usiMWert ändern, sMeldung beobachten*)
VAR
 usiMWert :USINT:= 5;(*Testwert*)
 sMeldung :STRING;
END_VAR

CASE usiMWert OF
 0..10 : sMeldung:= 'Temperatur zu niedrig';
 11..15: sMeldung:= 'Temperatur etwas hoch fahren';
 16    : sMeldung:= 'Temperatur ok';
 17..20: sMeldung:= 'Temperatur etwas herunter fahren';
 ELSE
  sMeldung:= 'Temperatur zu hoch';
END_CASE;
```

Übung 4.6 Füllstand, Frequenzumrichter

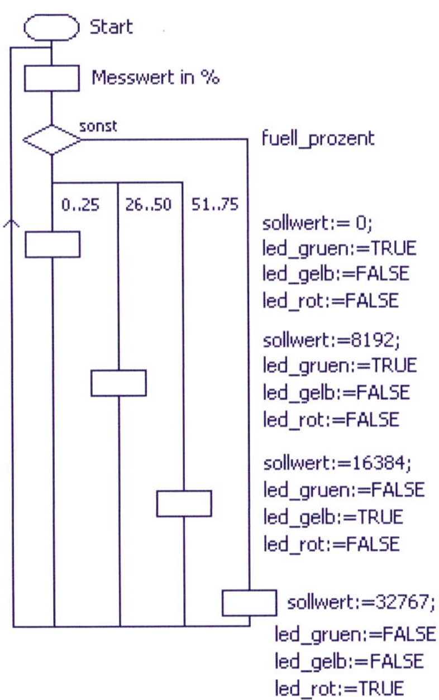


```
PROGRAM PLC_PRG
(*Zum Testen den Füllstand ändern*)
VAR
 wHoehe AT %IW0:WORD;
(*Füllstand  0...32760)
 usiHoehe:USINT;(*Füllstand in %*)
 wSollwert AT %QW0:WORD;
 led_gruen, led_gelb, led_rot:BOOL;
END_VAR

usiHoehe:= WORD_TO_USINT(wHoehe*100/32760);
CASE usiHoehe OF
 0..25 : wSollwert:= 0;(*0V*)
  led_gruen:= TRUE; led_gelb:= FALSE;
  led_rot:= FALSE;
 26..50: wSollwert:= 8192;(*2,5V*)
  led_gruen:= TRUE; led_gelb:= FALSE;
  led_rot:= FALSE;
 51..75 : wSollwert:= 16384;(*5V*)
  led_gruen:= FALSE; led_gelb:= TRUE;
  led_rot:= FALSE;
ELSE wSollwert:= 32767;(*10V*)
  led_gruen:= FALSE; led_gelb:= FALSE;
  led_rot:= TRUE;
END_CASE;
```

Aufgabe 4.4 Funktion "2 aus 3" mit CASE-Anweisung

```
PROGRAM PLC_PRG
(*Funktion(2aus3)%I2.0...I2.2 ändern, %Q0.0 beobachten*)
VAR
 bSensoren AT %IB4: BYTE;(*Sensoreingänge*)
 usiSensoren: USINT;
 xP1 AT %QX0.0: BOOL;
END_VAR

(*Bit3..7 ausmaskieren und in USINT umwandeln*)
usiSensoren:= BYTE_TO_USINT(bSensoren AND 2#0000_0111);
CASE usiSensoren OF
 3,5,6,7 :
  xP1:= TRUE;
 ELSE
  xP1:= FALSE;
END_CASE;
```

Funktionstabelle

	B1	B2	B3	P1
0	0	0	0	0
1	0	0	1	0
2	0	1	0	0
3	0	1	1	**1**
4	1	0	0	0
5	1	0	1	**1**
6	1	1	0	**1**
7	1	1	1	**1**

5. Lösungen: Kontrollstrukturen-Schleifen

Aufgabe 5.1 Impedanzberechnung in einer Tabelle mit der FOR-Schleife

a)

```
PROGRAM PLC_PRG
VAR
 index:INT;(*Laufvariable*)
 U:REAL:=10.0;
 I:ARRAY[1..5] OF REAL;
 Z:ARRAY[1..5] OF REAL;
 a:REAL;
END_VAR
FOR index:=1 TO 5 DO
 I[index]:= INT_TO_REAL(index);
 Z[index]:= U/I[index];
END_FOR;
a:=Z[3];
```

b)

```
PROGRAM PLC_PRG
VAR
 index:USINT;(*Laufvariable*)
 U:REAL:=10.0;
 I:ARRAY[1..6] OF REAL;
 Z:ARRAY[1..6] OF REAL;
END_VAR
FOR index:=2 TO 12 BY 2 DO
 I[index/2]:= USINT_TO_REAL(index);
 Z[index/2]:= U/I[index/2];
END_FOR;
```

Übung 5.1 Messstellen, Mittelwertberechnung mit der FOR-Schleife

```
PROGRAM PLC_PRG
(*Mittelwert von %IW0...%IW5 berechnen*)
(*Geben Sie während der Laufzeit in der Steuerungskonfiguration Werte
0...32760 ein*)
VAR
 iMw AT %IW0: ARRAY[0..5] OF INT;
 i:INT; (*Index*)
 rMesswert: ARRAY[0..5] OF REAL;
 rMittelwert, rSumme:REAL;
END_VAR

(*Messwerte berechnen*)
rSumme:= 0.0;
FOR i:= 0 TO 5 DO
 rMesswert[i]:= iMw[i] * 100 / 32760.0; (*Implizierte Typenumwandlung*)
 rSumme:= rSumme + rMesswert[i];
END_FOR;
(*Mittelwert berechnen*)
rMittelwert:= rSumme / i; (*Implizierte Typenumwandlung*)
```

Aufgabe 5.3 Maximale Zykluszeit beachten! WHILE-Schleife

Wird die Variable S1 = TRUE, so wird die WHILE-Schleife bearbeitet, aber keine anderen Anweisungen mehr. Die maximale Zykluszeit (z. B. 150 ms) wird überschritten.
Das Zielsystem geht in die Betriebsart Stopp.

Übung 5.2 Sortieren von Zahlen nach dem "Bubble Sort"-Verfahren, REPEAT-Schleife

```
PROGRAM PLC_PRG
(*Sortieren nach dem "Bubble Sort"-Verfahren*)
VAR CONSTANT
 iMax: INT:= 3;
END_VAR
VAR
 xSortieren, xTauschen: BOOL;
 i, iTauschplatz: INT;
 iPlatz: ARRAY[0..imax] OF INT:= 3,2,4,1;
END_VAR

IF xSortieren THEN
REPEAT
 xTauschen := FALSE;
 FOR i:= iMax TO 1 BY -1 DO
  IF iPlatz[i-1] > iPlatz[i]THEN
   iTauschplatz:= iPlatz[i];
   iPlatz[i]:= iPlatz[i-1];
   iPlatz[i-1]:= iTauschplatz;
   xTauschen:= TRUE;
  END_IF;
 END_FOR;
UNTIL NOT xTauschen
END_REPEAT;
END_IF
```

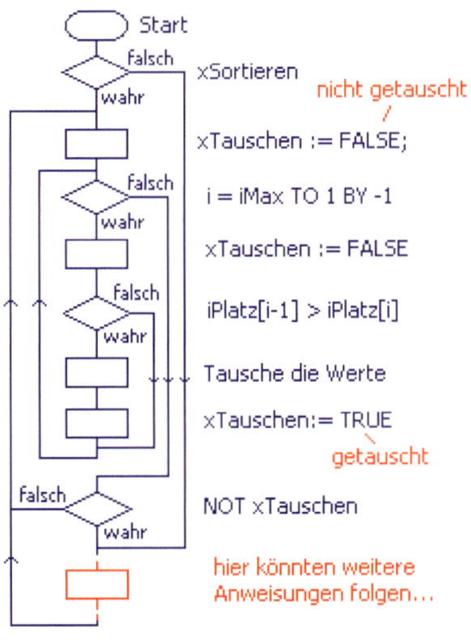

Welche Zahl wird als Erstes mit welcher Zahl vertauscht?

Der Wert im Sortierpuffer[2] ist größer als der im Sortierpuffer[3], die Werte werden mit Hilfe des Hilfspuffers getauscht.

Welche Auswirkungen hat es, wenn iMax = 4 ist?

Es können 5 Zahlen sortiert werden.

Ist die Aufgabe auch mit einer WHILE-Schleife zu realisieren?

Ja, Sie finden die Lösung auf InfoClick.

Übung 5.3 Dezimalzahl -> Dualzahl

```
PROGRAM PLC_PRG
(*Dezimalzahl -> Dualzahl*)
VAR
 usiEingabe_zahl :USINT := 10;
 usiZahl ,i, usiRest :USINT;
 usiOut : ARRAY[0..7] OF USINT;
END_VAR

FOR i:= 0 TO 7 DO
 usiOut[i]:= 0;
END_FOR;
i:= 0;
usiZahl:= usiEingabe_zahl;
REPEAT
 usiRest:= usiZahl MOD 2;
 usiOut[i]:= usiRest;
 usiZahl:= usiZahl/2;
 i:=i + 1;
UNTIL usiZahl = 0
END_REPEAT;
```

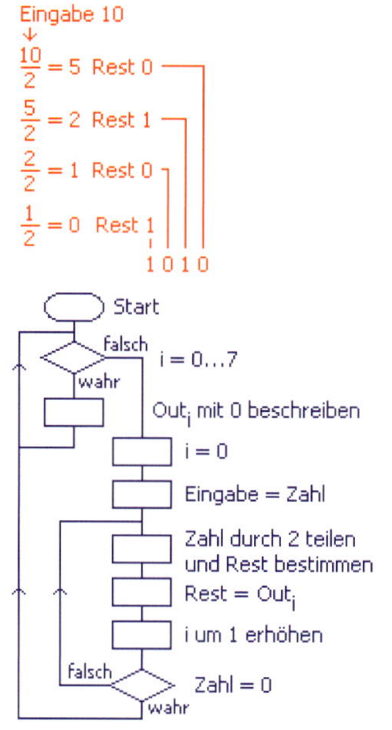

Aufgabe 5.5 FOR-Schleife in FOR-Schleife mit EXIT:

b)

```
PROGRAM PLC_PRG
VAR
 i,k,a,b:INT;
 M:ARRAY[1..3,0..7] OF BOOL;
END_VAR

IF M[2,7] = FALSE THEN
FOR i:=0 TO 7 DO
 FOR k:=1 TO 3 DO
  IF (i=2 OR i=4 OR i=6) THEN EXIT;
  END_IF
  M[k,i]:= TRUE;
 END_FOR;
END_FOR;
END_IF;
a:=i;b:=k;
```

a)

i →	0	1	2	3	4	5	6	7
M0.	0	0	1	1	0	1	1	1
M1.	0	0	1	1	0	1	1	1
M2.	0	0	1	1	0	1	1	1

↑
k

b)

i →	0	1	2	3	4	5	6	7
M1.	1	1	0	1	0	1	0	1
M2.	1	1	0	1	0	1	0	1
M3.	1	1	0	1	0	1	0	1

↑
k

c)
Mit Hilfe der CONTINUE-Anweisung können Sie die Anweisungen in einer Schleife überspringen.
Mit der EXIT-Anweisung wird die Bearbeitung in der Schleife verlassen.

Übung 5.4 **Kennwort-Abfrage mit REPEAT-Schleife und EXIT**

```
PROGRAM PLC_PRG
(*Eingabe mit Liste vergleichen*)
VAR
  sEingabe:STRING:= 'a'; Index:INT;
  sKennwort:ARRAY[1..6] OF STRING:='a','b','c','d','e','f';
  xKw_nicht_gefunden:BOOL;
END_VAR
Index:= 0;
REPEAT
  Index:= Index + 1;
  IF Index > 6 THEN EXIT;
  END_IF;
UNTIL Index > 6 OR sKennwort[Index]= sEingabe
END_REPEAT;
IF Index > 6 THEN
  xKw_nicht_gefunden:= TRUE;
ELSE
  xKw_nicht_gefunden:= FALSE;
END_IF;
```

Kennwort-Abfrage mit der WHILE-Schleife

```
Index:= 1;
WHILE Index <= 6 AND sKennwort[Index]<> sEingabe DO
 Index:= Index + 1;
END_WHILE;
....
```

Fragen:

1. Was steckt hinter dem Begriff "Laufvariable"?

   In der FOR-Schleife wird die Laufvariable, z. B. `i`, automatisch erhöht.

2. Wird die Bedingung, ob die REPEAT-Schleife weiterhin durchlaufen wird, am Anfang oder am Ende der Schleife überprüft?

   Am Ende der Schleife.

   Muss es eine Durchführungs- oder Abbruchbedingung sein?

   Eine Abbruchbedingung.

3. Wie muss die Durchführungs- oder Abbruchbedingung formuliert sein?

   Der Ausdruck beinhaltet Vergleichsoperatoren (<, >, =, >=, <=). Der Ausdruckswert muss TRUE oder FALSE sein.

4. Weshalb ist in der Übung 5.4 in der Abbruchbedingung der Aufgabe "Kennwortabfrage" eine OR-Verknüpfung enthalten?

   Mit OR, AND und XOR können mehrere Ausdrücke mit Vergleichsoperatoren logisch verknüpft werden.

6. Lösungen: Unterprogramme, Tasks

Aufgabe 6.2 Unterprogramme, Kompensationsanlage

```
VAR_GLOBAL
  r_Q:REAL;
  xQ1 AT %QX0.0:BOOL;
  xQ2 AT %QX0.1:BOOL;
  xQ3 AT %QX0.2:BOOL;
  xP1_Eingabefehler AT %QX0.7:BOOL;
END_VAR

PROGRAM PLC_PRG
VAR
(*Variable sind global deklariert*)
END_VAR

(*Aufruf der Unterprogramme*)
BERECHNEN();
STEUERN();


PROGRAM BERECHNEN
(*Blindleistung berechnen*)
VAR
 r_U:REAL:= 230.0;
 r_I:REAL:= 10.0;
 r_P:REAL:= 2300.0;
 r_S:REAL;
(*r_Q global deklariert*)
END_VAR

(*Scheinleistung berechnen*)
r_S:= r_U * r_I;
(*Baustein verlassen wenn P>S*)
IF r_P > r_S THEN
  xP1_Eingabefehler:=TRUE;
  RETURN;
 ELSE xP1_Eingabefehler:=FALSE;
END_IF;
(*Blindleistung berechnen*)
r_Q:= SQRT(EXPT(r_S,2) - EXPT(r_P,2));


PROGRAM STEUERN
(*Schütze Q1...Q3 abhängig von der Blindleistung schalten.
 Ändert sich r_Q nicht, wird der Baustein wieder verlassen*)
VAR
 (*r_Q, xQ1, xQ2, xQ3 sind global deklariert*)
 i_Q_alt:INT;
END_VAR
```

```
IF i_Q_alt = REAL_TO_INT(r_Q) THEN RETURN; END_IF;

IF      r_Q < 1000.0 THEN xQ3:=FALSE;xQ2:=FALSE;xQ1:=FALSE;
 ELSIF r_Q < 2000.0 THEN xQ3:=FALSE;xQ2:=FALSE;xQ1:=TRUE;
 ELSIF r_Q < 3000.0 THEN xQ3:=FALSE;xQ2:=TRUE; xQ1:=FALSE;
 ELSIF r_Q < 4000.0 THEN xQ3:=FALSE;xQ2:=TRUE; xQ1:=TRUE;
 ELSIF r_Q < 5000.0 THEN xQ3:=TRUE; xQ2:=FALSE;xQ1:=FALSE;
 ELSIF r_Q < 6000.0 THEN xQ3:=TRUE; xQ2:=FALSE;xQ1:=TRUE;
 ELSIF r_Q < 7000.0 THEN xQ3:=TRUE; xQ2:=TRUE; xQ1:=FALSE;
 ELSE                    xQ3:=TRUE; xQ2:=TRUE; xQ1:=TRUE;
END_IF;
i_Q_alt:= REAL_TO_INT(r_Q);(*Wert runden und merken*)
```

Aufgabe 6.3 Zyklische Tasks

Ist der Taskkonfiguration der Programmaufruf der beiden Unterprogramme zugeordnet, so wird das Hauptprogramm nicht mehr benötigt.

Aufgabe 6.4 Ereignisgesteuerte Tasks

Das Programm PROG1 wird aufgerufen, wenn xS1_Ein TRUE wird, und schaltet xQ0 auf TRUE und erhöht den Wert von z um 1.

Das Programm PROG2 wird aufgerufen, wenn xS0_Aus TRUE wird, und schaltet xQ0 auf FALSE.

Übung 6.1 Unterprogramme, Autowaschanlage

```
VAR_GLOBAL
 S00_Freigabe AT %IX0.0:BOOL;(*Schalter*)
 B01_Anfang AT %IX0.1:BOOL;(*Anfangsposition*)
 B02_Ende AT %IX0.2:BOOL;(*Endposition*)
 Q00_Band AT %QX0.0:BOOL;(*Schütz Förderband*)
 M01_wasch AT %QX0.1:BOOL;(*Waschmittelventil*)
 B11 AT %IX1.1:BOOL;(*Lichtschranke 1*)
 B12 AT %IX1.2:BOOL;
 B13 AT %IX1.3:BOOL;
 B14 AT %IX1.4:BOOL;
 Q10_Buerste AT %QX1.0:BOOL;(*Schütz Bürstenantrieb*)
 M11_ab AT %QX1.1:BOOL;(*Ventil Bürsten ab*)
 M12_auf AT %QX1.2:BOOL;(*Ventil Bürsten auf*)
END_VAR

PROGRAM PLC_PRG
VAR
(*Variablen sind global deklariert*)
END_VAR
TRANSPORT_WASCH();
BUERSTEN();
```

```
PROGRAM TRANSPORT_WASCH
(*Ist die Anlage freigegeben und der PKW in Position,
so schaltet das Band und das Waschmittelventil ein.
Das Band schaltet aus, wenn der Waschvorgang beendet ist*)
VAR
END_VAR

(*Transport*)
IF B02_Ende OR NOT S00_Freigabe THEN
 Q00_Band:= FALSE;
ELSIF B01_Anfang THEN
 Q00_Band:= TRUE;
END_IF;
(*Waschmittelventil*)
M01_Wasch:= B01_anfang AND Q00_Band;

PROGRAM BUERSTEN
(*Über 4 Lichtschranken (B11..B14) wird der Abstand zum Fahrzeug
konstant gehalten. Das Ventil-ab sowie der Bürstenantrieb sind nur
ansteuerbar, wenn das Band eingeschaltet ist.*)
VAR
END_VAR

(*Bürstenantrieb*)
Q10_Buerste:= Q00_band;
(*Bürste herunterfahren*)
M11_ab:= Q10_Buerste AND NOT B11 AND NOT B12 AND NOT B13 AND NOT B14;
(*Bürste hochfahren*)
M12_auf:= B11 OR B14;
```

Übung 6.2 Positionen

```
PROGRAM PLC_PRG
(*********************************************************************
Mit dem Taster S0_Visu wird über ein Schütz Q0 ein Antrieb eingeschaltet,
bis die Position 0 erreicht ist. Mit dem Taster S1_Visu wird die Position 1
angefahren usw.
Die Position könnte über einen IO-Link fähigen Distanzsensor erfasst werden,
sein Wert im mm könnte im zugehörigen Speicher, z.B. %IW0, gelesen werden.
In dieser Übung wird der Wert der Istposition im Unterprogramm MODELL
abhängig von den Variablen xQ0 und xQ1 (Schütze) erzeugt, dieses Programm
simuliert den Sensor.
*********************************************************************)
VAR
END_VAR

(*Unterprogrammaufrufe*)
MODELL(); (*nicht löschen, verändert den Positionswert abhängig von den
Schützen*)
POSITIONIEREN();

VAR_GLOBAL
 iIstPosition:INT; (*z.B. IO-Link Distanzsensor, Wert in mmm, z.B.IW0*)
 xQ0 AT %QX0.0:BOOL; (*Schütz-zurück*)
 xQ1 AT %QX0.1:BOOL; (*Schütz-vor*)
END_VAR
```

```
PROGRAM MODELL
VAR
(*****************************************************
Verändern Sie den Programmcode nicht, er stellt
die Intelligenz des visualisierten Anlagenmodells dar.
*****************************************************)
END_VAR
IF xQ1 THEN
 iIstPosition := iIstPosition + 1;
ELSIF xQ0 THEN
 iIstPosition := iIstPosition - 1;
END_IF;

PROGRAM POSITIONIEREN
VAR
 xS0_Visu, xS1_Visu, xS2_Visu, xS3_Visu:BOOL;
 iSollPosition: ARRAY[0..3] OF INT:= [0, 50, 100, 150];
(*in CoDeSys V2.3 entfernen Sie die [ ] bei den Initialwerten*)
END_VAR

(*Positionen anfahren*)
IF xS0_Visu AND iIstPosition < iSollPosition[0] THEN
  xQ0:=FALSE; xQ1:=TRUE;
 ELSIF xS0_Visu AND iIstPosition > iSollPosition[0] THEN
  xQ0:=TRUE; xQ1:=FALSE;
 ELSIF xS0_Visu AND iIstPosition = iSollPosition[0] THEN
  xQ0:=FALSE; xQ1:=FALSE;
 ELSIF xS1_Visu AND iIstPosition < iSollPosition[1] THEN
  xQ1:=TRUE; xQ0:=FALSE;
 ELSIF xS1_Visu AND iIstPosition = iSollPosition[1] THEN
  xQ1:=FALSE; xQ0:=FALSE;
 ELSIF xS1_Visu AND iIstPosition > iSollPosition[1] THEN
  xQ0:=TRUE; xQ1:=FALSE;
 ELSIF xS2_Visu AND iIstPosition < iSollPosition[2] THEN
  xQ1:=TRUE; xQ0:=FALSE;
 ELSIF xS2_Visu AND iIstPosition = iSollPosition[2] THEN
  xQ1:=FALSE; xQ0:=FALSE;
 ELSIF xS2_Visu AND iIstPosition > iSollPosition[2] THEN
  xQ0:=TRUE; xQ1:=FALSE;
 ELSIF xS3_Visu AND iIstPosition < iSollPosition[3] THEN
  xQ1:=TRUE; xQ0:=FALSE;
 ELSIF xS3_Visu AND  iIstPosition = iSollPosition[3] THEN
  xQ0:=FALSE; xQ1:=FALSE;
ELSE xQ0:=FALSE; xQ1:=FALSE;
END_IF;
```

Fragen:

1. Weshalb sollte ein Anwenderprogramm gegliedert werden?
   Um es übersichtlicher, wartungsfreundlicher zu gestalten. Es können mehrere Programmierer am Projekt gleichzeitig arbeiten.

2. Wann wird eine Variable global, wann lokal deklariert?
   Sie wird global deklariert, wenn sie allen POEs bekannt sein soll oder wenn ihr eine feste Speicheradresse zugeordnet ist.
   Sie wird lokal deklariert, wenn sie nur dem POE bekannt sein muss.

3. Welche Typen von Taskeigenschaften können Sie konfigurieren?
   Zyklisch, Freilaufend und Ereignisgesteuert.

7. Lösungen: Anwenderdefinierte Datentypen, Aufzählungstypen, IEC-Operatoren

Übung 7.1 Tankanlage 2, Erweiterung der Aufgabe 7.1

```
VAR_GLOBAL
 iTank1_Temperatur AT %IW0:INT;
 iTank2_Temperatur AT %IW1:INT;
 iTank1_Durchfluss AT %IW2:INT;
 iTank2_Durchfluss AT %IW3:INT;
 S1_AnlEin AT %IX4.0:BOOL;
 Q1_Heizung AT %QX0.0:BOOL;
 S2_AnlEin AT %IX4.1:BOOL;
 Q2_Heizung AT %QX0.1:BOOL;
END_VAR
```

```
TYPE TANK :
STRUCT
 rTemperatur:REAL;
 rDurchfluss:REAL;
 rDurchfl_r:REAL;(*gerundet*)
 xHeizung, xHeizEin:BOOL;
END_STRUCT
END_TYPE
```

```
PROGRAM TANKANLAGE
VAR
 Tank1, Tank2: Tank;
 Max_Temp: INT;
END_VAR

(*Messwert skalieren in °C*)
Tank1.rTemperatur:= INT_TO_REAL(iTank1_Temperatur)/10.0;
Tank2.rTemperatur:= INT_TO_REAL(iTank2_Temperatur)/10.0;
(*max. Temperatur bestimmen und runden*)
Max_Temp:= TRUNC(MAX(Tank1.rTemperatur, Tank2.rTemperatur));

(*Messwert linearisieren und skalieren in L/min*)
Tank1.rDurchfluss:= SQRT(INT_TO_REAL(iTank1_Durchfluss))/1.81;
Tank2.rDurchfluss:= SQRT(INT_TO_REAL(iTank2_Durchfluss))/1.81;
(*Durchfluss runden auf 2 bzw. 1 Nachkommastelle*)
(*da die TRUNC() die Nachkommastellen abschneidet*)
Tank1.rDurchfl_r:=
DINT_TO_REAL(REAL_TO_DINT(Tank1.rDurchfluss*100.0))/100.0;
Tank2.rDurchfl_r:= DINT_TO_REAL(REAL_TO_DINT(Tank2.rDurchfluss *
10.0))/10.0;

(*Heizung steuern*)
IF Tank1.rTemperatur > 100.1 THEN
 Tank1.xHeizung := FALSE;
ELSIF Tank1.rTemperatur < 99.9 THEN
 Tank1.xHeizung := TRUE;
END_IF;
IF Tank2.rTemperatur > 100.1 THEN
 Tank2.xHeizung := FALSE;
ELSIF Tank2.rTemperatur < 99.9 THEN
 Tank2.xHeizung := TRUE;
END_IF;
Q1_Heizung:=Tank1.xHeizung AND S1_AnlEin;
Q2_Heizung:=Tank2.xHeizung AND S2_AnlEin;
```

Temperatur	-100.4 °C	100.9 °C
IW0(dez)	-1004	1009
IW0(Binär)	1111 1100 0001 0100	0000 0011 1111 0001
IW0(Hex)	FC14	03F1
Max. gerundet	100 -> INT (°C)	

Durchfluss	1,25 mA	5 mA	10 mA	15 mA	20 mA
IW2(dez)	2048	8192	16384	24576	32760
l/min	25	50	70,7	86,6	100

Übung 7.2 Datentypen der Zeit kennen lernen, Stringfunktionen anwenden

```
PROGRAM PLC_PRG
(*******************************************************
Datentypen der Zeit kennenlernen.
Wenn Sie die Simulation zum Testen verwenden, so können
Sie die Instanz des RTC als Echtzeituhr benutzen
*******************************************************)
VAR
      instRTC:RTC;
      dtZeitpunkt:DT;
      todZeitpunkt: TOD;
      Person:ARRAY[1..3] OF Arbeiter ;
      i: USINT;
      stZeitpunkt: STRING;
END_VAR

(*Datum und Uhrzeit*)
instRTC(EN:=TRUE , PDT:= DT#2019-05-14-07:00:00, Q=> ,
        CDT=>dtZeitpunkt);
(*Für die Visu stZeitpunkt*)
stZeitpunkt:= RIGHT(STR:= DT_TO_STRING(dtZeitpunkt) , SIZE:=19);
todZeitpunkt:= DT_TO_TOD(dtZeitpunkt); (*Tageszeit*)
(*Arbeitszeit ermitteln*)
FOR i := 1 TO 3 DO
 IF Person[i].Start THEN
  Person[i].Startzeit:=todZeitpunkt;
  Person[i].Arbeitszeit:=T#0m;
 END_IF;
 IF Person[i].Ende THEN
  Person[i].Endezeit:=todZeitpunkt;
  Person[i].Arbeitszeit:=UDINT_TO_TIME(TOD_TO_UDINT(Person[i].Endezeit)
                             - TOD_TO_UDINT(Person[i].Startzeit));
 END_IF;
 Person[i].Datum:= DT_TO_DATE(dtZeitpunkt);
 Person[i].stArbeitszeit:= DELETE(TIME_TO_STRING(Person[i].Arbeitszeit),
                              2, 1);
END_FOR;

TYPE Arbeiter :
 STRUCT
    Name:STRING:='Name';
    Datum:DATE;
    Start, Ende:BOOL;
    Startzeit, Endezeit:TOD;
    stArbeitszeit:STRING;
    Arbeitszeit:TIME;
 END_STRUCT
END_TYPE
```

Aufgabe 7.2 Beleuchtung für Bühnenbilder

a)

```
TYPE LEUCHTE:
STRUCT
 xEin:BOOL;
 uiHelligkeit:USINT:= 30;
 uiFarbe:USINT;
END_STRUCT
END_TYPE

PROGRAM PLC_PRG
VAR
 usiSzenenNr:USINT;
 Leuchte1, Leuchte2, Leuchte3:LEUCHTE;
END_VAR

usiSzenenNr:= LIMIT(0,usiSzenenNr,2);(*Variablenwert begrenzen 0...2*)
CASE usiSzenenNr OF
1: Leuchte1.xEin:= TRUE;
   Leuchte2.xEin:= TRUE; Leuchte2.uiFarbe:= 20;
   Leuchte2.uiHelligkeit:= 20;
   Leuchte3.xEin:= TRUE; Leuchte3.uiFarbe:= 30;
   Leuchte3.uiHelligkeit:= 10;

2: Leuchte1.xEin:= FALSE;
   Leuchte2.xEin:= TRUE; Leuchte2.uiFarbe:= 10;
   Leuchte2.uiHelligkeit:= 10;
   Leuchte3.xEin:= TRUE; Leuchte3.uiFarbe:= 20;
   Leuchte3.uiHelligkeit:= 20;

 ELSE
   Leuchte1.xEin:=FALSE; Leuchte1.uiFarbe:= 0;
   Leuchte1.uiHelligkeit:= 30;
   Leuchte2.xEin:=FALSE; Leuchte2.uiFarbe:= 0;
   Leuchte2.uiHelligkeit:= 30;
   Leuchte3.xEin:=FALSE; Leuchte3.uiFarbe:= 0;
   Leuchte3.uiHelligkeit:= 30;
END_CASE
```

b) Mit Aufzählungstyp

```
TYPE FARBEN :(weiss, rot:=10, blau:=20, gruen:=30);
END_TYPE

TYPE HELLIGKEIT :(dunkel:=10, mittel:=20, hell:=30);
END_TYPE

TYPE LEUCHTE:
STRUCT
 xEin:BOOL;
 uiHelligkeit:UINT:= 30; (*Datentyp nur UINT und INT zulässig*)
 uiFarbe:INT;
END_STRUCT
END_TYPE
```

```
PROGRAM PLC_PRG
VAR
 usiSzenenNr:USINT;
 Leuchte1, Leuchte2, Leuchte3:LEUCHTE;
END_VAR

usiSzenenNr:= LIMIT(0,usiSzenenNr,2);(*Variablenwert begrenzen*)
CASE usiSzenenNr OF
1: Leuchte1.xEin:= TRUE;
   Leuchte2.xEin:= TRUE; Leuchte2.uiFarbe:= blau;
   Leuchte2.uiHelligkeit:= mittel;
   Leuchte3.xEin:= TRUE; Leuchte3.uiFarbe:= gruen;
   Leuchte3.uiHelligkeit:= dunkel;

2: Leuchte1.xEin:= FALSE;
   Leuchte2.xEin:= TRUE; Leuchte2.uiFarbe:= rot;
   Leuchte2.uiHelligkeit:= dunkel;
   Leuchte3.xEin:= TRUE; Leuchte3.uiFarbe:= blau;
   Leuchte3.uiHelligkeit:= mittel;
 ELSE
   Leuchte1.xEin:= FALSE; Leuchte1.uiFarbe:= weiss;
   Leuchte1.uiHelligkeit:= hell;
   Leuchte2.xEin:= FALSE; Leuchte2.uiFarbe:= weiss;
   Leuchte2.uiHelligkeit:= hell;
   Leuchte3.xEin:= FALSE; Leuchte3.uiFarbe:= weiss;
   Leuchte3.uiHelligkeit:= hell;
END_CASE
```

8. Lösungen: Abgeleitete Funktionen (FCs), Bibliotheken, Rezepturen

Aufgabe 8.2 FC MUX_INT benutzen

```
VAR_GLOBAL
 iTemp1 AT %IW0:INT;
 iTemp2 AT %IW1:INT;
 iTemp3 AT %IW2:INT;
 iTemp4 AT %IW3:INT;
 iDruck1 AT %IW4:INT;
 iDruck2 AT %IW5:INT;
 iDruck3 AT %IW6:INT;
 iDruck4 AT %IW7:INT;
END_VAR
```

Beispiel einer Rezeptur

```
.iTemp1:= -100
.iTemp2:= 200
.iTemp3:= 500
.iTemp4:= 1500
.iDruck1:= 10000
.iDruck2:= 15000
.iDruck3:= 20000
.iDruck4:= 32760
```

```
PROGRAM MESSWERTE (*Task 100ms*)
(*Zeigt 4 Messwerte abhängig von einer Auswahlvariablen an*)
(*Autor: Schmitt, Version 1.0, Bibliothek: ANALOG.lib*)
VAR
 iAuswahl_Temp, iAnzeige_Temp:INT;
 iAuswahl_Druck, iAnzeige_Druck:INT;
END_VAR

iAnzeige_Temp:= MUX_INT(
 iMW1:= iTemp1,
 iMW2:= iTemp2,
 iMW3:= iTemp3,
 iMW4:= iTemp4,
 iSEL:= iAuswahl_Temp);(*in der Visualisierung wird skaliert*)

(*Werte skaliert übergeben*)
iAnzeige_Druck:= MUX_INT(
 iMW1:= REAL_TO_INT(INT_TO_REAL(iDruck1) * 10.0/32760.0),
 iMW2:= REAL_TO_INT(INT_TO_REAL(iDruck2) * 10.0/32760.0),
 iMW3:= REAL_TO_INT(INT_TO_REAL(iDruck3) * 10.0/32760.0),
 iMW4:= REAL_TO_INT(INT_TO_REAL(iDruck4) * 10.0/32760.0),
 iSEL:= iAuswahl_Druck);
```

Aufgabe 8.3 Analogwertverarbeitung 1, SCALE

```
FUNCTION SCALE : REAL
VAR_INPUT
 iX:INT;
 rY_MAX,rY_MIN:REAL;
END_VAR

SCALE:=(rY_MAX-rY_MIN)/32760.0*iX+rY_MIN;(*Implizierte Typenumwandlung*)
```

oder

```
FUNCTION SCALE : REAL
VAR_INPUT
 iX:INT;
 rY_MAX,rY_MIN:REAL;
END_VAR
VAR
 r_m:REAL;(*Steigung*)
END_VAR

r_m:= (rY_MAX - rY_MIN)/32760.0;
SCALE:= r_m * iX + rY_MIN;
```

Testen der Funktion

```
PROGRAM PLC_PRG
VAR
 iDruck_Per:INT;(*Speicher*)
 rDruck:REAL;
END_VAR

rDruck:=SCALE(
 iX:= iDruck_Per, rY_MAX:=
10.0,    rY_MIN:= 6.0);
```

Übung 8.1 **Analogwertverarbeitung 2,** SCALE

```
VAR_GLOBAL
iTemp_Per AT %IW0 :INT;(*0...32760*)
END_VAR

PROGRAM PLC_PRG
(*Skalieren 0...32760 -> -100...400*)
(*Autor: xxx, Version: 1.0, Bibliothek: ANALOG.lib*)
VAR
r_Temp:REAL;
END_VAR

r_Temp:=SCALE(iX:=iTemp_Per, rY_MAX:=400.0, rY_MIN:=-100.0);
```

Übungen 8.2 **a) FC-Radizieren_INT**

```
VAR_GLOBAL
 iMesswert1:INT:=25;
 iMesswert2:INT:=36;
 iOut1, iOut2:INT;
END_VAR

PROGRAM PLC_PRG
(*messwert 1 und 2 radizieren
und in iOut1 und 2 speichern*)
VAR
END_VAR

iOut1:=RADIZIERER_INT(iMesswert1);
iOut2:=RADIZIERER_INT(iMesswert2);
```

```
FUNCTION RADIZIERER_INT : INT
VAR_INPUT
 iIN:INT;
END_VAR
VAR
 rMw_in, rMw_out:REAL;
END_VAR

rMw_in:= INT_TO_REAL(iIN);
rMw_out:= SQRT(rMw_in);
RADIZIERER_INT:=REAL_TO_INT(rMw_out);
```

b) SIN berechnen bei einem Winkel in Grad

```
FUNCTION SIN_GRAD : REAL
(*berechnet den SIN bei
einem Winkel in Grad*)
VAR_INPUT
 rIN:REAL;
END_VAR
VAR
 pi:REAL:= 3.14159;
 rBogenmass:REAL;
END_VAR

(*Grad in Bogenmaß*)
rBogenmass:= 2.0*pi*(rIN/360.0);
(*Rückgabewert berechnen*)
SIN_GRAD:= SIN(rBogenmass);
```

```
PROGRAM PLC_PRG
(*Test der FC-SIN_GRAD()*)
VAR
 a,b,c,d: REAL;
END_VAR

a:= SIN_GRAD(90.0);
b:= SIN_GRAD(60.0);
c:= SIN_GRAD(30.0);
(*der Standard SIN-FC muss
der Winkel im Bogenmaß
übergeben werden*)
d:= SIN(2.0*3.14159/4.0);(*90°*)
```

c) Bahnkorrektur, Lösung 1

Mit drei FCs, da eine FC nur einen Rückgabewert hat, es sind aber drei (RECHTS, LINKS, ALARM) nötig. Es müssten drei FCs für RECHTS, LINKS und ALARM geschrieben werden. Oder besser die Lösung 2 der Übung. Bahnkorrektur mit anwenderdefinierten Datentypen, der Rückgabewert ist vom Datentyp KORREKTUR.

```
FUNCTION ALARM : BOOL
VAR_INPUT
 xSENSOR_L, xSENSOR_M, xSENSOR_R:BOOL;
END_VAR
xALARM:= (NOT xSENSOR_L AND NOT xSENSOR_M AND NOT xSENSOR_R)
       OR(xSENSOR_L AND xSENSOR_R);

FUNCTION LINKS : BOOL
VAR_INPUT
 xSENSOR_L, xSENSOR_M, xSENSOR_R:BOOL;
END_VAR
xLINKS:= xSENSOR_L AND NOT xSENSOR_R;

FUNCTION RECHTS : BOOL
VAR_INPUT
 xSENSOR_L, xSENSOR_M, xSENSOR_R:BOOL;
END_VAR
xRECHTS:= NOT xSENSOR_L AND xSENSOR_R;

PROGRAM PLC_PRG
(*Test*)
VAR
 B1 AT %IX2.0:BOOL;(*Sensor links*)
 B2 AT %IX2.1:BOOL;(*Sensor mitte*)
 B3 AT %IX2.2:BOOL;(*Sensor rechts*)
 P1_Alarm AT %QX0.0:BOOL;(*Anzeige*)
 K1_Links AT %QX0.1:BOOL;(*Korrektur*)
```

```
 K2_Rechts AT %QX0.2:BOOL;(*Korrektur*)
END_VAR
P1_Alarm:= ALARM(xSENSOR_L:=B1, xSENSOR_M:=B2, xSENSOR_R:=B3);
K1_Links:= LINKS(xSENSOR_L:=B1, xSENSOR_M:=B2, xSENSOR_R:=B3);
K2_Rechts:= RECHTS(xSENSOR_L:=B1, xSENSOR_M:=B2, xSENSOR_R:=B3);
```

Lösung 2 der Übung 8.2c Bahnkorrektur mit anwenderdefinierten Datentypen, der Rückgabewert ist vom Datentyp KORREKTUR.

c) Bahnkorrektur, Lösung 2

```
PROGRAM PLC_PRG
(*************************************************************************
Bahnkorrektur als Funktion mit anwenderdefiniertem Datentyp
Verändern Sie den Wert von B1...B3 nach dem
Einloggen und Start, beobachten Sie P1...K2.
*************************************************************************)
VAR
 B1 AT %IX0.0:BOOL; (*Sensor links*)
 B2 AT %IX0.1:BOOL; (*Sensor Mitte*)
 B3 AT %IX0.2:BOOL; (*Sensor rechts*)
 P1_Alarm AT %QX0.0:BOOL; (*Anzeige*)
 K1_Links AT %QX0.1:BOOL; (*Korrektur*)
 K2_Rechts AT %QX0.2:BOOL; (*Korrektur*)
 ROBOTER_1:KORREKTUR;
END_VAR
(*Funktionsaufruf- Werte übergeben*)
ROBOTER_1:= BAHNKORREKTUR(SENSOR_li:=B1,
                          SENSOR_mitte:=B2,
                          SENSOR_re:= B3);
(*Ergebnis ins PAA schreiben*)
P1_Alarm:= ROBOTER_1.alarm;
K1_Links:= ROBOTER_1.li;
K2_Rechts:= ROBOTER_1.re;

TYPE KORREKTUR:
  STRUCT li, re, ok, alarm:BOOL;
  END_STRUCT
END_TYPE

FUNCTION BAHNKORREKTUR : KORREKTUR
VAR_INPUT
  SENSOR_li, SENSOR_mitte, SENSOR_re:BOOL;
END_VAR
BAHNKORREKTUR.li:= SENSOR_li AND NOT SENSOR_mitte AND NOT SENSOR_re
                OR SENSOR_li AND SENSOR_mitte AND NOT SENSOR_re;
BAHNKORREKTUR.re:= NOT SENSOR_li AND NOT SENSOR_mitte AND SENSOR_re
                OR NOT SENSOR_li AND SENSOR_mitte AND SENSOR_re;
BAHNKORREKTUR.ok:= NOT SENSOR_li AND SENSOR_mitte AND NOT SENSOR_re;
BAHNKORREKTUR.alarm:= NOT SENSOR_li AND NOT SENSOR_mitte AND NOT SENSOR_re
                   OR SENSOR_li AND NOT SENSOR_mitte AND SENSOR_re
                   OR SENSOR_li AND SENSOR_mitte AND SENSOR_re;
```

Übungen 8.3 Volumenberechnung mit anwenderdefiniertem Datentyp als Parametertyp

```
TYPE KUGEL:
 STRUCT
      rFuellhoehe, rDurchmesser, rVolumen:REAL;
 END_STRUCT
END_TYPE

FUNCTION VOLUMEN : REAL
(**********************************************************************
Berechnet das Füllvolumen eines kugelförmigen Tanks.
Dem Eingangsparameter werden zwei der drei Variablenwerte übergeben.
**********************************************************************)
VAR_INPUT
      ABMESSUNGEN:KUGEL;
END_VAR
VAR
      Pi:REAL:=3.14;
END_VAR
VOLUMEN:=Pi*EXPT(ABMESSUNGEN.rFuellhoehe, 2)*
        (ABMESSUNGEN.rDurchmesser/2.0 - ABMESSUNGEN.rFuellhoehe/3.0);

PROGRAM PLC_PRG
VAR
      Tank:ARRAY[1..3] OF KUGEL;
      i: INT;
END_VAR
(*Test*)
FOR i:=1 TO 3 DO
 Tank[i].rVolumen:=VOLUMEN(ABMESSUNGEN:=Tank[i]);
END_FOR;
```

9. Lösungen: Funktionsblöcke (FBs)

Aufgabe 9.1 SR

```
PROGRAM PLC_PRG
(*vorrangig setzen*)
VAR
 S1_Start AT %IX0.1:BOOL;
 S0_Stopp AT %IX0.0:BOOL;
 Out AT %QX1.0:BOOL;
 SR1 :SR; (*Instanz*)
END_VAR

(*Instanzaufruf des FBs mit Parameterübergabe*)
SR1(SET1:= S1_Start, RESET:= S0_Stopp);
Out:= SR1.Q1;
```

Taktgeber

```
PROGRAM PLC_PRG
(*Taktgeber*)
VAR
 TP_1, TP_2 :TP;
 e0 AT %IX0.0: BOOL;
 a0 AT %QX1.0: BOOL;
 m: BOOL;
END_VAR

TP_1(IN:=(e0 AND NOT a0) , PT:= T#1s);
m:= TP_1.Q;
TP_2(IN:=(NOT m) , PT:= T#0.5s);
a0:= TP_2.Q;
```

Aufgabe 9.2 Bandsteuerung

```
VAR_GLOBAL
 S0_Band_AUS AT %IX2.0:BOOL;(*Ö*)
 S1_Band_Ein AT %IX2.1:BOOL;
 Q1_Band1 AT %QX0.0:BOOL;
 Q2_Band2 AT %QX0.1:BOOL;
END_VAR

PROGRAM BANDANL
VAR
(*Instanzen*)
 RS_Band_1:RS;
 TON_1:TON;
 TOF_1,TOF_2:TOF;
END_VAR
```

```
(*Band 1*)
RS_Band_1(SET:= S1_Band_Ein, RESET1:= NOT S0_Band_AUS);
TOF_1(IN:= RS_Band_1.Q1, PT:= T#2s);
Q1_Band1:= TOF_1.Q;
(*Band 2*)
TON_1(IN:= Q1_Band1, PT:= T#1s500ms);
TOF_2(IN:= TON_1.Q, PT:= T#3s);
Q2_Band2:= TOF_2.Q;


PROGRAM PLC_PRG
VAR
END_VAR

BANDANL();(*Aufruf des Unterprogramms*)
```

Aufgabe 9.3 **a) Behälterfüllung**

```
VAR_GLOBAL
 M10_Ventil_A AT %QX0.0:BOOL;
 M11_Ventil_B AT %QX0.1:BOOL;
END_VAR

PROGRAM PLC_PRG
(*Behälter füllen*)
VAR
 xStart:BOOL;(*visu. Schaltfläche*)
 rK :REAL:=2.0;(*Mischverhältnis VA/VB*)
 tTa, tTb: TIME;(*Ventilöffnungszeiten*)
 rTa, rTb: REAL;(*in ms*)
 TP_A, TP_B :TP;(*Instanzen*)
END_VAR

(*Öffnungszeit abhängig von k berechnen*)
IF rK>0 THEN
 rTa:= 30/(rK+1)* rK;
 rTb:= 30-rTa;
 tTa:=REAL_TO_TIME(rTa*1000);
 tTb:=REAL_TO_TIME(rTb*1000);

(*Aufruf der Instanzen von TP*)
 TP_A(IN:=xStart , PT:=tTa);
 M10_Ventil_A:=TP_A.Q;
 TP_B(IN:=TP_A.Q , PT:=tTb);
 M11_Ventil_B:=TP_B.Q;
END_IF;
```

b) Behälterfüllung

```
VAR_GLOBAL
 M10_Ventil_A AT %QX0.0:BOOL;
 M11_Ventil_B AT %QX0.1:BOOL;
 M20_Ventil_A AT %QX0.2:BOOL;
 M21_Ventil_B AT %QX0.3:BOOL;
END_VAR
```

```
TYPE BEHAELTER :
 STRUCT
 xStart, xVentil_A, xVentil_B:BOOL;
 rK:REAL:=2;(*Mischverhältnis VA/VB*)
 tTa, tTb:TIME;(*Öffnungszeit der
Ventile*)
 rTa,rTb:REAL;(*in ms*)
 TP_A, TP_B:TP;(*Instanz*)
 END_STRUCT
END_TYPE
```

Lösung 1

```
PROGRAM PLC_PRG
(*2 Behälter füllen*)
VAR
 Beh_1:BEHAELTER;
 Beh_2:BEHAELTER;
END_VAR

(*Behälter 1 Öffnungszeit abhängig von k berechnen*)
IF Beh_1.rK > 0 THEN
 Beh_1.rTa:= 30/(Beh_1.rK+1)*Beh_1.rK;
 Beh_1.rTb:=30-Beh_1.rTa;
 Beh_1.tTa:=REAL_TO_TIME(Beh_1.rTa*1000);
 Beh_1.tTb:=REAL_TO_TIME(Beh_1.rTb*1000);
(*Aufruf der Instanzen von TP*)
 Beh_1.TP_A(IN:=Beh_1.xStart , PT:= Beh_1.tTa);
 Beh_1.xVentil_A:= Beh_1.TP_A.Q;
 Beh_1.TP_B(IN:= Beh_1.TP_A.Q, PT:= Beh_1.tTb);
 Beh_1.xVentil_B:= Beh_1.TP_B.Q;
END_IF;
M10_Ventil_A:= Beh_1.xVentil_A;
M11_Ventil_B:=Beh_1.xVentil_B;

(*Behälter 2 Öffnungszeit abhängig von k berechnen*)
IF Beh_2.rK > 0 THEN
 Beh_2.rTa:= 30/(Beh_2.rK+1)*Beh_2.rK;
 Beh_2.rTb:=30-Beh_2.rTa;
 Beh_2.tTa:=REAL_TO_TIME(Beh_2.rTa*1000);
 Beh_2.tTb:=REAL_TO_TIME(Beh_2.rTb*1000);
(*Aufruf der Instanzen von TP*)
 Beh_2.TP_A(IN:=Beh_2.xStart , PT:= Beh_2.tTa);
 Beh_2.xVentil_A:= Beh_2.TP_A.Q;
 Beh_2.TP_B(IN:= Beh_2.TP_A.Q, PT:= Beh_2.tTb);
 Beh_2.xVentil_B:= Beh_2.TP_B.Q;
END_IF;
M20_Ventil_A:=Beh_2.xVentil_A;
M21_Ventil_B:=Beh_2.xVentil_B;
```

Lösung 2

```
PROGRAM PLC_PRG
(*Zwei Behälter füllen*)
VAR
 Beh:ARRAY[1..2] OF BEHAELTER;
 i: USINT;
END_VAR

FOR i := 1 TO 2 DO
(*Öffnungszeit abhängig von k berechnen*)
IF Beh[i].rK > 0 THEN
 Beh[i].rTa:= 30/(Beh[i].rK+1)*Beh[i].rK;
 Beh[i].rTb:= 30-Beh[i].rTa;
 Beh[i].tTa:= REAL_TO_TIME(Beh[i].rTa*1000);
 Beh[i].tTb:= REAL_TO_TIME(Beh[i].rTb*1000);
 (*Aufruf der Instanzen von TP*)
 Beh[i].TP_A(IN:=Beh[i].xStart , PT:= Beh[i].tTa);
 Beh[i].xVentil_A:= Beh[i].TP_A.Q;
 Beh[i].TP_B(IN:= Beh[i].TP_A.Q, PT:= Beh[i].tTb);
 Beh[i].xVentil_B:= Beh[i].TP_B.Q;
END_IF;
END_FOR;
(*Ventile Behälter 1*)
M10_Ventil_A:= Beh[1].xVentil_A;
M11_Ventil_B:= Beh[1].xVentil_B;
(*Ventile Behälter 2*)
M20_Ventil_A:=Beh[2].xVentil_A;
M21_Ventil_B:=Beh[2].xVentil_B;
```

Diese Art des Instanzaufrufs ist dann von Vorteil, wenn die Anlage aus vielen Tanks besteht.

Aufgabe 9.4 **b) Zwei Behälter mit FB und Übergabe der max. Füllzeit**

```
PROGRAM PLC_PRG
VAR
(*Behälter 1*)
 start_1:BOOL;
 k_1:REAL:=2;
 Fuellzeit_1:TIME:=T#10s;
 BEHAELTER1: BEHAELTER_K;
(*Behälter 2*)
 start_2:BOOL;
 k_2:REAL:=0.5;
 Fuellzeit_2:TIME:=T#15s;
 BEHAELTER2: BEHAELTER_K;
END_VAR
```

```
VAR_GLOBAL
 M10_Ventil_A AT %QX0.0:BOOL;
 M11_Ventil_B AT %QX0.1:BOOL;
 M20_Ventil_A AT %QX0.2:BOOL;
 M21_Ventil_B AT %QX0.3:BOOL;
END_VAR
```

```
BEHAELTER1(START:= start_1 , K:= k_1, T_FUELL:= Fuellzeit_1);
M10_Ventil_A:= BEHAELTER1.YA;
M11_Ventil_B:= BEHAELTER1.YB;
BEHAELTER2(START:= start_2 , K:= k_2, T_FUELL:= Fuellzeit_2);
M20_Ventil_A:= BEHAELTER2.YA;
M21_Ventil_B:= BEHAELTER2.YB;
```

```
FUNCTION_BLOCK BEHAELTER_K
(*Behälter, Mischverhältnis, Füllzeit*)
VAR_INPUT
 START:BOOL;
 K:REAL;(*Mischverhältnis VA/VB*)
 T_FUELL:TIME:=T#30s;(*Füllzeit*)
END_VAR
VAR_OUTPUT
 YA:BOOL;
 YB:BOOL;
END_VAR
VAR
 ta, tb: TIME;(*Öffnungszeit der Ventile A,B in ms*)
 ta_real, tb_real, tf_real: REAL;(*Öffnungszeit der Ventile*)
 TP_A, TP_B:TP;(*Instanzen*)
END_VAR

(*T_FUELL in REAL umwandeln und in s umrechnen*)
tf_real:= TIME_TO_REAL(T_FUELL)/1000;
(*Öffnungszeit abhängig von k berechnen*)
ta_real:= tf_real/(K+1)*K;
tb_real:= tf_real-ta_real;
ta:= REAL_TO_TIME(ta_real*1000);
tb:= REAL_TO_TIME(tb_real*1000);

(*Aufruf der Instanzen von TP*)
TP_A(IN:=START , PT:=ta);
YA:=TP_A.Q;
TP_B(IN:=YA , PT:=tb);
YB:=TP_B.Q;
```

c) Zwei Behälter mit FB und Übergabe der max. Füllzeit

```
PROGRAM PLC_PRG
VAR
 xStart:ARRAY [1..2]OF BOOL;
 rK:ARRAY [1..2]OF REAL:= 2.0, 0.5;
 tFuellzeit:ARRAY [1..2]OF TIME:= T#10s, T#15s;
 BEHAELTER:ARRAY [1..2]OF BEHAELTER_K;
 i:INT:=1;
END_VAR

FOR i := 1 TO 2 DO
 BEHAELTER[i](START:= xStart[i], K:= rK[i], T_FUELL:= tFuellzeit[i]);
END_FOR;
M10_Ventil_A:= BEHAELTER[1].YA;
M11_Ventil_B:= BEHAELTER[1].YB;
M20_Ventil_A:= BEHAELTER[2].YA;
M21_Ventil_B:= BEHAELTER[2].YB;
```

Aufgabe 9.5 **a) FB-Zweipunktregler**

```
FUNCTION_BLOCK Z_REG
(*Zweipunktregler*)
VAR_INPUT
 W:REAL;(*Sollwert*)
 X:REAL;(*Istwert*)
 H:REAL;(*Hysterese*)
END_VAR
VAR_OUTPUT
 Y:BOOL;(*Stellwert*)
END_VAR

(*Schalten*)
IF X > W + H/2
 THEN Y := FALSE;
ELSIF X < W - H/2
 THEN Y := TRUE;
END_IF;
```

```
PROGRAM PLC_PRG
(*Aufruf der Zweipunktregler:
y1 und y2 werden abhängig vom Sollwert w1, w2, dem Istwert x1, x2
und der Hysterese h1, h2 geschaltet.
Den Istwert liefert der Prozess, in der Simulation wird er vorgegeben*)
VAR
 w1:REAL:= 150.0; x1:REAL;
 h1:REAL:= 10.0; y1:BOOL;
 w2:REAL:= 200.0; x2:REAL;
 h2:REAL:= 5.0; y2:BOOL;
 Z_REG1:Z_REG;(*Instanz*)
 Z_REG2:Z_REG;(*Instanz*)
END_VAR

(*Aufruf mit Parameterübergabe*)
Z_REG1(W:= w1,X:= x1,H:= h1);
y1:= Z_REG1.Y;

Z_REG2(W:= w2,X:= x2,H:= h2);
y2:= Z_REG2.Y;
```

b) Mehrere FBs-Zweipunktregler über eine Schleife aufrufen

```
PROGRAM PLC_PRG
(*Mehrere FBs-Zweipunktregler über eine Schleife aufrufen*)
VAR
 i: INT;
 Z_REG_:ARRAY [0..2]OF Z_REG;
 rW:ARRAY [0..2]OF REAL:= 150.0, 120.0, 180.0;
 rX:ARRAY [0..2]OF REAL;
 rH:ARRAY [0..2]OF REAL:= 10.0, 20.0, 30.0;
END_VAR

rX[0]:=INT_TO_REAL(Temp0); rX[1]:=INT_TO_REAL(Temp1);
```

```
rX[2]:=INT_TO_REAL(Temp2); (*Temperaturen lesen*)
FOR i := 0 TO 2 DO
 Z_REG_[i](W:= rW[i], X:= rX[i], H:= rH[i]);
END_FOR;
Q0:=Z_REG_[0].Y; Q1:=Z_REG_[1].Y; Q2:=Z_REG_[2].Y;(*Schütze schalten*)
```

Aufgabe 9.6 Tanksteuerung, IN_OUT-Parameter mit anwenderdefiniertem Datentyp

```
TYPE typTANK:
STRUCT
 rTemperatur:REAL;
 rDurchfluss:REAL;
 xHeizung, xEin:BOOL;
END_STRUCT
END_TYPE

FUNCTION_BLOCK FbTANK_ANL
(*Steuerung eines Tanks*)
VAR_IN_OUT
 ANL:typTANK;
END_VAR
IF ANL.xEIN AND ANL.rDurchfluss > 25.0 THEN
   IF ANL.rTemperatur > 100.0 THEN
     ANL.xHeizung:= FALSE;
    ELSIF ANL.rTemperatur < 95.0 THEN
     ANL.xHeizung:= TRUE;
   END_IF;
 ELSE ANL.xHeizung:= FALSE;
END_IF;
```

a) Aufruf der Instanzen

```
PROGRAM PLC_PRG
VAR
(*****************************************************************
FbTANK_ANL mit IN-OUT-Parameter und anwenderdefiniertem Datentyp
erstellen und mehrere Instanzen aufrufen.
Zur Simulation werden nach dem Einloggen und Start die Werte in
Tankanlage_1 und 2 vorbereitet und geschrieben (Strg+F7).
Beurteilen Sie die xHeizung-Werte.
*****************************************************************)
 Tankanlage_1: typTANK;
 instTANK_ANL_1: FbTANK_ANL; (*Instanz des FBs*)
 Tankanlage_2: typTANK;
 instTANK_ANL_2: FbTANK_ANL;
END_VAR
instTANK_ANL_1(ANL:= Tankanlage_1);
instTANK_ANL_2(ANL:= Tankanlage_2);
```

b) Aufruf der Instanzen in einer FOR-Schleife

```
PROGRAM PLC_PRG
VAR
 Tankanlage:ARRAY [1..2] OF typTANK;
 instTANK_ANL:ARRAY [1..2] OF FbTANK_ANL;
 i: INT;
END_VAR
FOR i:= 1 TO 2 DO
 instTANK_ANL[i](ANL:= Tankanlage[i]);
END_FOR;
```

Diese Art des Instanzaufrufs ist dann von Vorteil, wenn die Anlage aus vielen Tanks besteht.

10. Lösungen: Bibliotheksfähige Funktionsblöcke (FBs)

Aufgabe 10.1 Niedriger Behälter mit I-Verhalten

```
FUNCTION_BLOCK BEHAELTER_I
(*Simulation eines niedrigen Behälters - I-Verhalten,
  Strecke ohne Ausgleich*)
VAR_INPUT
 rZUFLUSS, rABFLUSS:REAL;(*0 ... 1.0*)
 tFUELLZEIT:TIME:= T#10S;
 tCYCLE:TIME:= T#100MS;
END_VAR
VAR_OUTPUT
 rHOEHE:REAL;(*0 ... 1.0*)
END_VAR
VAR
 r_m:REAL;(*Steigung*)
 rFuellzeit, rCycle:REAL;
END_VAR

IF rHOEHE <= 0.0 THEN (*Begrenzung*)
 rHOEHE:= 0.0; rABFLUSS:= 0.0;
END_IF;
r_m:=(rZUFLUSS-rABFLUSS);
rFuellzeit:= TIME_TO_REAL(tFUELLZEIT);(*in ms*)
rCycle:= TIME_TO_REAL(tCYCLE);(*in ms*)
rHOEHE:= rHOEHE + r_m*rCycle/rFuellzeit;(*neue Höhe*)
IF rHOEHE > 1.0 THEN (*Begrenzung*)
 rHOEHE:= 1.0; RETURN;
END_IF;
```

Taskkonfiguration – zyklisch, z. B. 200 ms

```
PROGRAM Test
VAR
 rZulauf, rAblauf, rFuellstand:REAL;(*0...1.0*)
 BEHAELTER_1:BEHAELTER_I;(*Instanz*)
END_VAR

BEHAELTER_1(
 rZUFLUSS:= rZulauf,
 rABFLUSS:= rAblauf,
 tFUELLZEIT:= T#10s,
 tCYCLE:= T#200ms);
 rFuellstand:= BEHAELTER_1.rHOEHE;
```

Sie können die Bausteine sowie die Visualisierung in Ihr Projekt von **InfoClick** importieren.

Aufgabe 10.2 Digitalfilter

```
FUNCTION_BLOCK FILTER_M
(*Gleitende Mittelwertbildung mit N+1=4*)
VAR_INPUT
 i_X:INT;(*aktueller Eingangswert,0..10V=>0..27648*)
END_VAR
VAR_OUTPUT
 i_Y:INT;(*berechneter Ausgangswert,0..27648=>0..10V*)
END_VAR
VAR
 x0, x1, x2, x3, y:REAL;
END_VAR

(*x-Werte verschieben*)
x3:= x2; x2:= x1; x1:= x0;
(*neuen Wert einlesen*)
x0:= INT_TO_REAL(i_x);
(*neuen Ausgangswert berechnen*)
y:= 0.25*(x0+x1+x2+x3);
(*Wert in INT wandeln*)
i_y:= REAL_TO_INT(y);
```

Taskkonfiguration mit einem Intervall von T#10 ms

```
PROGRAM TEST
(*Test des Digitalfilters*)
VAR
 temp,temp_out:INT;
 FILTER1:FILTER_M;
END_VAR

FILTER1(i_X:=temp);
temp_out:= FILTER1.i_Y;
```

Aufgabe 10.3 Taktgeber b)

```
FUNCTION_BLOCK CLOCK_R
(*Taktgeber mit einstellbarer Periodendauer und einstellbarem
Ausgangssignal*)
VAR_INPUT
 PERIOD:TIME;
 CYCLE:TIME;(*Intervall*)
 OUT_MAX:REAL:= 1.0;
 OUT_MIN:REAL:= -1.0;
END_VAR
VAR_OUTPUT
 OUT:REAL;
 FAULT:BOOL;
END_VAR
VAR
 n: INT:= 1;(*Zyklenzahl*)
 rCycle_ms, rPERIOD_ms: REAL;
END_VAR
```

```
(*Eingabe überprüfen*)
IF PERIOD < CYCLE THEN
 FAULT:= TRUE; RETURN;
ELSE
 FAULT:= FALSE;
END_IF;
(*Schalten*)
rPERIOD_ms:= TIME_TO_REAL(PERIOD);
rCycle_ms:= TIME_TO_REAL(CYCLE);
IF n=(TRUNC(rPERIOD_ms/rCycle_ms))THEN
 IF OUT > OUT_MIN THEN
  OUT:= OUT_MIN;
  n:= 1;
 ELSE OUT:= OUT_MAX;
  n:= 1;
 END_IF;
ELSE
 n:= n+1;
END_IF;
```

Taskkonfiguration mit einem Intervall von T#100 ms

```
PROGRAM TEST
VAR
 rWert: REAL;
 CLOCK_R_1: CLOCK_R;
END_VAR

CLOCK_R_1(
 PERIOD:= T#0.499s,
 CYCLE:= T#100ms,
 OUT_MAX:= 1.0,
 OUT_MIN:= 0.5);
rWert:= CLOCK_R_1.OUT;
```

Taktgeber c)

DUT

```
TYPE CLOCK :
STRUCT
 PERIOD:TIME:= T#0.5s;
 CYCLE:TIME:= T#100ms; (*Task-Intervall*)
 OUT_MAX:REAL:= 1.0;
 OUT_MIN:REAL:= 0.5;
END_STRUCT
END_TYPE

FUNCTION_BLOCK CLOCK_R
(*Taktgeber mit DUT CLOCK*)
VAR_INPUT
 IN_OUT:CLOCK;
END_VAR
VAR_OUTPUT
 OUT:REAL;
END_VAR
VAR
```

```
 n: INT:= 1; (*Zyklenzahl*)
 rCycle_ms, rPERIOD_ms: REAL;
END_VAR
(*Schalten*)
rPERIOD_ms:= TIME_TO_REAL(IN_OUT.PERIOD);
rCycle_ms:= TIME_TO_REAL(IN_OUT.CYCLE);
IF n=(TRUNC(rPERIOD_ms/rCycle_ms))THEN
 IF OUT = IN_OUT.OUT_MAX THEN (*oder OUT > OUT_MIN*)
  OUT:= IN_OUT.OUT_MIN;
  n:= 1;
 ELSE OUT:= IN_OUT.OUT_MAX;
  n:= 1;
 END_IF;
ELSE
 n:= n+1;
END_IF;

PROGRAM TEST
(*Zyklischer Task 100ms*)
VAR
 rWert: REAL;
 CLOCK_R_1: CLOCK_R;
END_VAR
CLOCK_R_1();
rWert:= CLOCK_R_1.OUT;
```

Aufgabe 10.4 Tiefpass

```
FUNCTION_BLOCK LOW_PASS
(*Einfacher Tiefpass,
Ausgangsverlauf ist nahe der e-Funktion*)
VAR_INPUT
 IN: REAL;
 N: USINT;(*nach N Zyklen wird der Endwert erreicht*)
END_VAR
VAR_OUTPUT
 FAULT: BOOL;
 OUT: REAL;
END_VAR




IF N<5 OR N>200 THEN
 FAULT:= TRUE;
 OUT:= 0.0; RETURN;
ELSE
 FAULT:= FALSE;
END_IF;
OUT:=((IN-OUT)/N)+ OUT;
```

Taskkonfiguration mit einem Intervall von T#100 ms

```
PROGRAM TEST
VAR
 rDruck: REAL;
 rWert: REAL;
 usiZykl: USINT:= 10;
```

```
 xN_Fehler:BOOL;
 LOW_PASS_1: LOW_PASS;
 CLOCK_R_1: CLOCK_R;
END_VAR

CLOCK_R_1(
 PERIOD:= T#0.5s,
 CYCLE:= T#100ms,
 OUT_MAX:= 8.5,
 OUT_MIN:= 7.5);
rWert:= CLOCK_R_1.OUT;

LOW_PASS_1(IN:= rWert, N:=usiZykl);
rDruck:= LOW_PASS_1.OUT;
xN_Fehler:= LOW_PASS_1.FAULT;
```

Aufgabe 10.5 Streckensimulation für Regelstrecken mit Ausgleich

```
FUNCTION_BLOCK PT2
(*Strecke mit Ausgleich*)
VAR_INPUT
 Y:REAL;(*Stellwert*)
 N:USINT;(*zeitliches Verhalten*)
END_VAR
VAR_OUTPUT
 X:REAL;(*Istwert*)
END_VAR
VAR
 LOW_PASS_1, LOW_PASS_2:LOW_PASS;(*Instanzen*)
 x1: REAL;
END_VAR

LOW_PASS_1(IN:= Y, N:= N);
x1:= LOW_PASS_1.OUT;
LOW_PASS_2(IN:= x1, N:= N);
X:= LOW_PASS_2.OUT;
```

Taskkonfiguration – zyklisch, z. B. 100 ms

```
PROGRAM TEST (*im Task 100 ms, test des FBs-PT2*)
VAR
(*Zum Testen Stellwert verändern, z.B. von 0 -> 0.5*)
 rStellwert:REAL;
 rIstwert:REAL;
 usiN:USINT:= 50;
 Temperaturregelstrecke:PT2;
END_VAR

Temperaturregelstrecke(Y:= rStellwert, N:= usiN);
rIstwert:= Temperaturregelstrecke.X;(*Temperatur normiert*)
```

Aufgabe 10.6 b) Autowaschanlage mit Handbetrieb

```
PROGRAM PLC_PRG
(*******************************************************************
Autowaschanlage, ablauforientiert programmiert, CASE, IF...
mit einer simulierten Waschstraße mit Hilfe der Visualisierung
und den Baustein MODELL_W

Einloggen und Start, beobachten Sie den Ablauf in der Visualisierung.
*******************************************************************)
VAR
 S1_Start, S0_Stopp : BOOL; (*Taster Visu*)
 S2_Hand :BOOL; (*Schalter Handbetrieb Visu*)
 B1_pos_vorw, B2_pos_hauptw, B3_pos_trock: BOOL; (*sim.Positionsschalter*)
 P1_startbereit AT %QX0.0: BOOL; (*Anzeige*)
 Q1_Band AT %QX0.2: BOOL; (*Schütz Bandantrieb*)
 M1_Vorw AT %QX0.3: BOOL; (*Ventil*)
 M2_Q2_Hauptw AT %QX0.4: BOOL; (*Ventil+ Schütz Bürsten*)
 Q3_Trockner AT %QX0.5: BOOL; (*Schütz Trocknerantrieb*)
 usiSchrittNr:USINT; usiAktionsNr: USINT := 1; (*Visu Anzeige und
Eingabe*)
 WASCH1:WASCH; MODELL1:MODELL_W; (*Instanzen*)
END_VAR

(*Modell der Waschstraße, simuliert die Positionsschalter*)
MODELL1(BAND:= Q1_Band,
        POS_VORW=> B1_pos_vorw,
        POS_HAUPTW=> B2_pos_hauptw,
        POS_TROCK=> B3_pos_trock);

(*Waschstraße 1*)
WASCH1(START:= S1_Start,
      STOPP:= S0_Stopp,
      POS_VORW:= B1_pos_vorw,
      POS_HAUPTW:= B2_pos_hauptw,
      POS_TROCK:= B3_pos_trock,
      HAND:= S2_Hand,
      AKTION_NR:= usiAktionsNr,
      BEREIT=> P1_startbereit,
      BAND=> Q1_Band,
      VOR_WAESCHE=> M1_Vorw,
      HAUPT_WAESCHE=> M2_Q2_Hauptw,
      TROCKNER=> Q3_Trockner,
      SCHRITT=> usiSchrittNr);



FUNCTION_BLOCK WASCH
VAR_INPUT
      START, STOPP, POS_VORW, POS_HAUPTW, POS_TROCK:BOOL;
      HAND:BOOL; AKTION_NR:USINT;
END_VAR
VAR_OUTPUT
      BEREIT, BAND, VOR_WAESCHE, HAUPT_WAESCHE, TROCKNER:BOOL;
      SCHRITT:USINT;
END_VAR
VAR
      FREIGABE:RS; TON1:TON;
      step_no: USINT;
END_VAR

IF HAND THEN
 (*********** Handbetrieb *********************
   Aktionsnummer wählen und S1-Start betätigen*)
      step_no:=0;
```

```
        IF AKTION_NR > 4 OR AKTION_NR < 0
         THEN AKTION_NR:=0;
        END_IF;
        BAND:= AKTION_NR=1 AND START;
        VOR_WAESCHE:= AKTION_NR=2 AND START;
        HAUPT_WAESCHE:= AKTION_NR=3 AND START;
        TROCKNER:= AKTION_NR=4 AND START;
ELSE
 (*********** Automatikbetrieb ****************)
 (* Schrittkette *)
 TON1(IN:= step_no = 4, PT:= T#8S);
 CASE step_no OF
  0: IF START THEN
       step_no:= 1;
     END_IF;
  1: IF POS_VORW THEN
       step_no:= 2;
    END_IF;
  2: IF POS_HAUPTW THEN
       step_no:= 3;
     END_IF;
  3: IF POS_TROCK THEN
       step_no:= 4;
     END_IF;
  4: IF TON1.Q THEN
       step_no:= 0;
     END_IF;
 END_CASE;
 (*Aktionsfreigabe*)
 FREIGABE(SET:= START, RESET1:= STOPP);
 (* Aktionen *)
 BEREIT:= step_no = 0;
 BAND:= step_no > 0 AND FREIGABE.Q1;
 VOR_WAESCHE:= step_no = 2 AND FREIGABE.Q1;
 HAUPT_WAESCHE:= step_no = 3 AND FREIGABE.Q1;
 TROCKNER:= step_no = 4 AND FREIGABE.Q1;
END_IF;
SCHRITT:=step_no; (*Anzeige*)


FUNCTION_BLOCK MODELL_W
(*********************************************
Simulierte die Waschstraße
Sensoren B1...B3 abhängig vom BAND schalten
Steuern und beobachten über die Visualisierung
*********************************************)
VAR_INPUT
        BAND, WEGFAHREN:BOOL;
END_VAR
VAR_OUTPUT
        POS_VORW, POS_HAUPTW, POS_TROCK:BOOL;
END_VAR
VAR
        TON1:TON; CTU1:CTU;
END_VAR

(*Sensoren B1...B3 abhängig vom BAND schalten*)
TON1(IN:= NOT TON1.Q, PT:= T#0.1S);
CTU1(CU:= BAND AND TON1.Q);
POS_VORW:= CTU1.CV > 14 AND CTU1.CV < 41;
POS_HAUPTW:= CTU1.CV > 53 AND CTU1.CV < 87;
POS_TROCK:= CTU1.CV > 91 AND CTU1.CV < 120;
CTU1.RESET:= WEGFAHREN; (*Schaltfläche Visu*)
```

Übung 10.1 **Lichtszenen b) Mit Zähler**

```
VAR_GLOBAL
 S8_Wohnzimmer AT %IX2.7:BOOL;
 E7_Wohnzimmer AT %QX0.5:BOOL;
 E8_Wohnzimmer AT %QX0.6:BOOL;
 E9_Wohnzimmer AT %QX0.7:BOOL;
END_VAR

FUNCTION_BLOCK LICHT_SZENEN
(*6 Szenen mit 3 Ausgängen*)
VAR_INPUT
 IN:BOOL;(*schaltet die Szene um*) tAUS:TIME:=T#2s;
END_VAR
VAR_OUTPUT
 OUT1, OUT2, OUT3:BOOL;
END_VAR
VAR
 CTU1: CTU;
 TON1: TON;
END_VAR

CTU1(CU:= IN);(*hoch zählen*)
CASE CTU1.CV OF
 0: OUT1:= FALSE; OUT2:= FALSE; OUT3:= FALSE;
 1: OUT1:= FALSE; OUT2:= TRUE; OUT3:= FALSE;
 2: OUT1:= FALSE; OUT2:= TRUE; OUT3:= TRUE;
 3: OUT1:= TRUE; OUT2:= TRUE; OUT3:= FALSE;
 4: OUT1:= TRUE; OUT2:= FALSE; OUT3:= TRUE;
 5: OUT1:= TRUE; OUT2:= TRUE; OUT3:= TRUE;
END_CASE;
(*Ausschalten wenn IN länger als tAUS TRUE ist*)
TON1(IN:= IN, PT:= tAUS);
IF CTU1.CV > 5 OR TON1.Q THEN
 CTU1.RESET:= TRUE;
 ELSE CTU1.RESET:= FALSE;
END_IF
PROGRAM PLC_PRG (*Hauptprogramm*)
VAR
 LICHT_SZENEN_1: LICHT_SZENEN;
END_VAR

LICHT_SZENEN_1(IN:= S8_Wohnzimmer);
E7_Wohnzimmer:=LICHT_SZENEN_1.OUT1;
E8_Wohnzimmer:=LICHT_SZENEN_1.OUT2;
E9_Wohnzimmer:=LICHT_SZENEN_1.OUT3;
```

Lichtszenen c) Programmentwurf mit dem GRAFCET

```
PROGRAM PLC_PRG
(*********************************
Lichtszenenbaustein- Schrittkette
testen S8 -> E7...E9 beobachten
*********************************)
```

```
VAR
	S8:BOOL;
	E7, E8, E9:BOOL;
	LICHTSZENEN1:LICHTSZENEN;
END_VAR

LICHTSZENEN1(
	IN:= S8,
	tAUS:= T#3S,
	OUT1=> E7,
	OUT2=> E8,
	OUT3=> E9);


FUNCTION_BLOCK LICHTSZENEN
(***********************************
6 Szenen mit 3 Ausgänge, Schrittkette
***********************************)
VAR_INPUT
	IN:BOOL;
	tAUS:TIME:=T#3S;(*Ausschalten wenn IN länger ist*)
END_VAR
VAR_OUTPUT
	OUT1, OUT2, OUT3:BOOL;
END_VAR
VAR
	schrittNr:USINT;
	TON1:Standard.TON; R_TRIG_IN:Standard.R_TRIG;
END_VAR

R_TRIG_IN(CLK:= IN); (* Flanke von IN *)
(* Schrittkette *)
CASE schrittNr OF
 0: IF R_TRIG_IN.Q THEN
      schrittNr:= 1;
    END_IF;
 1: IF R_TRIG_IN.Q THEN
    schrittNr:= 2;
    END_IF;
 2: IF R_TRIG_IN.Q THEN
    schrittNr:= 3;
    END_IF;
 3: IF R_TRIG_IN.Q THEN
    schrittNr:= 4;
    END_IF;
 4: IF R_TRIG_IN.Q THEN
    schrittNr:= 5;
    END_IF;
 5: IF R_TRIG_IN.Q THEN
    schrittNr:= 0;
    END_IF;
END_CASE;
(*Ausschalten wenn IN länger als 3s TRUE ist*)
TON1(IN:= IN, PT:= tAUS);
(* Kontinuierlich wirkende zeitlich begrenzte Aktionen *)
IF TON1.Q THEN schrittNr:= 0; END_IF;
OUT1:= schrittNr = 3 OR schrittNr = 4 OR schrittNr = 5;
OUT2:= schrittNr = 1 OR schrittNr = 2 OR schrittNr = 3 OR schrittNr = 5;
OUT3:= schrittNr = 2 OR schrittNr = 4 OR schrittNr = 5;
```

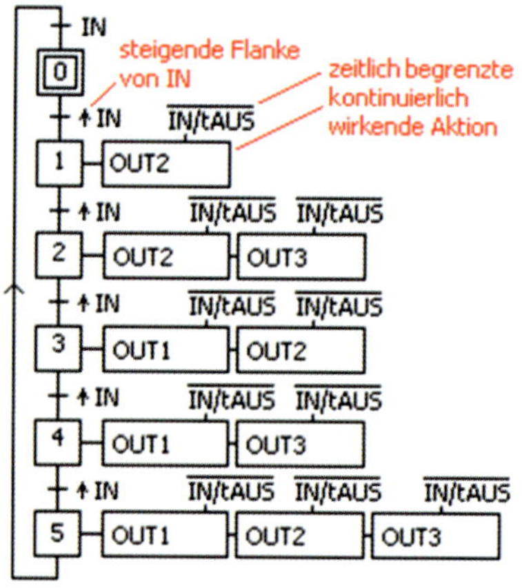

11. Lösungen: Bibliotheken verwenden

Aufgaben 11.1 und 11.2 **Zeitversetztes Zentral-Ein- und Ausschalten, Lichtszenen schalten**

In CoDeSys V2.3

Vergessen Sie nicht, die Bibliothek "Gebaeude_allgemein.lib" in Ihr Projekt über die Bibliotheksverwaltung einzubinden.

```
VAR_GLOBAL
(*Zeitversetztes Zentral-Ein- und -Ausschalten*)
 S1_Licht AT %IX2.0:BOOL;
 Q1_Lichtband1 AT %QX0.0:BOOL;
 Q2_Lichtband2 AT %QX0.1:BOOL;
 Q3_Lichtband3 AT %QX0.2:BOOL;
 Q4_Lichtband4 AT %QX0.3:BOOL;
(*Lichtszenen schalten*)
 S20_Lichtszene AT %IX2.1:BOOL;
 Q20_Licht AT %QX0.4:BOOL;
 Q21_Licht AT %QX0.5:BOOL;
 Q22_Licht AT %QX0.6:BOOL;
 Q23_Licht AT %QX0.7:BOOL;
END_VAR

PROGRAM PLC_PRG
(*********************************************
Beleuchtungssteuerung
Bibliothek: Gebaeude_allgemein.lib 24.10.07
Version: 1.0
Firma: ........´Datum: ........
*********************************************)
VAR
(*Zeitversetztes Zentral-Ein- und -Ausschalten*)
 S1visu:BOOL;
 Fb_LichtZentral_1:Fb_LichtZentral;
(*Lichtszene schalten*)
 Fb_Klick_1:Fb_Klick;
 FbSzeneDigital_1:FbSzeneDigital;
 S20visu:BOOL;
 SzenenNr:BYTE:= 1;
END_VAR

(*Zeitversetztes Zentral-Ein- und -Ausschalten*)
Fb_LichtZentral_1(
 xEingang:= S1_Licht OR S1visu,
 uiTvein:= ,
 uiTvaus:= );
 Q1_Lichtband1:= Fb_LichtZentral_1.xAusgang1;
 Q2_Lichtband2:= Fb_LichtZentral_1.xAusgang2;
 Q3_Lichtband3:= Fb_LichtZentral_1.xAusgang3;
 Q4_Lichtband4:= Fb_LichtZentral_1.xAusgang4;
```

```
(*Lichtszenen schalten*)
Fb_Klick_1(xTaster:= S20visu OR S20_Lichtszene, uiT_10tel_s:= );
IF Fb_Klick_1.xEinzel THEN
 SzenenNr:= SzenenNr + 1;
END_IF;
IF SzenenNr= 9 OR Fb_Klick_1.xDoppel THEN
 SzenenNr:= 1;
END_IF;
FbSzeneDigital_1(
 bAktorSzenenNr1bis8:= SzenenNr,
 xSchaltAktor1:= ,
 xSchaltAktor2:= ,
 xSchaltAktor3:= ,
 xSchaltAktor4:= ,
 xSpeichern:= );
 Q20_Licht:=FbSzeneDigital_1.xDoSchaltAktor1;
 Q21_Licht:=FbSzeneDigital_1.xDoSchaltAktor2;
 Q22_Licht:=FbSzeneDigital_1.xDoSchaltAktor3;
 Q23_Licht:=FbSzeneDigital_1.xDoSchaltAktor4;
```

Werden den Eingangsparametern xSchaltAktor1 ... xSchaltAktor4 die Werte TRUE bzw. FALSE übergeben und dem Eingangsparameter xSpeichern der Wert TRUE, so wird der Szene, z. B. mit der Szenen-Nr. 3, dieses Ausgangsparametermuster für xDoSchaltAktor1 ... xDoSchaltAktor4 zugeordnet.

Aufgabe 11.1 **In e!COCKPIT oder CODESYS V3**

```
VAR_GLOBAL
 S1_Licht AT %IX1.0:BOOL;
 Q1_Lichtband1 AT %QX0.0:BOOL;
 Q2_Lichtband2 AT %QX0.1:BOOL;
 Q3_Lichtband3 AT %QX0.2:BOOL;
 Q4_Lichtband4 AT %QX0.3:BOOL;
END_VAR

PROGRAM PLC_PRG
(*********************************************
Zeitversetztes Zentral-Ein- und Ausschalten
Bibliothek: GEBAEUDE.library
*********************************************)
VAR
 Fb_LichtZentral1: Fb_LichtZentral;
END_VAR
//Instanzaufruf
Fb_LichtZentral1(
      xEingang:= GVL.S1_Licht,
      uiTvein:= 50,
      uiTvaus:= 50,
      xAusgang1=> GVL.Q1_Lichtband1,
      xAusgang2=> GVL.Q2_Lichtband2,
      xAusgang3=> GVL.Q3_Lichtband3,
      xAusgang4=> GVL.Q4_Lichtband4);
```

Wenn Sie die Bibliothek GEBAEUDE.library nicht benutzen, so finden Sie hier den Baustein.

```
FUNCTION_BLOCK Fb_LichtZentral
VAR_INPUT
 xEingang:BOOL; uiTvein:UINT:=10; uiTvaus:UINT:=10;
END_VAR
VAR_OUTPUT
 xAusgang1, xAusgang2, xAusgang3, xAusgang4:BOOL;
END_VAR
VAR
tTvein, tTvaus:TIME;
TON1:TON; TOF1: TOF;
END_VAR
tTvein:= UINT_TO_TIME(uiTvein*10); //Tv in Datentyp TIME
tTvaus:= UINT_TO_TIME(uiTvaus*10);
TON1(IN:= xEingang, PT:= 3*tTvein);
TOF1(IN:= xEingang, PT:= 3*tTvaus);
//Ausgänge schalten
xAusgang1:= xEingang;
IF TON1.ET >= tTvein THEN
      xAusgang2:=TRUE;
END_IF;
IF TOF1.ET >= tTvaus THEN
      xAusgang2:=FALSE;
END_IF;
IF TON1.ET >= 2*tTvein THEN
      xAusgang3:=TRUE;
END_IF;
IF TOF1.ET >= 2*tTvaus THEN
      xAusgang3:=FALSE;
END_IF;
IF TON1.ET >= 3*tTvein THEN
      xAusgang4:=TRUE;
END_IF;
IF TOF1.ET >= 3*tTvaus THEN
      xAusgang4:=FALSE;
END_IF;
```

Aufgabe 11.2 **In e!COCKPIT oder CODESYS V3, Lichtszenen schalten**

```
VAR_GLOBAL
(*Lichtszenen schalten*)
 S20_Lichtszene AT %IX1.1:BOOL;
 Q20_Licht AT %QX0.4:BOOL;
 Q21_Licht AT %QX0.5:BOOL;
 Q22_Licht AT %QX0.6:BOOL;
 Q23_Licht AT %QX0.7:BOOL;
END_VAR

PROGRAM PLC_PRG
(*********************************************
Bibliotheken: OSCAT Building 1.0.0.0 und GEBAEUDE
Zur Simulation, nach dem Einloggen und Start, können Sie
in der Visualisierung die Lichtszenen umschalten
*********************************************)
VAR
 S20visu:BOOL;
 SzenenNr:BYTE:= 1;
 CLICK_MODE1:OSCAT_BUILDING.CLICK_MODE;
 FbSzeneDigital1:FbSzeneDigital;//FB wie in CoDeSys V2.3
END_VAR
CLICK_MODE1(IN:= S20visu OR S20_Lichtszene);
IF CLICK_MODE1.SINGLE THEN
 SzenenNr:= SzenenNr + 1;
END_IF;
IF SzenenNr= 9 OR CLICK_MODE1.DOUBLE THEN
```

```
 SzenenNr:= 1;
END_IF;

FbSzeneDigital1(
      bAktorSzenenNr1bis8:= SzenenNr,
      xSchaltaktor1:= ,
      xSchaltaktor2:= ,
      xSchaltaktor3:= ,
      xSchaltaktor4:= ,
      xSpeichern:= ,
      xDoSchaltAktor1=> Q20_Licht,
      xDoSchaltAktor2=> Q21_Licht,
      xDoSchaltAktor3=> Q22_Licht,
      xDoSchaltAktor4=> Q23_Licht);
```

Wenn Sie die Bibliothek GEBAEUDE.library nicht benutzen, so finden Sie hier den Baustein

```
FUNCTION_BLOCK FbSzeneDigital
VAR_INPUT
 bAktorSzenenNr1bis8:BYTE;
 xSchaltaktor1, xSchaltaktor2, xSchaltaktor3, xSchaltaktor4:BOOL;
 xSpeichern:BOOL;
END_VAR
VAR_OUTPUT
 xDoSchaltAktor1, xDoSchaltAktor2, xDoSchaltAktor3, xDoSchaltAktor4:BOOL;
END_VAR
VAR
 xSzeneAktor:ARRAY[1..8,1..4] OF BOOL:=[FALSE, FALSE, FALSE, FALSE,
                                         TRUE, FALSE, FALSE, FALSE,
                                         FALSE, TRUE, FALSE, FALSE,
                                         FALSE, FALSE, TRUE, FALSE,
                                         FALSE, FALSE, FALSE, TRUE,
                                         FALSE, FALSE, TRUE, TRUE,
                                         FALSE, TRUE, TRUE, TRUE,
                                         TRUE, TRUE, TRUE, TRUE];
END_VAR

// Szenenwerte festlegen
IF xSpeichern THEN
 CASE bAktorSzenenNr1bis8 OF
      1:    xSzeneAktor[1,1]:= xSchaltaktor1;
            xSzeneAktor[1,2]:= xSchaltaktor2;
            xSzeneAktor[1,3]:= xSchaltaktor3;
            xSzeneAktor[1,4]:= xSchaltaktor4;
      2:    xSzeneAktor[2,1]:= xSchaltaktor1;
            xSzeneAktor[2,2]:= xSchaltaktor2;
            xSzeneAktor[2,3]:= xSchaltaktor3;
            xSzeneAktor[2,4]:= xSchaltaktor4;
      3:    xSzeneAktor[3,1]:= xSchaltaktor1;
            xSzeneAktor[3,2]:= xSchaltaktor2;
            xSzeneAktor[3,3]:= xSchaltaktor3;
            xSzeneAktor[3,4]:= xSchaltaktor4;
      4:    xSzeneAktor[4,1]:= xSchaltaktor1;
            xSzeneAktor[4,2]:= xSchaltaktor2;
            xSzeneAktor[4,3]:= xSchaltaktor3;
            xSzeneAktor[4,4]:= xSchaltaktor4;
      5:    xSzeneAktor[5,1]:= xSchaltaktor1;
            xSzeneAktor[5,2]:= xSchaltaktor2;
            xSzeneAktor[5,3]:= xSchaltaktor3;
            xSzeneAktor[5,4]:= xSchaltaktor4;
      6:    xSzeneAktor[6,1]:= xSchaltaktor1;
            xSzeneAktor[6,2]:= xSchaltaktor2;
            xSzeneAktor[6,3]:= xSchaltaktor3;
            xSzeneAktor[6,4]:= xSchaltaktor4;
```

```
      7:    xSzeneAktor[7,1]:= xSchaltaktor1;
            xSzeneAktor[7,2]:= xSchaltaktor2;
            xSzeneAktor[7,3]:= xSchaltaktor3;
            xSzeneAktor[7,4]:= xSchaltaktor4;
      8:    xSzeneAktor[8,1]:= xSchaltaktor1;
            xSzeneAktor[8,2]:= xSchaltaktor2;
            xSzeneAktor[8,3]:= xSchaltaktor3;
            xSzeneAktor[8,4]:= xSchaltaktor4;
 END_CASE;
END_IF;
//Ausgänge
xDoSchaltAktor1:= xSzeneAktor[bAktorSzenenNr1bis8,1];
xDoSchaltAktor2:= xSzeneAktor[bAktorSzenenNr1bis8,2];
xDoSchaltAktor3:= xSzeneAktor[bAktorSzenenNr1bis8,3];
xDoSchaltAktor4:= xSzeneAktor[bAktorSzenenNr1bis8,4];
```

Aufgabe 11.3 **In CoDeSys V2.3 Temperaturregelung mit dem PID-Reglerbaustein**

Vergessen Sie nicht, die Bibliothek "Building_HVAC_01.lib" in Ihr Projekt über die Bibliotheksverwaltung einzubinden.

```
FUNCTION_BLOCK PT2
(*Strecke mit Ausgleich*)
VAR_INPUT
 Y:REAL;(*Stellwert*)
 N:USINT:= 30; (*zeitliches Verhalten*)
END_VAR
VAR_OUTPUT
 X:REAL;(*Istwert*)
END_VAR
VAR
 LOW_PASS_1, LOW_PASS_2:LOW_PASS;(*Instanzen*)
 x1: REAL;
END_VAR

LOW_PASS_1(IN:= Y, N:= N);
x1:= LOW_PASS_1.OUT;
LOW_PASS_2(IN:= x1, N:= N);
X:= LOW_PASS_2.OUT;


FUNCTION_BLOCK LOW_PASS
(*Einfacher Tiefpass,
Ausgangsverlauf ist nahe der e-Funktion*)
VAR_INPUT
 IN: REAL;
 N: USINT;(*nach N Zyklen wird der Endwert erreicht*)
END_VAR
VAR_OUTPUT
 FAULT: BOOL;
 OUT: REAL;
END_VAR

IF N<5 OR N>200 THEN
 N:= 50;
 FAULT:= TRUE;
ELSE
```

```
 FAULT:= FALSE;
END_IF;
OUT:=((IN-OUT)/N)+ OUT;

PROGRAM TEMP_REG
(*******************************************
Temperaturregelung: Abtastzeit: 100 ms
Version: 1.0, Datum: .... ., Autor: SchmittK
Bibliothek: Building_HVAC_01.lib 06.08.2010
*******************************************)
VAR
 w:REAL;(*Sollwert*)
 x: REAL;(*Istwert = Temperatur normiert 0...1*)
 e:REAL;(*Regeldifferenz*)
 y: REAL;(*Stellwert 0...1.0 = Heizleistung normiert*)
 PT2_1:PT2;(*Instanz*)
 Fb_Control_PID_1:Fb_Control_PID; (*in CoDeSys V2.3, sonst
                                   Fb_Control_PID_1:PID*)
END_VAR

(*Simulation der Regelstrecke mit Ausgleich, Tg=10s, Tu=1.2s*)
PT2_1(Y:= y, N:=);
x:=PT2_1.X;
(*PID-Regler, Reglerparameter optimiert nach Takahashi*)
Fb_Control_PID_1(
 xEnable:= TRUE,
 rActualValue:= x,
 rReferenceValue:= w,
 rCycleTime:= 0.1,
 rKp:= (1.2*10.0/(1.2+0.1)),
 rTi:= (2.0*(1.25*1.25)/(1.3)),
 rTd:= (0.5*(1.2+0.1)),
 rOutputMin:= 0.0,
 rOutputMax:= 1.0);
y:=Fb_Control_PID_1.rY;
```

Aufgabe 11.3 **In e!COCKPIT oder CODESYS V3**

Temperaturregelung mit dem PID-Reglerbaustein

```
PROGRAM TEMP_REG
(*******************************************
Temperaturregelung: Abtastzeit: 100 ms
Version: 1.0, Datum: .... ., Autor: SchmittK
Bibliothek: Util
Sollwert ändern -> Istwert beurteilen
*******************************************)
VAR
 w:REAL; (*Sollwert 0...1*)
 x: REAL; (*Istwert = Temperatur normiert 0...1*)
 e:REAL; (*Regeldifferenz*)
 y: REAL;  (*Stellwert 0...1.0 = Heizleistung normiert*)
 PT2_1:PT2;  (*Instanz*)
 Fb_Control_PID_1:PID;  (*Bibliothek: Util*)
END_VAR
```

```
(*Simulation der Regelstrecke mit Ausgleich, Tg=10s, Tu=1.2s*)
PT2_1(Y:= y, N:=);
x:=PT2_1.X;
(*PID-Regler, Reglerparameter optimiert nach Takahashi*)
Fb_Control_PID_1(
      ACTUAL:= x,
      SET_POINT:= w,
      KP:= (1.2*10.0/(1.2+0.1)), //aus Sprungantwort
      TN:= (2.0*(1.25*1.25)/(1.3)),
      TV:= (0.5*(1.2+0.1)),
      Y_MANUAL:= ,
      Y_OFFSET:= ,
      Y_MIN:= 0.0 ,
      Y_MAX:= 1.0,
      MANUAL:= 0,
      RESET:= ,
      Y=> y);


FUNCTION_BLOCK LOW_PASS
(*Einfacher Tiefpass, Ausgangsverlauf ist nahe der e-Funktion*)
VAR_INPUT
 IN: REAL;
 N: USINT; (*nach N Zyklen wird der Endwert erreicht*)
END_VAR
VAR_OUTPUT
 FAULT: BOOL;
 OUT: REAL;
END_VAR

IF N<5 OR N>200 THEN
 N:= 50;
 FAULT:= TRUE;
ELSE
 FAULT:= FALSE;
END_IF;
OUT:=((IN-OUT)/N)+ OUT;


FUNCTION_BLOCK PT2
(******Strecke mit Ausgleich*************)
VAR_INPUT
 Y:REAL; (*Stellwert*)
 N:USINT:= 30; (*zeitliches Verhalten*)
END_VAR
VAR_OUTPUT
 X:REAL;(*Istwert*)
END_VAR
VAR
 LOW_PASS_1, LOW_PASS_2:LOW_PASS;(*Instanzen*)
 x1: REAL;
END_VAR

LOW_PASS_1(IN:= Y, N:= N);
x1:= LOW_PASS_1.OUT;
LOW_PASS_2(IN:= x1, N:= N);
X:= LOW_PASS_2.OUT;
```

Übung 11.1 Zufallszahl erraten

```
PROGRAM PLC_PRG
(*********************************************************************
```

```
Funktion:
Es wird eine Zufallszahl erzeugt, die durch Eingabe zu erraten ist.
Bibliothek: In CoDeSys V2.3 oscat206.lib-> RDM(0),Version: 1.0,
Bibliothek: In CODESYS V3 oder e!Cockpit "oscat_basic_333.library"
**************************************************************************)
VAR
 Zufallszahl: USINT;
 Eingabezahl: USINT;(*Visu*)
 Meldung: STRING;
 Meld_ok:STRING:='Die Zahl ist richtig!';
 Meld_gr:STRING:='Die Zahl ist zu groß!';
 Meld_kl:STRING:='Die Zahl ist zu klein!';
 richtig: BOOL:=TRUE;(*Visu*)
 go: BOOL;(*Taster in der Visu "Neue Zahl"*)
 Versuche: INT;(*Anzahl der Versuche*)
 Eingabezahl_alt: USINT;
END_VAR

IF go OR Zufallszahl = 0 THEN
 Zufallszahl:= REAL_TO_USINT(RDM(0)*100.0);
 Versuche:=0;
END_IF;
IF Eingabezahl = Zufallszahl THEN
 Meldung:=Meld_ok;
 richtig:=TRUE;
ELSIF Eingabezahl > Zufallszahl THEN
 Meldung:=Meld_gr;
 richtig:=FALSE;
ELSE
 Meldung:=Meld_kl;
 richtig:=FALSE;
END_IF;
IF Eingabezahl <> Eingabezahl_alt THEN
Versuche:= Versuche + 1; END_IF;
Eingabezahl_alt:=Eingabezahl;
```

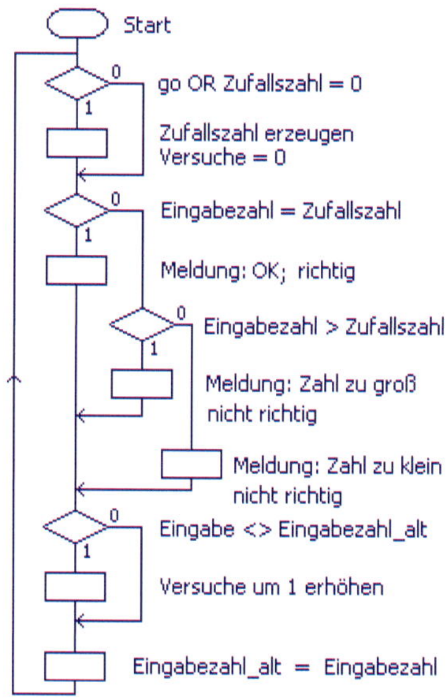

Übung 11.2 **Würfelspiel PIG**

```
PROGRAM PLC_PRG
(********************************
PIG Würfelspiel für zwei Spieler
Bibliothek: Oscat Basic
********************************)
VAR
 instPIG1, instPIG2:PIG;
 xSpieler, xNeuesSpiel:BOOL; (*Schalter Visu*)
END_VAR
(*Spieler 1*)
instPIG1(xSPIELEN:= NOT xSpieler, xNEUES_SPIEL:= xNeuesSpiel);
(*Spieler 2*)
instPIG2(xSPIELEN:= xSpieler, xNEUES_SPIEL:= xNeuesSpiel);
```

Lösungsvariante 1, FB PIG mit Hilfe eines PAP entworfen

```
FUNCTION_BLOCK PIG
```

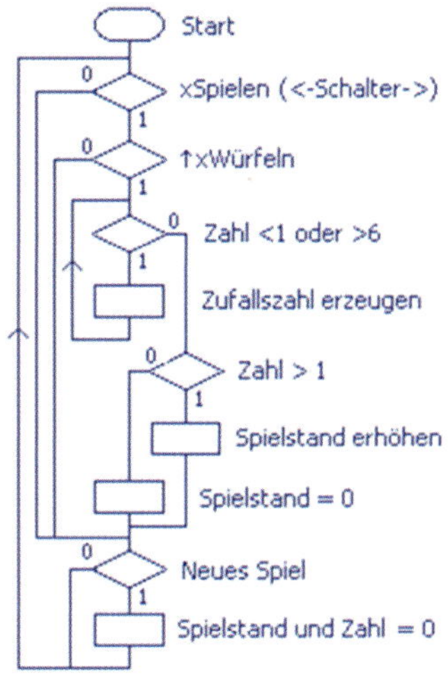


```
VAR_INPUT
 xSPIELEN, xWUERFELN, xNEUES_SPIEL:BOOL;
END_VAR
VAR_OUTPUT
 usiWUERFELZAHL: USINT;
 uiSPIELSTAND, uiSPIELSTANDMAX: UINT;
END_VAR
VAR
 instWUERFELN_TRIG:R_TRIG;
 usiWuerfelzahlNeu: USINT;
END_VAR
IF xSPIELEN THEN
 instWUERFELN_TRIG(CLK:= xWUERFELN);
 usiWuerfelzahlNeu:= 0;
 IF instWUERFELN_TRIG.Q THEN
  WHILE  usiWuerfelzahlNeu < 1 OR
         usiWuerfelzahlNeu > 6 DO
   usiWuerfelzahlNeu:=
        REAL_TO_USINT(RDM(last:= 0)*10.0);
  END_WHILE;
  IF usiWuerfelzahlNeu > 1 THEN
     uiSPIELSTAND:= uiSPIELSTAND + usiWuerfelzahlNeu;
      uiSPIELSTANDMAX:= uiSPIELSTAND;
   ELSE
      uiSPIELSTAND:= 0;
  END_IF;
  usiWUERFELZAHL:= usiWuerfelzahlNeu;
 END_IF;
END_IF;
IF xNEUES_SPIEL THEN
      uiSPIELSTAND:= 0; uiSPIELSTANDMAX:= 0; usiWuerfelzahl:= 0;
END_IF;
```

Lösungsvariante 2, FB PIG mit Hilfe eines GRAFCETs entworfen

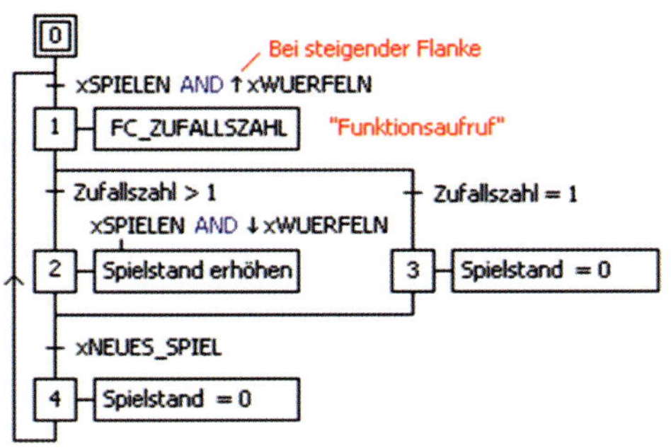

GRAFCET mit Ablaufauswahl (Alternativverzweigung)

Bei ihr folgen mehrere Weiterschaltbedingungen (Transitions) nach einem Schritt, hier Zufallszahl > 1 und Zufallszahl = 1 nach Schritt 1. Es wird der Teilablauf aktiviert, dessen Weiterschaltbedingung als erste erfüllt ist.
Diese Ablaufstruktur wird auch Entweder-Oder-Verzweigung genannt.

```
FUNCTION_BLOCK PIG
VAR_INPUT
      xSPIELEN, xWUERFELN, xNEUES_SPIEL:BOOL;
END_VAR
VAR_OUTPUT
      usiWUERFELZAHL: USINT;
      uiSPIELSTAND: UINT;
END_VAR
VAR
      usiSchrittNr:USINT;
      instWUERFELN_TRIG_R:R_TRIG;
      instWUERFELN_TRIG_F:F_TRIG;
END_VAR
instWUERFELN_TRIG_R(CLK:= xWUERFELN);
instWUERFELN_TRIG_F(CLK:= xWUERFELN);
```

```
CASE usiSchrittNr OF
 0: IF instWUERFELN_TRIG_R.Q  AND xSPIELEN THEN
        usiSchrittNr:= 1;
    END_IF;
 1: usiWUERFELZAHL:= FC_ZUFALLSZAHL(); (*Funktionsaufruf*)
   IF usiWUERFELZAHL > 1 THEN
        usiSchrittNr:= 2;
   END_IF;
   IF usiWUERFELZAHL = 1 THEN
        usiSchrittNr:= 3;
   END_IF;
 2: IF instWUERFELN_TRIG_F.Q AND xSPIELEN THEN
        uiSPIELSTAND:= uiSPIELSTAND + usiWUERFELZAHL;
   END_IF;
   IF instWUERFELN_TRIG_R.Q AND xSPIELEN THEN
        usiSchrittNr:= 1;
   END_IF;
   IF xNEUES_SPIEL THEN
        usiSchrittNr:= 4;
   END_IF;
 3: uiSPIELSTAND:= 0;
   IF instWUERFELN_TRIG_R.Q AND xSPIELEN THEN
        usiSchrittNr:= 1;
   END_IF;
   IF xNEUES_SPIEL THEN
        usiSchrittNr:= 4;
   END_IF;
 4: uiSPIELSTAND:= 0; usiWUERFELZAHL:= 0;
   IF instWUERFELN_TRIG_R.Q AND xSPIELEN THEN
        usiSchrittNr:= 1;
   END_IF;
END_CASE;

FUNCTION FC_ZUFALLSZAHL : USINT
(*Zahl 1...6 erzeugen*)
VAR
        usiWuerfelzahlNeu: USINT;
END_VAR
WHILE  usiWuerfelzahlNeu < 1 OR usiWuerfelzahlNeu > 6 DO
    usiWuerfelzahlNeu:= REAL_TO_USINT(RDM(last:= 0)*10.0);
END_WHILE;
FC_ZUFALLSZAHL:= usiWuerfelzahlNeu;
```

Übung 11.3 **Fragen – Antworten**

```
PROGRAM PLC_PRG
(*********************************************************************
Frage-Antwort
Öffnen Sie nach dem Einloggen und Start
die Visualisierung und klicken Sie auf "Frage" ..."Antwort"
*********************************************************************)
VAR
        Frage:ARRAY[1..17] OF STRING:=[
'Wie wird der Programmbaustein PLC_PRG standardmäßig aufgerufen?',
'Das Zuweisungszeichen im Programm ist ... ',
'Der Wertebereich einer Variablen wird festgelegt mit ...',
'VAR, END_VAR, BOOL, FALSE ... sind ...',
'Der Datentyp USINT kann Werte annehmen bis ...',
'Die WHILE-Schleife erlaubt die wiederholte Ausführung einer
Anweisungsfolge ...',
'Mit der Modulo-Division MOD wird ...',
'Diese Anweisung EXIT können Sie ...',
```

```
'Mit der Anweisung RETURN wird ...',
'Unterprogramme werden im Hauptprogramm ...',
'Anwenderdefinierte Datentypen (DUT) setzt sich aus ...',
'Bei TIME und TIME_OF_DAY wird die Zeit in ...',
'Eine Funktion ist ein Codebaustein ohne ...',
'Der Parameter, der dem "PT" der Instanz vom TON übergeben wird, ist vom
Datentyp',
'Der GRAFCET ist eine ...',
'R_TRIG ist ein Systemfunktionsbaustein; er erzeugt bei einer ...',
'Um Bausteine aus einer Bibliothek benutzen zu können, muss ...'];

      Antwort:ARRAY[1..17] OF STRING:=[
'Freilaufend zyklisch.',
'der Doppelpunkt und das Gleichheitszeichen.',
'dem Datentyp der Variablen.',
'Schlüsselwörter.',
'255.',
'unter Kontrolle einer Durchführungsbedingung am Anfang der Schleife.',
'der Rest der Division ermittelt.',
'eine Schleife verlassen.',
'der Software-Baustein (POE) ohne Bedingung verlassen.',
'nacheinander aufgerufen.',
'Standard-Datentypen zusammen.',
'Millisekunden angegeben, wobei bei TOD ab 00:00 Uhr gerechnet wird.',
'Gedächtnis mit einem Rückgabewert.',
'TIME.',
'Spezifikationssprache für Ablaufsteuerungen',
'positiven Flanke am CLK-Parameter einen Zyklus lang am Q den Wert TRUE.',
'die Bibliothek im Projekt über die Bibliotheksverwaltung eingebunden
werden.'];

      S1, S2:BOOL; Zufallszahl:USINT; sFrage, sAntwort:STRING;

END_VAR

IF S1 THEN
 Zufallszahl:= FC_ZUFALLSZAHL(usiAnzahl:= 17) ;
 sFrage:=Frage[Zufallszahl];
 sAntwort:='';
END_IF;
IF S2 THEN
 sAntwort:=Antwort[Zufallszahl];
END_IF;
```

12. Lösungen: Fuzzy-Füllstandsregelung

Aufgabe 12.1 Funktionen zur Fuzzifizierung

Alle Variablenwerte sind normiert auf 0.0...1.0

```
FUNCTION FUZ_Rfall:REAL
(*Zugehörigkeitsgrad*)
VAR_INPUT
(*Eingang und Stützpunkte*)
 IN, S1, S2:REAL;
END_VAR

IF IN < S1 THEN
 FUZ_Rfall:= 1.0;
ELSIF IN > S2 THEN
 FUZ_Rfall:= 0.0;
ELSE
 FUZ_Rfall:=1/(S1-S2)*IN-S2/(S1-S2);
END_IF;
```

```
FUNCTION FUZ_Rsteig:REAL
(*Zugehörigkeitsgrad*)
VAR_INPUT
 IN, S1, S2:REAL;
END_VAR
VAR
 m:REAL;
END_VAR

IF IN < S1 THEN
 m:= 0.0;
ELSIF IN > S2 THEN
 m:= 1.0;
ELSE
 m:= 1/(S2-S1)*IN-S1/(S2-S1);
END_IF;
FUZ_Rsteig:= m;
```

```
FUNCTION FUZ_Trapez:REAL(*Zugehörigkeitsgrad*)
VAR_INPUT
 IN:REAL;
 S1:REAL;(*Stützpunkt 1*)
 S2:REAL;(*Stützpunkt 2*)
 S3:REAL;(*Stützpunkt 3*)
 S4:REAL;(*Stützpunkt 4*)
END_VAR

IF IN < S1 THEN
 FUZ_Trapez:= 0.0 ;
ELSIF IN >= S1 AND IN <= S2 THEN
 FUZ_Trapez:= 1/(S2-S1)*IN - S1/(S2-S1);
ELSIF IN > S2 AND IN < S3 THEN
 FUZ_Trapez:= 1.0 ;
ELSIF IN >= S3 AND IN <= S4 THEN
 FUZ_Trapez:= 1/(S3-S4)*IN - S4/(S3-S4);
ELSE
 FUZ_Trapez:= 0.0;
END_IF;
```

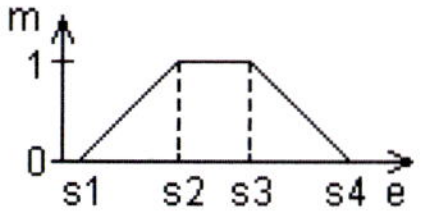

für $e < s1 \rightarrow m = 0$
für $e > s2$ und $e < s3 \rightarrow m = 1$
für $e > s4 \rightarrow m = 0$

für $e \geqq s1$ und $e \leqq s2 \rightarrow$

lineare Funktion vom Typ
$m = a * e + b$
wobei

I: $0 = a * s1 + b$
II: $1 = a * s2 + b$
II-I: $1 - 0 = a * s2 - a * s1$

$$a = \frac{1}{s2 - s1}$$

a in I einsetzen ->

$$b = -\frac{s1}{s2 - s1}$$

$$m = \frac{1}{s2 - s1} * e - \frac{s1}{s2 - s1}$$

für $e \geqq s3$ und $e \leqq s4 \rightarrow$

lineare Funktion vom Typ
$m = a * e + b$
wobei

I: $1 = a * s3 + b$
II: $0 = a * s4 + b$
I-II: $1 - 0 = a * s3 - a * s4$

$$a = \frac{1}{s3 - s4}$$

a in II einsetzen ->

$$b = -\frac{s4}{s3 - s4}$$

$$m = \frac{1}{s3 - s4} * e - \frac{s4}{s3 - s4}$$

Test der Funktionen zur Fuzzifizierung

Anmerkung:
Eine Dreiecksfunktion kann mit der Trapezfunktion realisiert werden, wenn S2 = S3 ist.

```
PROGRAM PLC_PRG
(*Test der Zugehörigkeitsfunktionen*)
VAR
 temp:REAL:= 20.0;
 m_kalt: REAL;
 m_warm: REAL;
 m_sehr_warm: REAL;
 y: REAL;
END_VAR
```

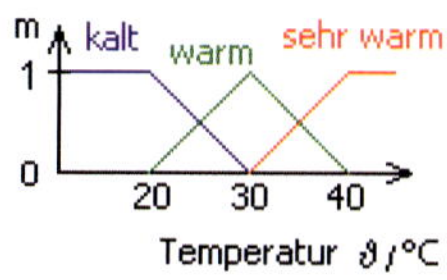


```
m_kalt:= FUZ_Rfall(IN:= temp, S1:= 20.0, S2:= 30.0);
m_warm:= FUZ_Trapez(IN:= temp, S1:= 20.0, S2:= 30.0, S3:= 30.0, S4:=40.0);
m_sehr_warm:= FUZ_Rsteig(IN:= temp, S1:= 30.0, S2:= 40.0);
```

Temperatur/°C	m_kalt	m_warm	m_sehr warm
20	1.0	0.0	0.0
25	0.5	0.5	0.0
27.5	0.25	0.75	0.0
30	0.0	1.0	0.0
42	0.0	0.0	1.0

Aufgabe 12.2 Funktion zur Inferenz und Defuzzifizierung

```
FUNCTION DEFUZ_2 : REAL
(*Defuzzifizierung*)
VAR_INPUT
 G1:REAL;(*Erfüllungsgrad für S1*)
 S1:REAL;(*Stützpunkt 1*)
 G2:REAL;(*Erfüllungsgrad für S2*)
 S2:REAL;(*Stützpunkt 2*)
END_VAR
VAR
 y:REAL;(*scharfer Wert*)
END_VAR

y:= (G1*S1+G2*S2)/(G1+G2);
DEFUZ_2:= y;
```

Test der Fuzzy-FCs mit der Regelbasis

- R1: WENN ϑ kalt, dann y (Heizung) hoch -> G1 = m_kalt, s1 = 1 (y = 100 %)
- R2: WENN ϑ warm, dann y (Heizung) mittel -> G2 = m_warm, s2 = 0.5 (y = 50 %)

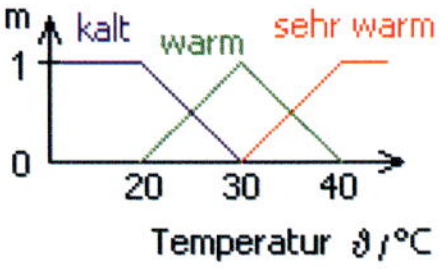

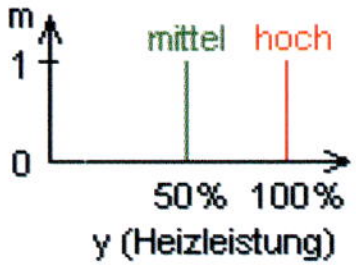


```
PROGRAM PLC_PRG
(*****************************************
Test der Zugehörigkeitsfunktionen und
der Inferenz und Defuzzifizierungsfunktion
*****************************************)
VAR
 temp:REAL:= 20.0;
 m_kalt: REAL;
 m_warm: REAL;
 m_sehr_warm: REAL;
 y: REAL;
END_VAR

m_kalt:= FUZ_Rfall(IN:=temp, S1:= 20.0, S2:= 30.0);
m_warm:= FUZ_Trapez(
      IN:= temp,
      S1:= 20.0, S2:= 30.0, S3:= 30.0, S4:= 40.0);
m_sehr_warm:= FUZ_Rsteig(IN:=temp, S1:=30.0, S2:= 40.0);
y:= DEFUZ_2(G1:= m_kalt, S1:=1.0, G2:= m_warm, S2:= 0.5);
```

temp/°C	m_kalt	m_warm	m_sehr_warm	y
20	1.0	0.0	0.0	1.0
25	0.5	0.5	0.0	0.75
27.5	0.25	0.75	0.0	0.625
30	0.0	1.0	0.0	0.5
42	0.0	0.0	1.0	0.0

Aufgabe 12.3 Füllstandsregelung mit Fuzzy-Regler

```
FUNCTION_BLOCK BEHAELTER_IT1
(*********************************************************
Simulation eines niedrigen Behälters - IT1-Verhalten.
Der Füllstand steigt bei einem Sollwertsprung verzögert an.
*********************************************************)
VAR_INPUT
 rZUFLUSS, rABFLUSS:REAL;(*0 ... 1.0*)
END_VAR
VAR_OUTPUT
 rHOEHE:REAL;(*0 ... 1.0*)
END_VAR
VAR
 r_m:REAL;(*Steigung*)
END_VAR

IF rHOEHE <= 0.0 THEN (*Begrenzung*)
 rHOEHE:= 0.0;
 rABFLUSS:= 0.0;
END_IF;
r_m:= r_m + ((rZUFLUSS - rABFLUSS) - r_m)*3.0* 0.01;(*Verzögerter Anstieg*)
rHOEHE:= rHOEHE + r_m * 0.01;
IF rHOEHE > 1.0 THEN (*Begrenzung*)
 rHOEHE:= 1.0;
END_IF;
```

FUZZY-Bibliothek einbinden, Taskkonfiguration: zyklisch 100 ms

```
PROGRAM FUELLSTANDS_REG
(*Füllstandsregelung, Task: Zyklisch 100ms*)
VAR
 w:REAL;(*Sollwert*)
 x:REAL;(*Istwert = Füllhöhe*)
 e:REAL;(*Regeldifferenz*)
 y:REAL;(*Stellwert 0...1.0 = Zuflussmenge*)
 z:REAL:= 0.5;(*Abflussmenge*)
 BEHAELTER_1: BEHAELTER_IT1;(*Instanz*)
 m_l:REAL;(*Zugehörigkeitsgrad für "zu leer"*)
 m_v:REAL;(*Zugehörigkeitsgrad für "zu voll"*)
END_VAR

(*******************************************************
Simulation des Behälters
*******************************************************)
BEHAELTER_1(rZUFLUSS:= y, rABFLUSS:= z);
x:= BEHAELTER_1.rHOEHE;
```

```
(**********************************************************
Fuzzy-Regler
**********************************************************)
e:= w-x;
IF w = 0.0 OR e = 0.0 THEN y:= 0.0; RETURN; END_IF;
(*Bereich in dem die Regelung einsetzt = -0.1 und +0.1*)
m_v:= FUZ_Rfall(IN:= e, S1:= -0.1, S2:= 0.1);
m_l:= FUZ_Rsteig(IN:= e, S1:= -0.1, S2:= 0.1);
(*Regel 1: WENN "zu voll" DANN y (Ventil) zu
  Regel 2: WENN "zu leer" DANN y (Ventil) auf
  zu -> S1 = 0.0, auf -> S2 = 1.0*)
y:= DEFUZ_2(G1:= m_v, S1:= 0.0, G2:= m_l, S2:= 1.0);
```

Regelgüte

Verändern Sie den Bereich, in dem die Regelung einsetzt, durch Änderung der Stützpunkte in den FCs zur Fuzzifizierung und beobachten Sie deren Auswirkungen auf die Regelgüte.
Die Abflussmenge beträgt 0.5.

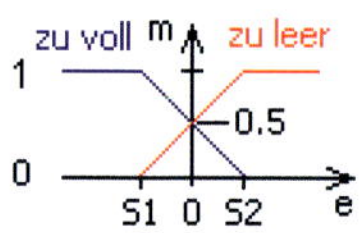

Regelgüte

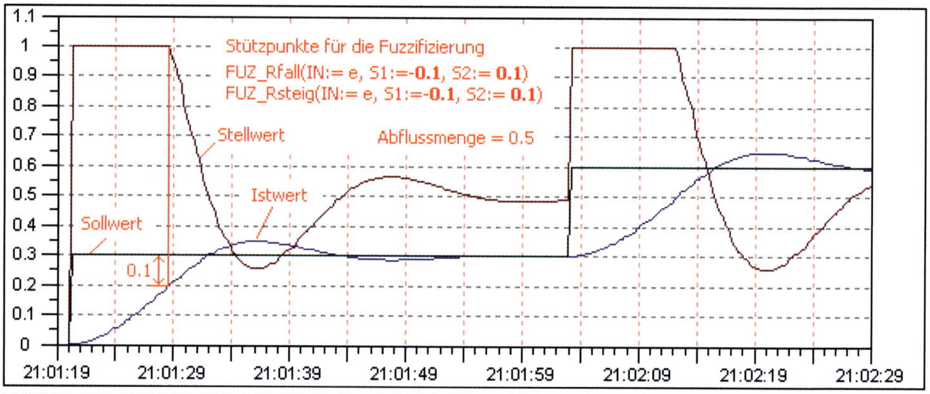

Stütz-
punkte

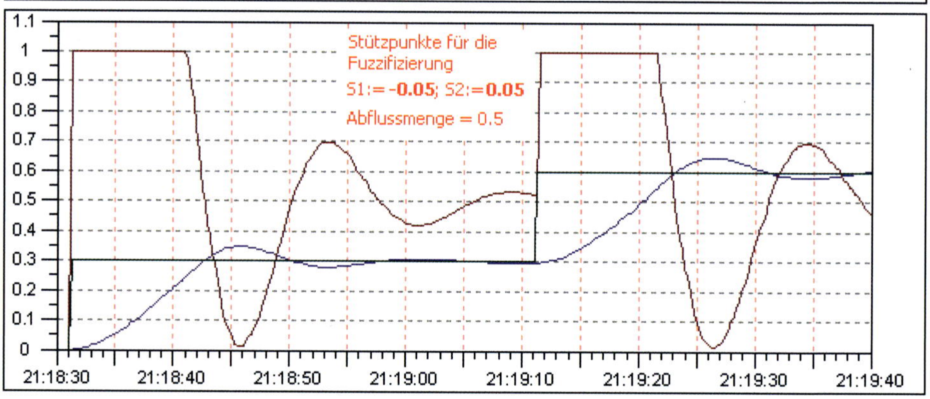

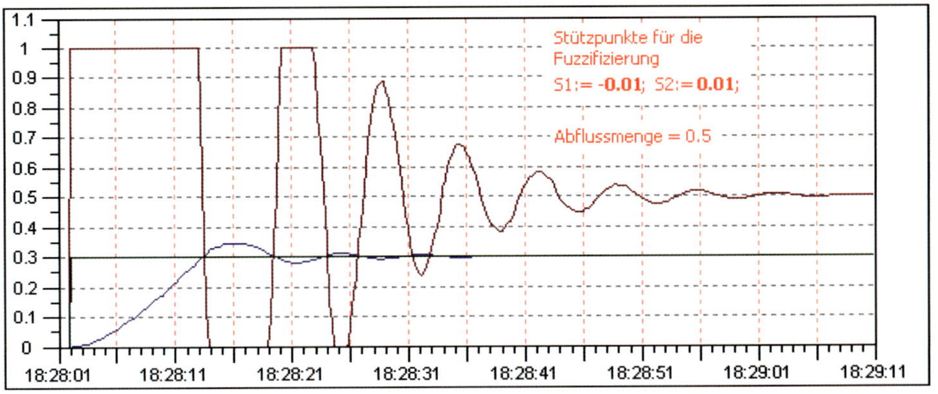

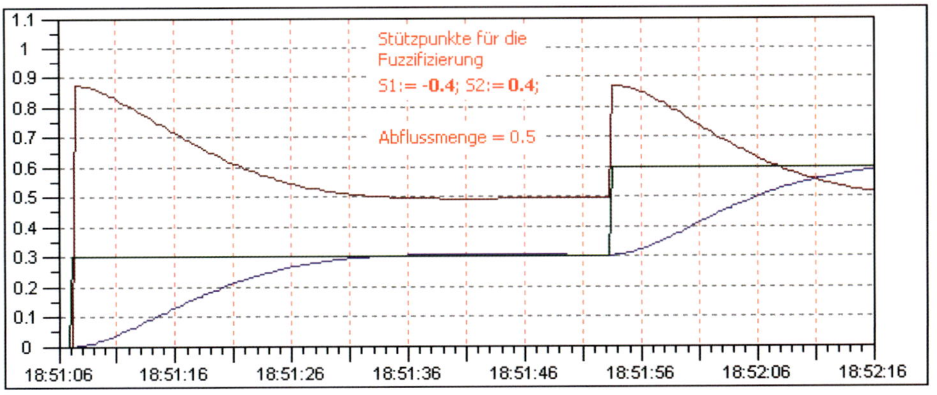

Bei einer von 0.5 abweichenden Abflussmenge stellt sich eine **bleibende Regeldifferenz** ein. Wegen der bleibenden Regeldifferenz wird der Regler auch FUZZY-P-Regler genannt.

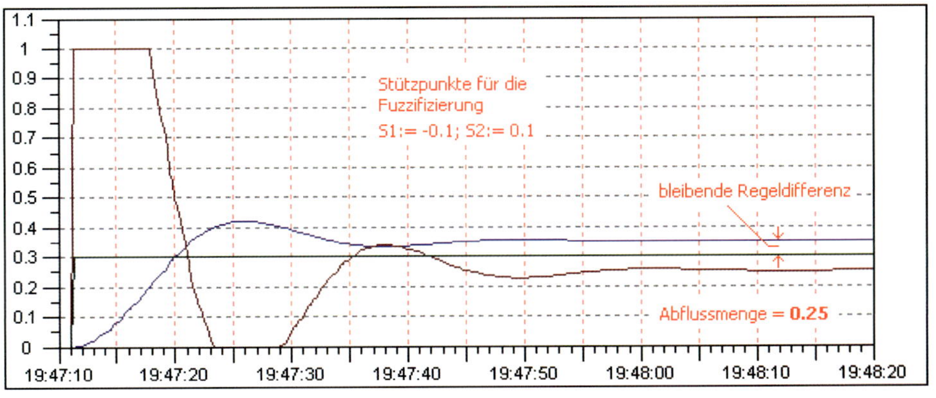

Werden jedoch die Werte der Stützpunkte angepasst, so ist bei der neuen Abflussmenge die bleibende Regelabweichung wieder null. Dieser Regler hat ein sehr gutes **Führungsverhalten**, wenn die Stützpunkte an die Abflussmenge angepasst werden.

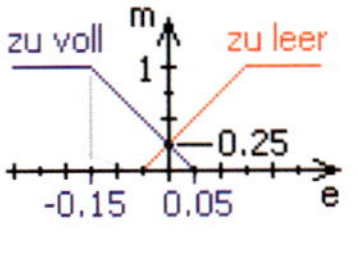

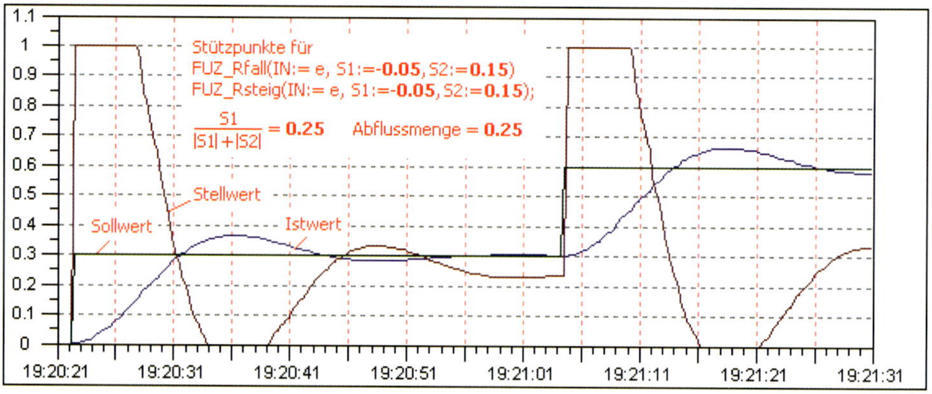

Übung 12.1 **Füllstandsregelung Fuzzy-Regler als FB**

```
FUNCTION_BLOCK FUZ_REGLER
(*************************************************
Fuzzy-Regler
*************************************************)
VAR_INPUT
      rSOLLWERT, rISTWERT:REAL;
      rFUZ_S1, rFUZ_S2:REAL; //Stützpunkte Fuzzifizierung
      rDEFUZ_S1, rDEFUZ_S2:REAL; //Stützpunkte Defuzzifizierung
END_VAR
VAR_OUTPUT
      rSTELLWERT:REAL;
END_VAR
VAR
      rDiff:REAL;
      m_1, m_2:REAL; //Zugehörigkeitsgrade der Regeldifferenz
END_VAR

rDiff:= rSOLLWERT - rISTWERT;
IF rSOLLWERT = 0.0 OR rDiff = 0.0 THEN
   rSTELLWERT:= 0.0; RETURN;
END_IF;
(*Bereich in dem die Regelung einsetzt*)
m_1:= FUZ_Rfall(IN:= rDiff, S1:= rFUZ_S1, S2:= rFUZ_S2);
m_2:= FUZ_Rsteig(IN:= rDiff, S1:= rFUZ_S1, S2:= rFUZ_S2);
(*Defuzzifizierung*)
rSTELLWERT:= DEFUZ_2(G1:= m_1,
                     S1:= rDEFUZ_S1,
                     G2:= m_2,
                     S2:= rDEFUZ_S2);


PROGRAM FUELLSTANDS_REG
(*****************************************************************
Fuzzy, Füllstandsregelung, Task: Zyklisch 100ms
Bibliothek "FUZZY.library" aus 12_A2 über den Bibliotheksverwalter
hinzugefügt.
*****************************************************************)
VAR
 w:REAL; (*Sollwert*)
 x:REAL; (*Istwert = Füllhöhe*)
 e:REAL; (*Regeldifferenz*)
 y:REAL; (*Stellwert 0...1.0 = Zuflussmenge*)
 z:REAL:= 0.5; (*Abflussmenge*)
 BEHAELTER_1: BEHAELTER_IT1; FUZ_REGLER1:FUZ_REGLER; (*Instanzen*)
END_VAR
(****** Simulation des Behälters ***********)
```

```
BEHAELTER_1(rZUFLUSS:= y, rABFLUSS:= z);
x:= BEHAELTER_1.rHOEHE;
(****** Fuzzy-Regler ***********)
FUZ_REGLER1(
      rSOLLWERT:= w,
      rISTWERT:= x,
      rFUZ_S1:= -0.1, //+/-10%
      rFUZ_S2:= 0.1,
      rDEFUZ_S1:= 0.0,
      rDEFUZ_S2:= 1.0,
      rSTELLWERT=> y);
```

Übung 12.2 **Füllstandsregelung,** Stellgröße ist die Abflussmenge

Fügen Sie die Bibliothek FUZZY ein.

```
PROGRAM FUELLSTANDS_REG
VAR
      w:REAL; (*Sollwert*)
      x: REAL; (*Istwert = Füllhöhe*)
      e:REAL; (*Regeldifferenz*)
      y: REAL; (*Stellwert 0...1.0 = Abflussmenge*)
      z:REAL:=0.5; (*Zuflussmenge*)
      BEHAELTER_1: BEHAELTER_IT1;
      m_n: REAL;
      m_p: REAL;
END_VAR
(*Behaltersimulation*)
BEHAELTER_1(rZUFLUSS:= z, rABFLUSS:= y);
x:=   BEHAELTER_1.rHOEHE;
(*Regler*)
e:= w-x; (*Regeldifferenz*)
m_n:= FUZ_Rfall(IN:= e, S1:=-0.1, S2:= 0.1);
m_p:= FUZ_Rsteig(IN:= e, S1:=-0.1, S2:= 0.1);
y:= DEFUZ_2(G1:= m_p, S1:= 0.0, G2:= m_n, S2:= 1.0);
```

Aufgabe 12.4 **Mehrfachgrößen-FUZZY-Regler, hier Störgrößenaufschaltung**

```
PROGRAM FUELLSTANDS_REG
(*****************************************************************
Fuzzy, Füllstandsregelung, Task: Zyklisch 100ms

Bibliothek "FUZZY.library" aus Kap. 12 über den Bibliotheksverwalter
hinzugefügt.
Zur Simulation können Sie nach dem Einloggen und Start den
Sollwert "w" und Abfluss "z" vorbereiten und schreiben.
Beobachten Sie den Istwert "x", die Füllhöhe.
*****************************************************************)
VAR
 w:REAL; (*Sollwert*)
 x:REAL; (*Istwert = Füllhöhe*)
 e:REAL; (*Regeldifferenz*)
 y:REAL; (*Stellwert 0...1.0 = Zuflussmenge*)
 z:REAL:= 0.5; (*Abflussmenge*)
 BEHAELTER_1: BEHAELTER_IT1; (*Instanz*)
 (*Zugehörigkeitsgrade*)
 m_l:REAL; (*für "zu leer", e ist positiv*)
 m_v:REAL; (* für "zu voll"*)
 m_k:REAL; (* für Ablauf "klein"*)
 m_g:REAL; (* für Ablauf "groß"*)
 (*Erfüllungsgrade G*)
 g1, g2, g3, g4:REAL;
END_VAR

(*****************************************************
```

```
 Simulation des Behälters
*****************************************************)
BEHAELTER_1(rZUFLUSS:= y, rABFLUSS:= z, rHOEHE=> x);
(*****************************************************
 Fuzzy-Regler
*****************************************************)
e:= w-x; (*Regeldifferenz*)
IF w = 0.0 OR e = 0.0 THEN y:= 0.0; RETURN; END_IF;
(*Bereich e in dem die Regelung einsetzt = -0.1 und +0.1*)
m_v:= FUZ_Rfall(IN:= e, S1:= -0.1, S2:= 0.1);
m_l:= FUZ_Rsteig(IN:= e, S1:= -0.1, S2:= 0.1);
(*Bereich z (Ablauf) in dem die Regelung einsetzt = 0,25 und 0,75*)
m_k:=FUZ_Rfall(IN:= z, S1:= 0.25, S2:= 0.75);
m_g:=FUZ_Rsteig(IN:= z, S1:= 0.25, S2:= 0.75);
(*Regel 1: Wenn "zu voll" UND z klein dann y (Ventil) zu
  Regel 2: Wenn "zu voll" UND z groß, dann y mittel
  Regel 3: Wenn "zu leer" UND z klein, dann y mittel
  Regel 4: Wenn "zu leer" UND z groß, dann y auf
  Erfüllungsgrade:  UND -> MIN-Funktion*)
G1:= MIN(m_v, m_k);
G2:= MIN(m_v, m_g);
G3:= MIN(m_l, m_k);
G4:= MIN(m_l, m_g);
(*Defuzifizierung*)
(*y zu -> S1 =0, Y mittel -> S2,S3 = 0.5 Y auf -> S4 -> 1.0 *)
y:= DEFUZ_4(
      G1:= g1,
      S1:= 0.0,
      G2:= g2,
      S2:= 0.5,
      G3:= g3,
      S3:= 0.5,
      G4:= g4,
      S4:= 1.0);
```

In dieser Aufgabe wird eine DEFUZ-Funktion mit 4 Eingängen benötigt. Die DEFUZ_2 wurde erweitert.

```
FUNCTION DEFUZ_4 : REAL
(****************************************
Defuzzifizierung - Höhenmethode
für vier Erfüllungsgrade
****************************************)
VAR_INPUT
      G1: REAL; (*Erfüllungsgrad für S1*)
      S1: REAL; (*Stützpunkt 1*)
      G2: REAL; (*Erfüllungsgrad für S2*)
      S2: REAL; (*Stützpunkt 2*)
      G3, S3, G4, S4: REAL;
END_VAR

DEFUZ_4:= (G1*S1+G2*S2+G3*S3+G4*S4)/(G1+G2+G3+G4);
```

Die restlichen POUs finden Sie in der Aufgabe 12.3.

Erfüllungsgrade G bei der Annahme: e = 0,025 (2,5%), z = 0,5 (50%)

g1 = MIN(0.25, 0.5) = 0.25; g2 = MIN(0.25, 0.5) = 0.25;
g3 = MIN(0.75, 0.5) = 0.50; g4 = MIN(0.75, 0.5) = 0.50;

Verändern Sie den Sollwert von 0 auf 0.5 und dann die Abflussmenge von 0.5 auf 0.25 und beobachten Sie die Auswirkungen auf die Regelgüte.

Sehr gut.

Verändern Sie die Abflussmenge von 0.25 auf 0.75 und beobachten Sie die Auswirkungen auf die Regelgüte.

Sehr gut.

Verändern Sie die Abflussmenge von 0.75 auf 0.6 und beobachten Sie die Auswirkungen auf die Regelgüte.

Es entsteht eine bleibende Regelabweichung.

13. Lösungen: Ethernetbasierende Automatisation, Fragen

Fragen:

1. Warum wird das Ethernet in der Gebäudeautomatisierung verwendet?

   Ethernet TCP/IP ist der weltweite Kommunikationsstandard und ist, als vorhandene datentechnische Infrastruktur für Büronetzwerke, auch für die Gebäudeleittechnik nutzbar.

   Die Integration von Multimediafunktionen wie "Voice over IP" und die Kommunikationszugänge für Geräte, wie Mobiltelefone, PDAs, Web-Kameras usw., sind Gründe für den durchgängigen Einsatz von Ethernet. Es können preiswerte Standardkomponenten, wie Switches, Kabel, Stecker usw., verwendet werden.

2. Was ist ein Ethernet-TCP/IP-Koppler?

   Er verbindet das I/O-System mit dem Bussystem ETHERNET. Sämtliche Eingangssignale der Sensoren werden in dem Koppler zusammengeführt und über den Bus dem übergeordneten programmierbaren Controller (Steuerung) zugeleitet. Die daraus erzeugten Daten werden vom Controller über den Bus und den Koppler an die Aktoren ausgegeben.

3. Welche Datenübertragungsrate und Übertragungsmedien benutzt das Ethernet 100 BASE-T/F?

   Die Daten werden mit max. 100 Mbit/s übertragen. Als Übertragungsmedium werden elektrische Leitungen mit RJ45-Stecker benutzt.
   Bei großen Entfernungen, z. B. zwischen Gebäude, oder starken elektromagnetischen Störeinflüssen werden Lichtwellenleiter benutzt.
   Auch eine Funkübertragung, z. B Wireless LAN, ist möglich.

4. Welche Aufgabe hat ein Switch? Welche Netztopologien entstehen?

   Er regeneriert und verteilt empfangene Signale.
   Es entstehen sternförmige Netztopologien; mehrere sternförmige Netze ergeben baumförmige Strukturen.
   Besitzen die Teilnehmer integrierte Switches mit zwei Anschlüssen, so kann eine linienförmige Netztopologie aufgebaut werden.

5. Weshalb ist eine IP-Adresse nötig?

   Damit ein Gerät als Teilnehmer im Netz angesprochen werden kann.

6. Was ist eine MAC-Adresse?

   Sie kennzeichnet das Gerät eindeutig. Sie besteht aus 6 Byte, die hexadezimal dargestellt werden.

14. Lösungen: Kommunikation Controller–Feldbuskoppler, Modbus

In CoDeSys V2.3

Aufgabe 14.1 Gebäudeautomatisation

Welcher Schalter 2S1 oder 2S2 ist eingeschaltet? 2S1

Welche Leuchte ist eingeschaltet? Beide

Aufgabe 14.2 Gebäudeautomatisation, Erweiterung

Passen Sie die Steuerungskonfiguration des Controllers, die IEC-Adressen und IP-Adresse an Ihre Automatisierungsgeräte an!

```
PROGRAM PLC_PRG
(***********************************************************************
Funktion: Kommunikation Controller-Feldbuskoppler.
 1.) Liest vom Feldbuskoppler die Eingangswerte und schreibt diese in
     Receive_Data[]
 2.) Schreibt von ADR(Transmit_Data) Werte in die Ausgänge vom
Feldbuskoppler
Die Ein- und Ausgänge der Feldbuskoppler werden nicht über IEC-Adressen,
sondern über die Modbus-Adressen angesprochen.
Bibliotheken: Ethernet.lib, mod_com.lib, ModbusEthernet_04.lib
Firma: xxxx, Version: 1.0, Datum: xxxx
***********************************************************************)
VAR
(*1. Etage*)
 x1S1 AT %IX2.0:BOOL; (*Abwesenheitsschalter*)
(*2. Etage*)
 KOMMU_E2: ETHERNET_MODBUSMASTER_UDP;
 Receive_Data : ARRAY [0..5] OF WORD;
 Transmit_Data: ARRAY [0..5] OF WORD;
 T1: TON;
 LICHT_SZENE_1:LICHT_SZENE;
 (*Slave-Eingänge*)
 x2S1, x2S2: BOOL; (*Schalter im Büro1*)
 x2S3, x2S3visual:BOOL; (*Taster im Besprechungsraum*)
 DI_WORD_0: WORD;
 (*Slave-Ausgänge*)
 x2E1, x2E2: BOOL; (*Leuchten im Büro1*)
 x2E3, x2E4, x2E5: BOOL; (*Leuchten im Besprechungsraum*)
 DO_WORD_0: WORD;
 Fehler: BOOL;(*Netzwerkunterbrechung*)
END_VAR

(*2. Etage: Slave über Modbus/TCP lesen und schreiben*)
T1(IN:= KOMMU_E2.xREADY, PT:= T#0.1s );
```

```
KOMMU_E2(
 strIP_ADDRESS:='192.168.0.109',
 wPORT:= 502,
 bFUNCTION_CODE:= 23,
 wREAD_ADDRESS:= 16#0000,(*Modbus-Adr. der Eingangsregister (%IW0 ...)*)
 wREAD_QUANTITY:= 6,
 ptREAD_DATA:= ADR(Receive_Data),
 wWRITE_ADDRESS:= 16#0200,
 wWRITE_QUANTITY:= 6,
 ptSEND_DATA:= ADR(Transmit_Data),
 xSTART:=T1.Q);

(*2. Etage: Beleuchtung*)
(*Slave-Eingänge (Receive_Data) lesen*)
DI_WORD_0:= Receive_Data[0];(*Slave DI1...(%IX0.0...)*)
x2S1:= DI_WORD_0.0;(*Bit 0*)
x2S2:= DI_WORD_0.1;
x2S3:= DI_WORD_0.2;

(*Verarbeiten*)
IF NOT x1S1 THEN
 (*Büro 1*)
 x2E1:= x2S1 XOR x2S2;
 x2E2:= x2E1;
 (*Besprechungsraum: Lichtszene schalten*)
 LICHT_SZENE_1(IN:= x2S3 OR x2S3visual);
 x2E3:= LICHT_SZENE_1.OUT1;
 x2E4:= LICHT_SZENE_1.OUT2;
 x2E5:= LICHT_SZENE_1.OUT3;

 (*Slave-Ausgänge DO1...(Transmit_Data) beschreiben*)
 DO_WORD_0.0:= x2E1;(*in Bit 0 schreiben*)
 DO_WORD_0.1:= x2E2;
 DO_WORD_0.2:= x2E3;
 DO_WORD_0.3:= x2E4;
 DO_WORD_0.4:= x2E5;
ELSE
 DO_WORD_0:= 0;
END_IF;
Transmit_Data[0]:= DO_WORD_0;

(*Netzwerkunterbrechung*)
IF KOMMU_E2.wERROR = 153 THEN
  Fehler:= TRUE;
 ELSE Fehler:=FALSE;
END_IF;
```

In e!COCKPIT

Aufgabe 14.1 Wie Aufgabe 14.2, jedoch ohne Bibliothek, ohne die Instanz, ohne Besprechungsraum und ohne den Abwesenheitsschalter.

Aufgabe 14.2 **Lösung mit dem Modbus-Konfigurator**

Binden Sie die Bibliothek „GEBAUDE" über die Bibliotheksverwaltung ein.

```
PROGRAM PLC_PRG
(*****************************************
Firma:.....; Version:1.0; Datum:......
Funktion: Kommunikation PFC-FBC
 Liest und beschreibt die MODBUS-Variablen
Konfiguriert mit dem MODBUS-Konfigurator
Bibilothek: GEBAEUDE.library
*****************************************)
VAR
      LICHTSZENE_1:Gebaeude.FbLichtszenen;
      x1S1 AT %IX1.0:BOOL; //Abwesenheitsschalter
END_VAR

//Etage 2 --------------------------------------
//Büro 1
x2S1:= MODBUS.Etage2_udp.dIn_1;
x2S2:= MODBUS.Etage2_udp.dIn_2;
x2E1:=(x2S1 XOR x2S2) AND x1S1;
x2E2:=x2E1;
MODBUS.Etage2_udp.dOut_1:=x2E1;
MODBUS.Etage2_udp.dOut_2:=x2E2;
//Besprechungsraum
x2S3:= MODBUS.Etage2_udp.dIn_3;
LICHTSZENE_1(IN:= x2S3, tAUS:= T#3S);
x2E3:= LICHTSZENE_1.OUT1 AND x1S1;
x2E4:= LICHTSZENE_1.OUT2 AND x1S1;
x2E5:= LICHTSZENE_1.OUT3 AND x1S1;
MODBUS.Etage2_udp.dOut_3:= x2E3;
MODBUS.Etage2_udp.dOut_4:= x2E4;
MODBUS.Etage2_udp.dOut_5:= x2E5;
```

Lösung mit dem Modbus-Kommunikationsbaustein

```
PROGRAM PLC_PRG
(*******************************************************
Firma: ......; Version: 1.0; Datum: .......
Bibliotheken: WagoAppPlcModbus
Funktion mit Bibliotheksbaustein: Etage 2
  - Büro 1, Wechselschaltung, Abwesenheitsschalter (x1S1)
  - Besprechungsraum- Lichtszenen, Abwesenheitsschalter
Kommunikation Controller-Feldbuskoppler
1.) Liest vom Slave 192.168.178.101 die DI und schreibt
    diese in utResponse.awData[]
2.) Schreibt von utQuery.awWriteData[] die Werte in die
    DO vom Slave
*******************************************************)
VAR
 KOMMU_E2: FbMbMasterUdp;
 utQuery: typMbQuery       := (bUnitId:= 1,// Slaveaddress
          bFunctionCode    := 16#17,// Reg.lesen/schreiben
          uiReadAddress    := 0, // Startaddress
          uiReadQuantity   := 1, // Anzahl der Register
          uiWriteAddress   := 0,
```

```
          uiWriteQuantity := 1,
          awWriteData     := [124(0)]);
 xTxTrigger: BOOL;(*Variable wird vom Master
               zurückgesetzt, wenn der Job erledigt ist.*)
 utResponse: typMbResponse;
 tonDelay:TON := (PT := T#20MS);//Zeit zwischen 2 Anträgen
 xError:BOOL;
 LICHTSZENE_1:LICHT_SZENEN;
 x1S1 AT %IX1.0:BOOL;//Abwesenheitsschalter
END_VAR


//Etage 2 --------------------------------------
// Verzögerung zwischen zwei Anfragen
tonDelay(IN := (NOT tonDelay.Q) AND (NOT xTxTrigger));
xTxTrigger S= tonDelay.Q; // die nächste Anfrage auslösen

// 2. Etage: Slave über Modbus lesen und beschreiben
KOMMU_E2(xConnect:= TRUE,
           sHost:= '192.168.178.101',
           wPort:= 502,
           eFrameType:= eMbFrameType.ETHERNET,
           tTimeOut:= T#30MS,
           utQuery:= utQuery,
           xTrigger:= xTxTrigger,
           utResponse:= utResponse,
           xError=> xError );

// Büro 1- Slave-Eingänge DI1, DI2 lesen
//         und Ausgänge DO1, DO2 beschreiben
utQuery.awWriteData[0].0:= (utResponse.awData[0].0 XOR
                         utResponse.awData[0].1) AND x1S1;
utQuery.awWriteData[0].1:=utQuery.awWriteData[0].0;

//Besprechungsraum
LICHTSZENE_1(IN:= utResponse.awData[0].2,// Taster 2S3
             tAUS:= T#3S);
// Leuchte 2E3
utQuery.awWriteData[0].2:= LICHTSZENE_1.OUT1 AND x1S1;
// Leuchte 2E4
utQuery.awWriteData[0].3:= LICHTSZENE_1.OUT2 AND x1S1;
// Leuchte 2E5
utQuery.awWriteData[0].4:= LICHTSZENE_1.OUT3 AND x1S1;
```

15. Lösungen: Kommunikation Controller–Controller, Modbus

Aufgabe 15.1 In CoDeSys V2.3 Datenaustausch zwischen den beiden Controllern

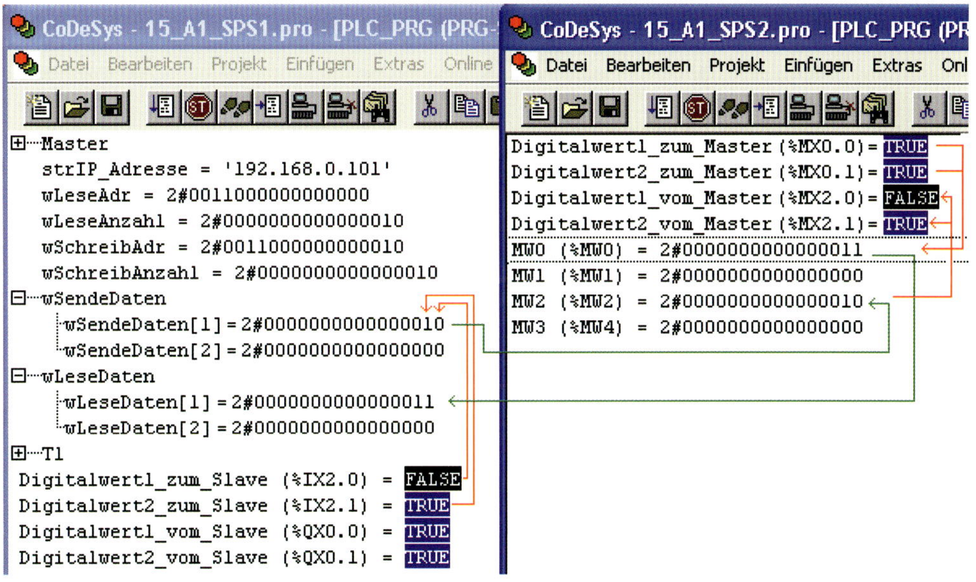

Aufgabe 15.2 In CoDeSys V2.3 Bandanlage 1

Beachten Sie:
Die global gültigen Variablen zu den I/Os sind in der Steuerungskonfiguration eingetragen. Passen Sie die IP-Adressen an Ihre Controller an.

```
PROGRAM PLC_PRG
(*********************************************************************
Anlage: Bandanlage 1, Kommunikation mit Bandanlage 2.
Controller 1 192.168.0.100 als Master
Controller 2 192.168.0.101 als Slave
1.) Liest vom Slave den Wert im MW0 und schreibt diesen in wLeseDaten.
    Modbus-Adresse für MW0 ist beim 750-881 16#3000
2.) Schreibt den Wert von wSendeDaten ins MW2 des Slaves
Bibliotheken: ModbusEthernet_04.lib
Firma: ......, Version: 1.0, Datum: ......., Autor: .......
*********************************************************************)
VAR
 Master:ETHERNET_MODBUSMASTER_UDP;
 strIP_Adresse:STRING:= '192.168.0.101';(*Slave*)
 wLeseAdr:WORD:= 16#3000;(*Modbus-Adresse für MW0*)
 wLeseAnzahl:WORD:= 1;(*lese nur MW0*)
 wSchreibAdr:WORD:= 16#3002;(*Modbus-Adresse für MW2*)
 wSchreibAnzahl:WORD:= 1;(*Schreibe nur ins MW2*)
 wSendeDaten:WORD;
 wLeseDaten:WORD;
```

```
 T1:TON;(*Sende- Leseintervall*)
 A2_B1_hinten, A2_P2_Freigabe:BOOL; (*gelesene Daten von Anlage 2*)
 Band_1:BAND;
END_VAR

(*Zu sendende Daten beschreiben*)
wSendeDaten.0:= P1_Freigabe;
wSendeDaten.3:= B2_vorne;

(*Modbus-Kommunikation*)
T1(IN:= MASTER.xREADY, PT:= T#50ms);
MASTER(
strIP_ADDRESS:= strIP_Adresse,(*Slave*)
wPORT:= 502,
bFUNCTION_CODE:= 23,(*WORDs empfangen und senden*)
wREAD_ADDRESS:= wLeseAdr,(*Modbus-Startadr. MW0 im Slave*)
wREAD_QUANTITY:= wLeseAnzahl,
ptREAD_DATA:= ADR(wLeseDaten),
wWRITE_ADDRESS:= wSchreibAdr,
wWRITE_QUANTITY:= wSchreibAnzahl,
ptSEND_DATA:= ADR(wSendeDaten),
xSTART:=T1.Q);

(*Gelesene Daten im Programm einbinden*)
A2_P2_Freigabe:= wLeseDaten.1;
A2_B1_hinten:= wLeseDaten.2;
BAND_1(
 START:= S1_Anl_Ein,
 STOPP:= NOT S0_Anl_Stopp, (*Ö*)
 SENSOR_1:= B1_hinten,
 SENSOR_2:= NOT A2_P2_Freigabe AND B2_vorne OR A2_P2_Freigabe
AND             A2_B1_hinten);
P1_Freigabe:= Band_1.FREIGABE;
P2_Freigabe:= A2_P2_Freigabe;
Q1_Band:= Band_1.BAND;
```

In CoDeSys V2.3 Bandanlage 2

```
PROGRAM PLC_PRG
(*********************************************************
Anlage: Bandanlage 2, Kommunikation mit Bandanlage 1.
  Controller 192.168.0.101 als Slave
  MW0 wird vom Master-Bandanlage 1 gelesen
  MW2 wird vom Master-Bandanlage 1 beschrieben
Firma: ......, Version: 1.0, Datum: ......, Autor: ......
*********************************************************)
VAR
 BAND_2:BAND;
 A2_P2 AT %MX0.1:BOOL; (*liest der Master*)
 A2_B1 AT %MX0.2:BOOL; (*liest der Master*)
 A1_P1 AT %MX2.0:BOOL:= FALSE; (*beschreibt der Master*)
 A1_B2 AT %MX2.3:BOOL:= FALSE; (*beschreibt der Master*)
END_VAR
```

```
BAND_2(
 START:= S1_Anl_Ein,
 STOPP:= NOT S0_Anl_Stopp,(*Öffner*)
 SENSOR_1:= NOT A1_P1 AND B1_hinten OR A1_P1 AND A1_B2,
 SENSOR_2:= B2_vorne);
P1_Freigabe:= A1_P1;
P2_Freigabe:= BAND_2.FREIGABE;
Q1_Band:= BAND_2.BAND;

(*Daten, die vom Master gelesen werden*)
A2_P2:= P2_Freigabe;
A2_B1:= B1_hinten;
```

Aufgabe 15.3 In CoDeSys V2.3 Bandanlage mit einer Kommunikationsfehlermeldung

Das **Programm für die Anlage 1** sendet das Statuswort der Anlage 1 zur Anlage 2. Welcher Speicherbereich und welches Bit werden in der Anlage 2 beschrieben?

Speicher – IEC-Adresse %MW0 , das Bits 0, für P1_Freigabe und Bit 3 für B2_vorne

Das **Programm für die Anlage 2** sendet das Statuswort der Anlage 2 in den Speicher %MW1 des Controllers 1 der Anlage 1. Die Bits %MX1.1 und %MX1.2 werden beschrieben und im Programm des Controllers 1 so eingebunden, dass die Forderungen der Bandanlage erfüllt sind. Weiterhin wird bei einem Kommunikationsfehler die Freigabe abgeschaltet.

```
PROGRAM PLC_PRG
(*********************************************************************
Anlage: Bandanlage 2 beschreibt MW in der Bandanlage 1,
Bibliotheken: ModbusEthernet_04.lib,
Firma: ......, Version: 1.0, Datum: ......., Autor: .......
*********************************************************************)
VAR
 KOMM:ETHERNET_MODBUSMASTER_UDP;
 strIP_Adresse: STRING:= '192.168.0.100';(*Anlage 1*)
 wSchreibAdr: WORD:= 16#3001;(*Modbus-Adresse für MW1*)
 wSchreibAnzahl: WORD:= 1;(*beschreibe nur ein MW in Anlage 1*)
 wSendeDaten: WORD;
 T1: TON;(*Schreibintervall*)
 Band_1: BAND;
 A1_B2_vorne: BOOL;(*von Anlage 1 gesendete Daten*)
END_VAR

(*zu sendende Daten beschreiben*)
wSendeDaten.1:= P2_Freigabe;
wSendeDaten.2:= B1_hinten;

(*Modbus-Kommunikation*)
T1(IN:= KOMM.xREADY, PT:= T#50ms);
KOMM(
strIP_ADDRESS:= strIP_Adresse,
wPORT:= 502,
bFUNCTION_CODE:= 16,(*WORD senden*)
wWRITE_ADDRESS:= wSchreibAdr,
```

```
wWRITE_QUANTITY:= wSchreibAnzahl,
ptSEND_DATA:= ADR(wSendeDaten),
xSTART:= T1.Q);

(*empfangenes Status-WORD*)
A1_P1_Freigabe:= %MX0.0;
A1_B2_vorne:= %MX0.3;

(*Kommunikationsfehler*)
P3_Fehler:= KOMM.wERROR > 0;

BAND_1(
 START:= S1_Anl_Ein,
 STOPP:= NOT S0_Anl_Stopp OR P3_Fehler, (*S0 Öffner*)
 SENSOR_1:= NOT A1_P1_Freigabe AND B1_hinten OR A1_P1_Freigabe AND
            A1_B2_vorne OR P3_Fehler,
 SENSOR_2:= B2_vorne);
P2_Freigabe:= Band_1.FREIGABE;
Q1_Band:= Band_1.BAND;
```

Aufgabe 15.4 In e!COCKPIT

Siehe Aufgabenstellung

16. Lösungen: Kommunikation über das Ethernet mit Netzwerkvariablen

Aufgabe 16 Über S1 der Steuerung 1 wird Q1 der Steuerung 2 geschaltet.

Über S1 der Steuerung 2 wird Q1 der Steuerung 1 geschaltet.

18. Lösungen: Einführung in die objektorientierte Programmierung

Beschreiben Sie kurz die Begriffe aus der OOP in CODESYS V3.

Klasse Eine Klasse, also ein FB, kann nun mehrere Methoden erhalten, von anderen FBs erben sowie Interfaces implementieren. Eine Klasse bildet eine Funktionseinheit ab, die aus Eigenschaften (Daten) und Methoden (Operationen) besteht.

Objekt Die Instanzen solcher Klassen sind die Objekte.

Methoden Methoden verändern Variablenwerte. Methoden sind "Unterfunktionen", diese werden innerhalb des Funktionsblocks definiert. Der Anwender des Funktionsblocks kann diese mit ihren Namen aufrufen. Methoden können auch Parameter enthalten, so wie übliche Funktionen, die beim Aufruf der Methode mit angegeben werden.

Vererbung Vererbung ist ein Grundprinzip der objektorientierten Programmierung. Bei der Vererbung wird ein neuer Funktionsblock (Klasse) von einem bestehenden Funktionsblock (Basisklasse) abgeleitet. Dieser kann anschließend erweitert werden. Dabei "erbt" der neue Funktionsblock alle Variablen, Eigenschaften und Methoden des Basisfunktionsblocks. Jeder Funktionsblock kann beliebig viele Nachfolger haben, aber er kann lediglich einen Vorgänger (Basisfunktionsblock) besitzen.
Der Vorgang des Erbens kann auch Ableitung oder Spezialisierung genannt werden.

Eigenschaft (Property) Eine Eigenschaft (Property) enthält zwei spezielle Methoden, die es ermöglichen, sehr einfach auf diese Eigenschaft lesend und schreibend zugreifen zu können.

Interface (Schnittstellen) Eine besondere Art von Klassen sind Interfaces. Ein Interface definiert nur Methoden und Eigenschaften. In den Methoden und Eigenschaften ist kein Programmcode enthalten. Erbt eine Vaterklasse von einem Interface, so muss die Vaterklasse alle Methoden und Eigenschaften implementieren (einführen, realisieren), die das Interface vorgibt.

Besonderheiten bei der SCL-Programmierung mit STEP 7 im TIA-Portal

SCL

SCL *(Structured Control Language)* ist eine textuelle Hochsprache von Siemens, die weitgehend ST nach IEC 61131-3 entspricht.
Auf den folgenden Seiten können Sie Aufgaben und Übungen zu den einzelnen Kapiteln des Workshops finden, die mit STEP 7 im TIA-Portal gelöst wurden. Auf Besonderheiten wird hingewiesen.
Die nachfolgenden Bilder zeigen Ausschnitte von STEP 7 im TIA-Portal in der **Projektansicht**.
Sie finden auf **InfoClick** Projekte zu den Kapiteln, die Sie in STEP 7 im TIA-Portal öffnen können.
In STEP 7 im TIA-Portal können Sie die Programmbausteine FC und FB in der Sprache SCL erstellen und z. B. im Hauptprogramm "Main", das Sie im FUP, KOP oder AWL erstellen können, aufrufen. Die gewünschte Sprache können Sie über die Eigenschaften des Bausteins wählen.
Variable, die in den Beispielen einem Merkerspeicherbereich zugeordnet sind, können Sie auch in einem Datenbaustein deklarieren.
Mit Hilfe des Buches „SPS-Programmierung mit SCL im TIA-Portal, CPU 1500, CPU1200 und CPU 300" (Vogel Communications Group) können Sie sich vertieft in das Programmieren im TIA-Portal einarbeiten.

Vorgehensweise:

1. Erstellen Sie ein neues Projekt und fügen Sie ein Gerät ein, z.B. die CPU 315F-2 PN/DP mit den erforderlichen Ein- und Ausgangsbaugruppen.

Projekt-ansicht

Globale Variable deklarieren

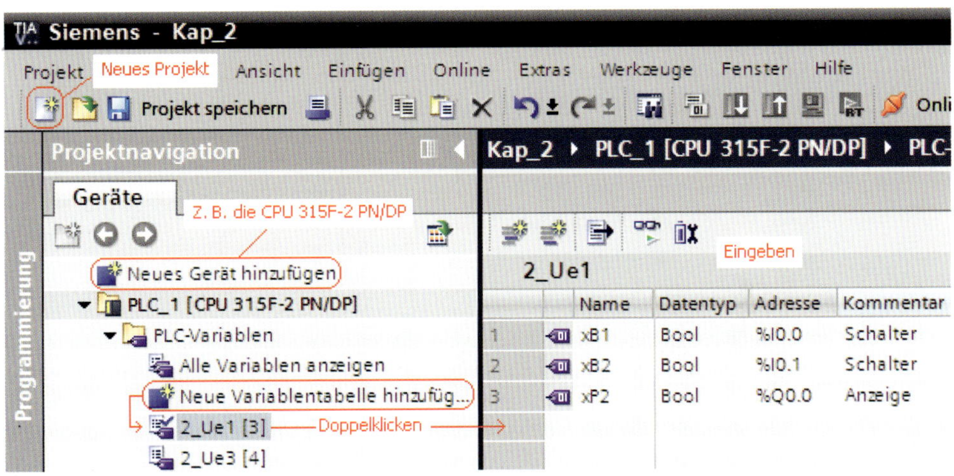

2. Deklarieren Sie die PLC-Variablen. PLC-Variable sind globale Variable, die mit Ein- und Ausgangs- oder Merkeradressen verknüpft sind. Sie können mehrere Variablentabellen einfügen, z. B. 2_Ue1 und 2_Ue3, wie im Bild oben gezeigt wird.
3. Fügen Sie einen neuen Programmbaustein hinzu, wie das nachfolgende Bild zeigt, wählen Sie eine Funktion (FC1) und die Sprache SCL. Die Funktion wird in diesem Beispiel als "Container" für ein Unterprogramm benutzt, da im Programm "Main" nur in den Sprachen AWL, FUP und KOP programmiert werden kann. Doppelklicken Sie den neuen Baustein, dem Sie den Namen "EQ" [FC1] zugewiesen haben, und schreiben Sie Ihr Programm. Sie können auch die Variablen aus der Detailansicht in den Anweisungsteil mit der Maus ziehen.
Übersetzen Sie Ihren Baustein über das Menü Bearbeiten–Übersetzen.

Neuer Baustein

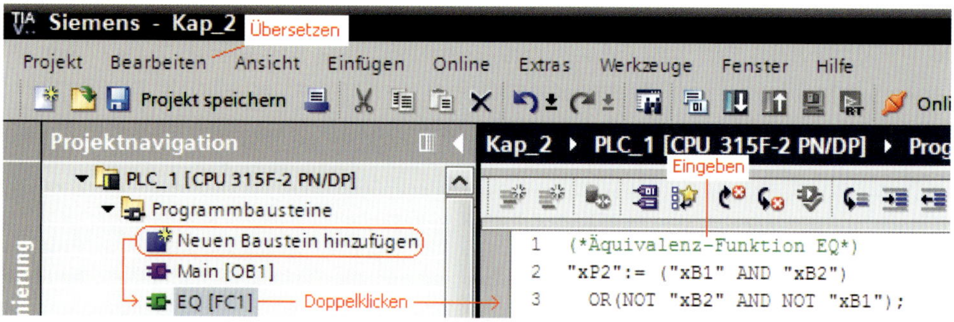

4. Rufen Sie im Programm "Main" den oder die FCs auf, Sie können den FC-Baustein in den Anweisungsteil des Hauptprogramms zum Aufruf mit der Maus ziehen, wie das nachfolgende Bild zeigt. Übersetzen und speichern Sie Ihr Projekt.

Haupt-programm

Aufruf der Unter-programme in FUP

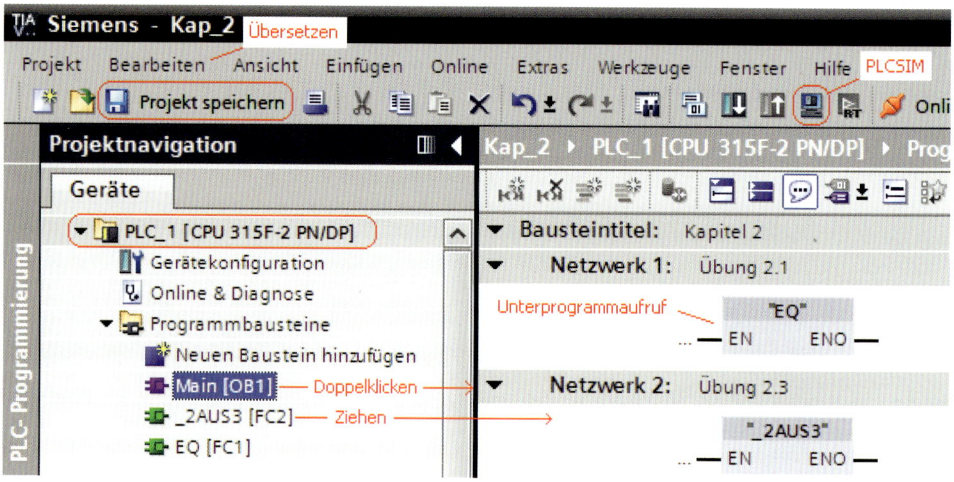

5. Sie können zum Testen des Programms die Bausteine in die SPS-Simulation "PLCSIM" laden. Markieren Sie im Projektnavigationsteil den Ordner Programmbausteine und wählen Sie im Menü Online–Simulation–Starten. Stellen Sie die Schnittstelle ein und laden Sie Ihre Programmbausteine in PLCSIM. Wenn Sie mit dem TIA-Portal ab V14 und einer CPU 1500 arbeiten, so öffnen Sie den Programmbaustein, den Sie testen wollen – hier Main[OB1] – und klicken Sie im Bausteinfenster auf das Icon "Beobachten ein". Markieren Sie die Variable, die Sie steuern wollen, und wählen Sie im Kontextmenü "Steuern ... auf 1 oder 0" und beurteilen Sie das Ergebnis von z.B. "xP2". Sie können auch in der Projektansicht von PLCSIM, z.B. bei einer CPU1200, in der SIM-Tabelle die Variablen einfügen, Bits aktivieren und das Ergebnis beurteilen.
Wenn Sie mit einer CPU300 arbeiten, so können Sie im PLCSIM.Fenster über Menü–Einfügen... Ein- und Ausgänge einfügen, z.B. IB0 und QB0, die PLCSIM-CPU auf RUN-P schalten, die Bits vom IB0 durch Klicken auf logisch 1 oder 0 setzen und QB0 beobachten.
Um debuggen zu können, wählen Sie im TIA-Fenster Menü–Online–Beobachten.

Kapitel 2 Boolesche Operationen

Beachten Sie:

Schreiben Sie das SCL-Programm in einen FC-Baustein, dieser wird wie ein Unterprogramm im OB1 aufgerufen. Kommentare können auch mit `(* *)` oder zeilenweise mit // eingefügt werden.

Übung 2.1 Äquivalenz-Funktion, EQ

Das vorhergehende Bild zeigt das Programm. Globale Variable werden im Anweisungsteil mit Anführungsstrichen gekennzeichnet.

Kapitel 3 Datentypen, Codierung

Aufgabe 3.3 Typenumwandlung

Alle Variablen sind PLC-Variable, das heißt mit Ein- bzw. Ausgängen verknüpft und bei dieser Aufgabe vom Datentyp `BOOL`, z.B. `xB1 BOOL %I0.0` ... `xP1 BOOL %Q0.0`.

Kap_3 ▸ PLC_1 [CPU 315F-2 PN/DP] ▸ Programmbausteine ▸ Typenumwandlung [FC1]

```
// Anweisungen zu "2 aus 3"
"xP1":= BOOL_TO_INT("xB1")+ BOOL_TO_INT("xB2")+ BOOL_TO_INT("xB3")>= 2;
```

Übung 3.2 Analogwertverarbeitung, Skalieren

Peripherie-speicher

Beachten Sie:
STEP 7 kennt die Datentypen USINT, UINT, SINT, UDINT und LREAL nur mit den CPUs 12xx und 15xx.
Der Adress- und Wertebereich der Baugruppe ist abhängig vom Steckplatz und der Baugruppenkonfiguration, z.B. 0 ... 10V -> 0 ... 27648.
Soll direkt auf den **Peripheriespeicher** zugegriffen werden, so wird nach dem Variablennamen ein **:P** angehängt.

PLC-Variable:
`iTemp_in INT %IW256, rTemp_out REAL %MD100`

Im Anweisungsteil

```
// Normiert den Wert von 0...27648 des %IW256 nach 0...1.0
"rTemp_out":= "iTemp_in":P/27648.0;
```

Kapitel 4 Kontrollstrukturen – Alternativen

Aufgabe 4.1 b) SR, alle Variablen sind PLC-Variable vom Datentyp BOOL.

Kap_4 ▸ PLC_1 [CPU 315F-2 PN/DP] ▸ Programmbausteine ▸ SR [FC1]

```
//Vorrang Setzen mit xStart
IF "xStopp" THEN
  "xOut":= FALSE;
END_IF;
IF "xStart" THEN
  "xOut":= TRUE;
END_IF;
```

Übung 4.5 Autowaschanlage

Schritt-kette

Alle Variablen sind PLC-Variable vom Datentyp `BOOL` außer `step_no INT %MW50`.

Im Anweisungsteil

```
(*Autowaschanlage Schrittkettensteuerung*)
```

```
CASE "step_no" OF
0: "Q3_Trockner":= FALSE; "Q1_Band":=FALSE;
   "P1_startbereit":= TRUE;
   IF "S1_start" THEN
    "step_no":= "step_no" + 1; END_IF;

1: "P1_startbereit":=FALSE;
   "Q1_Band":=TRUE;
   IF "B1_pos_vorw" THEN
    "step_no":= "step_no" + 1; END_IF;
2: M1_Vorw:=TRUE;
   IF "B2_pos_hauptw" THEN
    "step_no":= "step_no" + 1; END_IF;
3: "M1_Vorw":=FALSE;
   "M2_Q2_Hauptw":=TRUE;
   IF "B3_pos_trock" THEN
    "step_no":= "step_no" + 1; END_IF;
4: "M2_Q2_Hauptw":=FALSE;
   "Q3_Trockner":=TRUE;
   IF "B4_pos_ende" THEN
    "step_no":= 0; END_IF;
```

Kapitel 5 Kontrollstrukturen-Schleifen

Übung 5.1 Messstellen, Mittelwert berechnen

Beachten Sie:
Eine Datentypenumwandlung von WORD nach REAL ist direkt nicht möglich.

PLC-Variable:
`MW1 WORD %IW256, MW2 WORD %IW258, MW3 WORD %IW260, rMittelwert REAL %MD50`

ARRAY

FOR-Schleife

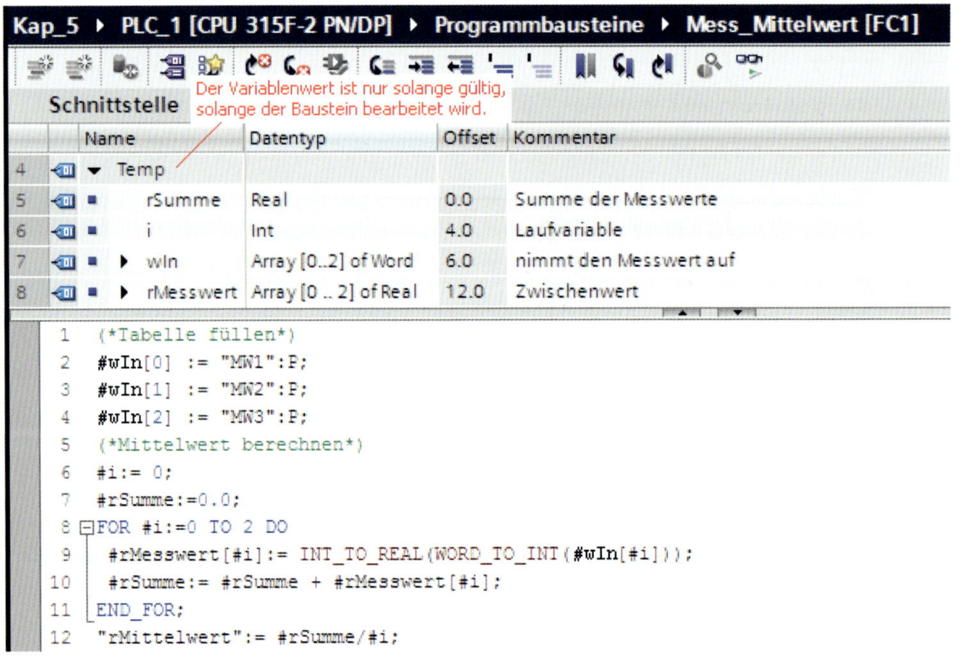

	Name	Datentyp	Offset	Kommentar
4	Temp			
5	rSumme	Real	0.0	Summe der Messwerte
6	i	Int	4.0	Laufvariable
7	wIn	Array [0..2] of Word	6.0	nimmt den Messwert auf
8	rMesswert	Array [0 .. 2] of Real	12.0	Zwischenwert

```
(*Tabelle füllen*)
#wIn[0] := "MW1":P;
#wIn[1] := "MW2":P;
#wIn[2] := "MW3":P;
(*Mittelwert berechnen*)
#i:= 0;
#rSumme:=0.0;
FOR #i:=0 TO 2 DO
 #rMesswert[#i]:= INT_TO_REAL(WORD_TO_INT(#wIn[#i]));
 #rSumme:= #rSumme + #rMesswert[#i];
END_FOR;
"rMittelwert":= #rSumme/#i;
```

Übung 5.2 Sortieren von Zahlen nach dem "Bubble Sort"-Verfahren, REPEAT-Schleife

Beachten Sie:
Die Werte, die sortiert werden sollen, liegen im globalen Datenbaustein "Werte" (DB1).

PLC-Variable:
`xSortieren Bool %I0.0`

Fügen Sie einen globalen Datenbaustein mit dem Namen "Werte" ein und deklarieren Sie die Feldvariable. Geben Sie Startwerte ein.
Wurde das Programm gestartet und wird xSortieren = TRUE, so werden die Werte sortiert.

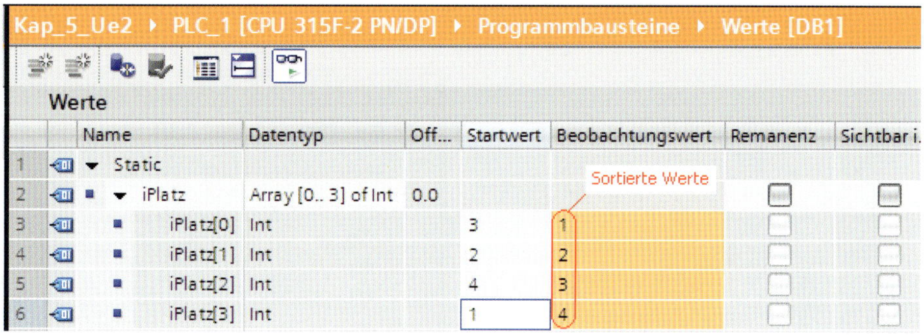

Den Programmzugriff auf die Variablen im Datenbaustein können Sie dem folgenden Bild entnehmen.

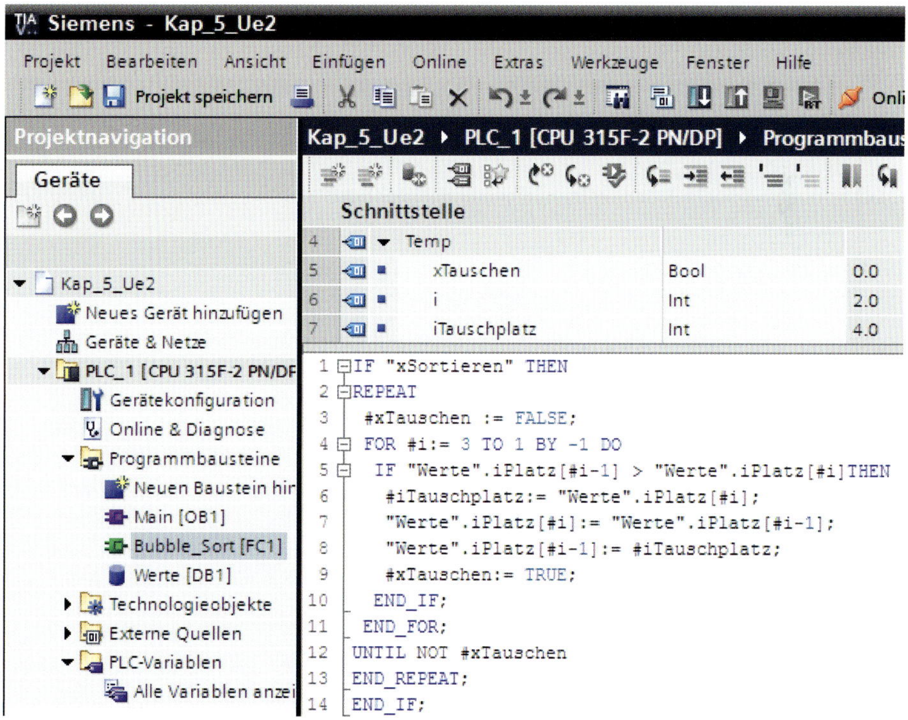

Das Programm "Bubble_Sort" wird im Hauptprogramm "Main" aufgerufen und mit PLCSIM getestet.

Kapitel 6 Unterprogramme

Aufgabe 6.1 Kompensationsanlage 1

Beachten Sie:
Für die Unterprogramme wurden FCs ohne Rückgabewert und ohne Parameter benutzt.
Die Funktion EXPT() ist SCL nicht bekannt, sie wurde durch SQR() = Quadrat-Funktion ersetzt.
Um die Werte von U, I und P verändern zu können, wurden auch diese Variablen global deklariert.
So können die Werte in PLCSIM verändert und beobachtet werden.

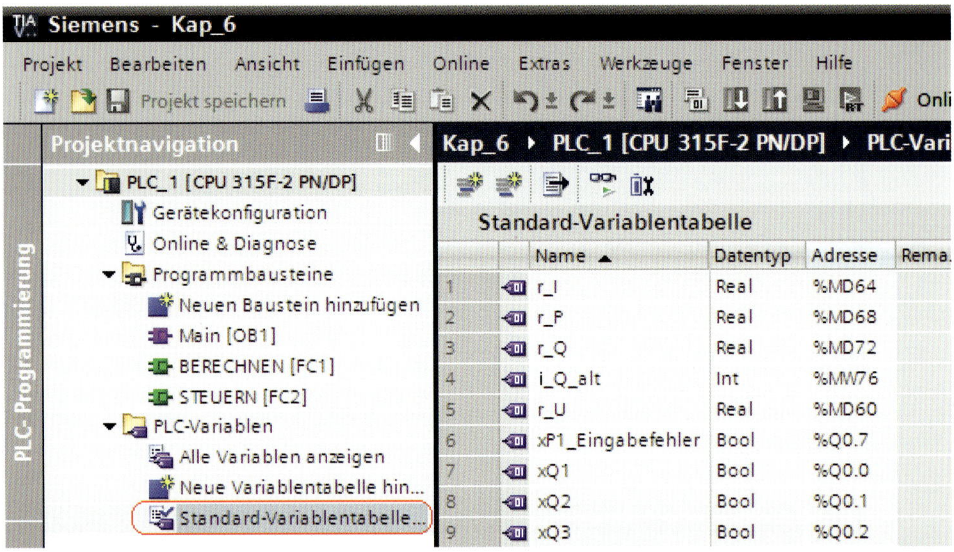

Temporäre Variable

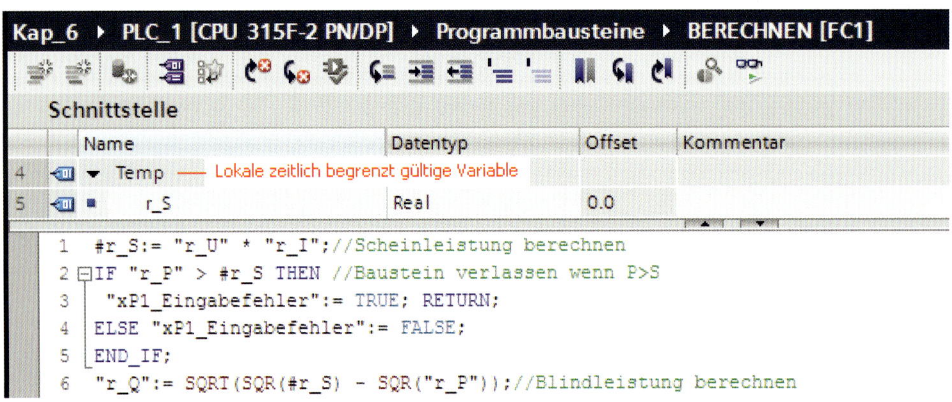

Funktion STEUERN (FC2)
Lokale Variable, (Schnittstelle): Temp `r_S:REAL;`

Im Anweisungsteil
```
//Schütze Q1...Q3 abhängig von der Blindleistung schalten.
//Ändert sich r_Q nicht, wird der Baustein wieder verlassen
IF "i_Q_alt" = REAL_TO_INT("r_Q") THEN RETURN; END_IF;
IF "r_Q" < 1000 THEN "xQ3":= FALSE; "xQ2":= FALSE; "xQ1":= FALSE;
 ELSIF "r_Q" < 2000 THEN "xQ3":= FALSE; "xQ2":= FALSE; "xQ1":= TRUE;
 ELSIF "r_Q" < 3000 THEN "xQ3":= FALSE; "xQ2":= TRUE; "xQ1":= FALSE;
```

```
 ELSIF "r_Q" < 4000 THEN "xQ3":= FALSE; "xQ2":= TRUE; "xQ1":= TRUE;
 ELSIF "r_Q" < 5000 THEN "xQ3":= TRUE; "xQ2":= FALSE; "xQ1":= FALSE;
 ELSIF "r_Q" < 6000 THEN "xQ3":= TRUE; "xQ2":= FALSE; "xQ1":= TRUE;
 ELSIF "r_Q" < 7000 THEN "xQ3":= TRUE; "xQ2":= TRUE; "xQ1":= FALSE;
 ELSE "xQ3":= TRUE; "xQ2":= TRUE; "xQ1":= TRUE;
END_IF;
"i_Q_alt":= REAL_TO_INT("r_Q");//Wert ganzzahlig merken
```

Hauptprogramm (OB1) in der Sprache AWL

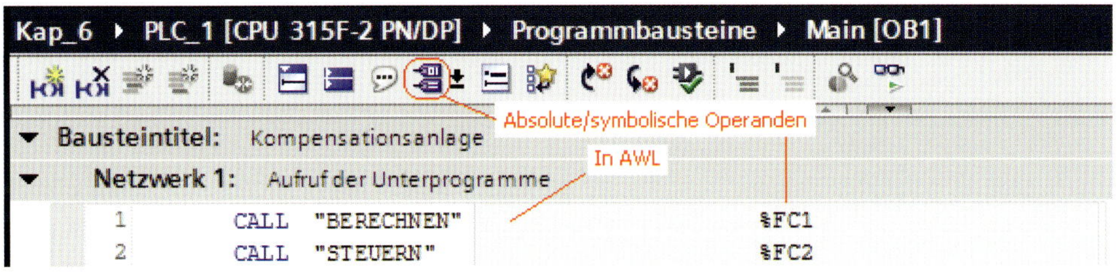

Task

Eine **Taskkonfiguration** ist über OBs möglich, z.B. das Programm CYC_INT5 (OB35) wird zyklisch alle 100 ms aufgerufen. Ein Beispiel finden Sie im nächsten Kapitel.

Kapitel 7 Anwenderdefinierte Datentypen, Standardfunktionen

Aufgabe 7.1

Beachten Sie:

Task zyklisch 100 ms

Das Programm CYC_INT5 (OB35) wird zyklisch alle 100 ms vom PLC-Betriebssystem aufgerufen. Die Bearbeitung der Anweisungen im Hauptprogramm wird unterbrochen, da CYC_INT5 eine höhere Priorität hat.
Der Zugriff auf den Peripheriespeicher wird mit "Variable":P ermöglicht.
Der Rückgabewert der Funktion `TRUCE()` muss vom Datentyp DINT sein.

PLC-Variable

```
iTank1_Temperatur INT %IW256, iTank2_Temperatur INT %IW258
iTank1_Durchfluss INT %IW260, iTank2_Durchfluss INT %IW262
Q1_Heizung BOOL %Q0.0, Q2_Heizung BOOL %Q0.1
S1_AnlEin BOOL %I0.0, S2_AnlEin BOOL %I0.1
```

Anwenderdefinierter Datentyp TANK

Neuer Datentyp

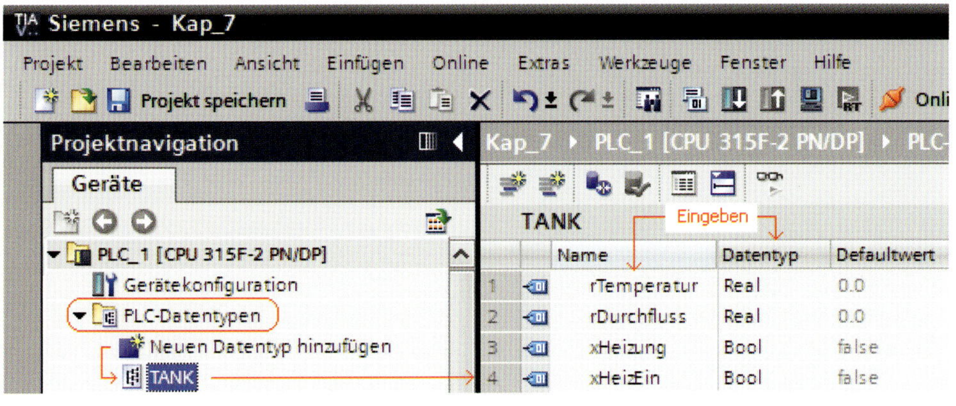

Programm CYC_INT5 (OB35), es wird alle 100 ms aufgerufen.

CYC_INT5
OB35

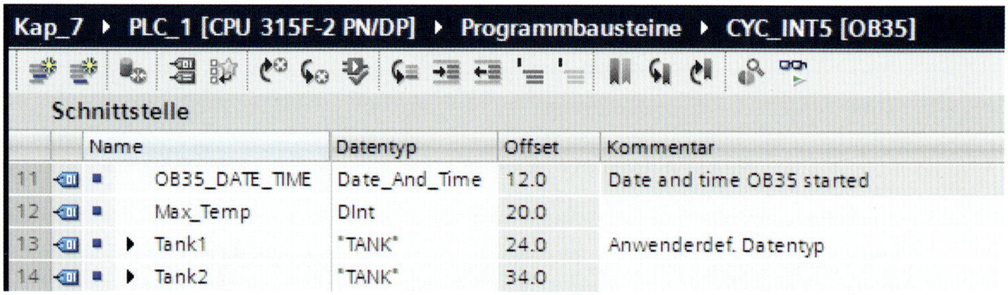

Kap_7 ▸ PLC_1 [CPU 315F-2 PN/DP] ▸ Programmbausteine ▸ CYC_INT5 [OB35]

Schnittstelle

	Name	Datentyp	Offset	Kommentar
11	OB35_DATE_TIME	Date_And_Time	12.0	Date and time OB35 started
12	Max_Temp	DInt	20.0	
13	▸ Tank1	"TANK"	24.0	Anwenderdef. Datentyp
14	▸ Tank2	"TANK"	34.0	

Im Anweisungsteil

```
//Messwert skalieren in °C
#Tank1.rTemperatur:= INT_TO_REAL("iTank1_Temperatur":P)/10.0;
#Tank2.rTemperatur:= INT_TO_REAL("iTank2_Temperatur":P)/10.0;
(*max. Temperatur bestimmen und runden*)
#Max_Temp:= TRUNC(MAX(IN1:=#Tank1.rTemperatur, IN2:=#Tank2.rTemperatur));
//Messwert linearisieren und skalieren in L/min
#Tank1.rDurchfluss:= SQRT(INT_TO_REAL("iTank1_Durchfluss":P))/1.81;
#Tank2.rDurchfluss:= SQRT(INT_TO_REAL("iTank2_Durchfluss":P))/1.81;
//Durchfluss runden auf 2 bzw. 1 Nachkommastelle
//da die TRUNC() die Nachkommastellen abschneidet
#Tank1.rDurchfl_r:=
DINT_TO_REAL(REAL_TO_DINT(#Tank1.rDurchfluss*100.0))/100;
#Tank2.rDurchfl_r:= DINT_TO_REAL(REAL_TO_DINT(#Tank2.rDurchfluss*10.0))/10;
//Heizung steuern
#Tank1.xHeizEin:= "S1_AnlEin";
IF #Tank1.rTemperatur > 100.1 THEN
    #Tank1.xHeizung := FALSE;
 ELSIF #Tank1.xHeizEin AND #Tank1.rTemperatur < 99.9
    #Tank1.xHeizung:= TRUE;
END_IF;
#Tank2.xHeizEin:= "S2_AnlEin";
IF #Tank2.rTemperatur > 100.1 THEN
    #Tank2.xHeizung := FALSE;
 ELSIF #Tank2.xHeizEin AND #Tank2.rTemperatur < 99.9
    #Tank2.xHeizung:= TRUE;
END_IF;
"Q1_Heizung":= #Tank1.xHeizung;
"Q2_Heizung":= #Tank2.xHeizung;
```

Kapitel 8 **FC programmieren und aufrufen**

Beachten Sie:
Wiederverwendbare bibliotheksfähige FCs, mit Eingangsparameter und einem Rückgabewert, dürfen keine globalen Variablen enthalten!

Aufgabe 8.1

Deklarieren Sie die PLC-Variablen:

```
iMesswert1 INT %IW256, iMesswert2 INT %IW258, iMesswert3 INT %IW260,
iMesswert4 INT %IW262, iAnzeige INT %MW80, iErgebniss INT %MW82
```

Nachdem Sie die bibliotheksfähige Funktion MUX_INT programmiert und getestet haben, wählen Sie die Task Card **Bibliotheken** aus, wie im nachfolgenden Bild gezeigt wird, und erstellen Sie eine neue Bibliothek, z.B. ANALOG. Ziehen Sie die Funktion aus der Projektnavigation in den Ordner ANALOG/Kopiervorlagen. Speichern Sie die Bibliothek. Sie können dann auch in neuen Projekten auf diese Bibliothek zugreifen und die Funktion verwenden.

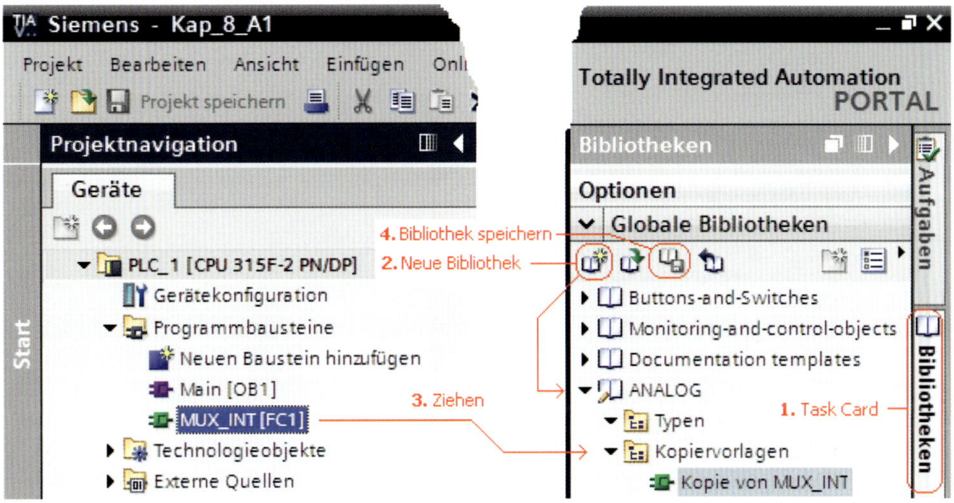

Aufgabe 8.3

Deklarieren Sie die PLC-Variablen:

`iDruck_Per INT %IW256, rDruck REAL %MD80`

Die Funktion "`SCALE`" liefert bei `iX` = 0 den Wert `rY_MIN` und bei `iX` = 27648 den Wert `rY_MAX` als Rückgabewert. Deklarieren Sie die lokalen Variablen (Schnittstelle) und geben Sie die Anweisung ein.

Parameter

Rückgabewert

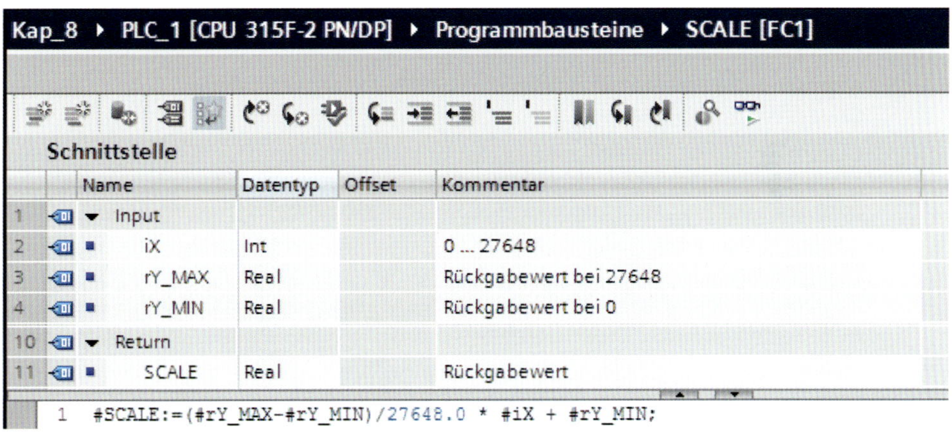

Hauptprogramm (OB1) Programmiersprache FUP

Ziehen Sie aus dem Projektnavigationsfenster die FC SCALE in das Netzwerk 1 und geben Sie die Aktualparameter an.

FC-Aufruf

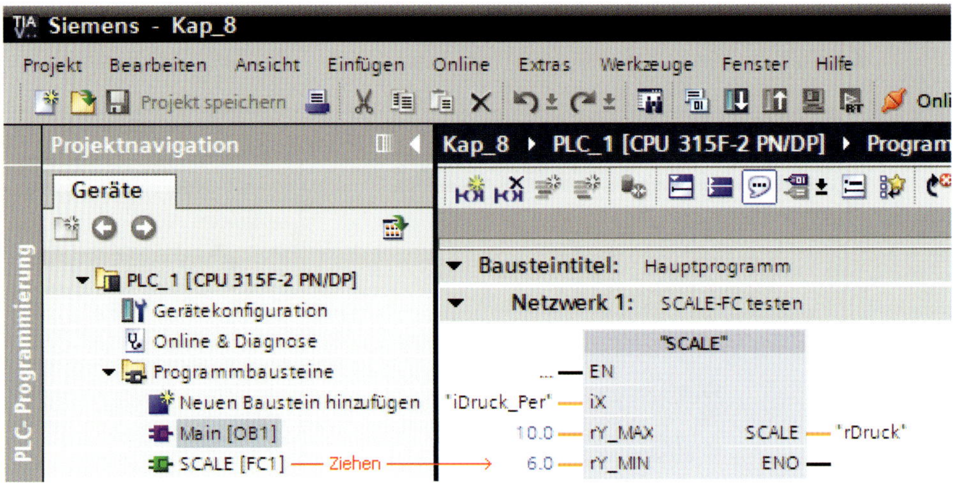

Kapitel 9 Standard-FB verwenden

Aufgabe 9.2 Bandanlage

Beachten Sie:
Da der RS-Funktionsblock nicht als Standard-FB zur Verfügung steht, wurde er selbst erstellt. Um einen Instanz-DB generieren zu können, muss erst der FB in den Anweisungsteil mit der Maus gezogen werden. Beim Aufruf der Instanz eines FBs muss der Name der Instanz, gefolgt von einem Punkt und dem Namen des FBs, angegeben werden.

PLC-Variable

```
S0_Band_AUS BOOL %I0.0 Taster(Ö), S1_Band_Ein BOOL %I0.1 Taster
Q1_Band1 BOOL %Q0.0 Schütz, Q2_Band2 BOOL %Q0.1 Schütz
```

RS (FB1)

Deklarieren Sie die lokalen Variablen (Schnittstelle) und geben Sie die Anweisungen ein.

RESET Vorrang

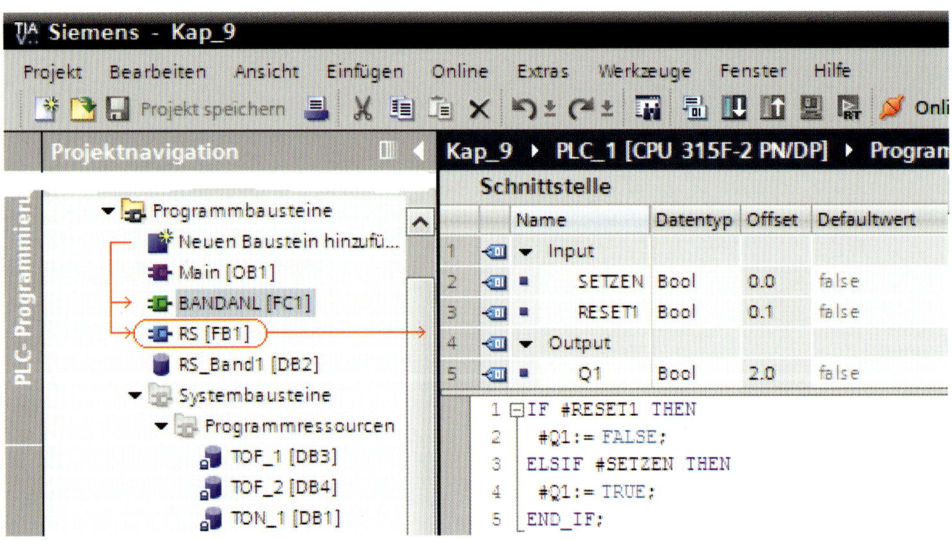

Unterprogramm BANDANL (FC1)
Ziehen Sie aus dem Projektnavigationsfenster den Baustein RS in die Zeile 1, wie das folgende Bild zeigt, wählen Sie im Dialogfenster den **Einzelinstanz**-DB und tragen Sie den Instanz-Namen, z.B. RS_Band1, ein. Geben Sie im Anweisungsteil die Aktualparameter, z.B. "S1_Band_Ein", an.

Instanz

Ziehen Sie aus dem Fenster "Anweisungen" (rechts außen) den Timer TOF in die Zeile 3, wählen Sie im Dialogfenster den Einzelinstanz-DB und geben den Instanz-Namen, z.B. TOF_1, ein. Geben Sie die Aktualparameter an usw.

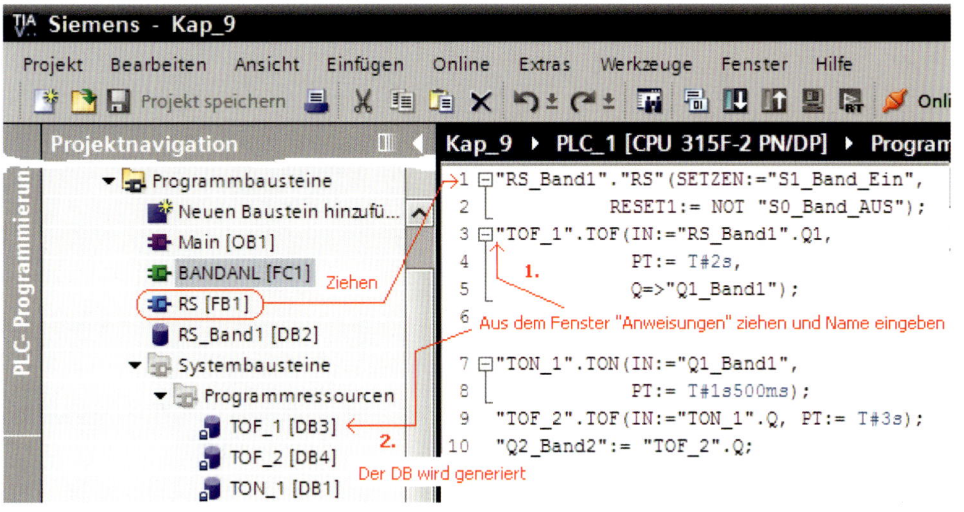

Vergessen Sie nicht, im Hauptprogramm (OB1) das Unterprogramm "BANDANL" (FC1) aufzurufen.

Testen Sie die Funktion in PLCSIM.

Aufgabe 9.4 Behälterfüllung mit abgeleitetem FB und lokalen Instanzen

Beachten Sie:
Die Datentypenumwandlungsfunktion von REAL nach TIME muss über `REAL_TO_DINT()` und dann `DINT_TO_TIME()` realisiert werden. Übergeben Sie den Wert in Millisekunden.
Instanzen von FBs oder SFBs, die in einem FB aufgerufen werden, werden lokal deklariert (Multiinstanzen), wie das nachfolgende Bild zeigt.

PLC-Variable
```
S1_Start BOOL %I0.0 für Behälter1, S2_Start BOOL %I0.1 für Behälter2
rK_1 REAL %MD40 Mischungsverhältnis für Behälter1
rK_2 REAL %MD44 REAL Mischungsverhältnis für Behälter2
M10_Ventil_A BOOL %Q0.0, M11_Ventil_B BOOL %Q0.1,
M20_Ventil_A BOOL %Q0.2, M21_Ventil_B BOOL %Q0.3
```

BEHAELTER_K (FB1)
Deklarieren Sie die lokalen Variablen (Schnittstelle) und geben Sie die Anweisungen ein.
Ziehen Sie aus dem Fenster "Anweisungen" den Timer TP in die Zeile 8, wählen Sie im Dialogfenster den **Multiinstanz**-DB und geben den Instanz-Namen, z.B. TP_A, ein. Die Multiinstanzen werden im Deklarationsteil des FBs als lokale Instanz eingetragen.

Kap_9_A4 ▸ PLC_1 [CPU 315F-2 PN/DP] ▸ Programmbausteine ▸ BEHAELTER_K [FB1]

Lokale Variable

Schnittstelle Eingeben

	Name	Datentyp	Offset	Defaultwert	Kommentar
1	▼ Input				
2	START	Bool	0.0	false	
3	K	Real	2.0	0.0	Mischungsverhältnis A/B
4	▼ Output				
5	YA	Bool	6.0	false	Ventil
6	YB	Bool	6.1	false	Ventil
7	▸ InOut				
8	▼ Static				
9	ta	Time	8.0	T#15s	
10	tb	Time	12.0	T#15s	
11	ta_real	Real	16.0	0.0	
12	tb_real	Real	20.0	0.0	
13	▸ TP_A	TP	24.0		Multiinstanz
14	▸ TP_B	TP	46.0		Multiinstanz

Multi-instanz

```
1  (*Behälter, Mischverhältnis, Füllzeit
2  Öffnungszeit abhängig von k berechnen*)
3  #ta_real:= 30.0/(#K+1)*#K;
4  #tb_real:= 30.0-#ta_real;
5  #ta:=DINT_TO_TIME(REAL_TO_DINT(#ta_real*1000.0));
6  #tb:=DINT_TO_TIME(REAL_TO_DINT(#tb_real*1000.0));
7  (*Aufruf der Instanzen von TP*)
8  #TP_A(IN:= #START, PT:=#ta);
9  #YA:=#TP_A.Q;
10 #TP_B(IN:=#YA,
11        PT:=#tb);
12 #YB:= #TP_B.Q;
```

Ziehen Sie aus dem Fenster "Anweisungen" den TIMER TP an den Anfang der Zeile 8. Geben Sie dem Multiinstanz-DB einen Namen z. B. TP_A

Hauptprogramm (OB1)
Ziehen Sie aus dem Projektnavigationsfenster den BEHAELTER_K [FB1] ins Netzwerk 1, tragen Sie ins Dialogfeld den Instanznamen BEHAELTER1 [DB1] ein und geben Sie die Aktualparameter an.

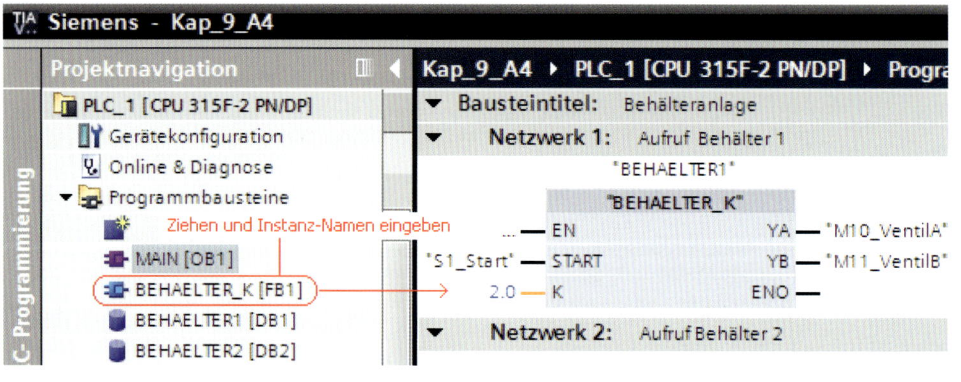

Testen Sie die Funktion in PLCSIM.

Kapitel 10 FB selbst programmieren und aufrufen

Beachten Sie:
Die Instanz eines FBs wird mit ihrem Bezeichner, gefolgt von einem Punkt und dem Bezeichner des FBs, aufgerufen. Die Instanz "BEHAELTER_1" des FBs "BEHAELTER_I" wird im CYC_INT5 (OB35) zyklisch alle 100 ms aufgerufen.

Aufgabe 10.1

Deklarieren Sie die globalen Variablen, die PLC-Variablen.

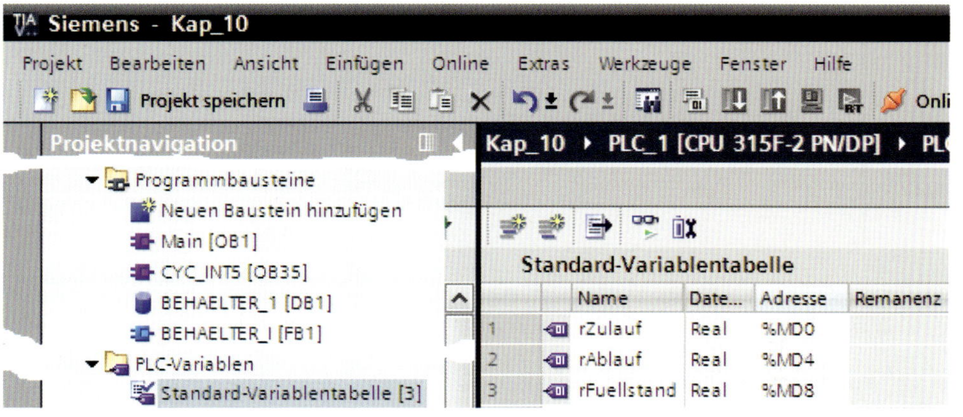

FB BEHAELTER_I
Deklarieren Sie die lokalen Variablen (Schnittstelle) und geben Sie die Anweisungen ein. Die Typenumwandlungsfunktion TIME_TO_REAL() müssen Sie in zwei Schritten durchführen. Deren Rückgabewert liefert die Zeit in ms.

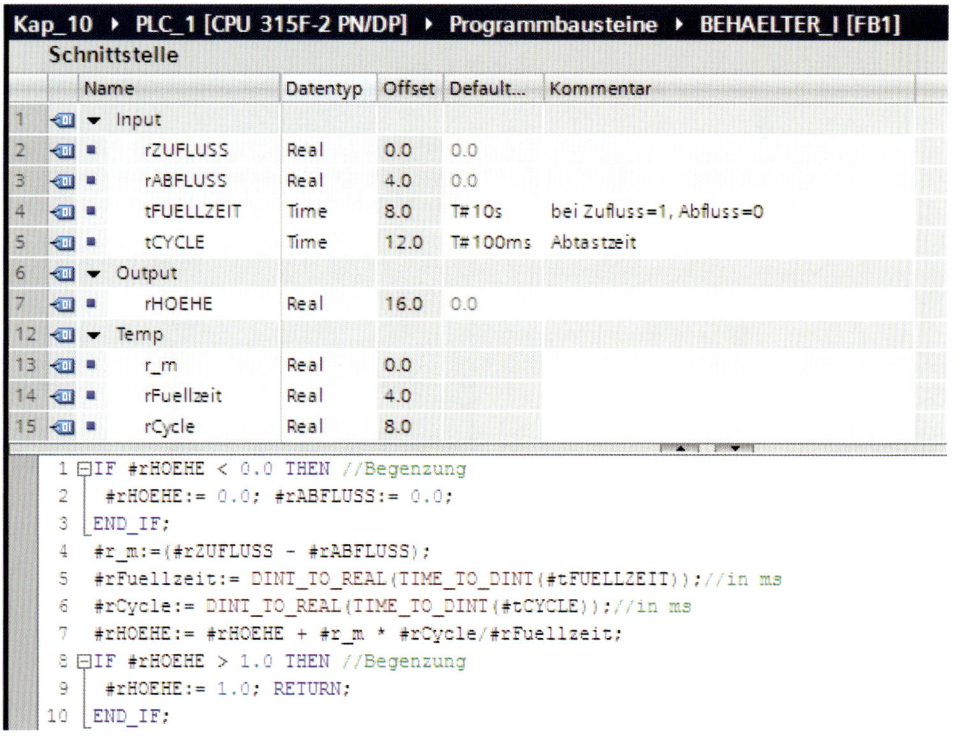
Kap_10 ▸ PLC_1 [CPU 315F-2 PN/DP] ▸ Programmbausteine ▸ BEHAELTER_I [FB1]

Schnittstelle

	Name	Datentyp	Offset	Default...	Kommentar
1	▼ Input				
2	rZUFLUSS	Real	0.0	0.0	
3	rABFLUSS	Real	4.0	0.0	
4	tFUELLZEIT	Time	8.0	T#10s	bei Zufluss=1, Abfluss=0
5	tCYCLE	Time	12.0	T#100ms	Abtastzeit
6	▼ Output				
7	rHOEHE	Real	16.0	0.0	
12	▼ Temp				
13	r_m	Real	0.0		
14	rFuellzeit	Real	4.0		
15	rCycle	Real	8.0		

```
IF #rHOEHE < 0.0 THEN //Begenzung
  #rHOEHE:= 0.0; #rABFLUSS:= 0.0;
END_IF;
#r_m:=(#rZUFLUSS - #rABFLUSS);
#rFuellzeit:= DINT_TO_REAL(TIME_TO_DINT(#tFUELLZEIT));//in ms
#rCycle:= DINT_TO_REAL(TIME_TO_DINT(#tCYCLE));//in ms
#rHOEHE:= #rHOEHE + #r_m * #rCycle/#rFuellzeit;
IF #rHOEHE > 1.0 THEN //Begenzung
  #rHOEHE:= 1.0; RETURN;
END_IF;
```

Fügen Sie das Programm CYC_INT5 (OB35), das zyklisch alle 100 ms aufgerufen wird, hinzu. Wählen Sie die Programmiersprache SCL.
Ziehen Sie aus dem Projektnavigationsfenster den BEHAELTER_I [FB1] in die Zeile 2 und geben Sie die Aktualparameter ein.

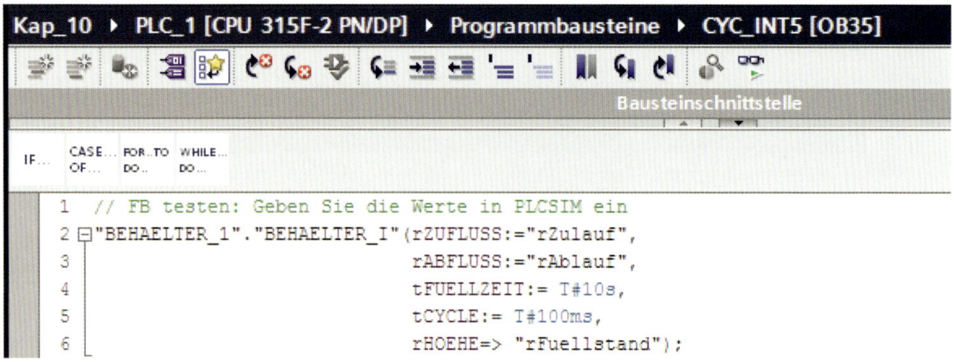

Instanz-Aufruf eines FBs

Testen Sie die Funktion in PLCSIM. Die Taskzeit muss mit der Zeit von tCYCLE übereinstimmen.

Kapitel 12 Fuzzy-Control-Füllstandsregelung

Beim Aufruf von FCs müssen allen Eingangsparametern Werte übergeben werden.

Aufgabe 12.3

Deklarieren Sie die globalen PLC-Variablen.

```
w REAL %MD0 Sollwert 0...1.0, z REAL %MD4 Abflussmenge,
x REAL %MD8 Istwert = Füllhöhe, y REAL %MD12 Stellwert 0...1.0 Zuflussmenge
```

Fügen Sie die Funktionen hinzu, deklarieren Sie die lokalen Variablen und geben Sie die Anweisungen ein.

Fuzzi-fizierung

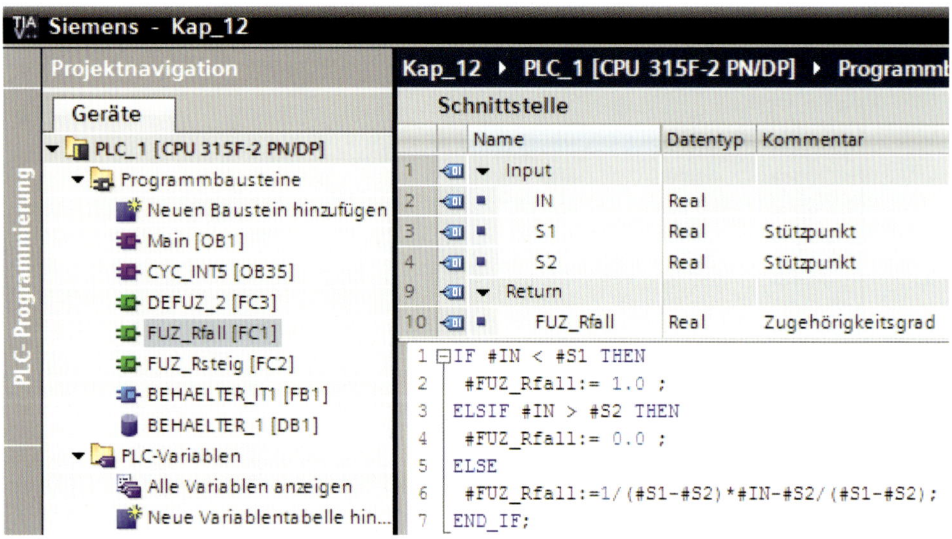

Kap_12 ▸ PLC_1 [CPU 315F-2 PN/DP] ▸ Programmbausteine ▸ FUZ_Rsteig [FC2]

Schnittstelle

	Name	Datentyp	Kommentar
1	▾ Input		
2	IN	Real	
3	S1	Real	Stützpunkt
4	S2	Real	Stützpunkt
9	▾ Return		
10	FUZ_Rsteig	Real	Zugehörigkeitsgrad

```
IF #IN < #S1 THEN
  #FUZ_Rsteig:= 0.0 ;
ELSIF #IN > #S2 THEN
  #FUZ_Rsteig:= 1.0 ;
ELSE
  #FUZ_Rsteig:=1/(#S2-#S1)*#IN-#S1/(#S2-#S1);
END_IF;
```

Funktion für die Defuzzifizierung

Defuzzifizierung

Kap_12 ▸ PLC_1 [CPU 315F-2 PN/DP] ▸ Programmbausteine ▸ DEFUZ_2 [FC3]

Schnittstelle

	Name	Datentyp	Kommentar
1	▾ Input		
2	G1	Real	Erfüllungsgrad zum S1
3	S1	Real	Stützpunkt
4	G2	Real	Erfüllungsgrad zum S2
5	S2	Real	Stützpunkt
10	▾ Return		
11	DEFUZ_2	Real	

```
(*Defuzzifizierung für zwei Erfüllungsgrade*)
#DEFUZ_2:=(#G1*#S1+#G2*#S2)/(#G1+#G2);
```

BEHAELTER_IT1 [FB1]
Deklarieren Sie die lokalen Variablen (Schnittstelle) und geben Sie die Anweisungen ein.

Regelstreckensimulation IT1

Kap_12 ▸ PLC_1 [CPU 315F-2 PN/DP] ▸ Programmbausteine ▸ BEHAELTER_IT1 [FB1]

Schnittstelle

	Name	Datentyp	Defaultwert	Kommentar
1	▾ Input			
2	rZUFLUSS	Real	0.0	0...1.0
3	rABFLUSS	Real	0.0	0...1.0
5	▾ Output			
6	rHOEHE	Real	0.0	0...1.0
9	▾ Static			
10	r_m	Real	0.0	Steigung

```
(**********************************************************************
Simulation eines niedrigen Behälters - IT1-Verhalten.
Der Füllstand steigt bei einem Sollwertsprung verzögert an.
Die Abtastzeit sollte 100 ms betragen. Die Werte sind normiert
**********************************************************************)
IF #rHOEHE <= 0.0 THEN (*Begrenzung*)
  #rHOEHE:= 0.0;
  #rABFLUSS:= 0.0;
END_IF;
#r_m:= #r_m + ((#rZUFLUSS - #rABFLUSS) - #r_m)*3* 0.01;
#rHOEHE:= #rHOEHE + #r_m * 0.01;
IF #rHOEHE > 1.0 THEN (*Begrenzung*)
  #rHOEHE:= 1.0;
END_IF;
```

Fügen Sie das Programm CYC_INT5 (OB35), das zyklisch alle 100 ms aufgerufen wird, hinzu. Wählen Sie die Programmiersprache SCL.
Deklarieren Sie die lokalen Variablen. Ziehen Sie aus dem Projektnavigationsfenster den FB BEHAELTER_IT1 in die Zeile 2, wählen Sie eine Einzelinstanz und geben Sie die Aktualparameter ein. Rufen Sie die FCs auf und übergeben Sie die Parameterwerte.

Fuzzy-Regler

Kap_12 ▸ PLC_1 [CPU 315F-2 PN/DP] ▸ Programmbausteine ▸ CYC_INT5 [OB35]

Schnittstelle

	Name	Datentyp	Offset	Kommentar
11	OB35_DATE_TIME	Date_And_Time	12.0	Date and time OB35 started
12	e	Real	20.0	Regeldifferenz
13	m_v	Real	24.0	Zugehörigkeitsgrad zu voll
14	m_l	Real	28.0	Zugehörigkeitsgrad zu leer

```
1  (*Simulation des Behälters*)
2  "BEHAELTER_1"."BEHAELTER_IT1"(rZUFLUSS:="y",
3                                rABFLUSS:="z",
4                                rHOEHE=>"x");
5  (*Fuzzy-Regler*)
6  #e:= "w"-"x"; //Regeldifferenz
7  (*Zugehörigkeitsgrade bestimmen*)
8  #m_v:= "FUZ_Rfall"(IN:=#e, S1:=-0.1, S2:=0.1);
9  #m_l:= "FUZ_Rsteig"(IN:=#e, S1:=-0.1, S2:=0.1);
10 (*Erfüllungsgrad = Zugehörigkeitsgrad, da nur eine Variable(e)*)
11 "y":= "DEFUZ_2"(G1:=#m_v, S1:=0.0, G2:=#m_l, S2:=1.0);
```

Testen Sie die Funktion in PLCSIM.

Hinweise zum Umgang mit CODESYS V3 und e!COCKPIT

Beachten Sie:
Sie finden über unseren Onlineservice InfoClick (s. 1. Buchseite) erweiterte und aktuelle Hinweise zu CODESYS V3 und e!COCKPIT.

Eine Steuerungskonfiguration mit WAGO-Baugruppen, wie in Kapitel 2 beschrieben, ist jedoch mit CODESYS V3 nicht möglich. Ordnen Sie also den Variablen keine IEC-Adresse zu; tun Sie es doch, so wird beim Übersetzen des Programmcodes eine Warnung ausgegeben. Sie können Ihr Programm aber testen.

Vorlagen und Lösungen finden Sie als Export- oder Textdateien auf der Startseite.

In CODESYS V3 Optionen

Aktivieren Sie im Menü Tools–Optionen–
- Intelligentes Codieren – Komponenten sofort nach Eingabe eines Zeichens auflisten. Mit Namensraum einfügen deaktivieren.
- Visualisierung-Raster-Aktiv.

In e!COCKPIT Optionen

Aktivieren Sie bei geöffnetem Projekt im Menü Datei–Optionen- Standard-Programmiersprache- ST. Aktivieren Sie bei geöffnetem Projekt im Menü Datei–Optionen/ CODESYS Optionen–Optionen öffnen
- Intelligentes Codieren – Komponenten sofort nach Eingabe eines Zeichens auflisten. Mit Namensraum einfügen deaktivieren.
- Visualisierung-Raster-Aktiv.

Anhang

Begriffe

Adressen, I/Os

Ein-/Ausgangsdaten (I/Os):

PAE

- Das SPS-Betriebssystem überträgt die Eingangsdaten am Beginn des Zyklus von der Eingangsbaugruppe in das Prozessabbild der Eingänge (**PAE**), einen Speicherbereich mit dem Präfix %I..., z. B. %IX2.0. Eine Variable kann über das Schlüsselwort AT (bei) auf diesen Speicher zugreifen.

PAA

- Wenn das Programm einer Variablen einen Wert zuweist, die AT-verknüpft ist, z. B. mit %QX0.0, wird dieser Wert im Prozessabbild der Ausgänge (**PAA**) des Speichers gespeichert. Das SPS-Betriebssystem überträgt diese Daten am Ende bzw. Anfang des Zyklus zur Ausgangsbaugruppe.

```
VAR_GLOBAL
    iTemp AT %IW0:INT;
    xS1_Stopp AT %IX2.0:BOOL;
    xQ1_Band AT %QX0.0:BOOL;
END_VAR
```

Datentyp

Bezeichner Speicher im Prozessabbild

Diese Tabelle finden Sie in CoDeSys V2.3 unter Ressourcen

In e!COCKPIT unter Application- Kontextmenü- Globale Variablenliste.

In CODESYS V3 unter Application Menü- Projekt- Objekt hinzufügen... Globale Variablenliste.

Merker: Merker sind Speicherbereiche, die über %Mxx angesprochen werden können.
Die **direkte Adressierung** einzelner Speicherzellen erfolgt mittels spezieller Zeichenreihen.

%IX0.1
%QX0.1

%MX0.1

Beispiele:	
%QX7.5 und %Q7.5 Ausgangsbit 7.5	Q steht für Ausgang, X für Einzelbit
%QB7 Ausgangsbyte 7	B steht für Byte (8 Bits)
%IW215 Eingangswort 215	I steht für Eingang, W für Wort (16 Bits)
%MD48 Doppelwort an der Speicherstelle 48	M steht für Merker, D steht für Doppelwort (32 Bits)

Speicher-organisation

Speicherorganisation am Beispiel des Prozessabbildes der Ausgänge.
Beachten Sie: Diese Organisation ist abhängig vom Steuerungshersteller und der Hardware.

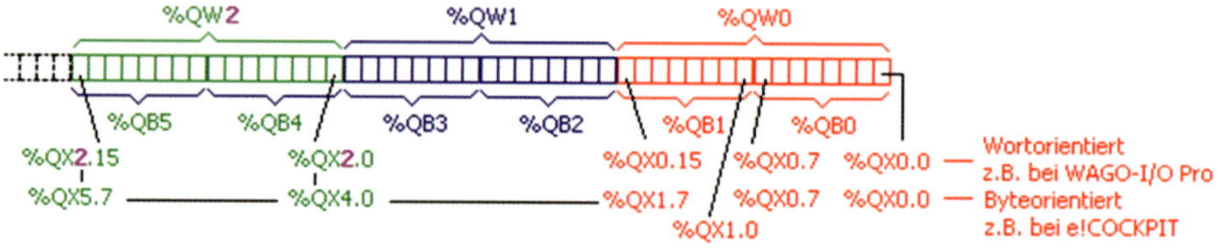

Globale Variable

Ob eine Adresse gültig ist, hängt von der aktuellen Steuerungskonfiguration des Programms ab. Die Zuordnung des Speicherplatzes zu den Geräteklemmen legt der SPS-Hersteller fest.
I/O- und Merker-Daten sollen aus diesem Grund nicht in POEs verwendet werden, damit die POEs auch auf anderen SPSen benutzt werden können.
I/O- und Merker-Daten werden daher einmalig als Globaldaten deklariert.
Globaldaten sind Daten, auf die alle POEs zugreifen können (siehe Bild oben).

Baugruppen Hier finden Sie einen kleinen Auszug aus den Dokumentationen der Firma WAGO von Ein- und Ausgangsbaugruppen, auch I/O-Klemmen genannt.

Digitale Eingangs- (DI) und Ausgangsbaugruppe (DO) 2 ...16-Kanal:

DI, DO

4-Kanal-Digitaleingangsklemme DC 24 V, 750-402

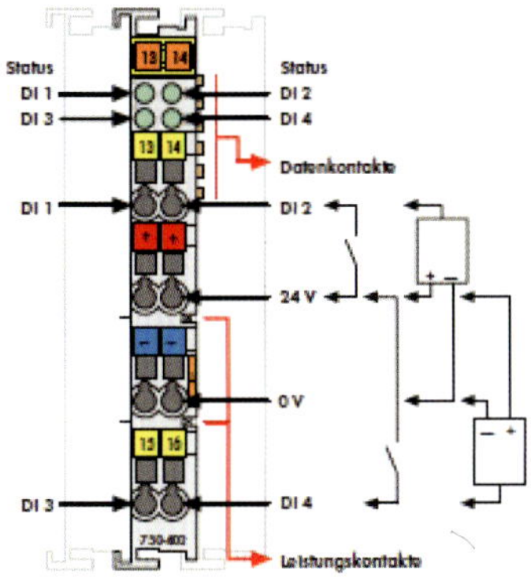

4-Kanal-Digitalausgangsklemme DC 24 V, kurzschlussfest, positiv schaltend 750-504

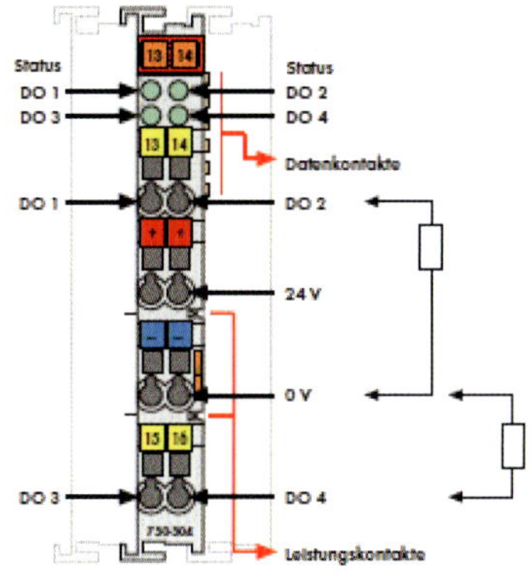

Analoge Eingangsbaugruppen (AI):

AI
0...10 V

2-Kanal Analoge Eingänge 0-10 V

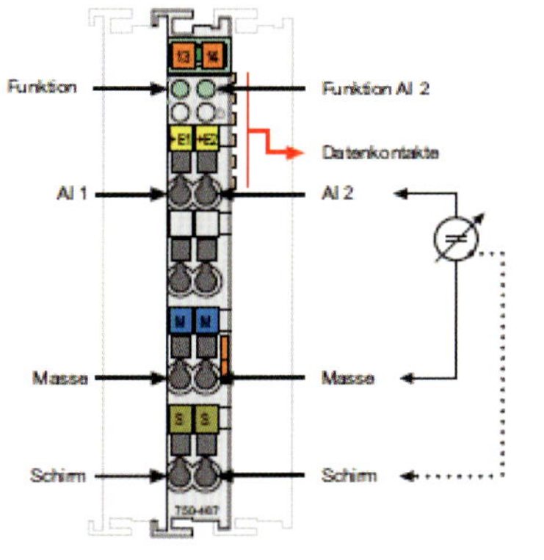

Prozesswerte der Klemme 750-467				
Eingangs-spannung 0 V - 10 V	Zahlenwert Binär Messwert	*) X F Ü	Hex.	Dez.
<0,00	'0000.0000.0000.0	000'	0x0000	0
0,00	'0000.0000.0000.0	000'	0x0000	0
1,25	'0001.0000.0000.0	000'	0x1000	4096
2,50	'0010.0000.0000.0	000'	0x2000	8192
3,75	'0011.0000.0000.0	000'	0x3000	12288
5,00	'0100.0000.0000.0	000'	0x4000	16384
6,25	'0101.0000.0000.0	000'	0x5000	20480
7,50	'0110.0000.0000.0	000'	0x6000	24576
8,75	'0111.0000.0000.0	000'	0x7000	28672
10,00	'0111.1111.1111.1	000'	0x7FF8	32760
>10,00	'0111.1111.1111.1	001'	0x7FF9	32761

*) Statusbits: X = nicht benutzt, F = Kurzschluss, Ü = Überlauf

AI
PT100

2-Kanal Analoge Eingänge für PT 100, temperaturabhängiger Widerstand

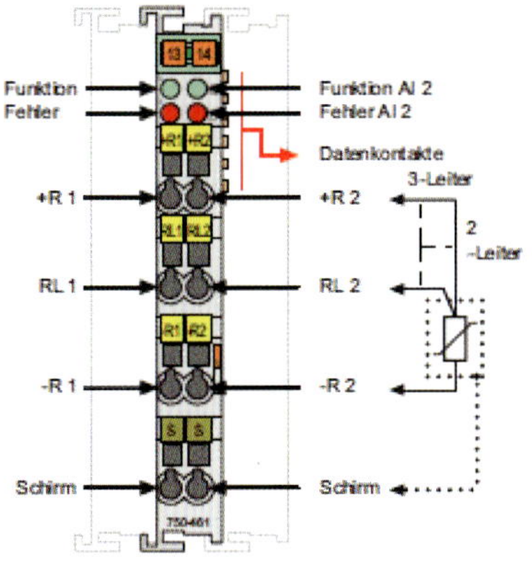

750-461, 750-461/000-006 (Pt 100)				
Temperatur °C	Widerstand Ω	Zahlenwert 1) Binär	Hex.	Dez.
<-200,0	10,00	'1000.0000.0000.0001'	0x8001	-32767
-200,0	18,49	'1111.1000.0011.0000'	0xF830	-2000
-100,0	60,25	'1111.1100.0001.1000'	0xFC18	-1000
0,0	100,00	'0000.0000.0000.0000'	0x0000	0
100,0	138,50	'0000.0011.1110.1000'	0x03E8	1000
200,0	175,84	'0000.0111.1101.0000'	0x07D0	2000
500,0	280,90	'0001.0011.1000.1000'	0x1388	5000
750,0	360,47	'0001.1101.0100.1100'	0x1D4C	7500
800,0	375,51	'0001.1111.0100.0000'	0x1F40	8000
850,0	390,26	'0010.0001.0011.0100'	0x2134	8500
>850,0	>390,26	'0010.0001.0011.0100'	0x2134	8500
Drahtbruch an R_L		'0010.0001.0011.0100'	0x2134	8500

AI
0...20 mA

2-Kanal Analoge Eingänge 0-20 mA

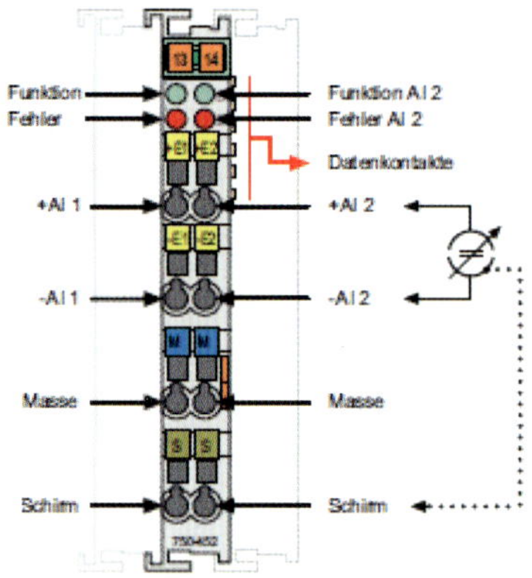

Prozesswerte der Klemme 750-452, 750-452/000-001				
Eingangsstrom 0 mA- 20 mA	Zahlenwert Binär Messwert	*) X F Ü	Hex.	Dez.
<0,0	nicht möglich (Verpolungsschutz)			
0,0	'0000.0000.0000.0	000'	0x0000	0
2,5	'0001.0000.0000.0	000'	0x1000	4096
5,0	'0010.0000.0000.0	000'	0x2000	8192
7,5	'0011.0000.0000.0	000'	0x3000	12288
10,0	'0100.0000.0000.0	000'	0x4000	16384
12,5	'0101.0000.0000.0	000'	0x5000	20480
15,0	'0110.0000.0000.0	000'	0x6000	24576
17,5	'0111.0000.0000.0	000'	0x7000	28672
20,0	'0111.1111.1111.1	000'	0x7FF8	32760
>20,0	'0111.1111.1111.1	001'	0x7FF9	32761
>20,0 + Δ**)	'0111.1111.1111.1	001'	0x7FF9	32761

*) Statusbits: X = nicht benutzt, F = Kurzschluss, Ü = Überlauf
**) Δ = 0,1 ... 2,0 mA

AI
4...20 mA

2-Kanal Analoge Eingänge 4-20 mA

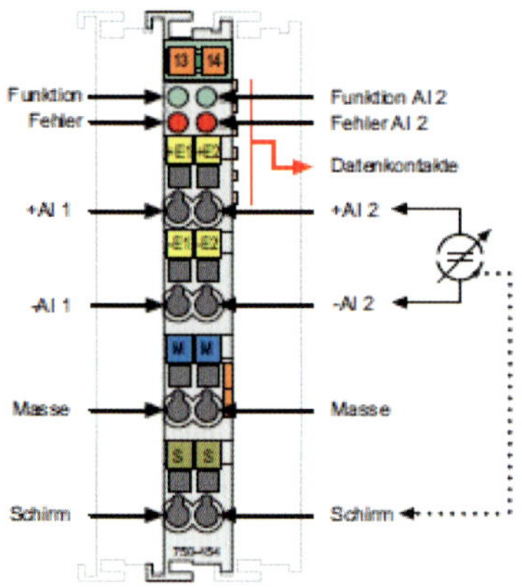

Prozesswerte der Klemme 750-454, 750-454/000-001				
Eingangsstrom 4 mA - 20 mA	Zahlenwert Binär Messwert	*) X F Ü	Hex.	Dez.
<0	nicht möglich (Verpolungsschutz)			
<4 - Δ**)	'0000.0000.0000.0	011'	0x0003	3
<4	'0000.0000.0000.0	000'	0x0000	0
4	'0000.0000.0000.0	000'	0x0000	0
6	'0001.0000.0000.0	000'	0x1000	4096
8	'0010.0000.0000.0	000'	0x2000	8192
10	'0011.0000.0000.0	000'	0x3000	12288
12	'0100.0000.0000.0	000'	0x4000	16384
14	'0101.0000.0000.0	000'	0x5000	20480
16	'0110.0000.0000.0	000'	0x6000	24576
18	'0111.0000.0000.0	000'	0x7000	28672
20	'0111.1111.1111.1	000'	0x7FF8	32760
>20	'0111.1111.1111.1	001'	0x7FF9	32761
>20 + Δ**)	'0111.1111.1111.1	001'	0x7FF9	32761

Analoge Ausgangsbaugruppe (AO)

AO
−10 V
bis
+10 V

2-Kanal Analog Ausgangsklemme -10 V - 10 V

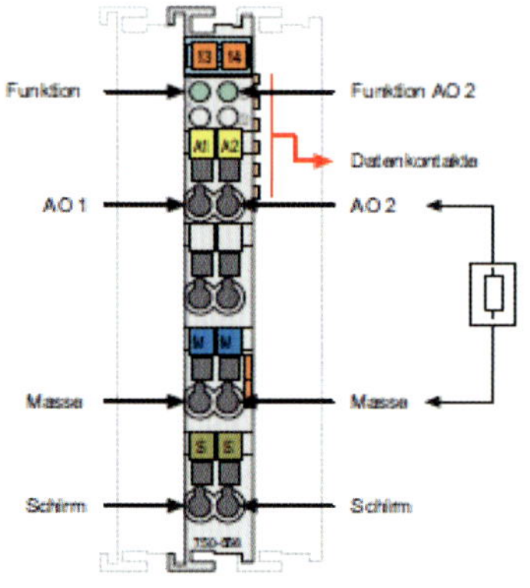

Prozesswerte der Klemme 750-556			
Ausgangs-spannung ± 10 V	Zahlenwert Binär Ausgabewert	Hex.	Dez.
-10,0	'1000.0000.0000.0001'	0x8001	-32767
-7,5	'1010.0000.0000.0000'	0xA000	-24576
-5,0	'1100.0000.0000.0000'	0xC000	-16384
-2,5	'1110.0000.0000.0000'	0xE000	-8192
0,0	'0000.0000.0000.0000'	0x0000	0
2,5	'0010.0000.0000.0000'	0x2000	8192
5,0	'0100.0000.0000.0000'	0x4000	16384
7,5	'0110.0000.0000.0000'	0x6000	24576
10,0	'0111.1111.1111.1111'	0x7FFF	32767

Breakpoints Siehe unter Debugging.

Compiler Der Compiler ist Software und übersetzt das Anwenderprogramm in die Maschinensprache des Zielsystems, z.B. des Feldbuscontrollers 750-881 oder 750-8100.

Controller, SPS, PLC Der ETHERNET-TCP/IP-Feldbuscontroller, kurz Controller, verbindet das I/O-SYSTEM mit dem Ethernet. Der Controller erkennt die gesteckten I/O-Klemmen und erstellt daraus ein lokales Prozessabbild. Das Gerät ist programmierbar gemäß der IEC-61131-3.
Der Controller ist für die Feldbuskommunikation in Ethernet/IP- und Modbus-Netzen geeignet. Zusätzlich wird eine Vielzahl von standardisierten Ethernet-Protokollen unterstützt (HTTP, BootP, DHCP, DNS, SNTP, SNMP, FTP). Ein integrierter Web-Server stellt Konfigurationsmöglichkeiten und Statusinformationen des Controllers zur Verfügung.

Mit e!COCKPIT (CODESYS V3) oder WAGO-I/O-Pro (CoDeSys V2.3) programmierbar

Mit WAGO-I/O-Pro (CoDeSys V2.3) programmierbar

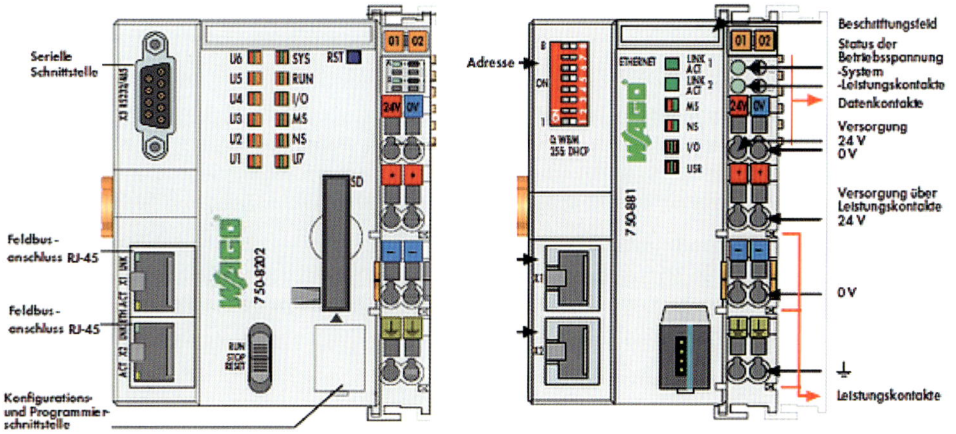

Auszug aus der WAGO-Dokumentation.

Datentypen **Elementare Datentypen:**
Der Datentyp muss bei der Deklaration *(offizielle Erklärung)* der Variablen festgelegt werden, damit der Compiler erkennen kann, wie viel **Speicherplatz** für die Variable reserviert werden muss.
Dabei ist darauf zu achten, welchen **Wertebereich** die Variable hat.
Außerdem werden die zulässigen **Operatoren** (+,-...AND, OR...) festgelegt. Der Compiler meldet einen Fehler, wenn z. B. die Variable vom Datentyp INT mit AND verknüpft werden soll.

Elementare Datentypen

Präfix

Schlüssel-wort	Bedeutung	Bit	Wertebereich	**Präfix**
BOOL	boolean	1	TRUE, FALSE oder 1,0	x, z. B xS1
SINT, USINT	short integer, unsigned	8	-128..127, 0...255	si, usi
INT	integer, ganze Zahl	16	-32768....32767	i, z. B. iZahl
DINT	double integer	32	-2147483648...2147483647	di
LINT	long integer	64		li
REAL	real, reelle Zahl	32	z. B. REAL#1.23	r

LREAL	long Real, reelle Zahl	64	z. B. 1.2345678	lr
TIME	Zeitdauer	32	z. B. T#10h_25m_34ms	tim
DATE	Datum	16	z. B. D#2002-03-15	date
TIME_OF_DAY	Uhrzeit	32	z. B. TOD17:45	tod
STRING	Zeichenfolge		z. B. 'abC 123'	s
BYTE		8	z. B. 2#1011_0011	by
WORD	word	16	z. B. 16#1AFF	w
DWORD	double word	32		dw

Beispiel:

```
VAR
  iA:INT;
  usiB:USINT;
  rC:REAL;
END_VAR
```

Ist der Wert der Variablen `iA` nur ganzzahlig, nicht größer als 32767, nicht kleiner als –32768, so ist der Datentyp `INT` (integer, 16 Bits) ausreichend. Ist der Wert der Variablen `usiB` nur ganzzahlig-positiv und nicht größer als 255, so ist der Datentyp `USINT` (unsigned short integer 8 Bits) ausreichend. Ist der Wert der Variablen `rC` eine Kommazahl (32 Bits), so muss der Datentyp `REAL` verwendet werden.

Zusammengesetzte Datentypen:

ARRAY
STRUCT

ARRAY – Definiert ein Feld aus Elementen eines Datentyps (ab Kapitel 3).
STRUCT ... END_STRUCT – Definiert eine Gruppe von kombinierten Datentypen (Kapitel 7).
In der Norm sind noch Aufzählungs- und Bereichstypen vorgesehen (Kapitel 7).

Anwenderdefinierte Datentypen:

TYPE

Zwischen den Schlüsselwörtern TYPE ... END_TYPE wird ein neuer Datentyp definiert. Er kann sich aus einer Gruppe von Variablen zusammensetzen, die aus elementaren und zusammengesetzten Datentypen bestehen (Kapitel 7 und 9).

Aufzählungstypen:

Enumeration

Ein Aufzählungstyp ist ein selbstdefinierter Datentyp. Mit diesem Typ können ganze Zahlenwerte durch String-Konstante ersetzt werden. Diese Konstanten bezeichnet man als Enumerationswerte (Kapitel 7).

Siehe CODESYS-Menü Hilfe–Index–ARRAY...TYPE...

Debugging

Haltepunkte, Breakpoints

Um Programme in ihrem Ablauf nach dem Einloggen zu analysieren oder logische Programmfehler zu suchen, ist es sinnvoll, **Breakpoints** (Haltepunkte) zu setzen. Die Programmausführung kann in einem solchen Punkt gestoppt werden, so können Sie die Werte der Variablen zu diesem Zeitpunkt einsehen. Durch schrittweises Abarbeiten (Einzelschritt) können Sie die logische Korrektheit Ihres Programms überprüfen (siehe Kapitel 4).

Deklaration

Deklaration von Variablen:

Globale und lokale Variable

Werden die Variablen in der globalen Variablen-Tabelle deklariert, so können alle POEs auf diese zugreifen. Es sind **Globalvariable** (siehe Begriff Adressen sowie Kapitel 6).

Werden die Variablen im Deklarationsteil der POE (siehe unten) deklariert, so sind sie nur in ihr bekannt, es sind **Lokalvariable** (Bild rechts). Der Speicherort wird vom Programmierwerkzeug festgelegt.

Bezeichner

Variablennamen, auch **Bezeichner** genannt, sollten mit einem Präfix beginnen, der abhängig vom Datentyp der Variable ist. Dadurch ist im Programmcode erkennbar, von welchem Datentyp die Variable ist. Beispiel: `iZahl`, i steht für INT (siehe Begriff Datentypen).

Syntaxregeln für Variablennamen nach **IEC**:

Syntax-regeln

- Erlaubte Zeichen sind alphanumerische Zeichen und der Unterstrich (_).
- Umlaute und andere landesspezifische Sonderzeichen sind nicht erlaubt.
- Ein Name muss mit einem Buchstaben oder einem Unterstrich beginnen.
- Ein Name darf nicht mit einem Unterstrich enden.
- Zwei aufeinander folgende Unterstriche sind nicht erlaubt.
- Die maximale Länge beträgt 24 Zeichen.

Funktions-block

FB Instanz

Funktionsblöcke (FBs) oder -bausteine arbeiten wie Funktionen, sie können jedoch interne Werte speichern, da sie statische Variable besitzen. Alle Variablen, auch die der Schnittstelle (INPUT, OUTPUT) behalten nach Beendigung der Bearbeitung ihre Werte bis zum nächsten Aufruf bei. Eine Instanzbildung, also die Deklaration eines entsprechenden Speicherbereichs, ist daher zwingend, siehe Beispiel unten.
Es können Standardfunktionsbausteine, aber auch abgeleitete (selbsterstellte) Funktionsbausteine verwendet werden (Kapitel 9 und 10).

Eine kleine Auswahl an Standardfunktionsblöcken:

- Bistabile Funktionsblöcke: SR setzen vorrangig, RS rücksetzen vorrangig
- Flankenerkennung: R_TRIG steigende (rising) Flankenauswertung, F_TRIG fallende (falling) Flankenauswertung
- Zähler: CTU, CTD, CTUD Auf-/Abwärtszähler (count up/down)
- Zeitgeber: TP, TON, TOF (timer pulse, timer on-delay, timer off-delay)

Welche Parameter der FB besitzt, wird im CODESYS-Fenster Menü Fenster–Bibliotheksverwaltung–Bausteinordner...Standard.lib dargestellt. Sie können auch im Anweisungsteil des Editors die Taste F2 drücken und den FB auswählen.

Aufruf eines Funktionsblocks durch Angabe des Instanznamens: Beispiele
Ein Taktgeber, der einen Zähler hoch zählt, realisiert mit den Standard-FBs TON (Timer on delay) und CTU (Counter Up).

Aufruf

Parameter

Zähler

Taktgeber

Beliebiger Bezeichner

Kopie (Speicher) von TON

```
VAR
 xTakt: BOOL;
 TON1: TON; (*Instanz*)
 iZaehlwert: INT;
 CTU1: CTU; (*Instanz*)
END_VAR
(*Der Zählwert zählt im 1s-Takt hoch*)
TON1(IN:= NOT xTakt,PT:=T#1s);
xTakt:= TON1.Q;
CTU1(CU:= xTakt);
iZaehlwert:= CTU1.CV;
```

1. Instanzen deklarieren

2. Aufruf der Instanz eines FBs durch Angabe des Instanznamens.

Der Aufruf könnte auch so aussehen

```
TON1();
```

Übergabe der Eingangsparameterwerte

```
TON1.IN:= NOT xTakt;
TON1.PT:= T#1s;
```

FB-Aufruf mit Eingangsparameterübergabe (VAR_INPUT)

Formal- und Aktualparameter

3. Übergabe des Ausgangsparameterwerts

Der Wert des Ausgangsparameters wird der Variable xTakt zugewiesen

Aufruf eines Vorwärtszählers

Es müssen nicht allen Parametern Werte übergeben werden.

Siehe auch CODESYS-Fenster Menü Hilfe–Index mit dem Schlüsselwort Aufruf eines Funktionsblocks...

Funktionen

FCs

Rückgabe-wert

Funktionen (FCs) sind mit mathematischen Funktionen vergleichbar, z. B. die Sinusfunktion. Funktionen liefern bei gleichen Eingangswerten immer das gleiche Ergebnis. Dieser Wert wird **Rückgabewert** genannt.

Funktionen verlieren all ihre Daten der Variablen nach ihrer Bearbeitung, es sind temporäre Daten, im Gegensatz zum Funktionsbaustein.

Es können Standardfunktionen (Kapitel 7), aber auch abgeleitete Funktionen (Kapitel 8) verwendet werden. Codeteile, die häufiger auch in anderen Programmorganisationseinheiten (POEs) benutzt werden könnten, werden als abgeleitete Funktion (FC) erstellt.

Standardfunktionen bzw. **IEC-Operatoren** sind in der IEC 61 131-3 definiert, sie arbeitet wie Unterprogramme, sie liefert jedoch einen Wert zurück, den Rückgabewert.
Beim Aufruf werden Variablenwerte als Parameter (Argumente) der Funktion übergeben.

Eine kleine Auswahl an Standardfunktionen bzw. IEC-Operatoren:

IEC-Operatoren

- **Numerische Funktionen:**
  7MOD2->1 Rest einer Division,
  ABS(-2)->2, SQRT(49)->7, LN(10)->2.30258, LOG(1000)->3, EXP(1)->2.71828, EXPT(2,3)->8,
  SIN(1.57079)->1, COS(..), TAN(..), ASIN(..) Arcussinus, ACOS(..), ATAN(..)
- **Bit-Folgefunktionen:**
  SHL(IN,N)->IN wird N-Bit nach links geschoben und mit 0 aufgefüllt, SHR(.,.),
  ROL(IN,N)->Rotation nach links, ROR(.,.)
- **Auswahl-Vergleichsfunktionen:**
  SEL(G,IN0,IN1) z. B. erg:=SEL(TRUE,2,15);->15
  MAX(3,5)->5, MIN(3,5)->3, LIMIT(MINIMUM,IN2,MAXIMUM)
  MUX(0,53,11,31)->53,
  GT oder >, GE oder >=, EQ oder =, LE oder <=, LT oder <, NE oder <>,
- **Typenumwandlung:**
  allg. *_TO_* z. B. iErgebnis:= REAL_TO_INT(1.5); -> 2
  TRUNC(1.5) -> 1
  DATE_AND_TIME_TO_TIME_OF_DAY bzw. DT_TO_TOD
  z. B. todUhrzeit:=DT_TO_TOD(T#09-12-01-17:00); ->17:00
- **Zeichenfolgefunktionen:**
  LEN('das')->3, LEFT('das',2)->da, RIGHT('das',2)->as, MID('string',L:=3,P:=2)->tri,
  CONCAT('a','b','c')->abc, INSERT('Eingang low','1.0',7)->Eingang3.1 low,
  DELETE('string',L:=2,P:=3)->strg, FIND('Hallo Welt','Welt')->7,
- **Funktionen für Datentypen der Zeit:**
  DT_TO_TOD, DT_TO_DATE

Beachten Sie die Hinweise zu den Operatoren.

Funktionsaufrufe: Beispiele

FC-Aufruf

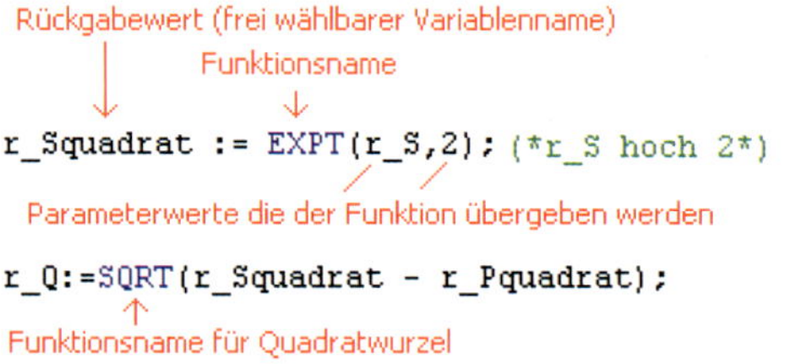

Anmerkung:
Bei IEC-Operatoren, z. B. SQRT(), in CODESYS dürfen nur die Parameterwerte übergeben werden! Auf die Reihenfolge und den Datentyp der Parameter ist zu achten. Werden mehrere Parameterwerte übergeben, so müssen diese durch ein Komma voneinander getrennt werden. Parameter können Literale, Variable oder Ausdrücke sein.

Feldbuskoppler Der ETHERNET-TCP/IP-Feldbuskoppler unterstützt eine Reihe von Netzwerkprotokollen, um Prozessdaten über ETHERNET TCP/IP zu versenden. Durch die Einhaltung der aus der IT-Welt bekannten Standards ist eine problemlose Anbindung an vorhandene lokale und globale (LAN, Internet) Netze möglich. Durch die Verwendung von Ethernet als Feldbus wird eine durchgängige Datenübertragung zwischen Fabrik und Büro geschaffen. Weiterhin bietet der ETHERNET-TCP/IP-Feldbuskoppler die Möglichkeit zur Fernwartung, d.h., es können Prozesse standortunabhängig gesteuert bzw. überwacht werden.

Auszug aus der WAGO-Dokumentation

Haltepunkte Siehe unter Debugging.

IEC-Operatoren Siehe unter Funktionen.

Klemmen I/O-Klemmen, siehe Baugruppen.

Literale Konstante, auch Literale genannt, und Variable sind die Träger der Daten. Literale benennen die Daten unmittelbar. Variable benennen die Speicherplätze, an denen die Daten stehen. Variable sind Bezeichner für die Speicherplätze.

Beispiel:

```
iZahl:= 123;(*der Variable iZahl wird der konstante Wert 123 zugewiesen*)
```

Module Siehe Baugruppen.

Operanten

Klasse	Operator	Darstellung	Priorität
Arithmetische Operatoren	Addition Division Modulo Multiplikation Subtraktion	+ / MOD * -	5 4 4 4 5
Klammerung	(Ausdruck)	()	1
Logische Operatoren	Und Negation Oder Exklusiv-Oder	AND NOT OR XOR	8 3 10 9
Vergleichs-operatoren	Gleichheit Größer Größer gleich Kleiner Kleiner gleich Ungleich	= > >= < <= <>	7 6 6 6 6 7
Zuweisungs-operator	Zuweisung	:=	11

Je kleiner die Prioritätszahl, desto höher ist die Priorität. Beispiele: Division vor Addition, Und vor Oder.
Beachten Sie auch die Hinweise zu den Funktionen IEC-Operatoren und Standardfunktionen.

POEs (POUs) Um Steuerungssoftware, das Anwenderprogramm, strukturieren zu können, werden Programmorganisationseinheiten POEs (Bausteine) verwendet.
Es gibt Programme, Funktionen und Funktionsblöcke.

Präfix Siehe oben unter Datentypen.

Prozess-abbild Siehe oben unter Adressen

Sprachen Steuerungs- und Automatisierungssoftware nach IEC 61 131-3 entsteht mit Hilfe der Textsprache AWL (Anweisungsliste) und ST (strukturierter Text) sowie den grafischen Sprachen FBS (FUP) (Funktionsbausteinsprache), KOP (Kontaktplan) und AS (Ablaufsprache).
Die Softwareelemente sind Operationen, Anweisungen, Bausteinaufrufe und Ausdrücke.
Siehe dazu CODESYS-Menü Hilfe–Inhalt–Index...Anweisung–Auswertung von Ausdrücken.

SPS, PLC Eine speicherprogrammierbare Steuerung (SPS) oder PLC (engl.: *Programmable Logic Controller*) kann ein programmierbarer Controller mit eigenem SPS-Betriebssystem sein, z. B. S7-300 von der Firma Siemens oder 750-881 bzw- 8100 von der Firma WAGO. Es kann aber auch eine Soft-SPS sein, die auf einem PC bzw. IPC (Industrie-PC) oder einem robusten Embedded-PC läuft.

Variable Variable benennen die Speicherplätze, an denen die Daten stehen. Variable sind Bezeichner für die Speicherplätze. Siehe auch oben unter Deklaration.

Programm in den Controller laden, Kommunikation konfigurieren

Schnittstellen

Sie können über das Ethernet-Netzwerk oder über die COM- bzw. USB-Schnittstelle mit dem Controller kommunizieren. Für die Kommunikation über das Ethernet-Netzwerk muss Ihrem Controller eine passende IP-Adresse zugewiesen werden (siehe unten). Für die Kommunikation über die USB-Schnittstelle muss der USB-Treiber installiert sein.

Eine detaillierte Beschreibung zur Vergabe der IP-Adresse und der Installation des USB-Treibers finden Sie im Handbuch (http://www.wago.com).

Programm laden

Programm in den Controller laden

Verbinden Sie den Controller über eine Ethernet-Schnittstelle mit ihrem PC.

In CoDeSys V2.3

Öffnen Sie Ihr Projekt in CoDeSys und wählen Sie über das Menü Online–**Kommunikationsparameter**... Ihren Controller, z.B. "Platz2", aus.
Falls die Verbindung zum "Platz2" nicht konfiguriert ist, führen Sie die Schritte 1...5 aus, wie im Bild unten gezeigt wird.

Kommunikationsparameter

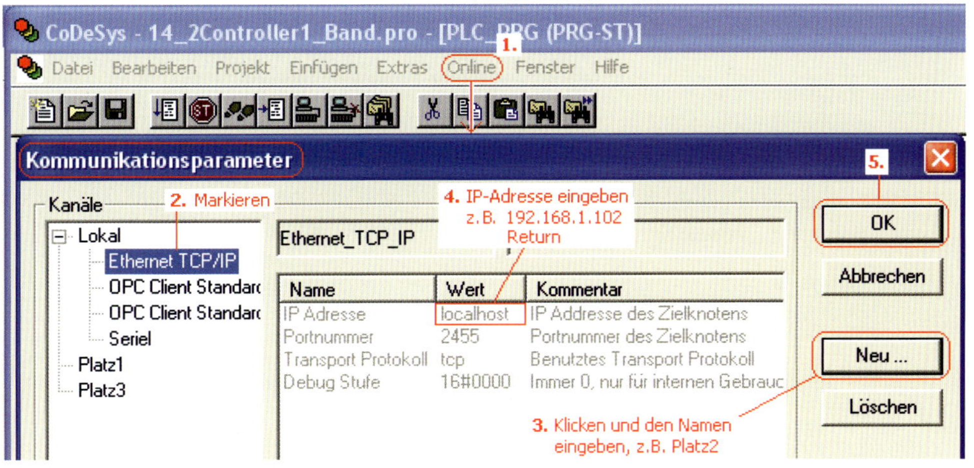

Übertragen Sie Ihr Programm über die Ethernet-Verbindung mit Menü Online–Einloggen und Start. Testen Sie die Funktion.

Bootprojekt

Sie können in der Vollversion von WAGO-I/O-PRO (CoDeSys) das Programm dauerhaft in den Speicher des Controllers schreiben. Wählen Sie im CoDeSys-Fenster Menü Online–**Bootprojekt** erzeugen.

In e!COCKPIT

Öffnen Sie Ihr Projekt in e!COCKPIT und markieren Sie die Steuerung. Wählen Sie im Kontextmenü Einstellungen–Ethernetschnittstelle und geben Sie die IP-Adresse Ihres Controllers ein. Beachten Sie dabei den nächsten Abschnitt „Welche IP-Konfiguration soll der Controller oder Koppler erhalten?".

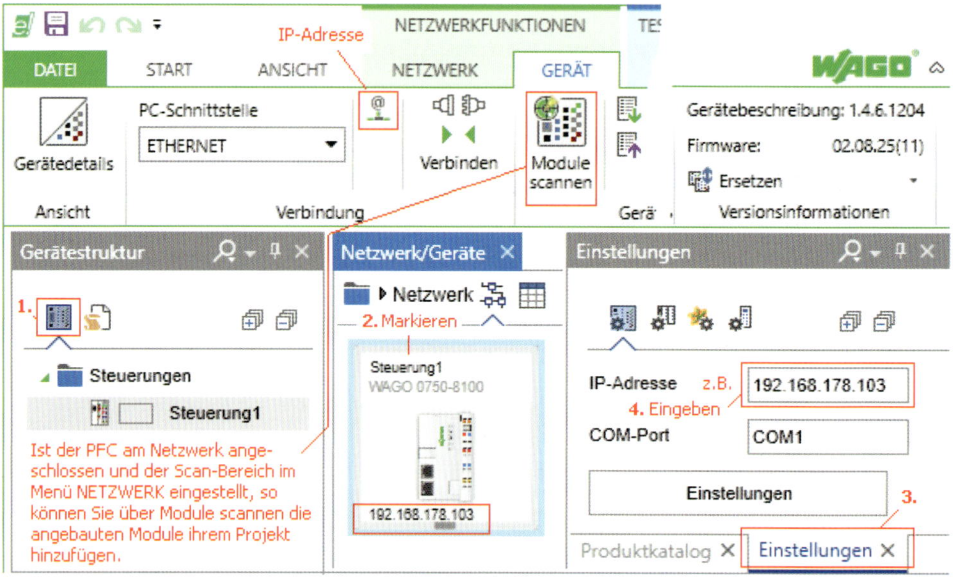

Markieren Sie in der Programmansicht Programmstruktur die Applikation, im Menü Programm und dann Verbinden. Damit das Programm auch nach einer Unterbrechung der Spannungsversorgung im Controller erhalten bleibt, wählen Sie Bootapplikation erzeugen.

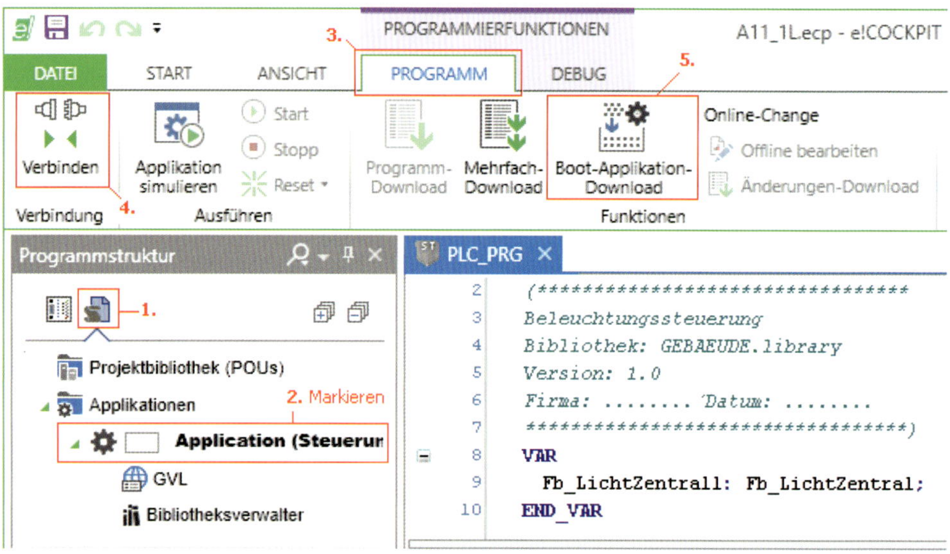

IP-Adresse und Subnetzmaske

Welche IP-Konfiguration soll der Controller oder Koppler erhalten?

Um das Gerät im Intranet oder im eigenen Netzwerk einbinden zu können, bestimmen Sie dazu die IP-Konfiguration Ihres PCs, der im Intranet bzw. im eigenen Netzwerk eingebunden ist. Geben Sie dazu in der Taskleisten-Suche *Eingabeaufforderung* ein und starten die Anwendung. Die IP-Konfiguration Ihres PCs können Sie mit der Eingabe **ipconfig** und (Return-Taste) ermitteln. Sie können aber auch über die *Einstellungen- Ethernet- Adapteroptionen* ändern... die Eigenschaften des Internetprotokolls Version 4 ändern und die gewünschte, zur Steuerung passende IP-Adresse eingeben, z.B. 192.168.178.120.

cmd

ipconfig

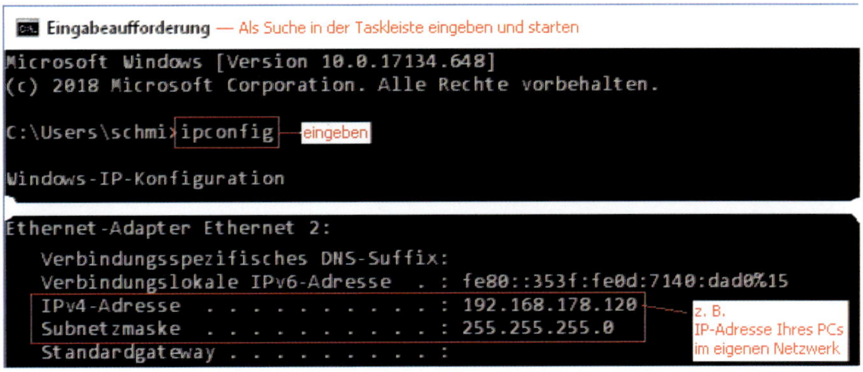

IP-Adresse zuweisen

IP-Adresse zuweisen

Sie können den Controllern sowie den Feldbuskopplern auf verschiedener Weise eine IP-Adresse zuweisen, per Adresswahlschalter (DIP-Schalter), DHCP oder BootP, über das Tool Ethernet Settings, Web-based Management über Ihren Browser.

Adress-wahl-schalter

1. **Adresswahlschalter** (DIP-Schalter)

   Beim Controller können Sie die IP-Adresse unter anderem per DIP-Schalter zuweisen, z.B. X.X.X.100, wie das Bild rechts zeigt.
   Um schnell eine Kommunikation nur zwischen Ihrem PC und dem Controller aufzubauen, ist es sinnvoll, den werkseitig im Controller voreingestellten Netzadressenteil der IP-Adresse 192.168.1. für Port 1 zu verwenden. Passen Sie über die Systemsteuerung Ihres PCs dessen IP-Adresse mit dem gleichen Netzadressenteil an, z.B. 192.168.1.33.

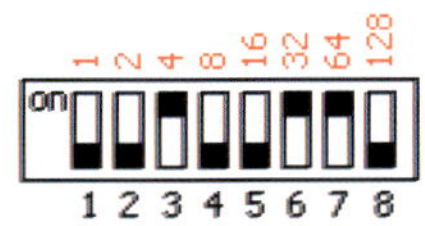

Bootp-Server

2. **Bootp-Server**

   Sie können den Controllern sowie den Feldbuskopplern über einen Bootp-Server eine IP-Adresse zuweisen. Verbinden Sie den oder die Controller und eventuell den oder die Koppler über den Switch mit dem Ethernet-Netzwerk. Achten Sie darauf, dass kein anderer Server, z.B. ein DHCP-Server, dem Controller oder Feldbuskoppler eine IP-Adresse zuweisen will.
   Die notwendige **MAC-Adresse**, z. B. 00:30:DE:04:72:F2, finden Sie auf dem Controller bzw. Feldbuskoppler.
   Das Software-Tool finden Sie unter http://www.wago.com.

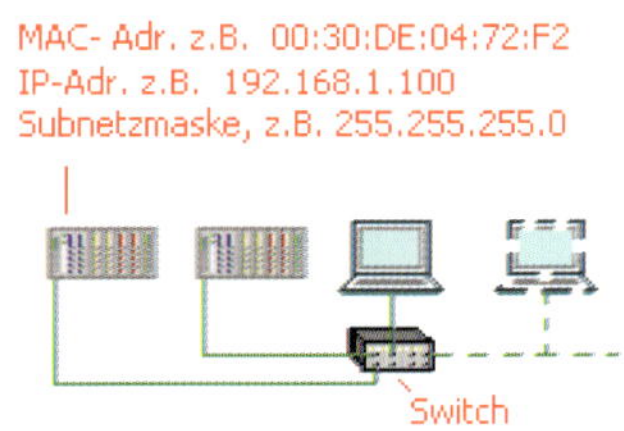

MAC-Adresse

Vorgehensweise:

1. **Bootp-Server**.exe starten – Schaltfläche "Edit bootptab" klicken – diese Datei öffnet sich. Geben Sie den Namen, nach ha= die MAC-Adresse, nach ip= die IP-Adresse, nach sm= die Subnetzmaske des Controllers oder des Kopplers ein.
   Beispiel:
   ```
   # Kommentare
   CPU1:ht=1:ha=0030DE0472F2:ip=192.168.1.100:sm=255.255.255.0:gw=0.0.0.0:
   CPU2:ht=1:ha=0030DE0675AA:ip=192.168.1.101:sm=255.255.255.0:gw=0.0.0.0:
   ```
   ... usw.
   Speichern Sie die Datei bootptab.txt.
2. Bootp-Server über die Schaltfläche starten.
3. Am Ethernet angeschlossenen Controller bzw. Koppler neu starten (Spannung aus ... ein).
4. Die Controller und Feldbuskoppler bekommt die IP-Adresse vom Bootp-Server zugeteilt.

3. **Ethernet Settings**
   Über das Tool Ethernet Settings können Sie den Controller auch konfigurieren und verwalten. Verbinden Sie Ihren PC über die USB-Leitung mit dem Controller.

Ethernet Settings

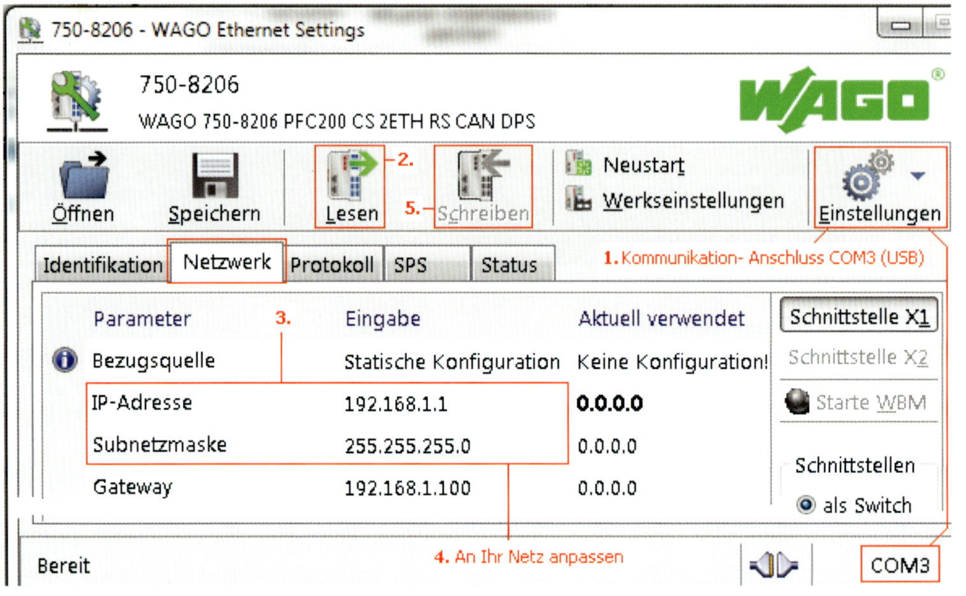

Das Tool Ethernet Settings finden Sie unter http://www.wago.com. Eine detaillierte Beschreibung finden Sie im Handbuch. Die Installation von e!COCKPIT beinhaltet diese Tool.

4. **Web-based Management (WBM)**
   Über das Web-based Management können Sie über Ihren Browser, z.B. den Internet-Explorer, die Controller auch konfigurieren und verwalten.

WBM

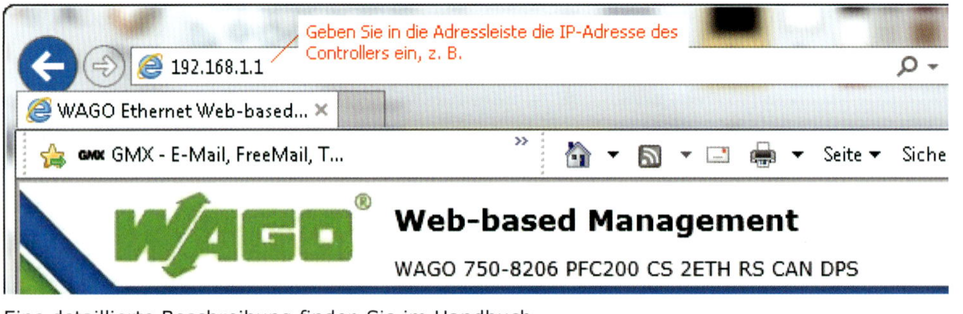

Eine detaillierte Beschreibung finden Sie im Handbuch.

Test **Kommunikation testen.**

Ob eine Verbindung zum Controller bzw. Koppler aufgebaut werden kann, können Sie überprüfen. Verbinden Sie die Controller und eventuell die Koppler über den Switch mit dem Ethernet-Netzwerk.

ping

1. Über die Eingabeaufforderung (siehe oben) mit Start–Ausführen...Öffnen cmd durch Eingeben von "**ping**", gefolgt von der IP-Adresse.
2. Enthält der Controller einen Webserver, so können Sie die Verbindung testen, indem Sie auf dessen Webserver zugreifen. Starten Sie dazu Ihren Browser, z.B. den Internet-Explorer, und geben Sie die IP-Adresse des Controllers in die Adressleisten des Browsers ein (siehe oben WBM). Es wird die Startseite des Controllers heruntergeladen und dargestellt.

Überblick der ST-Anweisungen

Zuweisungen

```
xOut:= TRUE;
rD := 2.5;    └─Anweisungsende
```

Der Variablen xOut wird der Wert TRUE zugewiesen und der Variablen rD wird der Wert 2.5 zugewiesen.

Logische Verknüpfungen

```
xP2:= xB1 AND xB2 OR NOT xB2 AND NOT xB1 ;
              \Operator/        Anweisungsende ┘
```

Die Variablen xB1 und xB2 werden logisch verknüpft und der Wert des Verknüpfungsergebnisses der Variablen xP2 zugewiesen.
Es gilt NOT vor AND oder OR und AND vor OR. Zeilenumbrüche, Leerzeichen und Tabs werden vom Compiler ignoriert.

Arithmetische Operationen

```
rS:= rU * rI;
// Weitere Operatoren sind + - / MOD ——— In CoDeSys V2.3 können Sie
// siehe auch Anhang unter Operatoren    Zeilenkommentare nicht verwenden
```

Die Werte der Variablen rU und rI werden multipliziert und das Ergebnis der Variablen rS zugewiesen.

```
(*Blindleistung berechnen*) ———————— Blockkommentar
rQ:= SQRT(EXPT(rS,2)- EXPT(rP,2));
```

Der IEC-Operator EXPT potenziert eine Zahl mit einer anderen und liefert die Potenz von Basis, z.B. rS, hoch Exponent, z.B. 2, zurück. Der IEC-Operator SQRT liefert die Quadratwurzel einer Zahl.

Kontrollanweisungen

Sie steuern Programmverzweigungen und Programmschleifen.

```
IF usiSchwellwert > 200
    THEN usiSchwellwert := 200;
    ELSE usiSchwellwert := 150;
END_IF;
```

Wenn der Wert der Variablen usiSchwellwert größer 200 ist, dann wird der Variablen usiSchwellwert der Wert 200 zugewiesen, sonst nur 150.

```
IF xStart THEN
  xOut:= TRUE;
 ELSIF xStopp THEN
  xOut:= FALSE;
END_IF;
```

Ist die erste Bedingung erfüllt, d.h. xStart ist TRUE, dann wird der Variablen xOut der Wert TRUE zugewiesen. Ist die erste Bedingung nicht erfüllt, aber die zweite, d.h. xStopp ist TRUE, dann wird xOut der Wert FALSE zugewiesen. Ist keine Bedingung erfüllt, dann behält xOut ihren Wert.

```
IF xStopp THEN
 xOut:= FALSE;
END_IF;
IF xStart THEN
 xOut:= TRUE;
END_IF;
```

Dieser Programmausschnitt hat die gleiche Funktion wie die vorhergehende IF... ELSIF-Anweisung. Sind beide Bedingungen erfüllt, so wird xOut TRUE.

```
CASE usiMWert OF
 0..10 : sMeldung:= 'Temperatur zu niedrig';
 11..15: sMeldung:= 'Temperatur etwas hoch fahren';
 16    : sMeldung:= 'Temperatur ok';
 17..20: sMeldung:= 'Temperatur etwas herunter fahren';
 ELSE
  sMeldung:= 'Temperatur zu hoch';
END_CASE;
```

Abhängig vom Wert der Variablen usiMWert wird verzweigt und der Variablen sMeldung eine Zeichenkette (STRING) zugewiesen. Ist der Wert der Variablen usiMWert > 20, dann wird die ELSE- Anweisung ausgeführt. Da usiMWert vom Datentyp USINT ist, kann ihr Wert nur positiv sein.

```
PROGRAM PLC_PRG
VAR
    i: INT;
    rU: REAL:=10.0;
    rI: ARRAY[0..3] OF REAL:=[1.5, 3.0, 4.5, 6.0];
    rS: ARRAY[0..3] OF REAL;
END_VAR
```

```
FOR i:= 0 TO 3 DO
  rS[i]:= rU*rI[i];
END_FOR;
```

In jedem Zyklus wird die FOR-Schleife viermal durchlaufen, beginnend mit i=0 bis einschließlich i=3.

Bausteinaufrufe mit Parameterübergabe

Funktionsaufruf

```
rDruck:=SCALE(iX:= iDruck_Per, rY_MAX:= 10.0, rY_MIN:= 6.0);
```

Die Funktion SCALE wird aufgerufen und deren Parameter übergeben. Der Rückgabewert wird der Variablen rDruck zugewiesen. Bei einem FC-Aufruf müssen alle Eingangsparameter übergeben werden.

Instanzaufruf eines Funktionsblocks

```
VAR
    TON1:TON; //Instanz
    xStart: BOOL;
    xQ1: BOOL;
END_VAR
```

```
TON1(IN:= xStart, PT:= T#5S, Q=> xQ1, ET=> );
```

Ist xStart TRUE, so wird nach 5 Sekunden xQ1 TRUE. Wird xStart FALSE, so wird auch xQ1 FALSE.
Bei einem Instanzaufruf eines FBs müssen nicht alle Parameter übergeben werden.

Datentypenumwandlungsfunktion

```
rTemp_out:= INT_TO_REAL(iTemp_in) / 327.6;

todZeitpunkt:= DT_TO_TOD(dtZeitpunkt); (*Tageszeit*)
```

Die Variable iTemp_in vom Datentyp INT wird in REAL umgewandelt, dividiert durch 327,6 und das Ergebnis der Variable rTemp_out vom Datentyp REAL zugewiesen.
Die Variable dtZeitpunkt vom Datentyp DATE_AND_TIME wird in den Datentyp TIME_OF_DAY umgewandelt und der Variablen todZeitpunkt zugewiesen.

Slice

```
xOut0:=byOut.0; xOut1:=byOut.1;
```

Der Wert des Bit 0 der Variablen #byOut wird der Variablen xOut0 zugewiesen. Der Wert des Bit 1 der Variablen #byOut wird der Variablen xOut1 zugewiesen.

Anwenderdefinierte Datentypen (DUT)

Strukturen

```
TYPE TANK :
STRUCT
 rTemperatur:REAL;
 rDurchfluss:REAL;
 xHeizung, xHeizEin:BOOL;
END_STRUCT
END_TYPE
```

Definition des neuen Datentyps TANK

```
VAR
    Tank1, Tank2: Tank;
    iTank1_Temperatur: INT;
END_VAR

Tank1.rTemperatur:= INT_TO_REAL(iTank1_Temperatur)/10.0;
    usw.
```

So können Sie den Datentyp TANK benutzen, wenn Sie mehrere gleiche Tanks in Ihrem Projekt haben.

Enumeration

```
TYPE HELLIGKEIT :
  (dunkel:=10, mittel:=20, hell:=30);
END_TYPE
```

Sie können in Ihrem Programm anstelle von Zahlen, z.B. 10, eine Zeichenkette, z.B. dunkel, benutzen.

SPS-Programmierung mit ST – Startseite im InfoClick

nach IEC 61 131 mit CoDeSys V2.3, CODESYS V3, e!COCKPIT und mit Hinweisen zu STEP 7 im TIA Portal

ein Workshop

▸ Vorwort ▸ Notwendige Software ▸ Schlagwortregister ▸ Hinweise zum Umgang mit CoDeSys V2.3
▸ Hinweise zum Umgang mit CODESYS V3 ▸ Hinweise zum Umgang mit e!COCKPIT ▸ Aufgabenliste

Kapitel		Lernziele, Selbsttests, Hilfen, Infos,	Vorlagen: Export- und Textdateien für CoDeSys V 2.3	Vorlagen: Export- und Textdateien für CODESYS V3 e!COCKPIT
1.	Anweisungen, Berechnungen	- Anweisung, Operatoren - elementare Datentypen - Visualisierung, Test Selbsttest	Lösungen: A 1.2 Ü 1.1 oder Kap1.txt	Lösungen: A 1.2 Ü 1.1 oder Kap1.txt
2.	Boolesche Operationen	- Steuerungskonfiguration - Zugriff auf Ein- und Ausgänge - KV-Diagramm-Applet - logische Operationen - Visualisierung, Test Beispiel eines Controlleraufbaus Programmentwurf Übung: Bandanlage Selbsttest	Lösungen: Ü 2.1 Ü 2.3 Ü 2.4 Ü 2.5 Ü 2.6 Ü 2.7 oder Kap2.txt	Lösungen: A 2.1 Ü 2.3 Ü 2.4 Ü 2.5 Ü 2.6 Ü 2.7 oder Kap2.txt
3.	Datentypen, Codierung	- Binär-Hex-BCD-Code - Datentypen, Maske Typenumwandlung Format des Datentyps REAL Übung: Bandanlage Selbsttest	Lösungen: A 3.1 A 3.2 A 3.3 A 3.4 A 3.5 A 3.6a A 3.6b A 3.7 Ü 3.2 Ü 3.3 oder Kap3.txt	Lösungen: A 3.1 A 3.2 A 3.3 A 3.4 A 3.5 A 3.6a A 3.6b A 3.7 Ü 3.2 Ü 3.3 oder Kap3V3.txt
4.	Kontrollstrukturen Alternativen	- IF-Anweisung - CASE-Anweisung - Programmablaufplan, Struktogramm - Visualisierung	Vorlage: Ü 4.4 oder Kap4.txt	Vorlage: Ü 4.4 oder Kap4.txt

		Übung: Bandanlage Selbsttest	Lösungen: A 4.1 A 4.2 A 4.3 A 4.4 Ü 4.1 Ü 4.2 Ü 4.3 Ü 4.5 Ü 4.6 oder Kap4.txt	Lösungen: A 4.1 A 4.2 A 4.3 A 4.4 Ü 4.1 Ü 4.2 Ü 4.3 Ü 4.5 Ü 4.6 oder Kap4.txt
5.	Kontrollstrukturen Schleifen	- FOR-, WHILE-, REPEAT-, - EXIT-, CONTINUE-Anweisung - Operation MOD Bubble-Sort-Verfahren Selbsttest	Vorlage: Ü 5.1 oder Kap5.txt Lösungen: A 5.1b Ü 5.2 Ü 5.2 WHILE Ü 5.3 A 5.5b Ü 5.4 oder Kap5.txt	Vorlage: Ü 5.1 oder Kap5.txt Lösungen: A 5.1b Ü 5.2 Ü 5.2 WHILE Ü 5.3 A 5.5b A 5.5c Ü 5.4 oder Kap5V3.txt
6.	Unterprogramme	- Global-Lokalvariable - POE-Aufruf, - RETURN-Anweisung - Task Selbsttest	Vorlagen: A 6.1 Ü6.2 oder Kap6.txt Lösungen: A 6.1 A 6.2 A 6.3 A 6.4 Ü 6.1 Ü 6.2 oder Kap6.txt	Vorlagen: A 6.1 Ü 6.2 oder Kap6V3.txt Lösungen: A 6.1 A 6.2 A 6.3 A 6.4 Ü 6.1 Ü 6.2 oder Kap6V3.txt
7.	Anwenderdefinierte Datentypen, Aufzählungstypen, IEC-Operatoren	- Standard-FCs benutzen - Anwenderdefinierte Datentypen (TYPE) anlegen und benutzen - Skalieren, Linearisieren - Aufzählungstypen Selbsttest	Vorlagen: Ü7.2a Ü7.2b Lösungen: A 7.1 A 7.1 L2 A 7.2a A 7.2b Ü 7.1 Ü 7.2a Ü 7.2b oder Kap7.txt	Vorlagen: Ü7.2a Ü7.2b Lösungen: A7.1 L2 A 7.2a A 7.2b Ü 7.1 Ü 7.1 mit Modell Ü 7.2a Ü 7.2b oder Kap7.txt
8.	Funktionen (FCs)-Bibliotheken, Rezepturen	- Eigene FCs erstellen und benutzen - Bibliotheks-FCs erstellen und benutzen	ANALOG.lib Lösungen: A 8.1 A 8.2 A 8.3	ANALOG.library Lösungen: A 8.1 A 8.2 A 8.3

		- Parameter, Visualisierung Übung: Bandanlage Selbsttest	Ü 8.1 A 8.4 Ü 8.2c Ü 8.2c_L2 Ü 8.3 oder Kap8.txt	A 8.4 Ü 8.2c Ü 8.2c_L2 Ü 8.3 oder Kap8.txt
9.	Funktionsblöcke (FBs)	- Standard-FBs benutzen, Instanzen - Eigene FBs erstellen und benutzen - Parameter, TYPE Übung: Bandanlage Selbsttest	Vorlagen: A 9.2_Band1 A 9.3, A 9.5 A 9.6 oder Kap9.txt Lösungen: A 9.1b A 9.2 A 9.3a A 9.3b A 9.4a A 9.4b A 9.4bL2 A 9.4c A 9.4cL2 A 9.5a A 9.5b A 9.6a A 9.6b oder Kap9.txt	Vorlagen: A 9.2_Band1 A 9.3, A 9.5 A 9.6 oder Kap9V3.txt Lösungen: A 9.1c A 9.2 A 9.3a A 9.3b A 9.4a A 9.4b A 9.4c A 9.4cL2 A 9.5b A 9.6a A 9.6b oder Kap9V3.txt
10.	Bibliotheksfähige FBs, GRAFCET	- Bibliotheks-FBs erstellen und benutzen - GRAFCET - Visualisierung Digitalfilter Übung: Bandanlage Selbsttest	STRECKEN.lib Vorlagen: A 10.1-FB A 10.2-FB A 10.3-FB A 10.4_VISU A 10.5_VISU A 10.6 Ü 10.2 oder Kap10.txt Lösungen: A 10.1c A 10.2 A 10.3b A 10.3c A 10.4 A 10.5 A 10.6b Ü 10.1b Ü 10.1c Ü 10.2 oder Kap10.txt	STRECKEN.library GEBAEUDE.library Vorlagen: A 10.1-FB A 10.2-FB A 10.3-FB A 10.4_Visu A 10.5 A 10.6 A 10.6b Ü 10.2 oder Kap10V3.txt Lösungen: A 10.1c A 10.2 A 10.3b A 10.3c A 10.4 A 10.5 A 10.6b Ü 10.1b Ü 10.1c Ü 10.2 oder Kap10V3.txt
11.	Bibliotheken verwenden	- Bibliothek von Firmen bzw. Organisationen verwenden - Beleuchtungssteuerung, PID-Regler - Visualisierung	Gebaeude_allgemein.lib Building_HVAC_01.lib oscat260.lib Vorlagen: A 11.3-FB-PT2	oscat_basic_333.library oscat_building_100.library GEBAEUDE.library Vorlagen: A 11.3_FB_PT2

		Selbsttest Hinweis	A 11.3-Visu Ü 11.1-Visu Ü 11.2V1 Ü 11.2V2 oder Kap11.txt Lösungen: A 11.1, 11.2 A 11.3 Ü 11.1 Ü 11.2L1 Ü 11.2L2 oder Kap11.txt	A 11.3 Ü 11.1 Ü 11.2V1 Ü 11.2V2 oder Kap11.txt Lösungen: A 11.1 A 11.2 A 11.3 Ü 11.1 Ü 11.2 L1 Ü 11.2L2 oder Kap11V3.txt
12.	Fuzzy-Logik -Füllstandsregelung	- Einblicke in die Fuzzy-Logik gewinnen - mit FCs der Fuzzy-Logik eine Regelung programmieren Selbsttest	FUZZY.lib Vorlagen: A 12.1-FUZ_Rfall A 12.3-BEHAELTER A 12.3_VISU Ü 12.1 Ü 12.2 oder Kap12.txt Lösungen: A 12.1 A 12.2 A 12.3 A 12.4 Ü 12.1 Ü 12.2 oder Kap12.txt	FUZZY.library Vorlagen: A 12.1-FUZ_Rfall A 12.3-BEHAELTER A 12.3_Visu Ü 12.1 Ü 12.2 oder Kap12.txt Lösungen: A 12.1 A 12.2 A 12.3 A 12.4 Ü 12.1 Ü 12.2 oder Kap12.txt
13.	Ethernetbasierende Automatisation, Übersicht	- Übersicht, Fragen	-	-
14.	Modbus, Controller-Feldbuskoppler-Kommunikation	- Kommunikation über MODBUS/TCP(UDP) analysieren und erweitern Selbsttest V2.3 Selbsttest e!COCKPIT	ModbusEthernet_04.lib Vorlagen: A 14.1 A 14.2_FB_Lichtszenen oder Kap14.txt Lösungen: A 14.2	Vorlagen: A 14.1 A 14.2_FB_Lichtszenen oder Kap14V3.txt Lösungen: A 14.1 Konfig A 14.2 A 14.2 Konfig oder Kap14V3.txt

15.	Modbus, Controller-Controller-Kommunikation	- Kommunikation über MODBUS/TCP(UDP) analysieren und erweitern Selbsttest V2.3 Selbsttest e!COCKPIT	ModbusEthernet_04.lib A 15.1_SPS1 A_15.1_SPS2 A_15.2_FB_BAND A_15.3_BAND1 oder Kap15.txt Lösungen: A 15.2_Band1 A 15.2_Band2 A 15.3_Band1 A 15.3_Band2	Lösungen: A 15.4 PLC 1 A 15.4 PLC 2
16.	Kommunikation über das Ethernet mit Netzwerkvariablen	- Kommunikation über Netzwerkvariablen einrichten	Lösungen: A 16.1_SPS1 A 16.1_SPS2	Lösungen: A 16.1 oder Kap16V3.txt
17.	Beobachten und steuern über einen Web-Browser oder App	-	-	-
18.	Einführung in die objektorientierte Programmierung	- Objektorientierte Programmierung (OOP) kennen lernen Selbsttest	-	Lösungen: A 18.1 A 18.2 A 18.3 A 18.4 oder Kap18.txt

STEP 7 im TIA-Portal:

Die Archivdatei zu STEP 7 im TIA-Portal V14 können Sie herunterladen, extrahieren und im TIA-Portal dearchivieren. Sie finden zu den einzelnen Kapiteln die Symboltabellen, die Quelldateien und deren übersetzten Bausteine im Bausteinordner.

▶ TIA_V14SP1.zip TIA_V15.1.zip

Beachten Sie auch die Kapitel im Buch
- "Besonderheiten bei der SCL-Programmierung mit STEP 7 im TIA Portal".

Aktualisierte Exportdateien und Textdateien, die Sie als Vorlage für die Aufgaben und Übungen aus dem Buch verwenden können, finden Sie unter https://www.vogel-fachbuch.de/infoclick/. Den dazugehörigen Bonus-Code finden Sie im Buch.

Stichwortverzeichnis